Die technologische Bedingung

Beiträge zur Beschreibung der technischen Welt

Herausgegeben von Erich Hörl

Suhrkamp

Schriften des Internationalen Kollegs für Kulturtechnikforschung
und Medienphilosophie. Band 8.
Diese Publikation ist im Rahmen des Internationalen
Kollegs für Kulturtechnikforschung und Medienphilosophie
der Bauhaus-Universität Weimar entstanden und wurde
mit Mitteln des Bundesministeriums
für Bildung und Forschung gefördert.
www.ikkm-weimar.de/schriften

Bibliografische Information der Deutschen Nationalbibliothek
Die Deutsche Nationalbibliothek verzeichnet diese Publikation
in der Deutschen Nationalbibliografie; detaillierte bibliografische Daten
sind im Internet über http://dnb.d-nb.de abrufbar.

2. Auflage 2021

Erste Auflage 2011
suhrkamp taschenbuch wissenschaft 2003

Umschlag nach Entwürfen
von Willy Fleckhaus und Rolf Staudt
Druck und Bindung: C. H. Beck, Nördlingen
Printed in Germany
ISBN 978-3-518-29603-5

Inhalt

Erich Hörl

Die technologische Bedingung

Zur Einführung

»Es gilt, ohne Unterlass eine Welt zu denken, die auf langsame und zugleich jähe Weise aus all ihren erworbenen Bedingungen von Wahrheit, Sinn und Wert heraustritt.«
Jean-Luc Nancy

Technologische Sinnverschiebung

»Der Sinn der technischen Welt verbirgt sich.«[1] So stellte sich die Lage für Martin Heidegger 1959 dar, nachdem er noch zwanzig Jahre zuvor unmissverständlich vom »Zeitalter der vollendeten Sinnlosigkeit«, in dem sich das Wesen der Neuzeit erfülle, und von der »Sinnlosigkeit« als unbedingtem »Horizont der Neuzeit«[2] gesprochen hatte. Doch angesichts des unwiederbringlichen Verlusts der »alten Bodenständigkeit«, die nach Industrialisierung, zwei hochtechnisierten Kriegen und schließlich infolge der beginnenden kybernetischen Umwälzung der menschlichen Wirklichkeit nicht mehr zu halten gewesen war, hat Heidegger zuletzt weniger dem untergehenden alten Sinn nachgetrauert als vielmehr eine »künftige Bodenständigkeit«[3] und einen kommenden Sinn unter technologischen Verhältnissen ins Auge gefasst. Mit einer außergewöhnlichen philosophischen Intuition für die in weiten Teilen noch erst bevorstehende Transformation ging es ihm um nicht weniger als um die Bestimmung eines »neue[n] Grund und Boden[s]«, der »dem Menschen zurückgeschenkt werden« sollte, damit er darauf »neu zu gedeihen vermag«.[4] Heidegger war weit davon entfernt, Technik und Sinn einander zu opponieren und dabei Sinn als wesentlich vor-, gegen- oder nichttechnische Entität aufzufassen, die

1 Martin Heidegger, *Gelassenheit*, Pfullingen 1959, S. 26.

2 Martin Heidegger, »Die ewige Wiederkehr des Gleichen und der Wille zur Macht« (1939), in: ders., *Nietzsche II*, Pfullingen 1961, S. 7-29, hier S. 24 und S. 27.

3 Heidegger, *Gelassenheit* (wie Anm. 1), S. 23.

4 Ebd.

einer reinen transzendentalen Subjektivität und Innerlichkeit entstamme und als solche von der massenhaften Heraufkunft technischer Objekte, vom Eindringen technischer Apparaturen und Automaten in alle Existenzbereiche, kurz gesagt von der Herrschaft instrumenteller Vernunft gefährdet sei – so nämlich die dogmatische philosophische Einstellung, die noch bis zu Husserl und zur Frankfurter Schule reichte. Stattdessen postulierte er, dass »uns überall in der technischen Welt ein *verborgener Sinn* anrührt«[5] und dass es mithin darum geht, sich »für den in der technischen Welt verborgenen Sinn offen [zu] halten«[6] – das ist bei aller Sympathie für die Sinnkultur der untergehenden Handwerkswelt Heideggers überraschend aufgeschlossene Position angesichts neu erscheinender technischer Objektzusammenhänge.

Hatte Heidegger mit seiner frühen zeugorientierten Daseinshermeneutik unter der großen Überschrift einer Neuaufwerfung der Frage nach dem Sinn von Sein zunächst das Subjekt prinzipiell in die Welt der Objekte zurückgestellt und alle Bedeutsamkeit grundsätzlich zu einer Sache artefaktischer Verweisungszusammenhänge erklärt, erkannte er bald schon die unhintergehbare *Geschichtlichkeit* und *Dynamik* von Objektlagen, die am Ende auch das von ihm selbst so gründlich bestellte daseinshermeneutische Feld umpflügen sollten. Seine so kraftvolle Reformulierung von Bedeutsamkeit, ja seine Neubestimmung des Sinns und der Reichweite von Hermeneutik überhaupt zeigten sich am Ende ihrerseits als durchdrungen von einer spezifischen und gerade selbst im Untergang begriffenen objektgeschichtlichen Disposition. Jedenfalls begründete Heidegger bereits Mitte der 1930er Jahre sein Misstrauen gegenüber überlieferten Auslegungen der Dingfrage mit einem Argument, das er der direkten Beobachtung jüngerer wissenschaftlich-technischer Objektkulturen entnahm: »So könnte es sein«, schrieb er, »daß wir in unserer natürlichen Weltansicht von einer jahrhundertealten Auslegung der Dingheit des Dinges beherrscht sind, während inzwischen uns die Dinge im Grund ganz anders begegnen.«[7] Wenn er mit Blick auf Quantenphysik und »die Maschinentechnik« schließlich festhielt, hier zeige sich, »daß eigentlich ein ursprüngli-

5 Ebd., S. 26 (Hervorh. E. H.).

6 Ebd.

7 Martin Heidegger, *Die Frage nach dem Ding. Zu Kants Lehre von den transzendentalen Grundsätzen* (Freiburger Vorlesung 1935/1936), Tübingen 1987, S. 30.

cher Bezug zu den Dingen fehlt«,[8] so ist diese Aussage mindestens aus heutiger medien- und technikphilosophischer Sicht epochal zu nennen und ganz wörtlich zu nehmen: als Hauptsatz einer neuen, sich damals in aller Breite erst ausdifferenzierenden, gegenwärtig aber hoch im Kurs stehenden objekt- bzw. dingorientierten Ontotechnologie einer originären Unbestimmtheit, eines ursprünglichen Mangels, einer konstitutiven Bedürftigkeit, eines unhintergehbaren Ungenügens und Fehls, wodurch alle Bezüglichkeiten und Relationalitäten geprägt sind.

Wenngleich Heidegger letztlich nicht die begrifflichen Mittel gehabt haben wird, die grundsätzliche philosophische Neubeschreibung der technischen Welt zu unternehmen, ist heute ersichtlich, wie überaus vorausschauend sein Plädoyer für die Offenheit einem anderen, damals noch verborgenen Sinn der technischen Welt gegenüber gewesen ist. Denn obwohl die allgemeine Kybernetisierung unser Verhältnis zu dem, was ist und wird, zu den Dingen, zu den Lebewesen, ja zu den nichthumanen Entitäten im Allgemeinen und zur Erde, schließlich auch zu uns selbst und zu den anderen, kurz: obwohl also die allgemeine Kybernetisierung das Verhältnis der Subjektivität zu ihrem Außen spätestens seit dem Zweiten Weltkrieg und bis heute informations- und kommunikationstechnologisch umgewälzt sowie Begriffen wie ›Steuerung‹ und ›Kontrolle‹, ›Emergenz‹ und ›Autopoiesis‹, ›Netzwerk‹ und ›Management‹ unterstellt hat, markiert sie dennoch weder die endgültige Austreibung noch das technische Ende des Sinns überhaupt, schon gar nicht das technische Ende aller Subjektivität als solcher. Gleichwohl aber ist sie das Ende eines bestimmten, lang dauernden und dogmatisch zu nennenden, gebräuchlichen Sinn des Sinns, nämlich des repräsentativen Sinns des Sinns im Sinne von Bedeutung.[9]

Claude E. Shannon hat mit seiner berühmten Wendung von der Irrelevanz der Semantik und mithin der Bedeutung für das nachrichtentechnische Problem von Information und Kommunikation, aus der die neue *general theory* des Kommunikationszeitalters

8 Ebd., S. 31.

9 Das findet sich formuliert im Anschluss an Jean-Luc Nancys Entwurf einer Sinngeschichte. Vgl. Jean-Luc Nancy, *Das Vergessen der Philosophie*, aus dem Französischen von Horst Brühmann, Wien 1987, S. 31.

hervorging,[10] bereits früh und ohne es zu ahnen die Losung für die kommende sinngeschichtliche Entwicklung formuliert, auch wenn sie lange Zeit als Ausdruck des Übertritts ins nichthermeneutische Reich *jenseits* allen Sinns verkannt werden sollte. Unter dem epochalen Titel von Kybernetik, die nicht bloß eine historisch vergangene Metadisziplin, sondern eine ganze ontologische und epistemologische, eine ebenso macht- wie subjektivitäts- und wunschgeschichtliche Formation bezeichnet,[11] unterliegen wir nämlich einer grundlegenden sinngeschichtlichen Transformation, die eine neue, nunmehr postsignifikative Ordnung des Sinns heraufführt und etabliert.[12] Der neue Grund und Boden, den wir seit dem Eingang in die Kybernetik und damit eben in die technologische Bedingung betreten haben und auf dem seither unsere Welt-, Erfahrungs- und Sinnbildungsprozesse stattfinden, lässt sich langsam deutlicher bestimmen, und zwar gerade in seiner ganz spezifischen Grund- und Bodenlosigkeit: als ein Sinnregime, das die originäre Technizität des Sinns exponiert, stets humane und nichthumane Handlungsmächte zusammenfügt, das *vor* der Differenz von Subjekt und Objekt operiert, das ohne Ende prothetisch und supplementär, eher immanent als transzendental und in unerhörtem Maße distribuiert, ja ökotechnologisch ist. Dieses Sinnregime drängt zu einer weit ausholenden und erst noch zu leistenden Neubeschreibung seiner charakteristischen Bildungsprozesse.[13]

10 Vgl. Claude E. Shannon, »Eine mathematische Theorie der Kommunikation« (1948), in: ders., *Ein|Aus. Ausgewählte Schriften zur Kommunikations- und Nachrichtentheorie*, hg. von Friedrich Kittler, Peter Berz, David Hauptmann, Axel Roch, Berlin 2000, S. 7-100, hier S. 7.

11 In dieser Breite wurde die Kybernetik beispielsweise begriffen in: Tiqqun, *Kybernetik und Revolte*, aus dem Französischen von Ronald Voullié, Zürich, Berlin 2007.

12 Den Begriff der Sinngeschichte habe ich genauer bestimmt in meinem Aufsatz »Die künstliche Intelligenz des Sinns. Sinngeschichte und Technologie im Anschluss an Jean-Luc Nancy«, in: *Zeitschrift für Medien- und Kulturforschung* 2 (2010), S. 129-147.

13 Der Begriff Ökotechnologie ist im Anschluss an Nancys Rede von der »Ökotechnie« [*écotechnie*] gebildet, mit der dieser das allgemeine »Technisch-Werden der Welt«, ja das »Technologisch-Werden des Seins und seiner Fertigstellung« beschreibt (vgl. Jean-Luc Nancy, »Der Preis des Friedens. Krieg, Recht, Souveränität – techné«, in: *Lettre International* 34 (1991), S. 34-45, hier S. 38). Aus objektgeschichtlichen Gründen, die vor allem im zweiten Teil dieser Einleitung offengelegt werden, fokussiere ich mit diesem Begriff die Zusammenführung von Ökologie und Technologie, die bei Nancy nicht thematisiert wird.

An entsprechenden hermeneutik- und interpretationsskeptischen Bekenntnissen, die auf diese prinzipielle sinngeschichtliche Veränderung reagieren, hat es in den letzten Jahren nicht gefehlt, auch wenn sie zumeist im Hinblick auf ihre eigenen Beweg- und Hintergründe – will sagen das epochal Zwingende, das sich in ihnen austrägt – im Dunkel tappen. Wirklich grundlegend für die Beschreibung der gegenwärtigen sinngeschichtlichen Lage scheint mir nicht so sehr die idealtypische Konstellierung von »Präsenzkultur« und »Sinnkultur« zu sein, nicht so sehr die Wiederkehr eines »starken Wunsches nach Präsenz« und »Präsenzeffekten«,[14] der von der lang dauernden kulturellen »Zentralstellung der Interpretation«[15] und der Dominanz der Sinnkultur verdrängt worden sein soll, mit anderen Worten: nicht so sehr Präsenzfaszination, die trotz oder gerade wegen einer nie da gewesenen medientechnischen Zurichtung der Dinge immer auch mit einem gewissen vortechnischen und vormedialen Unmittelbarkeitsverlangen einhergeht. Zentraler für die Bestimmung der zeitgenössischen Situation scheint vielmehr das, was ich in Abwandlung einer Formel Husserls *die technologische Sinnverschiebung* nenne: die Destruktion und Ablösung der überlieferten signifikativen und hermeneutischen Sinnkultur durch diejenige der Technologie, die das, was Sinn heißt, von Grund auf reorganisiert und damit die ganze Sinnkultur reorientiert.[16] Sinn ist unter der technologischen Bedingung eine Größe von transversalen Koexistenzialgefügen, die die etablierten ontologischen Hierarchien durchkreuzen. Im Zeichen dieser Koexistenzialgefüge könnte, mit Gilbert Simondon gesprochen, eine grundsätzliche »Wiederentdeckung, Neuoffenlegung menschlicher Wirklichkeit« stattfinden, ja möglicherweise sogar ein neuer posthumaner Humanismus

14 Hans Ulrich Gumbrecht, *Diesseits der Hermeneutik. Die Produktion von Präsenz*, übers. von Joachim Schulte, Frankfurt/M. 2004, S. 36 f. Zum Gegensatz von Sinnkultur und Präsenzkultur vgl. ebd. S. 99-111.

15 Ebd., S. 38.

16 Zu Husserls Prägung und gerade technikkritischem Gebrauch des Begriffs der gefährlichen Sinnverschiebung, meiner Umwertung der Formel und deren diagnostischen Hintergründen vgl. Erich Hörl, »Die technologische Sinnverschiebung. Über die Metamorphose des Sinns und die große Transformation der Maschine«, in: Lorenz Engell, Jiri Bystricky, Katerina Krtilova (Hg.), *Medien denken. Von der Bewegung des Begriffs zu den bewegten Bildern*, Bielefeld 2010, S. 17-35.

des technologischen Zeitalters heraufziehen, vorausgesetzt, dass »jedes Zeitalter einen Humanismus neu schafft, der auf bestimmte Weise den Umständen entspricht«.[17]

Die sinngeschichtliche Umwendungsbewegung, in der wir uns befinden, ist heute insbesondere durch die Heraufkunft neuer Objektkulturen geprägt, genauer: aktiver und selbsttätiger, um nicht zu sagen ›intelligenter‹, mehr und mehr in unsere Umwelten versenkter, unsere Infrastrukturen informierender, unsere Erfahrungs- und Seinshintergründe höchst rechenintensiv prozessierender, in neuen mikrotemporalen Regionen operierender, eben im eminenten Sinne techno-logischer Objektkulturen, die nunmehr das Gesicht und die Logik der Kybernetisierung auszeichnen. Es sind diese technologischen Objektkulturen, mit denen wir gekoppelt sind, die die Souveränität und Verfügungsmacht des bedeutunggebenden transzendentalen Subjekts endgültig aus den Angeln heben. Letzteres war zunächst ein schreibendes und lesendes, ein alphabetisiertes, ein grammatisiertes Subjekt im strengsten Sinn, später ein kinematographisches Subjekt, insgesamt ein Subjekt, das jeweils die technisch-medialen Bedingungen seiner Erfahrungs- und Bedeutungsproduktion, sprich: seine basalen medientechnischen Kopplungen in seinen Schematismen verkörperte und integrierte, und eben auf diese Weise die medientechnische Kondition direkt in die subjektive Synthesis übernahm. Technologische Objektkulturen operieren hingegen nicht nur seit Langem und verstärkt im für lesende und projizierende, sprich: alphabetische und kinematographische Bewusstseinssubjekte Unlesbaren, Unwahrnehmbaren, Unbuchstabierbaren, sondern sogar zunehmend unter deren vollständiger Umgehung.[18] Das wendet nicht nur das spezifische, jeweils medien-

17 Gilbert Simondon, *Du mode d'existence des objets techniques* (1958), Paris 2005, S. 101.

18 Zum alphabetischen Hintergrund des transzendentalen Subjekts vgl. Bernard Stiegler, *Die Logik der Sorge. Verlust der Aufklärung durch Technik und Medien*, aus dem Französischen von Susanne Baghestani, Frankfurt/M. 2008, S. 42-52. Husserl hat in der berühmten, dem »Ursprung der Geometrie« gewidmeten Beilage III der *Krisis*-Schrift das transzendentale Subjekt als »Lesende[n]« konzipiert, der aus toten Sinngebilden der Schrift lebendigen Sinn ziehen und so die darin niedergelegete ursprüngliche »Evidenz reaktivieren« kann. Vgl. Edmund Husserl, *Die Krisis der europäischen Wissenschaften und die transzendentale Phänomenologie. Eine Einleitung in die phänomenologische Philosophie*, hg. von Walter Biemel, Den Haag 1962, S. 371 f. Das lesende Subjekt wurde von Wolfgang Iser

technisch geprägte transzendentale Betriebssystem um, verweist nicht nur auf eine neue, nunmehr unhintergehbare »transzendentale Technizität«,[19] der die Erfahrung in der heutigen, auf vernetzter Komputation basierenden technischen Welt unterliegt, sondern es zerrüttet am Ende überhaupt die ganze im hermeneutischen Subjektivitätstypus zentrierte signifikative Sinnkultur:[20] Denn diese hat, was ihre signifikanten Objektbeziehungen angeht, zwar immerhin ästhetische Objekte als bedeutungstragende Entitäten anerkannt, aber jedenfalls bis weit ins 20. Jahrhundert herauf technische Objekte nachgerade als ihr Verfemtes, ihr ursprünglich Verneintes und Verdrängtes aus dem Reich der Bedeutung verbannt.

Der französische Philosoph und Mechanologe Gilbert Simondon charakterisierte 1958 – also zur selben Zeit wie Heidegger, aber wesentlich tiefer in die Frage der Evolution technischer Objekte verstrickt und auf Augenhöhe mit der kybernetischen Entwicklung – die tradierte Sinnkultur der Bedeutung gerade nach Maßgabe ihrer antiquierten Objektpolitik. Die gegenwärtige Kultur, die mit einer mehr und mehr auf Regelungstatsachen basierenden Wirklichkeit zunehmend kontrastiert, so leitete Si-

einer eingehenden phänomenologischen Bestimmung unterzogen: *Der Akt des Lesens* (1976), Paderborn, München 1984. Zum kinematographischen Transzendentalismus vgl. Bernard Stiegler, *La technique et le temps 3. Le temps du cinéma et la question du mal-être*, Paris 2001, S. 65-123; einschlägig dafür ist auch Lev Manovichs Auslegung der *Language of New Media* (Cambridge/Mass. 2001), die offensiv kinematographisch orientiert ist und, nach eigenem Bekunden, die Sprache der neuen Medien durch die Begriffsbrille der Theorie und Geschichte des Kinos zu entziffern sucht. Mark B. N. Hansen hingegen betont, bereits vom Standpunkt neuester und rechenintensiver, vernetzter Medientechnologien aus, die kommenden »nichtkinematographischen Prinzipien der Erfahrungssynthesis« (Mark B. N. Hansen, »New Media«, in: W. J. T. Mitchel, Mark B. N. Hansen [Hg.], *Critical Terms for Media Studies*, Chicago 2010, S. 183).

19 Hansen, »New Media« (wie Anm. 18), S. 181.

20 Die von Alexander Galloway angesprochene »antihermeneutische Tendenz von Netzwerken« heute – Daten werden nicht mehr im überlieferten kulturtechnischen Sinne von Subjekten gelesen, sondern kybernetisch zerteilt, gescannt, rearrangiert, gefiltert, interpoliert, zudem findet eine Verteilung von Handlungsmacht in der Umgebung statt, so dass das Subjekt nicht mehr die direkte Kontrollinstanz ist – bringt diese sinnkulturelle Erschütterung auf den Punkt. Vgl. Alexander A. Galloway, »Networks«, in: Mitchel, Hansen: *Critical Terms for Media Studies* (wie Anm. 18), S. 280-296, hier S. 290; überdies Alexander A. Galloway, Eugene Thacker, *The Exploit. A Theory of Networks*, Minneapolis 2007, S. 154-157.

mondon sein Grundlagenwerk über *Die Existenzweise technischer Objekte* ein, befinde sich »im Ungleichgewicht, weil sie bestimmte Objekte, wie das ästhetische Objekt, anerkennt und ihnen Bürgerrecht [*droit de cité*] in der Welt der Bedeutungen [*monde des significations*] zubilligt, während sie andere Objekte, insbesondere die technischen Objekte, in die strukturlose Welt dessen abdrängt, was keine Bedeutung, sondern lediglich Gebrauch, eine nützliche Funktion besitzt«.[21] Gerade darin sollte sie sich immer noch als »die alte Kultur erweisen, deren dynamische Schemata auf dem Stand der handwerklichen und bäuerlichen Techniken der vergangenen Jahrhunderte sind«[22] und deren Code »nur auf der Erfahrung des mit Werkzeugen arbeitenden Menschen«[23] beruht.

Das »hermeneutische Feld«[24] der neuzeitlichen Weltinterpretation, das man im Anschluss an Simondon zunächst einmal durch das Vergessen, den konstitutiven Ausschluss des technischen Objekts charakterisieren kann und das in seiner instrumentellen, gebrauchs-, ergebnis- und nützlichkeitsfixierten *Minorisierung* desselben also eher der handwerklichen und bäuerlichen Welt des arbeitenden Menschen entspricht, nicht aber der bereits äußerst mediatisierten industriellen, schon gar nicht der technologischen Welt, musste folglich gerade durch die Evolution und Ausbreitung des technischen Objekts unterminiert werden. Das Auftauchen von »technischen Ensembles« oder Maschinenverbünden, die Simondon als die »offene Maschine« bezeichnet, welche im Unterschied zur geschlossenen Maschine eine ganze, den Menschen als ihren Interpreten mit einschließende »Gesellschaft der technischen Objekte«[25] bildet, sodann der sukzessive Übergang vom »geschlossenen Objekt« zum »offenen Objekt«[26] und damit der Eintritt in

21 Gilbert Simondon, »Einleitung zu *Die Existenzweise technischer Objekte*« (1958), aus dem Französischen von Michael Cuntz, in: *Zeitschrift für Medien- und Kulturforschung* 1 (2011), S. 75-82, hier S. 76.

22 Ebd., S. 80.

23 Ebd.

24 Gumbrecht (wie Anm. 14), *Diesseits der Hermeneutik*, S. 45.

25 Simondon, »Einleitung« (wie Anm. 21), S. 77.

26 Die Differenz von geschlossenem und offenem Objekt wird von Simondon bereits 1961 erwähnt. Vgl. Gilbert Simondon, »Psycho-sociologie de la technicité II«, in: *Bulletin de l'École pratique de psychologie et de pédagogie*, Lyon 1961, S. 227-238, hier S. 232-236; sowie ders., »Die technische Einstellung« (in diesem Band).

eine Struktur des Netzes, schließlich, wie heute ergänzt werden muss, die rasch voranschreitende Einbettung in die digitale, informations- und rechenintensive Umweltlichkeit neuer Medien und in automatische Umgebungstechnologien, insgesamt das neue Dispositiv transformatorischer Technologien; all das hat am Ende jene basalen kategorialen Voreinstellungen und Anschauungsformen transgrediert, die das bedeutungsgebende und -tragende intentionale Subjekt als bisheriger sinnkultureller Zentralakteur kontrollierte, transgrediert zugunsten einer neuen, durch maschinische Prozesse und Geschwindigkeiten geprägten, nichtintentionalen, distribuierten, technologischen Subjektivität. Unter der technologischen Bedingung haben die überlieferten Kategorien der Bedeutungskultur und das zugehörige Anschauungsregime, also die prätechnologischen Zeitlichkeits- wie Räumlichkeitsbestimmungen bewusster Subjekte, schlichtweg ihre Beschreibungsmacht und Evidenz eingebüßt. Zunehmend zeigt sich die begrenzte Reichweite der in ihnen zum Ausdruck kommenden Transzendentalität, die sämtliche technologiegesättigten Produktions- und Betriebsmodi zeitgenössischer Subjektivität verfehlt. Während nun aber Simondon mit seinem Programm einer technologischen Kulturreform noch gehofft haben mag, die Aufnahme technischer Objekte in die überkommene Welt der Bedeutung zu erzwingen, hat die Evolution technischer Objekte umgekehrt längst die Sinnkultur selbst grundlegend und bis in den Sinn des Sinns hinein transformiert. Wenn das inferiorisierte und minorisierte technische Objekt – einst Nullpunkt der Sinnkultur, sagen wir: ihr Infames – im technologischen Zeitalter nunmehr im Herzen der Sinnkultur erscheint und zu einem ihrer majoritären Akteure wird, dann stellt diese Tatsache eine äußerst weit reichende subjekt- und objektgeschichtliche Zäsur dar, deren umfassende Bearbeitung in diesem Buch unter dem Titel der *technologischen Bedingung* angestoßen und unternommen werden soll.

Die sinngeschichtliche Tiefentransformation durch Technologie ist in fast allen Gegenwartsdiagnostiken förmlich zu greifen, mitunter auch gegen deren eigene Intention. In sehr bezeichnender Weise geschieht dies im Fall der sogenannten »Posthermeneutik«,[27] wie sie jüngst Dieter Mersch mit aller Plausibilität als den philo-

Zur Frage des Netzes vgl. ders., *Du mode d'existence des objets techniques* (wie Anm. 17), S. 181 f.

27 Dieter Mersch, *Posthermeneutik*, Berlin 2010.

sophischen Untergrund des 20. Jahrhunderts herausgearbeitet und als philosophisch-politisches Gebot der Stunde bekräftigt hat, und zwar geschieht es gerade dort, wo sie auf das Nichtaufgehende, Zuvorkommende, Unbestimmbare, das Unfügliche und Unverfügbare des »Sinnanderen«, auf die »prinzipielle Negativität« eines »Eigensinnige[n], ein[es] Herausstehende[n] oder *Ekstatische*[*n*]«, kurzum: auf die »Hervorhebung des Ex-«[28] als ihres eigentlichen Kerngehalts abhebt. Denn die »*Ex-istenzvergessenheit*«[29] der hermeneutischen Sinnkultur, die Mersch zu Recht auch noch ihren äußersten und radikalsten philosophischen Randgängern wie Heidegger, Levinas und Derrida attestiert, wird meines Erachtens aufweisbar und tritt ins Jetzt ihrer Erkennbarkeit gerade erst durch das Ex- der Technologie: Das originäre Heraustreten und Außer-sich-Sein, die ursprüngliche und unhintergehbare Exteriorität, von der die posthermeneutische Negativitätsfaszination mit ihrem Pathos der »Entdeckung einer ursprünglichen Wunde«[30] lebt, wird zuallererst durch Technologie geschichtlich unübersehbar zur Geltung gebracht. Jedenfalls haben prominente Protagonisten des posthermeneutischen Denkens selbst bekräftigt, dass das für sie unhintergehbare Ex- der Existenz gerade die »›wesentliche‹ Technizität der Existenz«[31] exponiert (Jean-Luc Nancy) bzw. dass sich darin nichts anderes zeigt als die »wesentliche Technizität, die die Endlichkeit ist«:[32] eine Technizität, die unablässig auf den ursprünglichen Fehler, auf den stets fehlenden, fehlerhaften, verfehlten Ursprung hinweist, aus dem heraus alle Existenz endlos technisch und dem technischen Werden überantwortet ist (Bernard Stiegler).[33]

28 Ebd., S. 14.

29 Ebd., S. 23.

30 Ebd., S. 30.

31 Jean-Luc Nancy, *Une pensée finie*, Paris 1990, S. 44 (Übers. E. H.). Zur Rolle der Technologie in Nancys Sinndenken vgl. Hörl, »Die künstliche Intelligenz des Sinns« (wie Anm. 12).

32 Bernard Stiegler, *Technik und Zeit 1. Der Fehler des Epimetheus*, aus dem Französischen von Gabriele Ricke und Ronald Voullié, Zürich, Berlin 2009, S. 245. Das Thema des ersten Bandes von *Technik und Zeit* ist in erster Linie der Aufweis des »défaut d'origine«, des ursprünglichen Fehls, der ursprünglichen Verfehlung, des fehlerhaften, fehlenden, verfehlend-verfehlten Ursprungs und damit die Grundlegung von Stieglers Denken der Technik.

33 Genau davon wendet Dieter Mersch den Blick ab, etwa wenn er schreibt, dass »in der Epoche des Technologischen« das Reale, das für ihn einer der Namen

Auf einem anderen Blatt steht, ob die technologische Sinnkultur überhaupt noch in den Begriffen und Figuren von Exteriorität, Negativität, Unbestimmtheit, Mangel und Fehl hinreichend gedacht werden kann, wie es eine lange Tradition bis hin zur posthermeneutischen Anstrengung nahelegt, oder ob wir nicht mittlerweile, im Sinne von Alexandre Kojèves Rede vom Ende der Geschichte, mit technologischen Mitteln gerade in die Nachgeschichte von Negativität und der zugehörigen Semantiken hinübergegangen sind. Wenngleich Technik bislang zweifelsohne in negativitätsfaszinierten Theoriemilieus am prägnantesten gedacht worden ist, und zwar immer wieder als ursprüngliche prothetische Kompensation, Entäußerung, Erweiterung und Ergänzung, als wesentliches Supplement des ausstattungsarmen, unabgeschlossenen, unbestimmten endlichen Lebewesens – sagen wir: als Exteriorisierung der primordialen Negativität des Menschen –, so mag das unter werkzeughaften und instrumentellen Seinsverhältnissen durchaus plausibel gewesen sein: Diese basierten auf einem grundsätzlich negativen Weltbezug des arbeitenden Subjekts, das aus einer unhintergehbaren Bedürftigkeit heraus die Gegebenheiten stets verneinen und transformieren muss. Die technologische Sinnverschiebung könnte indes gerade den Blick auf eine kybernetische Verfasstheit freilegen, die mit den Mitteln eines negativ-anthropologischen bzw. negativ-ontologischen Endlichkeitsdenkens kaum noch zu beschreiben ist. Ich denke etwa an die Immanentisierungstendenz, die mit der fortschreitenden informations- und kommunikationstechnologischen Ökologisierung des Seins zusammenhängt, oder auch an die Interiorisierungstendenz, wie sie infol-

für das Unfügliche und Unverfügbare ist, »aus ihren Rechnungen herausgerechnet, aus ihren Projekten gestrichen« (ebd., S. 330) wird, um damit dann das Technologische überhaupt zu skandalisieren. Das Technologische scheint bei ihm hauptsächlich durch diesen Ausschluss charakterisiert zu sein, während alles Störende, der Unfall, der Zusammenbruch etc., alles, was den Versuch, der »›andere[n]‹ Seite des Sinns« (ebd., S. 331) Herr zu werden, hintertreibt, nichttechnisch konnotiert ist, und der gegentechnischen Seite zugerechnet wird. Genau dieses einsinnige Bild der Technik ist dogmatisch und antiquiert, vergisst den von Derrida und noch mehr von Stiegler betonten pharmakologischen Zug der Technik und sieht nicht, dass die zu Recht inkriminierte Verleugnung, Reduzierung, ja Ausmerzung des Unverfügbaren wohl eher auf einer problematischen Fügung von technischen und nichttechnischen Kräften, namentlich von *Technik und Industrie*, nicht aber auf Technizität als solcher basiert.

ge von Nano- und Biotechnologien und durch das Programm der *Konvergierenden Technologien* gegeben ist. Hier gerät die ganze etablierte negativistische Beschreibungskultur des Technischen durch die technologische Entwicklung selbst an ihre Grenzen.

Warum selbst radikalisierte Negativitätssemantiken, wie sie für eine Vielzahl von posthermeneutischen Unternehmungen bezeichnend sind, unter der technologischen Bedingung an Beschreibungsmacht und letztlich Relevanz einbüßen, lässt sich anhand des engen Zusammenhangs beleuchten, der zwischen Arbeit, Negativität und Bedeutung einerseits und einem bestimmten, nunmehr antiquierten Bild von Technik andererseits besteht und insgesamt die Physiognomie der untergehenden Sinnkultur prägt. In welchem Ausmaß Arbeit, Bedeutung und Negativität gleichsam als ein sinngeschichtliches Dreigestirn zusammengehören und das bedeutende wie bedeutunggebende Subjekt dabei nur die philosophische Übersetzung des arbeitenden Subjekts ist, Arbeit mithin immer, und zwar als die Arbeit des Negativen, die Arbeit der Bedeutung ist, das hat Jacques Derrida sehr präzise untersucht.[34] Dass diese ganze sinnkulturelle Lagerung indes ihrerseits an einer bestimmten Technikauslegung hängt und deren wirkmächtigster Ausdruck ist, diese Einsicht verdanken wir Gilbert Simondon. Er hat die gewaltige epistemologische und ontologische Strukturierungsmacht des »Paradigma[s] der Arbeit«[35] offengelegt und in diesem Zusammenhang die sinngeschichtliche Zentralposition des hylemorphistischen Schemas aufgezeigt, das die Arbeitszentrierung direkt in die metaphysische Grundstellung überträgt: Die gesamte ontologische und epistemologische Ordnung, die die okzidentale Sinnkultur der Bedeutung trägt, verdichtet sich in der hylemorphistischen Gegenüberstellung von Form und Materie, die ihrerseits nichts anderes als die Repräsentation der Arbeit und ihrer basalen, technische

34 Hegels System hat die mächtigste Darstellung dieser sinnkulturellen Formation gegeben, Derrida hat gerade in seinen Hegel-Lektüren diese Formation skizziert. Vgl. z. B. Jacques Derrida, »Von der beschränkten zur allgemeinen Ökonomie. *Ein rückhaltloser Hegelianismus*«, in: ders., *Die Schrift und die Differenz*, aus dem Französischen von Rodolphe Gasché, Frankfurt/M. 1976, S. 380-421. Auch Heidegger, davon zeugen viele kritische Bemerkungen zum *Arbeiter* von Ernst Jünger, hat die sinnkulturellen Grundzüge der Arbeitswelt klar gesehen (vgl. z. B. Martin Heidegger, *Zu Ernst Jünger*, GA Bd. 90, hg. von Peter Trawny, Frankfurt/M. 2004, S. 39).

35 Simondon, *Du mode d'existence des objets techniques* (wie Anm. 17), S. 246.

Objekte minorisierenden Objektbeziehungen *ist*. Das ist meines Erachtens die Pointe der Simondonschen Untersuchung und für das Verständnis der technologischen Sinnverschiebung von zentraler Bedeutung.

Für Simondon hat Arbeit keine anthropologische Primordialität, sondern ist, jedenfalls geschichtlich betrachtet, eine lediglich unter der Bedingung mangelnder Konkretisierung technischer Objektkulturen und nur in präkybernetischen Verhältnissen privilegierte, ergebnis- und finalitätsfixierte und eben darin relations-, vermittlungs- und objektvergessene Aktion. Mensch und Welt bzw. Natur werden ohne direkten Dialog mit dem Objekt, dafür aber im Umweg über die hierarchischen Strukturen der Gemeinschaft und nach Maßgabe ihrer rein funktionalen Gliederung in Bezug zueinander gesetzt. Die so verstandene Arbeit und die geschlossene Arbeitsgemeinschaft beschränkte und verleugnete aber gerade die Öffnung durch die technische Aktivität des Individuums und die daraus entspringende Autonomie des technischen Objekts, die Supplementierung und Modifikation des Seins durch die individuelle technische Anstrengung, jedenfalls solange dies objektgeschichtlich noch irgendwie möglich war.[36] Das hylemorphistische Schema, das mit der Differenz von Form und Materie operiert, lieferte dabei das entscheidende ontologische Beschreibungsmuster im Zeichen der Arbeit und sedimentierte deren sinngeschichtliche Vormachtstellung. Doch hat dieses Schema selbst nicht nur einen klar aufweisbaren »verfahrenstechnischen Ursprung«[37] [*origine technologique*] in der handwerklichen Welt – genau genommen im Formgebungsprozess der Ziegelproduktion –, sodass seine Relevanz für forcierte technologische Verhältnisse ohnehin arg zu bezweifeln ist. Sondern es verleugnet auch im Geist der Arbeit die prinzipielle Technizität der Operation. Ein solchermaßen technikvergessener Hylemorphismus prägt nun, das ist die sinngeschichtliche Pointe

36 Zum Gegensatz von Arbeit und technischer Aktivität, Arbeiter und Techniker, Gemeinschaft und Gesellschaft vgl. v. a. Gilbert Simondon, »Ergänzende Bemerkungen zu den Konsequenzen des Individuationsbegriffs«, übers. von Michael Cuntz, in: Ilka Becker, Michael Cuntz, Astrid Kusser (Hg.), *Unmenge – Wie verteilt sich Handlungsmacht?*, München 2008, S. 45-74, hier insb. S. 54-60.

37 Gilbert Simondon, *L'individuation à la lumière des notions de forme et d'information* (1964/1989), Grenoble 2005, S. 39 (diese und die folgenden Übersetzungen E. H.).

von Simondons Lektüre, die gesamte okzidentale Beschreibungspraxis konkreter physischer, psychischer und sozialer Prozesse, die infolgedessen vorwiegend gegentechnisch modelliert worden sind. »Es gibt«, so hielt Simondon fest,

eine Lücke, ein Loch in der hylemorphistischen Repräsentation, die die wahrhafte Vermittlung verschwinden läßt. [...] Das hylemorphistische Schema entspricht dem Wissen eines Menschen, der außerhalb der Werkstatt verbleibt und nur das in Betracht zieht, was in sie hineingeht und aus ihr herauskommt; um die wahrhafte hylemorphistische Beziehung zu erfahren, reicht es sogar nicht einmal hin, in die Werkstatt einzudringen und mit dem Handwerker zu arbeiten: Es wäre nötig, in die Model, in die Hohlform selbst einzudringen, *um die Operation der Formwerdung selbst auf den verschiedenen Stufen der physischen Realität zu verfolgen.*[38]

Die hylemorphistische Vorstellung erweist sich ebenfalls vor dem Hintergrund der in sie eingeschriebenen vergesellschafteten Repräsentation von Arbeit und des Individuums als auf eine spezifische, im strengen Sinne vortechnologische Sinnkultur beschränkt und darin als durch und durch geschichtlich:

Die technische Operation, die *einer passiven und unbestimmten Materie die Form auferlegt*, ist nicht nur die Operation, wie sie von einem Zuschauer abstrakt erwogen wird, der nur das sieht, was in die Werkstatt hineingeht und was sie wieder verlässt, ohne die Bearbeitung im eigentlichen Sinn zu kennen. Es handelt sich dabei im Wesentlichen um die von einem Freien angeordnete, vom Sklaven ausgeführte Operation. [...] Der aktive Charakter der Form und der passive Charakter der Materie entsprechen den Übertragungsbedingungen des Befehls, die eine soziale Hierarchie voraussetzen. [...] Die Unterscheidung von Form und Materie, zwischen Seele und Körper, spiegelt eine Stadt, die aus Bürgern und Sklaven besteht.[39]

Das ist der entscheidende Punkt, an dem sich heute die Reichweite der Simondonschen Techniktheorie und ihre extreme Zeitgenossenschaft erschließen: Gegen die unvermittelte Gemeinschaft der okzidentalen Arbeitsfaszination, die die Sinnkultur der Bedeutung modellierte, setzte Simondon auf die »kollektive Gruppe« [*le groupe collectif*] im Sinne einer Anordnung, ja Gesellschaft aus psychischen, technischen und kollektiven Individuen, wie sie durch

38 Ebd., S. 46 (Hervorh. E. H.).

39 Ebd., S. 51.

technische Aktivität hervorgebracht wird: das »transindividuelle Kollektiv«.[40] Dieses ist, dem Stand der Objektgeschichte entsprechend, wie die Netzwerkstruktur offener Objekte partizipativ und durch lange Operationsketten verfasst. Das Schema dieser kollektiven Lage und der Neubestimmung kollektiver Relationen überhaupt, das die Basis einer neuen, gerade heraufziehenden Sinnkultur darstellen könnte, ist die »Montage«:

Das technische Objekt, das ablösbar geworden ist, kann mit anderen technischen Objekten zusammengeführt werden, gemäß dieser oder jener Montage. Die technische Welt bietet eine undefinierte Verfügbarkeit von Anordnungen, Verbindungen, Anschlüssen. Denn es geschieht eine Befreiung der menschlichen Realität, die sich im technischen Objekt kristallisiert; ein Objekt konstruieren, das heißt eine Verfügbarkeit, eine Disponibilität vorzubereiten und verfügbar zu machen.[41]

Genau dieses Paradigma macht Jahre später unter dem Titel von *agencements*, von Gefügen, als neues, postsignifikatives, nicht mehr am Despotismus des Signifikanten orientiertes sinnkulturelles Schema Karriere, wenn auch dessen Technizität seltsamerweise gerade ausgeblendet oder verneint wird. Bei Simondon ist es jedenfalls *zuerst* die technische Aktivität, die das Kollektiv modelliert, je und je ein technisches Milieu der Transindividuation schafft und darin eine neue, die von mir so genannte technologische Sinnkultur inauguriert. Technische Aktivität – das gilt es heute auch ein Stück weit gegen Simondons emphatische Anrufung des Technikers gegen den Arbeiter festzuhalten – ist zunächst und zumeist verteilte Handlungsmacht, gar nicht mehr zurechenbar auf die Einheit eines Akteurs, eines Subjektes, eher Ausdruck einer zerstreuten, einer, wie wir gleich sehen werden: *ökotechnologischen Subjektivität*.[42]

40 Simondon, *Du mode d'existence des objets techniques* (wie Anm. 17), S. 245 (diese und die folgende Übersetzung E. H.).

41 Ebd., S. 246.

42 Kojèves Rede vom Ende der Geschichte erscheint vor diesem Hintergrund selbst nur als Reaktion auf die große sinngeschichtliche Transformation. Sie handelt nämlich nur vom Ende einer bestimmten, der arbeits- und negativitätsfaszinierten, bereits von Hegel erschöpfend beschriebenen Sinnkultur der Bedeutung. Wenn Kojève das Verschwinden des »Menschen im eigentlichen Sinne« attestierte, mit dem die Arbeit und alles »das Gegebene nichtende Handeln« ebenso untergehen sollten wie »das dem Objekt *entgegengesetzte* Subjekt«, so ist heute deutlicher denn je, dass damit noch lange nicht »alle Aktion im emphatischen Sinne«

Das Ringen um eine Neubeschreibung der technischen Welt markiert bis heute den Hauptschauplatz der technik- und medienphilosophischen Anstrengung. Blumenbergs Frage: »Aber wo liegt das ›Problem‹ der Technik«,[43] ist in gewisser Weise, jedenfalls was die genaue Bestimmung des Ortes der Technik und die ganze Reichweite der Frage betrifft, immer noch unerledigt. Es handelt sich jedenfalls nicht um eine Anstrengung, die nur irgendeinen regionalen Schauplatz und Aspekt der Gegenwart befragte, sondern ohne Zweifel um das Herzstück des zeitgenössischen Fragens überhaupt, um die höchste Virulenz und Dringlichkeit des Denkens heute. Wir sind immer noch erst unterwegs zu einer »*technologischen Theorie der Existenz*«,[44] wie sie dem Kybernetikbegeisterten der ersten Stunde, Max Bense, schon früh vorschwebte. »Diese Theorie«, so Bense in mustergültiger Klarheit, »untersucht den technologischen Zustand des Seins und beabsichtigt den erfahrungsgemäßen Entwurf seiner Kategorien und Modi, die den Äußerungen der aktuellen Existenz entsprechen.«[45] Was Bense damals über die Surrationalität der Technik und der darin sich zeigenden Diskrepanz zwischen der alten Sprache und den neuen Dingen bemerkte, gilt bis heute: »Wir müssen die Dinge, die wir beargwöhnen und die uns vertraut, bewohnbar werden sollen, deuten, beschreiben, erklären, malen, darstellen, ausdrücken, beurteilen, zustimmen und verneinen – es ist die einzige Möglichkeit, ihrer Bedrückung zu entgehen.«[46] Das

erledigt ist (vgl. Alexandre Kojève, *Introduction à la lecture de Hegel* [1947], Paris 1994, S. 435, Übers. E. H.). Ganz im Gegenteil: Nicht nur rückt seit geraumer Zeit eine neue Form der Aktion in den geschichtlichen Vordergrund, eine Aktion, die lange Zeit von der Arbeit verstellt war und jetzt den Sinn von Aktion bzw. Aktivität selbst nachhaltig umprägt, nämlich die technische Aktivität. Überdies wird die Entgegensetzung von Subjekt und Objekt, neben der Differenz von Form und Materie die Leitdifferenz der Bedeutungskultur, durch eine ökotechnologische Reformulierung von Subjektivität abgelöst.

43 Hans Blumenberg, »Lebenswelt und Technisierung unter Aspekten der Phänomenologie« (1963), in: ders., *Wirklichkeiten, in denen wir leben*, Stuttgart 1996, S. 7-54, hier S. 10.

44 Max Bense, »Literaturmetaphysik. Der Schriftsteller in der technischen Welt« (1950), in: ders., *Ausgewählte Schriften Bd. 3: Ästhetik und Texttheorie*, hg. von Elisabeth Walther, Stuttgart 1998, S. 159-249, hier S. 168.

45 Ebd.

46 Max Bense, »Technische Existenz« (1947), in: ders., *Ausgewählte Schriften Bd. 3* (wie Anm. 44), S. 1-158, hier S. 124. Bense weist eine bemerkenswerte Nähe zu Simondon auf, die ich an anderer Stelle weiterverfolgen werde: Auch er betont,

hier vorliegende Buch versucht eine solche Beschreibung unter dem Titel der technologischen Bedingung.

Allgemeine Ökologie

Unter der technologischen Bedingung verstehe ich die von der Kybernetik als drittem Naturzustand eingeleitete neue sinngeschichtliche Situation im Gegensatz zur vorhergehenden technischen Bedingung, die für den organischen und dann mechanischen Naturzustand charakteristisch gewesen ist.

Serge Moscovicis Lehre über die Geschichtlichkeit von Naturzuständen,[47] an die ich hier anschließe, erklärte bereits in den 1960er Jahren das »Verhältnis zwischen den menschlichen und den nichtmenschlichen Kräften«[48] zum entscheidenden Problemfeld einer neuen Wissenschaft namens *politische Technologie*, womit Moscovici, so meine ich, Simondons Denken des technischen Objekts geschichtlich weiter präzisiert. Die erste und organische Natur erstreckt sich vom Ende des Neolithikums bis zur Renaissance und ist durch die sinnkulturelle Zentralstellung des Werkzeugs und

dass es sich bei der technischen Welt um eine »gegenstandslose Welt« handle, »eine Welt, die gegenständlich nicht beschrieben werden kann, an der also die klassischen Form- und Stoffkategorien versagen und in der Funktionen und Strukturen zur Geltung gelangen« (»Kunst in künstlicher Welt« [1956], in: *Ästhetik als Programm. Max Bense/Daten und Streuungen*, hg. von Barbara Büscher, Hans-Christian von Herrmann, Christoph Hoffmann, Berlin 2004, S. 84-90, hier S. 86). Hans Blumenberg hat – zwanzig Jahre nach Bense und bereits tief in der kybernetisierten Welt – die Diskrepanz zwischen überkommener Sprach- und Bedeutungskultur und neuer technologischer Dingwelt klar benannt: »Die Sphäre der Technizität leidet unter Sprachnot, unter einem Kategoriendefekt.« (»Einige Schwierigkeiten, eine Geistesgeschichte der Technik zu schreiben«, in: ders., *Geistesgeschichte der Technik*, hg. von Alexander Schmitz und Bernd Stiegler, Frankfurt/M. 2009, S. 7-48, hier S. 27).

47 Zu den drei Naturzuständen vgl. Serge Moscovici, *Versuch über die menschliche Geschichte der Natur* (1968), aus dem Französischen von Michael Bischoff, Frankfurt/M. 1982, insb. S. 86-118. Einen neuen, vierten, nämlich nanotechnologischen Naturzustand erwogen hat Xavier Guchet, »Vers les matériaux-machines? Le rapport à la matière dans les nanotechnologies«, in: Bernard Stiegler (Hg.), *Le design des nos existences à l'époque de l'innovation permanente*, Paris 2008, S. 161-181.

48 Moscovici, *Versuch über die menschlische Geschichte der Natur* (wie Anm. 47), S. 86.

des Handwerkers geprägt, während dabei die das Objekt formende Arbeit im Zentrum menschlicher Aktivität steht. »In dieser organischen Naturordnung«, so schreibt Moscovici, »bleibt nichts außerhalb des Kontakts mit dem Menschen, und alles hängt in gewisser Weise davon ab. Es gibt mithin keinen radikalen Bruch zwischen dem Menschen und den Stoffen, denen er eine Form gibt [...].«[49] Das Außen, so lässt sich zuspitzen, ist dabei streng genommen nichts als eine Entäußerung des arbeitenden Menschen. Das heute immer noch bzw. wieder prominente Exteriorisierungstheorem, das Objekte, Werkzeuge, ja alle Technik überhaupt als Erweiterung und Projektion des Menschen ansieht, bildet genau diese Situation des organischen Naturzustands ab und bestimmt damit auch das Bild von Technik immer noch vom organischen Naturzustand her. Der Hylemorphismus erweist sich vor diesem Hintergrund als das große, seit Aristoteles ausformulierte ontologische Programm des organischen Naturzustands, das das aktive, form- und bedeutunggebende Subjekt vom passiven, form- und sinnlosen Stoff bzw. Objekt trennt.

Unter den Bedingungen der zweiten, der mechanischen Natur wird die Arbeit nach Moscovici in instrumentelle Arbeit transformiert, genauer: Sie wird »zum Attribut beliebiger – belebter oder unbelebter – materieller Kräfte« und der Mensch selbst wird mechanisiert, »menschliche und nichtmenschliche materielle Kräfte assimilieren sich wechselseitig und bilden gemeinsam eine einheitliche, homogene Maschine«.[50] Hauptakteur des Naturzustands unter klassischen mechanischen Maschinenbedingungen ist fortan, so präzisiert Moscovici, »der Übertragungsmechanismus, der als Mittelglied zwischen Werkzeugmaschine und Kraftquelle dient und der Bewegung die gewünschte Richtung, Intensität und Komplexität verleiht«.[51] Erst die dritte, die kybernetische Natur, die zur Zeit von Moscovicis Überlegungen gerade erst im Erscheinen war, verlässt das hylemorphistische, durch klassische werkzeughaft-instrumentelle Technik und Arbeit formierte sinnkulturelle Feld. Auf der Basis von Informations- und Kommunikationstechnologien wird die transinstrumentelle Steuerungsleistung, die sich mit dem Gegensatz von Form und Materie nicht mehr beschreiben lässt,

49 Ebd., S. 94.
50 Ebd., S. 100.
51 Ebd., S. 104.

zur zentralen Aktivität. Das hat Moscovici, auch wenn er selbst am Begriff der Arbeit festzuhalten schien, ganz klar gesehen: »Die regulierende Arbeit gehört also einer neuen Gattung an. Ihre Aufgabe ist nicht die Formung von Objekten.«[52]

In kybernetischen Verhältnissen, so meine These, in denen die Formung von Objekten als Kernaktivität menschlicher und nichtmenschlicher Akteure zurücktritt – und das ist ein ganz entscheidendes Charakteristikum der technologischen Bedingung –, verschiebt sich zugleich auch der Status und Sinn von Objekten als solchen, also das, was Objekt überhaupt heißt, und zwar hin zu systemischen, aktiven, intelligenten und kommunizierenden Objekten. Diese Verschiebung bringt eine folgenreiche Neubestimmung unserer gesamten objektiven Verfassung und des Platzes, den wir als Subjekte darin einnehmen, mit sich. Die solchermaßen technologisch implementierte sinnkulturelle Korrektur mündet schließlich in eine fundamentalökologische Reorientierung der Erkenntnis- und Seinsweise, deren Konturen wir gerade erst auszumachen beginnen.

In der ersten Phase des kybernetischen Naturzustands wurde der Eintritt unter die technologische Bedingung, zunächst sicherlich auch aus einer gewissen Maschinenfixierung des mechanischen Zeitalters heraus, zumeist noch weniger objektorientiert, sondern hauptsächlich maschinentheoretisch und -geschichtlich wahrgenommen und modelliert. Der Übergang von der klassischen zur transklassischen Maschine, wie ihn Gotthard Günther seit den 1950er Jahren immer wieder beschrieb, sodann die schon erwähnte, zeitgleich von Gilbert Simondon entwickelte Unterscheidung von geschlossener und offener Maschine, schließlich Heinz von Foersters Differenzierung von trivialen und nichttrivialen Maschinen seit den späten 1960er Jahren oder Humberto Maturanas und Francisco Varelas Unterscheidung von auto- und allopoietischen Maschinen – all das waren gewissermaßen in systematische Differenzen gegossene Reflexionen und zugleich Ausdrücke des Übergangs von der technischen in die technologische Welt.

Auch wenn bereits Simondon, zweifelsohne im direkten Anschluss an die Organologie Georges Canguilhems, und dann insbesondere die neokybernetischen Systemtheorien die grundle-

52 Ebd., S. 107.

genden objektgeschichtlichen Tendenzen erkannten und sich zur Beschreibung unserer technologischen Bedingung zunehmend Fragen und Begriffen wie *milieu*, Umwelt, Umgebung, *environment* zuwandten, so haben diese Konzepte erst durch jüngere, die zweite und eigentliche Phase des kybernetischen Naturzustands einläutende medientechnische Entwicklungen und Visionen ihre volle Aktualität und Reichweite erhalten.[53] Denn seit Ende der 1980er Jahre hat die Komputation angefangen, wie Katherine Hayles es ausdrückte, unübersehbar das Gehäuse zu verlassen und die gesamte Umwelt zu besiedeln.[54] In Begriffen der Maschine und der damit verbundenen Begriffspolitik ist dieses Stadium der forcierten Kybernetisierung kaum mehr zu fassen. Es handelt sich zunächst einmal um eine militärisch-industrielle Neuverortung des Objekts und der Objektbeziehungen, die immer noch nicht abgeschlossen ist und die uns allererst in kybernetische Verhältnisse im strengen Sinne bringt: nämlich in die Relationen einer Netzwerkumgebung, die mit vielfältigen technologischen Objektkulturen gesättigt, ja überschwemmt, durch Hyperkonnektivität und Komplexitätsexplosion gekennzeichnet, letztlich automatisch kommunizierend und rechenintensiv ist. Existenz wird unter der technologischen Bedingung zur Existenz in einer Breitbandwelt, zu einem permanenten Verbundensein mit vielfältigen, mittlerweile sogar größtenteils ohne Umweg über Subjekte automatisch kommunizierenden und operierenden Objekten, in das wir eingebettet sind. Vor dem Hintergrund dieser environmentalen, mit Heidegger gesprochen

53 Zentrale Begrifflichkeiten der Kybernetik zweiter Ordnung sind denn auch in direktem Zusammenhang mit der seit 1968 sich verstärkenden Ökologisierung des Denkens entstanden. Bruce Clarke hat beispielsweise die neokybernetische Profilierung des Begriffs der Autopoiesis im Rahmen der Debatte um Lovelocks Gaia-Hypothese im *Whole Earth Catalog* und in *CoEvolution Quarterly* gezeigt. Vgl. dazu Bruce Clarke, »Neocybernetics of Gaia: The Emergence of Second-Order Gaia Theory«, in: Eileen Christ, H. Bruce Rinker (Hg.), *Gaia in Turmoil. Climate Change, Biodepletion, and Earth Ethics in an Age of Crisis*, Cambridge/Mass. 2009, S. 293-314. Vgl. auch ders., »Steps to an Ecology of Systems: *Whole Earth* and Systemic Holism«, in: Hannes Bergthaller, Christen Schink (Hg.), *Addressing Modernity. Social Systems Theory and U.S. Cultures*, Amsterdam, New York 2011, S. 260-288.

54 Vgl. Katherine N. Hayles, Nicholas Gane, Couze Venn, Martin Hand, »Ubiquitous Surveillance. Interview with Katherine Hayles«, in: *Theory, Culture & Society* 24 (2007), S. 349-358, hier S. 349.

›umweltlichen‹ *agency*, die sich auf eine Objektvielfalt verteilt, ist auch entsprechend der Begriff der Maschine selbst zugunsten des Begriffs des Objekts in der theoretischen Beschreibungskultur mehr und mehr in den Hintergrund gerückt.[55]

Was Simondon unter dem Titel von offenen, an die Existenz von Netzen gebundenen und diese Netze ausbreitenden Objekten ganz prinzipiell als Signatur der technisch-industriellen Welt erfasste, das konkretisiert sich heute zu einer infrastrukturellen Revolution. Ich denke etwa, um eine prominente Entwicklung zu nennen, an die medientechnische Evolution von RFID-Chips und damit etikettierter Objekte, die in einem Internet der Dinge gipfeln soll.[56] Mit dem Eintritt in die »RFID-Welt«,[57] wie Bruce Sterling den militärisch-hyperindustriellen Komplex der neuen Objektorientierung mit einer gewissen Emphase genannt hat, der zunächst als eine hauptsächlich logistische Umstellung mit gravierenden kontrollgesellschaftlichen Implikationen erscheinen mag, verändert sich indes nicht weniger als die Subjektivität, und zwar bis in ihre Tiefenschichten hinein. Im Verbund mit eingebetteten Sensoren, mobilen Technologien und relationalen Datenbanken destablisiere RFID, so hat es Hayles auf den Punkt gebracht, die überkommenen Vorstellungen von menschlicher Welt- und Sinnbildung zugleich. RFID – das ist die nachhaltig sinngeschichtliche Dimension, von

55 Der in den letzten Jahren so auffällige Objektzentrismus der Theoriebildung – von der, um nur die prominentesten zu nennen, objektorientierten Philosophie Graham Harmans über die Quasi-Objekte von Serres, die Vermittler und die neue Dingpolitik der Akteur-Netzwerk-Theorie Latours bis hin zu Bernard Stieglers Theorie der hyperindustriellen Zeitobjekte und seiner erst jüngst entwickelten allgemeinen Pharmakologie des Übergangsobjekts, die allesamt im Objekt ihren zeitdiagnostischen Anhalt und Impuls und mitunter auch das Imaginäre ihrer eigenen Theorieanstrengung finden –, dieser Objektzentrismus ist vermutlich nur eine erste Bearbeitung und ein erster Niederschlag der grundlegenden technologischen Reformierung unserer Objektbeziehungen, die unter neuen Medienbedingungen stattfindet. Mittlerweile gibt es aber längst auch Zweifel an der Beschreibungsmacht des nunmehr so überlasteten Objektbegriffs, jedenfalls was die Beschreibung der gegenwärtigen Situation angeht.

56 RFID ist ein Akronym für *Radio Frequency Identification*. Eine präzise Beschreibung des technischen und institutionellen Entwicklungsumfeldes von RFID, die bis in den Zweiten Weltkrieg und dessen unmittelbare Nachgeschichte zurückgreift, hat gegeben: Christoph Rosol, *Vom Ursprung einer (all)gegenwärtigen Kulturtechnologie*, Berlin 2007.

57 Bruce Sterling, *Shaping Things*, Cambridge/Mass. 2005, S. 84-91.

der Hayles' Analyse letztlich getragen wird – befördert demnach eine tiefgreifende »Krise der Interpretation« und wirft die Frage nach »Sinnbildung in informationsintensiven Umgebungen«[58] jenseits aller dogmatischen sinnkulturellen Gemeinplätze noch einmal neu auf. RFID eröffnet die Möglichkeit – und stärker könnte der Einsatz kaum sein –, »die Last einer lange vorwaltenden falschen Auffassung von Kognition abzuwerfen und zu einer stärker prozesshaften, relationalen, präziseren Auffassung von in komplexen Umgebungen verkörperter menschlicher Aktivität überzugehen«.[59]

Kurzum: RFID verdichtet nach Hayles nicht mehr und nicht weniger als das gegenwärtig hoch im Kurs stehende Programm verteilter Kognition. Es transformiert unser Bild des Denkens objektiv.[60] Im *smart dust*, dem intelligenten Feinstaub winziger miteinander verschalteter objektiver Interakteure, offenbart sich gewissermaßen eine transzendentale Technizität, die immer stärker die Züge technologischer Immanenz trägt. Maschinenhaftigkeit verliert sich dabei zugunsten einer Dinghaftigkeit. Folgerichtig wird auch zunehmend, so formuliert es Hayles, »die Betonung von der überkommenen Triade Mensch-Tier-Maschine«, mit der vor allem noch die Kybernetik erster Ordnung operierte, auf die Triade von »Mensch-Tier-Ding verlegt«.[61] Das ist aus meiner Sicht die starke historisch-ontologische Ereignishaftigkeit von RFID, mit der sich eine neue Primarität, ja Primordialität von Umweltlichkeit als Grundzug der technologischen Bedingung heraushebt – originäre Umweltlichkeit, die sich ihrerseits, das sei nur nebenbei notiert, zunehmend auch in Phantasmen eines neuen, von der Wissenschaftsforschung bis hinein in die Künste favorisierten Technoanimismus wilder elektronischer Umwelten ausschreibt.[62]

58 Katherine N. Hayles, »RFID: Human Agency and Meaning in Information-Intensive Environments«, in: *Theory, Culture & Society* 26 (2009), S. 47-72, hier S. 48 (Übers. E. H.).

59 Ebd. (Übers. E. H.).

60 Diese Transformation ist im kurzen wilden Moment der frühen Kybernetik, damals allerdings noch weitgehend ohne konkrete objektgeschichtliche Grundlage, bereits angedacht worden. Vgl. Erich Hörl, »Das kybernetische Bild des Denkens«, in: Michael Hagner, Erich Hörl (Hg.), *Die Transformation des Humanen. Beiträge zur Kulturgeschichte der Kybernetik*, Frankfurt/M. 2008, S. 163-195.

61 Hayles, »RFID« (wie Anm. 58), S. 49 (Übers. E. H.).

62 Hayles geht in ihrer Charakterisierung der neuen Umweltlichkeit selbst von der Beschreibung einer »animierten Umwelt« [*animate environment*] zu einer »ani-

Die RFID-Technologie ist dabei lediglich ein, wenn auch ein ganz zentraler Aspekt einer allgemeinen Entwicklungstendenz, die der britische Geograph Nigel Thrift, ein wichtiger Vermesser der neuen elektronischen Geographie und genauer Beobachter der ökotechnologischen Wende, insgesamt als Durchsetzung »einer neuen Art von technischem Unbewussten«[63] auf den Punkt brachte. Durch in ihrer Umgebung kontinuierlich sendende Objekte, durch den Aufstieg des *ubiquitous* bzw. *pervasive computing* sowie von *calm technologies*, in deren Folge Komputation kontextabhängig, nahtlos in die Umwelt eingelassen wird und die Dinge über unsichtbare, allgegenwärtige Rechnernetzwerke verbunden sind, durch die rasante Ausbreitung mobiler Medien wie GPS oder *smart phones*, durch Entwicklungen wie *smart clothing* – Kleidung mit eingebetteter Elektronik –, schließlich auch durch *grid computing* geschieht nicht nur eine vollkommene Restrukturierung des Alltagslebens, sondern eine Readressierung von Welt überhaupt.[64] In diesem neuen technischen Unbewussten werden wir am Ende ein *technologisches Unbewusstes* im starken Sinne erkennen müssen.

Mark Weiser und andere Pioniere von *ubicomp*, also der Rechnerallgegenwart, haben sich seit Mitte der 1980er Jahre mit einer Neukonzipierung der Art und Weise befasst, wie Rechner in der Welt sind. Nach dem Zeitalter der Mainframes, der Großrechner, und der daran anschließenden PC-Ära – und gegen die die-

mistischen Umwelt« [*animistic environment*] (ebd., S. 50) über. Eine animistische Lektüre der zeitgenössischen technologischen Kondition favorisiert fraglos auch Bruno Latour (vgl. z. B. jüngst Bruno Latour, »An Attempt at a ›Compositionist Manifesto‹«, in: *New Literary History* 41 [2010], S. 471-490). Die von Anselm Franke kuratierte Ausstellung *Animism* hat den Animismus im Gefolge Latours zum Zwecke einer Ethnographie der zeitgenössischen technologischen Kultur reanimiert. Siehe dazu Anselm Franke (Hg.), *Animism*, Berlin 2010. Zum mediengeschichtlichen Phantasma des Animismus als solchem, das in all diesen Positionen völlig unreflektiert bleibt, siehe Erich Hörl, *Die heiligen Kanäle. Über die archaische Illusion der Kommunikation*, Zürich, Berlin 2006.

63 Nigel Thrift, »Remembering the Technological Unconscious by Foregrounding Knowledges of Position«, in: ders., *Knowing Capitalism*, London 2005, S. 212-226, hier S. 223 (Übers. E. H.). Mit dem Begriff des »technological unconscious« schließt Thrift direkt an Patricia T. Cloughs Überlegungen zur »teletechnologischen Transformation« an, die sie entwickelt in: *Autoaffection. Unconscious Thought in the Age of Teletechnolgy* (Minneapolis, London 2000).

64 Vgl. Thrift, »Remembering the Technological Unconcious« (wie Anm. 63), S. 219 (Übers. E. H.).

ser Ära eigenen Träumereien von einer virtuellen Realität – sollten Computer umgekehrt stärker in die Außenwelt entlassen, in die physikalische Welt verteilt und integriert werden, um am Ende vollends »in den Hintergrund [zu] entschwinden«.[65] Rechner, das war die Vision, sollten damit in die »tacit dimension« und in den »Horizont« einrücken, in die Unauffälligkeit von »Zuhandenheit« zurücksinken, wie Weiser es in direktem Anschluss an Michael Polanyi, Hans-Georg Gadamer und Martin Heidegger formulierte. Denn »die tiefgreifendsten Techniken«, mit diesen Sätzen eröffnet Weisers Programm, »sind diejenigen, die verschwinden. Sie weben sich ins Gewebe des Alltagslebens, bis sie von diesem nicht mehr zu unterscheiden sind.«[66]

War diese rechnerbasierte Neoökologisierung in den 1980er Jahren noch hauptsächlich Gegenstand eines spekulativen Zweiges der Computerwissenschaften, so vollzog sich seither jedenfalls auf harter technologischer Grundlage in rasanter Geschwindigkeit das, was Thrift unter Bezugnahme auf Heidegger als die große Transformation des »Hintergrundes« protokolliert:

Jede menschliche Aktivität hängt von einem unterstellten Hintergrund ab, dessen Gehalt kaum hinterfragt wird: Er ist da, weil er da ist. Er ist gleichsam die Oberfläche, auf der das Leben dahingleitet. Einstmals mag der Großteil dieses Hintergrundes aus Entitäten bestanden haben, die in einer »natürlichen Ordnung« existierten, also aus der ganzen Bandbreite der Wechselfälle der Erdoberfläche von der Berührung durch Luftzüge, dem

65 Mark Weiser, »The Computer for the 21st Century«, in: *Scientific American* 265 (1991), S. 94-104, hier S. 94. Es geht bei der seit Mitte der 1980er Jahre in Xerox PARC (Palo Alto Research Center) nach der Idee von Weiser entwickelten Vorstellung einer »allgegenwärtigen Ausbreitung« von Rechnern in die Umwelt um eine »vollständige Neubestimmung der Beziehung von Menschen, Arbeit und Technologie für die Post-PC-Ära«. Daraus ist ein neues Feld der Computerwissenschaften entstanden, in dem, so heißt es, »über eine mit Sensoren, Aktuatoren, Bildschirmen und Rechnerkomponenten reich und unsichtbar verwobene, nahtlos in alltägliche Gegenstände eingelassene und durch ein kontinuierliches Netzwerk verschaltete physische Welt spekuliert« wird (Mark Weiser, Rich Gold, John Seely Brown, »The Origins of Ubiquitous Computing Research at PARC in the late 1980s«, in: *IBM Systems Journal* 38 (1999), S. 693-696, hier S. 694, Übers. E. H.). Vgl. auch Mark Weiser, John Seely Brown: »The coming age of calm technology« (1996), in: Peter J. Denning (Hg.), *Beyond Calculation: The Next Fifty Years*, New York 1997, S. 75-85.

66 Weiser, »The Computer for the 21st Century« (wie Anm. 65), S. 54 (Übers. E. H.).

Jucken der Bekleidung bis zu Veränderungen am Himmel. Über die Zeit wurde dieser Hintergrund mit mehr und mehr »artifiziellen« Bestandteilen ausgefüllt, so dass unter den gegenwärtigen Umständen viel von diesem Lebenshintergrund von »zweiter Natur« ist, die künstliche Entsprechung des Atems. Straßen, Beleuchtung, Leitungen, Papier, Schrauben und Ähnliches konstituierten die erste Welle der Artifizialität. Nun erscheint eine zweite Welle zweiter Natur, die ihre flüchtige Präsenz durch so unterschiedliche Objektgestelle wie Kabel, Formeln, Funksignale, Bildschirme, Software, Kunstfasern etc. ausweitet.[67]

Es sind genau diese neuen, überbordenden, zumeist elektronischen Objektgestelle des Lebens, die heute die Rekursivität von Welt verbürgen und als technisches Unbewusstes zu denken sind: Sie »krümmen«, so heißt es bei Thrift, »die Körper-mit-Umgebungen nach einem Adresssatz ohne Zutun irgendwelcher kognitiver Inputs. Das technische Unbewusste ist deshalb ein präpersonales Substrat garantierter Zusammenhänge und Korrelationen, versicherter Begegnungen und unbeachteter Antizipationen«.[68] Durch die Einrichtung intelligenter Umgebungen werden die Oberflächen und Texturen des Alltagslebens durch alle Arten von softwaregesteuerten Geräten verstärkt, gesteuert, angetrieben. Es geht um die Genese einer Prozessrealität, die immer mehr von dem, »was einmal als menschlich erschien, in Form von kleinen kognitiven Assistenten, auf die nun präkognitiv zurückgegriffen wird, in die Umwelt verlegt«, nicht ohne dabei gleich auch »die neue technische Welt direkt ins Unbewusste einzuarbeiten«.[69]

Entscheidend ist, dass auch Thrift die sinngeschichtliche Tiefendimension erahnt: Angesichts solcher Entwicklungen, die das In-der-Welt-Sein insgesamt umbilden, hat er sich nicht weniger als das Projekt einer »Genealogie des Hintergrundes«[70] vorgenommen. Diese soll die Genese des »*neuen Sinn*[*s*] der Welt«[71] infolge der

67 Nigel Thrift, »Movement-space: The Changing Domain of Thinking Resulting from the Development of New Kinds of Spatial Awareness«, in: *Economy and Society* 33 (2004), S. 582-604, hier S. 584 f. (diese und die folgenden Übers. E. H.).

68 Ebd., S. 585.

69 Nigel Thrift, »From Born to Made: Technology, Biology and Space«, in: *Transitions of the Institute of British Geography*, NS 30 (2005), S. 463-476, hier S. 471 bzw. S. 473.

70 Nigel Thrift, »Still Life in Nearly Present Time: The Object of Nature«, in: *Body & Society* 6 (2000), S. 34-57.

71 Thrift, »Movement-space« (wie Anm. 67), S. 587 (Hervorh. E. H.).

fortschreitenden Kybernetisierung in Anschlag bringen. Er spricht von dem neuen Sinn einer »radio-aktiven Welt«,[72] dann auch vom Sinn einer Vielheit von »neuen generativen Mikrowelten«,[73] die die Art und Weise, wie die Welt sich zeigt, wie sie erscheint, wie sie sich entbirgt, radikal verwandeln. Was er beschreibt, ist nichts anderes als die technologische Sinnverschiebung: Unter der technologischen Bedingung lässt sich der neue Sinn des Sinns mit Thrift als Emergenz aus verteilten, entäußerten »Intelligibilisierungen« [*intelligencings*] und »infovoren Geographien«[74] begreifen und stellt heute keine Frage der Hermeneutik mehr dar, sondern ist eine Sache von »Ökologien der Information«[75] [*ecologies of intelligence*].

Diese hier in aller Kürze angeführten Beschreibungen lassen sich jedenfalls sinngeschichtlich auf einen gemeinsamen Nenner bringen: Die neue Sinnkultur des postsignifikativen technologischen Zeitalters, das auf die lange dauernde, durch die Technik der Schrift definierte Sinnkultur folgt, ist *allgemein-ökologisch* charakterisiert, ihre Beschreibung ist deshalb die Aufgabe einer allgemeinen Ökologie.[76] Denn die originäre Heterogenität und Komplementarität des Sinns, wie sie der allgemeine Ökologe der ersten Stunde und zugleich frühe Theoretiker eines technologischen Unbewussten, Félix Guattari, ins Auge fasste, nimmt heute eine sehr klare Gestalt an: Die »radikale ontologische Umstellung« auf der Basis einer neuen, im stärksten Sinne exterioren Maschinenkultur »protosubjektiver Diagramme«, die die »totalisierende Wirkung des Begriffs des Signifikanten«[77] und dessen psychische und kollekti-

72 Thrift, »From Born to Made« (wie Anm. 69), S. 470.

73 Thrift, »Movement-space« (wie Anm. 67), S. 584.

74 Thrift, »From Born to Made« (wie Anm. 69), S. 463.

75 Ebd., S. 469.

76 Ich verwende den Begriff der *allgemeinen Ökologie*, der in Kürze an anderer Stelle systematisch ausgearbeitet werden wird, im Anschluss an Georges Batailles Begriff der »allgemeine[n] Ökonomie« [*économie générale*]. Unter technologischen Bedingungen ist die allgemein-ökonomische zu einer allgemein-ökologischen Frage geworden und als solche als Herzstück einer neuen politischen Ökologie zu reformulieren. Bei Félix Guattari findet sich am Rande der Begriff einer »verallgemeinerten Ökologie« [*écologie généralisée*] (*Les trois écologies* [1989], Paris 1999, S. 47).

77 Vgl. Félix Guattari, »L'hétérogenèse machinique«, in: ders., *Chaosmose*, Paris 1992, S. 53-84, hier S. 59 (Übers. E. H.). Zur Frage des technologischen Unbewussten bei Guattari vgl. Erich Hörl, »Wunsch und Technik. Stieglers Genealogie des Begehrens«, in: Bernard Stiegler, *Hypermaterialität und Psychomacht*, hg.

ve Strukturierungsmacht aushebeln, das ist heute längst die allgemein ökologische Wirklichkeit einer weitgehend kybernetisierten, techno-logisch in der Umgebung verteilten, heterogenetischen Subjektivität. Die kybernetische Subjektivität, die nur noch ökologisch als Integration verschiedener psychischer, kollektiver und technisch-medialer Subjektivierungsmilieus zu beschreiben ist, folgt auf die lang dauernde skripturale Subjektivität der Epoche der Schrift. Auf den überkommenen subjektiven Transzendentalismus des Schriftzeitalters folgt die transzendentale Technizität einer ökotechnologischen Prozesskultur, die bereits unsere heutige Erfahrung grundiert. Sie ist jedenfalls der Fluchtpunkt der bereits von Guattari eingeräumten »erstaunlichen Ausbreitung einer computergestützten Subjektivität«,[78] mit der sich schließlich – im Verbund von Informationstechnologien und kognitivem Kapitalismus – ein technologisches Modell von Subjektivierung und auch des Unbewussten durchsetzt. Das Unbewusste kann, das war schon Guattaris Pointierung der sinngeschichtlichen Transformation, nur noch jenseits des überkommenen, der Schriftkultur entstammenden psychoanalytischen Rahmens und nicht länger als eine Sache intrapsychischer Wesen und in Begriffen des linguistischen Signifikanten gedacht werden, vielmehr als Gefüge verschiedenster semiotischer und pragmatischer Dimensionen, die aus den unterschiedlichsten existenziellen, medientechnisch durchdrungenen Territorien stammen.[79]

von Erich Hörl, aus dem Französischen von Ksymena Wojtyczka, Zürich 2010, S. 7-33, hier S. 7-16.

78 Guattari, *Les trois écologies* (wie Anm. 76), S. 28.

79 Vgl. z. B. den aus dem Nachlass stammenden, nur in englischer Übersetzung vorliegenden Text »Entering the Post-media Era«, in: Félix Guattari, *Soft Subversions. Texts and Interviews 1977-1985*, hg. von Sylvère Lothringer, Los Angeles 2009, S. 301-306. Guattari unterscheidet hier auch noch zwischen präpersonalen und postpersonalen Ebenen, zwischen denen sich diverse unbewusste Anordnungen des Sinns herausbildeten, und situierte dabei die Medienfrage noch nahezu ausschließlich auf der postpersonalen Ebene: als eine Frage der Massenmedien, die postpersonale Subjektivierungsprozesse desingularisierten, serialisierten, konditionierten. Seine ganze Hoffnung ruhte hingegen darauf, was er das »postmediale Zeitalter« nannte, das auf Basis der informations- und biotechnologischen Revolution eine Resingularisierungs- und Heterogenisierungswelle einläuten sollte. Guattari setzte, mit anderen Worten, auf die radikale Ökologisierung des Sinns von Sein durch die technologische Kondition. Heute ist längst auch die präpersonale Ebene medientechnologisch geprägt. Darauf werde ich an anderer Stelle zurückkommen.

Die allgemeine Ökologie umfasst jedenfalls das Ineinandergreifen von individuell-mentalen, kollektiv-sozialen und umweltlichen Prozessen, die in Zeiten der technologischen Bedingung durchweg durch ein technisches Außen rekonstelliert und dabei in ihrer ursprünglichen Zusammengehörigkeit und metastabilen Relationalität allererst als solche erkennbar und lesbar geworden sind. Im Kern der allgemein-ökologischen Frage geht es um die Beziehung von Subjektivität und ihrer Exteriorität, die auf technologischer Basis grundsätzlich neu zu verhandeln steht. Die Technologie durchquert dabei die Immanenz der drei miteinander verflochtenen ökologischen Prozesskulturen und integriert sie: zur neuen Subjektivität und Lebensform der Ökotechnologie. Diese bildet den Rahmen des in Herausbildung begriffenen Sinns. Die genauere, entweder hyperindustriell kontrollierte oder offen relationale Ausgestaltung und Erfindung dieses Sinns, die uns prinzipiell obliegt, ist Gegenstand von Auseinandersetzungen und Kämpfen bereits seit mindestens einem halben Jahrhundert und wird es wohl noch mehr in nächster Zukunft sein. Der ökotechnologische Sinn, so viel ist gewiss, ist unsere Frage und unser Sorgehorizont.

Beschreibungen

Die Reihe der nachfolgenden Beiträge zur Beschreibung der technischen Welt eröffnet Jean-Luc Nancy mit einer Abhandlung über das Aufkommen einer Kopräsenz der Wesen, die sich nachgerade wie ein Traktat über die ökotechnologische Sinnverschiebung liest. Nancy, der unsere sinngeschichtliche Situation bereits seit den 1980er Jahren erkundet und dabei die Genese eines neuen und anderen Sinns des Sinns ins Zentrum seiner Diagnostik rückt, hatte schon mit seiner Koexistenzialontologie einen bedeutenden Versuch über die Verfasstheit der neuen Sinnkultur vorgelegt, auch wenn er deren grundlegende Technizität noch nicht scharfstellte. Koexistenz ist dabei das Schlüsselwort zur Beschreibung der ontologischen Lage, die er durch das unhintergehbare »Zusammen als absolut ursprünglicher Struktur«[80] bislang streng geschiedener Entitäten – Mensch, Tier, Ding, Maschine – charakterisiert sieht. Ihr

80 Jean-Luc Nancy, *Singulär Plural Sein*, aus dem Französischen von Ulrich Müller-Schöll, Zürich, Berlin 2004, S. 100.

gemeinsames Erscheinen, das, was Nancy »com-parution« nennt, markiert nunmehr das sinnkulturelle Grundgeschehen.[81] Problematisch an dieser Diagnostik schien mir seit jeher eine gewisse anthropomorphe Fixierung zu sein, was die zentralen Akteure, die Träger, die Protagonisten des Mit-Seins angeht. Wenn indes von Anfang an ein auffälliges Drängen des Technischen in Nancys Koexistenzialanalytik zu beobachten ist und er selbst mitunter erkennen ließ, dass hinter dem großen Bruch des Sinns, hinter seiner Öffnung und dem, was er »die Entwerkung des Sinns«[82] nennt, nichts anderes als die Technologie stünde, dass es eine wesentliche Technizität der Existenz gäbe und die Koexistenzialontologie zuallererst die Ontologie des technologisches Zeitalters darstellen könnte, genauer: die Ontologie der Zeit der Ökotechnie,[83] so entfaltet der hier vorliegende Aufsatz zum ersten Mal die Frage von Technik und Sinn ganz explizit und frontal. Struktion (von *struo*, anhäufen, aufhäufen) bezeichnet dabei die »nicht gefügte Gesamtheit«, die »unversammelte Menge«, die schlichte »Kopräsenz« ohne Prinzip der Koordination und ist genau darin der Name der »Lektion«, die uns, so Nancy, heute die Technik gibt: Das »Mit«, das Nancy lange Zeit im Anschluss an Heidegger als nunmehr zentrales Existenzial der neuen sinngeschichtlichen Situation ausgearbeitet hat, erscheint jetzt unter dem Namen der Struktion zunächst als nacktes kategoriales Mit eines »schlichten, reinen Nebeneinander, das keinen Sinn ergibt«, als Zustand einer »instabilen Zusammenfügung«, einer ungewichteten Zerstreuung und Verteilung von Kozugehörigkeiten. Es beschreibt, daran lässt Nancy hier keinen Zweifel, nichts anderes als unsere Einfügung in die Technosphäre, die neuen Gangarten des Sinns und zu guter Letzt die technologische, ja die ökotechnologische Seinskondition als solche: Denn »›Sein‹«, so heißt es an zentraler Stelle des Aufsatzes, »ist nicht mehr an sich, sondern es ist Kontiguität, Kontakt, Spannung, Verdrehung, Kreuzung, Gefüge«.

81 Vgl. dazu ebd., S. 93-104; sowie Jean-Luc Nancy, »Das gemeinsame Erscheinen. Von der Existenz des ›Kommunismus‹ zur Gemeinschaftlichkeit der ›Existenz‹«, aus dem Französischen von Gisela Febel und Jutta Legueil, in: Joseph Vogl (Hg.), *Positionen zu einer Philosophie des Politischen*, Frankfurt/M. 1994, S. 167-204.

82 Jean-Luc Nancy, *Le sens du monde*, Paris 1993, S. 66 (Übers. E. H.).

83 Dieses Drängen des Technischen in Nancys Denken ist der Hauptgegenstand meines schon erwähnten Aufsatzes: »Die künstliche Intelligenz des Sinns« (wie Anm. 12).

Der nachfolgende, vermutlich um 1970 entstandene Text Gilbert Simondons[84] handelt von der geschichtlichen Ankunft und einigen Grundcharakteristika *der technischen Einstellung*, die, so sei zuspitzend formuliert, am Ende jene reine theoretische Einstellung abgelöst haben könnte, deren Durchbruch bei den Griechen Husserl so wirkmächtig skizzierte. Simondon beschreibt jedenfalls, wie sich die technische Einstellung – entsprechend einer historischen Phänomenologie der Betriebs- und Aktivitätsformen und gemäß der geschichtlichen Evolution des technischen Objekts von Elementen zu Ensembles – langsam herauskristallisiert und schließlich im Kontext eines grundsätzlichen Rearrangements der Wirklichkeit durch die Kybernetik und vor allem durch die neue Wirklichkeit des Netzes zum Durchbruch gelangt. Wenn es bei Husserl heißt, »in irgendeiner Einstellung lebt die Menschheit (bzw. eine geschlossene Gemeinschaft wie Nation, Stamm usw.) in ihrer historischen Lage immer«,[85] und er dabei den stets vorhandenen »Normalstil« betont, in dessen Form sich die Entwicklung jeweils abspielt, dann scheint Simondon nach der großen Umstellung von der natürlichen zur theoretischen Einstellung schließlich die Umstellung von der theoretischen zur technischen Einstellung und damit die Geburt eines neuen Normalstils menschlichen Daseins unter der technologischen Bedingung zu erwägen. Das ist meines Erachtens jedenfalls der weitere geschichtliche Horizont, in dem dieser Text steht.

Die Umstellung, die Simondon hier so nachhaltig beschäftigt, betrifft zum einen das Bild des Denkens. Im Unterschied zu Deleuze, der herausstellte, dass das Denken stets, bereits *vor* allem Denken, schon ein Bild dessen hat, was Denken heißt, der dabei allerdings die Frage nach einem geschichtlichen Grund dieses Bildes unbeachtet ließ, erörtert Simondon im vorliegenden Text, wie Techniken kognitive Schemata liefern, die mitunter epochal sind und sich zu verbindlichen Bildern des Denkens kristallisieren kön-

84 Der Text stammt aus dem Nachlass Simondons und wurde von Jean-Hugues Barthélémy und Vincent Bontems herausgegeben. Simondons Sohn Michel vermutete, dass dieser Text um 1970 entstand.

85 Edmund Husserl, »Die Krisis des Europäischen Menschtums und die Philosophie« (1935), in: ders., *Die Krisis der europäischen Wissenschaften und die transzendentale Phänomenologie* (1953), *Husserliana* Bd. VI, hg. von Walter Biemel, Den Haag 1962, S. 314-348, hier S. 326.

nen. So generiert der mechanische Naturzustand gemäß der Logik der einfachen Maschine und ihrem Paradigma der verlustfreien Übertragung Descartes' Methode, während der kybernetische Naturzustand das kognitive Basisschema der Rekursion großräumig zu implementieren beginnt. Zum anderen bringt die technische Einstellung auch die Umprägung von affektiven Modalitäten mit sich, am Ende sogar, und das ist zweifelsohne der systematische Kern der Simondonschen Überlegungen, den Aufgang einer neuen Normativität. Dies vollzieht sich mit dem Übergang vom industriellen, modernen, geschlossenen, separierten Objekt zum postindustriellen, postmodernen, offenen Objekt, das eingelassen ist in eine neue Netzrealität und deren Inbegriff darstellt. Öffnung, Offenheit, unabschließbare Supplementarität werden insgesamt, so Simondon, zum »Signum der Vollkommenheit der technischen Einstellung«, und ich möchte auch sagen: zur epochalen Signatur. Denn die Offenheitsfaszination, die viele philosophische Politiken vor allem in der zweiten Hälfte des 20. Jahrhunderts prägte, unter anderem auch die Nancys, hat einen ihrer starken Gründe in der Netzwerkrealität offener Objekte.

Jean-Hugues Barthélémys prägnanter Aufsatz zu Simondon vertieft direkt im Anschluss den technik- und mediengeschichtlichen Hintergrund seiner Thesen und kann auch als eine Einführung in dessen heute so aktuelle Lehre des technischen Objekts gelesen werden. Barthélémy benennt dabei in aller Klarheit den harten systematischen Kern von Simondons philosophisch-politischem Projekt, den er anhand des kritischen Dialogs Simondons mit der Kybernetik herausschält: Es ist der Kampf gegen die grundsätzliche anthropologische Tendenz des abendländischen Denkens, die nunmehr, im Zeitalter der Information, zur Disposition steht. Er zeigt, wie Simondon – sich von der Kybernetik dort klar distanzierend, wo diese, gegen die offenen Maschinenverbünde, einer geschichtlich überholten Automatenfaszination unterliegt – am Aufschluss einer neuen nichtanthropologischen und technischen Normativität, genauer am Begriff der Transindividualität arbeitet. Transindividualität bzw. das Transindividuelle, Simondons Name für das neue Kollektiv einer Mannigfaltigkeit von Akteuren unter der technologischen Bedingung, entsteht allein aus dem Dialog des Individuums mit dem technischen Objekt, der erst und nur möglich wird, wenn die Technizität in Ensembles und offenen Maschinen wohnt. Das ist letztlich der Horizont von Simondons Vision einer universellen Kybernetik, wie sie wohl auch hinter seinem Begriff der technische Einstellung steht.

Wenn nun Simondons Denken der Technik auf einer dreifachen Analogie von technischem Objekt und Lebewesen basiert, wie es auch Barthélémy im Detail herausarbeitet, dann steht er damit allerdings in bester organologischer Tradition. Schon sein Lehrer Georges Canguilhem hat in dem berühmten, 1946 an Jean Wahls *Collège philosophique* gehaltenen Vortrag »Maschine und Organismus« betont, dass »der Begriff selbst und die Methoden einer ›Organologie‹ noch sehr vage«[86] seien, und deren überfällige Ausarbeitung eingeklagt. Im Zentrum sollte dabei die ursprüngliche Kontinuität der Technik mit dem Leben stehen, also, etwas unspezifisch, »ein systematisches Verständnis der technischen Erfindungen als Verhaltensweisen des Lebendigen«.[87] Neben dem deutschen Organologen Ernst Kapp hatte auch der Ingenieur und Architekt Jacques Laffite Anfang der 1930er Jahre die Idee einer Organologie im Kopf: einer Wissenschaft, die schlicht *alles umfasst, was funktioniert,* gleichgültig ob lebendige oder nichtlebendige Entitäten.[88] Was freilich Organologie genau bedeuten, vor allem wie ein organologisches Programm im Detail aussehen soll und was dessen zentrale Angriffspunkte zur Neubeschreibung der technischen Welt

86 Georges Canguilhem, »Maschine und Organismus« (1946), in: ders., *Die Erkenntnis des Lebens,* aus dem Französischen von Till Bardoux, Maria Muhle und Francesca Raimondi, Berlin 2010, S. 183-232, hier S. 183.

87 Vgl. ebd., S. 229 bzw. S. 232.

88 Laffite hat das Programm einer Wissenschaft der Maschinen mit dem Titel »Mechanologie«, die in nächster Nähe zur Biologie angesiedelt ist, Anfang der 1930er Jahre skizziert. Die Maschine wird dabei grundsätzlich als ein organischer Komplex angesehen und ist der Gegenstand all jener Disziplinen, die sich mit allem beschäftigen, was organisiert ist, von lebendigen bis nichtlebendigen Wesen. In einem Aufsatz von 1933 schreibt Laffite: »Ob man nun will oder nicht, dass die Biologie sich eines Tages zu einer Organologie integrieren wird, einer breiteren Wissenschaft, die das Wissen all dessen umfasst, was funktioniert, so bleibt doch, dass die Untersuchung der Maschinen Disziplinen untersteht, die streng mit den biologischen Disziplinen zu vergleichen sind« (»Sur la science des machines«, in: *Revue de synthèse* 6 [1933], S. 143-158, hier S. 145, Übers. E. H.). Simondon selbst benutzt den Begriff des Mechanologen bzw. des Technologen. Zu Laffite vgl. Ronan Le Roux, »L'impossible constitution d'une théorie générale des machines? La cybernétique dans la France des années 1950«, in: *Revue de Synthèse* 130 (2009), S. 5-36.

sein könnten, das ist bis heute ungeklärt. Bernard Stiegler, er ist ohne Zweifel der bedeutendste Erbe Simondons, setzt als Erster unter dem expliziten Titel einer *allgemeinen Organologie* zu dieser Bestimmung an.[89] Stiegler hat immer wieder auf die große zeitdiagnostische Aufgabe hingewiesen, eine Theorie der Gliederung und des Zusammenspiels von körperlichen Organen (Hand und Hirn, Augen, Tastsinn, Sprache, Geschlechtsorganen, Eingeweiden, vegetativem Nervensystem etc.), künstlichen Organen (Werkzeugen, Instrumenten und allen technischen Trägern des Grammatisierungsprozesses körperlicher und mentaler Vermögen) und sozialen Organen (menschlichen Gruppen wie Familien, Clans, Ethnien, politischen Institutionen und Gesellschaften, wirtschaftlichen Unternehmen und Institutionen, internationalen Organisationen und sozialen Systeme im Allgemeinen, etwa juridischer, religiöser, politischer, ökonomischer, fiskalischer Natur) vorzulegen.[90] In dem vorliegenden Text entwickelt er die Grundzüge der allgemein-organologischen Frage erstmals im Detail. In einer Radikalisierung von Derridas grammatologischem Projekt begründet er die allgemeine Organologie als positives pharmakologisches Wissen und führt dabei auch deren enormen Einsatz für eine Lektüre der Gegenwart vor Augen. Die genaue historische und systematische Offenlegung des komplexen Gefüges der drei organologischen Ebenen – nämlich der »Ebene der psychosomatischen Organe des psychischen Individuums«, die ein psychisches System bilden, dann »der Ebene der technischen und künstlichen Organe des technischen Individuums«, die ein technisches System bilden, und schließlich »der Ebene der gesellschaftlichen Organe wie Institutionen und Organisationen aller Art«, die soziale Systeme bilden –, sie zielt letztlich auf die Erforschung der transduktiven Beziehungen zwischen den psychischen, technischen und kollektiven Individuationsprozessen, die jeweils auf diesen organologischen Ebenen stattfinden. Die Bildungsprozesse der psychischen, technischen und kollekti-

89 Interessanterweise verwendet bereits Canguilhem, wenn auch in aller Flüchtigkeit, einmal den Titel einer allgemeinen Organologie [*organologie générale*]. In einer Fußnote nennt er Bergsons *Schöpferische Entwicklung* »in gewisser Hinsicht eine Abhandlung über allgemeine Organologie« (Canguilhem, »Maschine und Organismus« [wie Anm. 86], S. 228).

90 Vgl. Bernard Stiegler, *Pour une nouvelle critique de l'économie politique*, Paris 2009, S. 50.

ven Individuen, die sich niemals getrennt voneinander, sondern überhaupt erst in ihrer konkreten wechselseitigen Relationalität formieren – nichts anderes heißt transduktiv im Unterschied zu deduktiv und induktiv –, zu beschreiben, ihre geschichtlichen Kompromissbildungen, ihre wechselseitigen Anpassungs- und ›Entpassungs‹-Prozesse zu erforschen, die die konkreten *Dispositive der Individuation* erzeugen, das eben ist das unabschließbare Geschäft der allgemeinen Organologie. Sie visiert, um einen anderen Grundbegriff Stieglers aufzunehmen, eine Genealogie des auf den drei organologischen Ebenen angreifenden Grammatisierungsprozesses an, der seit den ersten behauenen Feuersteinen, massiert seit den ersten Schriftsystemen nach und nach alle Äußerungsströme, von der Rede bis zu den Gesten, ja selbst noch das Begehren erfasst und durch Diskretisierung überhaupt erst systemisch formier- und steuerbar macht. Ihre entscheidende Herausforderung und ihren Fluchtpunkt findet diese allgemein-organologische Genealogie in der gegenwärtigen Globalisierung des technischen Systems: Die qua Digitalisierung möglich gewordene Industrialisierung der Schrift hat nach Stiegler die totale Grammatisierung vorangetrieben und droht, das komplexe organologische Gefüge und damit die psychischen und kollektiven Individuationsprozesse zu zerstören.

Wenn auch Frédéric Neyrat ein dem Stieglerschen Unternehmen gegenüber prinzipiell befreundetes und benachbartes Denken repräsentiert, so gemahnt sein folgender Versuch über die kosmopolitische Situation der Wesen doch auch zu einer gewissen Wachsamkeit gegenüber bestimmten Figuren des Denkens, die selbst noch, wenn auch gebrochen, so scheint es mir, in der allgemein-organologischen Beschreibung der technischen Welt am Werk sind, allen voran ebendie des Fehls: Die »untergründige Logik, die dazu neigt, die Unvollständigkeit zu kompensieren und das zu vervollständigen, was fehlt«, stellt für Neyrat den Kernausdruck eines technologischen Unbewussten dar, das sich selbst in die avanciertesten Bearbeitungen der technischen Frage mit eingeschrieben hat und das es insgesamt zu deprogrammieren gilt, will man tatsächlich, so heißt es, »zur Beschreibung einer neuen kosmologischen Komposition« vorstoßen, »wie sie unsere Zeit verlangt«. Gegen »die holotechnologische Sättigung« des technologischen Unbewussten – *holo* verstanden in der Bedeutung von ganz, vollständig, heil, unversehrt – versucht Neyrat dem »Schema der gestörten Identität« von Natur und Technik, das Ersteres immer zu reduzieren sucht, seine ganze ontologische Breite und Positivität zu geben. Partielle und defekte statt absoluter Synthesen, Zusammensetzungen statt strikter Spaltung oder indistinkter Hybridität, die Formen unvollständiger Identifikationen vervielfachen – so lauten die Losungen einer neuen politischen Ökologie. Im Anschluss an Simondon und insbesondere an Gotthard Günther entwickelt Neyrat, und das stellt den Kern seines Beitrages dar, eine *Theorie der Ablösung*, um den neuen technologischen Sinn ausgehend von einem Verständnis von Technik als doppelter Ablösung zu begreifen – Ablösung von der Natur, verstanden als materielle Substitution, und Ablösung vom Menschen, verstanden als maschinische Autonomisierung. So soll Technik einen neuen, vollkommen gesonderten, in sich zweigeteilten ontologischen Bereich ausdifferenzieren. Noch jede konkrete technologiepolitische Reflexion, das ist die Pointe, hat diese Bereiche begrifflich distinkt zu halten, will sie auf der Höhe der technologischen Bedingung der Gegenwart sein.

Bereits in seinen *Studien zur nächsten Gesellschaft* hat Dirk Baecker die grundsätzlich kompositionistische Verfasstheit des Existierens unter der technologischen Bedingung ausgelotet. Die mit der Einführung des Computers heraufziehende nächste Gesellschaft, so hieß es, die die moderne, auf dem Buchdruck basierende Gesellschaft ablöst, wird, »radikaler, als wir uns dies bisher vorstellen können, eine ökologische Ordnung sein«. Vorausgesetzt, so betonte er, »Ökologie heißt, dass man es mit Nachbarschaftsverhältnissen zwischen heterogenen Ordnungen zu tun bekommt«, ohne jede »übergreifende Ordnung«, ohne »Gesamtsinn«.[91] Ökologisch geordnete, sich wechselseitig ergänzende, durchkreuzende und sonst wie in Anspruch nehmende »Populationen von Kontrollprojekten«[92] würden anstelle von Statushierarchien, Segmentierungen und Sachordnungen das Gesicht der nächsten Gesellschaft prägen. Sein Beitrag »Technik und Entscheidung«, der wie schon Neyrats Ablösungslehre an Gotthard Günthers Denken des dritten – eben des technologischen – Zeitalters anschließt, buchstabiert nun in aller Knappheit und Präzision das veränderte Technikverständnis durch, dessen Aufkommen den Eingang in die

91 Dirk Baecker, *Studien zur nächsten Gesellschaft*, Frankfurt/M. 2007, S. 9.
92 Ebd.

nächste Gesellschaft und die Eröffnung ihrer ökologischen Ordnung anzeigt. Im Übergang vom mechanischen zum elektrischen Weltbild wird das Kausalmodell der Technik, das bislang dominierte, zum Sonderfall. Es erscheint ein neuer, nach Baecker realistischer Technikbegriff, der zwischen den Extrempolen der Magie, die auf der Basis von Serien mit unendlichen Freiheitsgraden operiert, und der Kausalität, die auf Serien ohne Freiheitsgrade basiert, auf eine moderierbare Anzahl von Freiheitsgraden setzt. Das ist, in der Geschichtsphilosophie Günthers gesprochen, nach dem magischen Technikverständnis des primitiven Zeitalters und nach dem kausalen Technikverständnis des hochkulturellen der Technikbegriff des dritten, des planetarischen Zeitalters, das damit einen neuen Rationalitätstypus heraufführt. Technik wird hierdurch, das ist der entscheidende Punkt, über die Ausbeutung der Möglichkeiten, wie sie die Natur von sich aus vorsieht, hinausgetrieben und zur freien Konstruktion – wir können auch sagen: zur radikalen Schöpfung – von Spielräumen, deren Realisierung möglich, die aber nicht bereits gegeben sein müssen. Diese dritte Technik ist auch bei Baecker, ähnlich wie bei Nancy, eine Ökotechnik.

Katherine Hayles expliziert die neue allgemein-ökologische Frage, die die nächste Gesellschaft charakterisiert, indem sie die prinzipielle und sich über lange Zeiträume vollziehende, von der Mechanologie und Paläoanthropologie herausgearbeitete Koevolution von Menschen und technischen Objekten auf die Spezifik der Technogenese seit 1950 zuspitzt: Hier wird die Beziehung zwischen Technik und menschlicher Kognition zum entscheidenden Schauplatz der Entwicklung, an dem das Problem der Umweltlichkeit in aller Schärfe in den Vordergrund tritt und sich als Kernaspekt der heutigen Technogenese erweist. Wenn in der Kognitionsforschung seit den 1980er Jahren insgesamt die Rolle nichtmenschlicher Akteure immer stärker beachtet wird, so reflektiert nach Hayles insbesondere das Modell der erweiterten Kognition, das die menschliche Kognition nur noch als Teil eines umfassenderen kognitiven Systems auffasst und jedenfalls nicht mehr als Mittelpunkt und Kontrollinstanz selbstorganisierender Systeme, am deutlichsten den Eintritt in technologische Umwelten. Auch die auffälligen Konzeptualisierungen neuer Formen des Unbewussten – vom schon erwähnten »technischen Unbewussten« Thrifts über das »adaptive Unbewusste« von Wilson bis hin zum »neuen Unbewussten« von

Bargh, Hassin und Uleman –, die mit der extremen Verdichtung und Ausbreitung technologischer Infrastrukturen einhergehen, scheinen hauptsächlich die damit erscheinende neue Umweltlichkeit durchzuarbeiten und sie in erster Linie als mentale, kognitive Umweltlichkeit zu spezifizieren.[93]

Im Zentrum der gegenwärtigen Technogenese steht für Hayles die Aufmerksamkeitsfrage, die auch den Hintergrund der ganzen Neubeschreibung der Kognition markiert: Heute zeigt sich, dass Aufmerksamkeit insgesamt keine Größe außerhalb der technologischen Entwicklung ist, ja es niemals war, dass sie kein isoliertes und außertechnisches, prätechnologisches mentales Vermögen und keine einfache Bewusstseinsgröße darstellt, die heute schlichtweg technologisch bedroht wäre. Aufmerksamkeit erweist sich stattdessen als immer schon in eine Rückkopplungsschleife mit der technischen Umwelt eingebunden, innerhalb welcher sie operiert, als herausgehobener Schauplatz der Koevolution und Kokonstitution von technischen und menschlichen Wesen. Wenn Hayles bereits an anderer Stelle die Verschiebung von der traditionellen und jedenfalls für die Buchkultur hochsignifikanten Tiefenaufmerksamkeit zur Hyperaufmerksamkeit in informationsintensiven Umgebungen ausführlich beschrieb, und zwar als eine heute generationell durchbrechende Transformation des kognitiven Stils,[94] die man vielerorts und gerade auch hierzulande so gerne alarmistisch kommentiert, so wird im vorliegenden Text die *originäre* Technizität der Aufmerksamkeit als solcher pointiert. Das ist eine überaus wichtige, noch erst genau zu bedenkende Ergänzung der mechanologischen Perspektive, die für die Bearbeitung der Frage, was Subjektivität und Erfahrung unter der technologischen Bedingung bedeuten, ganz zentral sein wird.

Während noch für Simondon das technische Objekt zur Naturalisierung tendiert und der Konkretisierungsprozess des technischen Objekts dieses umgekehrt unendlich an die Autonomie und die vollkommene Kohärenz des Organismus annähert, so steht für ihn dabei außer Frage, dass die Naturalisierung niemals vollständig

93 Die Beziehung dieser neuen, ökologischen Formen des Unbewussten zum symbolischen Unbewussten der Psychoanalyse, das bemerke ich nur im Vorbeigehen, ist bislang völlig ungeklärt.

94 Vgl. N. Katherine Hayles, »Hyper and Deep Attention: The Generational Divide in Cognitive Modes«, in: *Profession* (2007), S. 187-199.

gelingt, dass immer ein Riss, ein heteronomer Rest und ein Mangel an Kohärenz als Anzeichen von Künstlichkeit und mithin von technischer Exteriorität bleiben. Dass das Mal der Technizität vollkommen verschwinden und welche Konsequenzen dies dann haben könnte, das hat Simondon noch nicht einmal erwogen. Nicole Karafyllis' Beitrag führt uns auf ein zentrales Feld der zeitgenössischen Technisierungsanstrengung, auf dem genau diese wesentliche Abständigkeit und Artifizialität des Technischen höchst folgenreich zur Disposition stehen. Sie befasst sich mit dem zunehmend zu beobachtenden Verinnerlichungsprozess des Technischen durch die *Converging Technologies*, also Nano-, Info-, Bio-, Kognitionstechniken, und fragt nach dessen Konsequenzen für die Welt- und Selbstverhältnisse des Menschen. In der fortschreitenden »Biofaktisierung« des Menschen und der damit gegebenen Interiorisierung des Technischen, darauf spitzt Karafyllis diese Frage zu, wird gerade der fundamentale menschliche Impuls zur Selbstvergewisserung mit Hilfe äußerlicher Artefakte, den sie im Geist des Handwerks ausgedrückt sieht, konterkariert, und das hat einen prinzipiellen Reflexions-, Gestaltungs- und Freiheitsverlust zur Folge.

Um die Schwierigkeiten und den Einsatz dieses Umkippens von technischer Exteriorität in technische Interiorität und von Artefakt- in Biofaktgeschichte begreifen zu können, wie wir es heute durch die forcierte Herstellung von hybriden Technonaturen und den Eintritt in eine biotechnisierte Lebenswelt bezeugen, legt Karafyllis die »hermeneutische Tiefenstruktur der technologischen Bedingung« frei, die ihrer These nach in aller Klarheit durch das Menschenbild des Handwerkers vor Augen geführt wird: Das Dasein vergewissert sich seiner durch technische Artefakte in einem »existentialen *Zwischenraum*« zwischen den Polen Leben/Tod und Vergangenheit/Zukunft. Technik erweist sich dabei als Ermöglichungsgrund von Welt- und Selbsterschließung im fundamentalen Sinn, weshalb Karafyllis auch vom »technischen Dasein« spricht. Nur durch die Erfahrung des Technischen ist das Dasein in seiner »phänomenalen Mitte«, die allerdings durch den zunehmenden Verlust der Äußerlichkeit von Technik und mithin durch die damit fortschreitende Nichterfahrbarkeit des Technischen ihrerseits technisch gefährdet scheint. Im Zuge ihrer Rekonstruktion des technischen Daseins rehabilitiert und reaktiviert Karafyllis die Figur des Homo Faber als Träger dieser phänomenalen Mitte, als Stütze und als ausgezeichneten Akteur der Exteriorität sowie als Garanten einer gewissen Spannung zwischen Technik und Natur, Hüter einer notwendigen Widerständigkeit von Natur. Da aber diese Figur auch ihrerseits der Geschichtlichkeit unterliegt, wie Karafyllis zeigt, gilt es, sie nicht einfach zu beschwören, sondern entsprechend der gegenwärtigen Bedingung zu überarbeiten, will man die in ihr angezeigte prinzipielle Möglichkeit einer Distanzbeziehung zum Technischen auch im biotechnischen Zeitalter offenhalten.

Alexander Galloway richtet sein Augenmerk auf eine tiefgreifende Veränderung der epistemologischen Grundeinstellung, die mit der Kybernetisierung einhergeht, ja überhaupt deren Möglichkeitsbedingung darstellt, und fragt im Anschluss daran nach den Implikationen für die Konzeptualisierungen des Politischen und für den Sinn von Kritik. Der Aufstieg der »Black-Box-Epistemologie«, so nennt sie Galloway, die der neue kybernetische Wissenschaftsverbund von Behaviorismus, Operations Research, Systemtheorie, neuronaler Netzwerktheorie, Automatentheorie und Spieltheorie hervorbrachte und in der Folge sehr wirkmächtig instituierte, ersetzt demnach die für die Neuzeit charakteristische, höchst invasive Untersuchungstradition: Ging es von Descartes über Kant und Marx bis zu Freud darum, ein Objekt zu isolieren, es von seiner Hülle zu befreien, um so seine innere Funktionsweise einzusehen, so sollte es nunmehr umgekehrt im Gehäuse und in der Hülle verbleiben: Das »Blackboxing« des Selbst, aber auch aller Entitäten und Systeme von Entitäten, sprich: das systematische Abblenden aller Innerlichkeit und das Fokussieren der Ein-/Ausgabe-Relation, wird die epistemischen Verfahren, Strategien und Politiken in Zeiten der Kybernetisierung prägen. Diese Veränderung vollzieht sich, das betont Galloway, im Verbund mit einer grundsätzlichen Transformation der Produktionsweise und von Subjektivität, die auf der Basis einer neuen Konnektivität und der Primarisierung der Schnittstelle die Black Box zum allgemeinen Funktionsprinzip erheben. Wo einst Innerlichkeit war und einzig die innere Verfasstheit zählte, da ist jetzt die Schnittstelle auf den Plan getreten: Black Boxes besitzen ein rein funktionales Sein, sind wesenlos, haben keinen transzendentalen Kern.

Unter der Vorherrschaft der Black-Box-Funktion wird auch das Politische neu gefasst. Am Anfang des 21. Jahrhunderts kommt die Black Box in höchst bezeichnender Weise, und das ist eine zentrale Beobachtung Galloways, mit dem Schwarzen Block zusammen. Taktiken der Anonymisierung und der Undurchsichtigkeit, der Vernebelung und des Rauschens, eine Politik der Verweigerung jedweder Repräsentation haben angefangen, mit ihren spezifischen Politiken der Schwärzung den politischen Raum der kybernetischen Gesellschaften zu durchdringen. Nach der Politik der Zeit und der Politik des Raumes, wie sie das 19. und 20. Jahrhundert dominiert haben, wird die Politik des 21. Jahrhunderts, so Galloway, eine Politik der Erscheinung sein, die nach der Ein-/Aus-Logik der Black Box die Politik auf die Logik von Erscheinen und Verschwinden zurückführt. Sie kündigt sich in ihren Grundmustern gerade erst an: Eine »zunehmende Politisierung der Ab- und Anwesenheitsproblematik, der Undurchsichtigkeit und Anonymität oder des Verhältnisses zwischen Identifikation und Lesbarkeit oder der Taktik des Nichtseins und des Verschwindens«, aber auch die Politisierung digitaler Erfassung und der Vergegenwärtigung sowie des Gebrauchs von Daten, all dies charakterisiert, was wir hier als einen zentralen Aspekt der *technologischen Sinnverschiebung des Politischen* festhalten können. Am Ende könnte es sogar, in Worten Galloways, um »eine neue Politik des Seins« gehen: um einen neuen Kampf darum, was ist und was sein kann.

Einen anderen zentralen Aspekt der allgemeinen Kybernetisierung seit Mitte des 20. Jahrhunderts fokussiert der Beitrag von Massimo De Carolis: das technologische Paradigma, das durch die »neuen Technowissenschaften des Menschen« implementiert wird. Schienen die spezifischen Fähigkeiten und Möglichkeiten des Menschen noch bis weit herauf ins 20. Jahrhundert zuallererst eine Sache der Geisteswissenschaften zu sein – auf diesem Glauben basierte gerade die offensive Trennung von Natur- und Geisteswissenschaften, wie sie Wilhelm Dilthey um 1900 freilich schon im Augenblick ihrer drohenden Unhaltbarkeit so folgenreich inaugurierte[95] – und waren sie dabei zugleich die Ressource des kritischen Geistes, um gegen die gefährlichen Sinnverschiebungen des psychischen und sozialen Seins infolge der Technisierung mobil zu machen, so zeitigt ihre jetzt von kognitiven und biologischen Techniken und Prothetiken aller Art betriebene Bearbeitung eine ganz

95 Vgl. dazu Bernhard Siegert, »Das Leben zählt nicht. Natur- und Geisteswissenschaften bei Wilhelm Dilthey aus mediengeschichtlicher Sicht«, in: Claus Pias (Hg.), [*me'dien*]*ⁱ. Dreizehn Vorträge zur Medienkultur*, Weimar 1999, S. 161-182.

neuartige Allianz, die den kritischen Geist nachgerade verstört: Es ist die biopolitische Allianz zwischen technologischen Möglichkeiten und individuellen Freiheitswünschen, in deren Zuge die Interessen der großen biopolitischen Netze mit den intimsten Passionen der Individuen zusammengehen. Die technowissenschaftliche Optimierung der biologischen, kognitiven und kommunikativen Fähigkeiten und Vermögen sowie deren Verwandlung in Ressourcen einer neuen Art von Ausbeutung und Produktion trifft sich auf unerhörte Weise, so De Carolis, mit einem technologischen Existenzialismus und dessen Versprechen, sich frei zu konstruieren und zu modifizieren, sich in radikalem Sinne zu entwerfen. Ebendies, die enge Verflechtung von sozialen Systemen, technowissenschaftlicher Entwicklung und schließlich individuellen Träumen und Illusionen, die die unhintergehbare Technizität der Existenz selbst freilegt, erscheint als Grundlage der zeitgenössischen Biopolitik und als Signatur der postmodernen kybernetischen Gesellschaft, die es in all ihrer Ambivalenz zu denken gilt. Die prinzipielle moralische Verwerfung der Technik, wie sie der kritische Geist immer wieder versucht hat, geht am Kern dieser tiefgreifenden Transformation vorbei. Stattdessen müssen die Auswirkungen des neuen technologischen Paradigmas und seiner großen anthropotechnischen Projektion ausgehend von der für die kybernetische Epoche insgesamt signifikanten Verschiebung von Freiheit zu Kreativität diskutiert werden. Setzte Freiheit, im kantischen Sinne verstanden, die klare ontologische Trennung von Natur und Geist voraus, genau jene Trennung also, die sich in kybernetischen Tagen zunehmend auflöst, so erscheint an ihrer Statt die Kreativität als neue Markierung einer nichtreduktiven Konzeption des Menschen. An deren Beschreibung haben sich die technowissenschaftlichen Programme als ihr Unbegreifbares abzuarbeiten und zu messen. Der Technik gelingt es nicht, so die These von De Carolis, jene kreative Innovation zu erfassen, deren augenfälligster Ausdruck sie doch selbst ist. Dennoch wird freilich gerade auch Kreativität produktiv gemacht und industrialisiert, angeeignet und liquidiert. Wie das moderne Ideal der Freiheit in der eindimensionalen Gesellschaft abzustürzen drohte, so ist die Spektakelgesellschaft, wie sie Guy Debord ankündigte, die Gefahr der postmodernen Kreativität. Die von John Dewey bereits 1939 in seinem gleichnamigen Essay erwogene »kreative Demokratie«, die die Spannung zwischen Entscheidung und Steuerung wachzuhalten versteht, die mit anderen Worten Kontingenz und Offenheit unhintergehbar in die Regierung einschreibt, sei es die Regierung des Selbst oder die eines Gemeinwesens, markiert für De Carolis den Horizont, den es für die Neubeschreibung der technischen Welt im Auge zu behalten gilt.

Eugene Thackers Beitrag thematisiert einen sonderbaren Bereich unserer technologischen Kultur, die insgesamt nicht nur vollkommen eingelassen ist in eine Welt der technischen Objekte und sich permanent damit beschäftigt zeigt, die neu erscheinenden Objekte in ihre Wunsch- und Projektionshaushalte zu adoptieren, sondern von ihnen nachgerade besessen zu sein scheint.[96] Thacker beschreibt den ontologischen Schrecken heimgesuchter Dinge und dunkler Objekte, wie ihn das Horrorgenre, insbesondere im heutigen Japan (der J-Horror), präsentiert, wobei die Heimsuchung signifikanterweise Medienobjekte betrifft: Videobänder, Digitalkameras, Mobiltelefone, Bildschirme, Webcams, alle möglichen *gadgets* der hochtechnisierten und hochmediatisierten Industriekultur. Es ist zum einen die andere Seite der nichtmenschlichen Handlungsmacht, die hier so populär zum Ausdruck drängt und die längst die technisch-mediale Welt regiert. In *The Exploit* haben Thacker und Galloway bereits darauf hingewiesen, wie uns elektronische Netzwerke, in denen wir leben, das Unmenschliche im Menschlichen zeigen, uns vorführen, dass nicht das individuierte menschliche Subjekt die basale Konstitutionseinheit darstellt, sondern unzählige Informationen, Affekte, Materien, Sachen,[97] die auf der Ebene präpersonaler, präsubjektiver Prozesse ablaufen. Jetzt, so könnte man sagen, interessiert Thacker, wie eine technologische Kultur mit dem ihr Unzugänglichen, Unverfügbaren umgeht, wie sie es kulturell bearbeitet. Und hier haben Medien genau dort, wo sie sich ins Seltsame wenden, wo sie die heute geläufige Auffassung von Medien, wie sie das Kommunikationsmodell von Shannon und Weaver darstellt, unterlaufen und unorthodox, praktisch *zu* gut funktionieren, eine ganz bestimmte Funktion: Sie vermitteln nicht mehr einfach das, was ohne sie unzugänglich bliebe, und machen es zugänglich, sondern sie machen, wie es heißt, »das Unzugängliche in seiner

96 Zur Theorie der Adoption vgl. Bernard Stiegler, *La technique et le temps 3. Le temps du cinéma et la question du mal-être*, Paris 2001, S. 138-146.

97 Vgl. Alexander Galloway, Eugene Thacker, *The Exploit. A Theory of Networks*, Minneapolis u. a. 2007, S. 155.

Unzugänglichkeit zugänglich«. »In unserer postsäkularen Zeit«, so Thacker (vgl. unten S. 306), werden wir »immer wieder an den radikal nichtmenschlichen Aspekt der Welt gemahnt, in der wir uns befinden. Kein großes Jenseits mehr, weder in der Topographie des Lebens nach dem Tod noch in der der Seelenwanderung. Stattdessen ist das Übernatürliche hier und jetzt in die Welt eingelassen und Teil der Welt geworden, manifest in einer paradoxen Unmittelbarkeit, die sich permanent entzieht und selbst negiert.« Er verweist dabei explizit auch auf die Spuren dieses postsäkularen Medienzaubers bis hin in die Objektorientierung und -fixierung der zeitgenössischen Philosophie und Wissenschaftstheorie.

Die letzten beiden Beiträge des Bandes, die Aufsätze von Scott Lash und Mark Hansen, erörtern jeweils, wenn auch auf sehr unterschiedliche Weise, die Frage und das Problem, was Erfahrung und was Subjektivität unter der technologischen Bedingung heißen könnten. Wenn Lash vor mittlerweile zehn Jahren feststellte, dass in dem Augenblick des Technologischwerdens der Lebensformen »wir den Sinn der Welt durch technologische Systeme«[98] bilden und dabei die »Sinnbildung ihre Innerlichkeit«[99] verliert, so ist er in der Folge den Entäußerungen des Sinns auf verschiedenen Schauplätzen des zeitgenössischen technologischen Kapitalismus nachgegangen. Im vorliegenden Text markiert er einen ganz entscheidenden systematischen Ort dieser Transformation: Er fragt danach, was im Zeitalter technischer Medien eigentlich mit der tradierten transzendentalphilosophischen Konzeptualisierung von Erfahrung und Subjektivität, wie sie Kant gegeben hat, geschieht. Er rekonstruiert Kants Beschreibung des modernen Subjekts als Einheit der Apperzeption, auf der alle Erfahrung basiert, und stellt sie dann in krassen Gegensatz zu dem, was es heute als technologische Subjektivität und Erfahrungsbildung zu beschreiben gilt: Diese sind eingelassen in Verhältnisse unendlicher systemischer Zeit und räumlicher Allgegenwart, finden vor dem neuen algorithmischen Hintergrund der technologischen Lebensform und ihrer wesentlichen Ungegenständlichkeit statt, vollziehen sich als Kopplung einer vernetzten selbstorganisierenden Subjektivität und einer informationellen selbstorganisierenden Objektivität. Die großen

98 Scott Lash, »Technological Forms of Life« (2001), in: ders., *Critique of Information*, London 2002, S. 13-25, hier S. 15 (Übers. E. H.).

99 Ebd.

Anfechtungen der kantischen Konzeptualisierung, die unsere jüngere Geschichte prägen und die nacheinander zunächst eine radikale Verzeitlichung von Erfahrung (Husserl, Heidegger, Stiegler) unternehmen, dann eine Verzeitlichung des Seins überhaupt jenseits aller Erfahrung auf der Basis der Mathematik der Unendlichkeit (Badiou), schließlich die Zusammenführung von Unendlichkeit und Technik in einer großen technognostischen Spekulation (Philip K. Dick), all diese Anfechtungen, das ist Lashs These, ziehen letztlich nur die Konsequenz aus dem Übertritt von Erfahrung und Subjektivität ins Zeitalter technischer Medien und in die Wirklichkeit der technologischen Gesellschaft und Lebensform.

Unter dem Eindruck der environmentalen Komplexitätsexplosion einer zunehmend verdateten, objektivierten und rechenintensiven Welt hat Mark Hansen in den letzten Jahren eine ganze Reihe von Positionen gesichtet, die sich seit dem Beginn der Kybernetisierung mit Fragen der allgemein-ökologischen Situation befassten und dabei wenigstens implizit schon früh das zeitgenössische Schlüsselproblem erahnten: Es geht um die Frage, wie die unter extrem vermittelten technisch-medialen Verhältnissen fortwährend anwachsende und nicht mehr zu verleugnende *environmental agency* – die in der Umgebung verteilte nichtmenschliche Handlungsmacht – zu begreifen ist.[100] In dem hier vorgelegten Aufsatz stößt Hansen erstmals zu dem durch, was er »den radikal umweltlichen Ansatz« nennt. Die Ausarbeitung einer *ursprünglichen umweltlichen Perspektive*, die er fordert, zeigt sich als eine der großen Herausforderungen und vielleicht sogar als der herausragende Ort der technologischen Frage heute: Die »atmosphärischen Medien des 21. Jahrunderts«, wie Hansen sie bezeichnet, operieren, durch Netzwerke veranschaulicht, auf der Grundlage einer vollkommen technischen Verteilung und multiskalaren Streuung von Handlungsmacht und erzwingen eine vollständige Rekonzeptualisierung von Subjektivität und Erfahrung. Dabei gilt es, so expliziert Hansen in direktem Anschluss an Alfred North Whiteheads Reform des subjektivistischen Prinzips, sich vom Primat menschlicher Subjektivität und Erfahrung zu lösen und von unpersönlichen, submakroskopischen Subjektivitäten und Erfahrungs- bzw. Emp-

100 Vgl. vor allem Mark B. N. Hansen, »System-Environment Hybrids«, in: Bruce Clarke, Mark B. N. Hansen (Hg.), *Emergence and Embodiment. New Essays on Second-Order Systems Theory*, Durham, London 2009, S. 113-142.

findungsereignissen niedrigerer Ordnung auszugehen. Menschliche Individuen stehen unter der technologischen Bedingung in diesem Sinne nicht länger als gesonderte, quasiautonome Subjekte den Medienobjekten bzw. den technischen Ensembles gegenüber. Sie sind stattdessen schon sensorisch konstitutiv in ihre Umgebungen eingebunden, zunehmend ununterscheidbar von den Mikroprozessen, die sie durchdringen: Sie sind Subjektivitäten höherer Ordnung und basieren auf Subjektivitäten und Empfindungsereignissen niedriger Ordnung. Subjektivität ist damit nicht bloß in die Umgebung distribuierte menschliche Subjektivität, sondern sie ist schon den sensorischen Angeboten heutiger Netzwerke und Umgebungen inhärent und so insgesamt Teil einer verallgemeinerten Subjektivität geworden, welche auch bereits Daten innewohnt. »Buchstäblich in ein multiskalares und verteiltes sensorisches Umfeld eingehüllt«, so schreibt Hansen, »erlangt unsere Subjektivität höherer Ordnung ihre Macht nicht, weil sie das, was außen ist, aufnimmt und verarbeitet, sondern vielmehr durch ihre unmittelbare Mitteilhabe oder Beteiligung an der polyvalenten Handlungsmacht unzähliger Subjektivitäten« (unten, S. 369 f.). Unter den Bedingungen von Computernetzwerken stellt menschliche Subjektivität, radikaler kann man es kaum formulieren, ein »mehrwertiges Gefüge größenvariabler Mikrosubjektivitäten dar«.

Vor diesem Hintergrund lassen sich auch Medientechnologien – und das ist nach Hansen die entscheidende Wendung im beginnenden 21. Jahrhundert – nicht mehr im Hinblick auf ihre Speicherungs-, Aufzeichnungs- und Übertragungsfunktion begreifen, wie wir dies meist aus Gewohnheit noch tun, sondern sie sind zuallerst »Plattformen für eine unmittelbare, handlungserleichternde Verschaltung mit und Rückkopplung aus der Umwelt«. Medien vermitteln nicht mehr unsere Sinne, sondern sie vermitteln das durch digitale Vorrichtungen, Sensoren und Smart Chips ausgeweitete und als solches überhaupt erst offengelegte »Empfindungsvermögen selbst«, *vor* jeder signifikanten Aufteilung in menschliches und weltliches Empfindungsvermögen: »Zum ersten Mal in unserer Geschichte und (sehr wahrscheinlich) in der Geschichte des Universums«, so pointiert Hansen die Signifikanz der technologischen Bedingung, »sehen wir unser lang dauerndes und bisher nahezu fragloses Vorrecht als der Welt komplexester Handlungsträger des Fühlens [*sensing agent*] durch die massenhaft reproduzierbare und sich allgegenwärtig ausbreitende *technische Kapazität des Fühlens*, die durch unsere ›smarten‹ Geräte und Technologien eingeführt wurde, in Frage gestellt, wenn nicht gestürzt« (unten, S. 371). Hansen sieht uns vor die Aufgabe gestellt, eine »primordiale und vielfältige, multiskalare und zusammengesetzte Kosmopolitik des Empfindens« zu begründen, mit anderen Worten: eine *Ökotechnologie der Sensation*. Das ist ohne Zweifel einer der Hauptschauplätze der technologischen Sinnverschiebung und vielleicht die äußerste Zuspitzung der kybernetischen Transformation des Humanen, der wir seit mehr als einem halben Jahrhundert unterliegen.

Dieser Band hätte nicht realisiert werden können ohne die Mithilfe und Geduld vieler. Ich danke den Autorinnen und Autoren, die allesamt Originalbeiträge beigesteuert und entsprechend viel Kraft und Zeit aufgewendet haben, ebenso wie den Übersetzerinnen und Übersetzern, dass sie an diesem doch recht arbeitsintensiven internationalen Projekt mitgewirkt und mit ihrer ganzen Expertise zu dessen Gelingen beigetragen haben. Ich bedanke mich bei Eva Gilmer, Jan-Erik Strasser und Andreas Gelhard vom Suhrkamp Verlag, dass sie das Vorhaben dieses Bandes von Anfang an unterstützt und mit so viel Interesse sowie mit der nötigen Offenheit, die es dafür brauchte, begleitet haben. Lorenz Engell und Bernhard Siegert haben mir durch die einjährige Berufung als Fellow an das von ihnen geleitete Internationale Kolleg für Kulturtechnikforschung und Medienphilosophie (IKKM) an der Bauhaus-Universität Weimar viel Zeit geschenkt, meine Überlegungen zur technologischen Sinnverschiebung konzentriert voranzutreiben, Überlegungen, die auch in diesen Band nachhaltig eingeflossen sind. Dafür und für die mitunter harten Diskussionen, die vor Ort über meine Thesen zur Sache ausgetragen wurden, danke ich ihnen, allen Mitarbeiterinnen und Mitarbeitern des IKKM sowie meinen geschätzten »Mitfellows« sehr. Yvon Bress, dem Chefredakteur der *Revue Philosophique de la France et de L'Étranger* sowie den *Presses Universitaires de France* danke ich dafür, dass sie mir die Rechte überlassen haben, Simondons nachgelassenen Text »Mentalité technique« hier erstmals in deutscher Übersetzung zugänglich zu machen, und Jean-Hughes Barthélémy sei Dank gesagt für seine in dieser Sache wertvolle Vermittlung. Daniel Connerth war eine große Hilfe bei der Einrichtung des Manuskripts und den zahlreichen Korrekturgängen, ich danke ihm sehr für die Unterstützung. Ohne Ksymena Wojtyczka wäre sowieso alles unmöglich, das Schreiben wie alles andere – Danke für die vielen Hilfen, den Rückhalt und die Geduld während dieser dichten Zeit!

Jean-Luc Nancy
Von der Struktion

1.

Die Technik ergänzt die Natur. Sie tritt als Supplierung an ihre Stelle, wo die Natur gewisse Zwecke nicht erfüllt (wie das Haus, das Bett), und sie tritt als Supplement zu ihren Zwecken und Mitteln hinzu. Ebendiese doppelte Bedeutung schreibt Derrida in die »Logik des Supplements« ein, und man kann sagen, dass diese Logik selbst keine andere Herkunft und keine andere Trägerinstanz hat als genau jenes Verhältnis zwischen Technik und Natur. Das Supplement kommt in seinem doppelten Begriff immer von der Technik her, vom Artefakt oder von der Kunst, in dieser Hinsicht sind die drei Worte fast Synonyme.

Dazu braucht es zwei Bedingungen: Zunächst muss die Natur einige charakteristische Mängel aufweisen (so kann sie Unterschlüpfe bieten, aber keine Häuser), dann muss die Technik sich der Natur aufpfropfen können (ihre Stoffe, ihre Kräfte verwenden). So verhält es sich durchaus: Zumindest die Tiere der Arten oder Varianten des *homo* bekunden Bedürfnisse, die die Natur nicht befriedigt (wohnen, sich wärmen), und andererseits nehmen die vom *homo* erfundenen Techniken ihre operativen Ressourcen aus der Natur (scharfe, kantige Steine, Feuer). Das Feuer repräsentiert vielleicht den symbolischen Punkt der Verknüpfung, an dem sich die Supplierung vollzieht: Es kann sich bei einem Gewitter entzünden, bei einem Vulkanausbruch, einer spontanen Gasentzündung, und es stellt die, wie man sagt, bedeutendste »Erfindung« der ersten Menschen dar, die indes nicht die Verbrennung erfinden, sondern das Bewahren und die »technische« Produktion der Verbrennung. Was für das Feuer gilt, das gilt auch für die Elektrizität, für Halbleiter, Glasfasern, Energie aus der Kernspaltung oder -schmelze. Stets trägt und bietet die Natur den Rohstoff der Technik, während die Technik die natürlichen Ressourcen für ihre eigenen Zwecke verändert, umformt, konvertiert.

Diese sehr einfache Überlegung hat eine wichtige Konsequenz: Die Technik kommt nicht von außerhalb der Natur und rührt nicht von außen an die Natur. Sie hat ihren Platz in ihr und besser noch: Wenn wir die Natur als das bestimmen, was von selbst seine Zwecke erfüllt, dann müssen wir auch die Technik als einen Zweck der Natur ansehen, denn aus ihr kommt das Tier, das zur Technik fähig ist – oder ihrer bedarf.

Die Technik hat ihrerseits eine eigene Entwicklung. Sie antwortet nicht mehr allein auf natürliche Unzulänglichkeiten, sie produziert ihre eigenen Erwartungen und sucht auf Forderungen zu antworten, die aus ihr selbst kommen. Das geschieht, sobald die Zucht von Pflanzen und Herden erfunden ist. Dabei konstruiert sich allmählich eine relativ autonome eigene Ordnung, die von ihren besonderen Möglichkeiten her neue Erwartungen und Forderungen entfaltet. Nun werden nicht mehr nur Stoffe und Kräfte zusammengefügt (was man die »einfachen Maschinen« nennt, wie Hebel und Mühle), sondern Logiken ausgearbeitet, die von einer selber zu einem neuen Zweck produzierten Gegebenheit strukturiert sind: beispielsweise die Dampfkraft, dann die Kräfte von Gas und Öl, die der Elektrizität, des Atoms, dann der Kybernetik und der digitalen Komputation (immaterielle Gegebenheiten, die neue materiale Verarbeitungsweisen und Gefüge zugleich voraussetzen und nach sich ziehen, wie Silizium und Deuterium).

In ihrem tiefsten Grunde aber wird diese Entwicklung nicht von der »Maschine« gesteuert, wie man allzu oft zu denken scheint. Die Maschine taucht nicht aus irgendeinem Nichts auf. Sie ist selbst maschiniert, das heißt, sie ist auf zuvor gesetzte Zwecke hin entworfen, ausgearbeitet und strukturiert. Ein paar Anekdoten über Zufallserfindungen (die Beobachtung des Dampfes, der einen Topfdeckel hebt) können nicht über die Tatsache hinwegtäuschen, dass der Prozess der technischen Erfindung ein ganz eigener Prozess der Entfaltung von Zielen und von Forschungen ist, die sich an diesem Ziel orientieren. Man möchte schneller, weiter vorankommen, die Ozeane überqueren, in größerer Menge produzieren, den Feind aus der Ferne treffen etc. Damit einher geht auch die Bestrebung, mehr Waren zu transportieren, Investitionen dafür einzugehen und deren Gefahren zu versichern: Finanztechniken und maritime Techniken haben in gleichem Maße an einer Entfaltung teil, die außerdem unabhängige Unternehmer und Konkurrenten voraussetzt, sprich: eine ganze soziopolitische und juridische Technik, die den gesamten Raum des Gemeinlebens strukturiert.

Somit ist »die« Technik selbst nichts auf die Ordnung der Technik Begrenztes, in dem Sinne, in dem man heute eher von »Technologien« spricht. Die Technik ist eine Strukturierung von Zwecken – ein Denken, eine Kultur, eine Zivilisation, wie immer man sagen möchte, der unbegrenzten Konstruktion von Komplexen zunehmend verzweigter, verschlungener und kombinierter Zwecke; und diese wiederum zeichnen sich insbesondere durch die fortwährende Neuentfaltung ihrer eigenen Konstruktionen aus. Die Übertragung von Klang, Bild, Information ohne greifbaren Träger schafft neue Gefüge von Apparaten ebenso wie von Lebensweisen. Oder man denke an die Möglichkeit, auf bestimmte Krankheiten oder auf die Fruchtbarkeit oder die Lebensdauer einzuwirken, und zwar durch Eingriffe und mit Substanzen, die zu diesen Zwecken erfunden wurden.

In diesem Stadium tauschen Zweck und Mittel unablässig ihre Rollen. Die Technik entfaltet ein allgemeines Regime der Erfindung von Zwecken, die selbst in der Perspektive der Mittel gedacht werden (wie lässt sich Sterilität überwinden, wie lässt sich ein bewegtes Bild übertragen?), und folglich von Mitteln, die selbst als Zwecke gelten (es ist gut, länger zu leben, es ist gut, dass das Geld mehr Geld einbringt). Deshalb können auch die Techniken der Künste – das heißt die Techniken als »Künste« oder als das Genießen von Zwecken an sich, von Formen, deren Gültigkeit und Wert in ihnen selbst liegt – zugleich zur zwingenden Referenz jeglichen Zweckzusammenhangs werden (alles muss verbildlicht, verklanglicht, rhythmisiert werden, alles muss in einer Monstration hypostasiert werden: die Körper, die Produkte, die Orte) und zum privilegierten Ort eines Fragens nach Zweckhaftigkeit und Finalität (warum Kunst, wozu?), was schließlich zum Zweifel an ihrer Identität führt (was ist Kunst, in wessen Dienst operiert sie?).

Konstruktion und Dekonstruktion gehören somit eng zusammen. Was sich gemäß einer Logik von Zwecken und Mitteln konstruiert, dekonstruiert sich im Kontakt mit dem äußersten Saum, an dem die Zwecke [*fins*] sich als end- und zwecklos [*sans fins*][1] erweisen und die Mittel ihrerseits als temporäre Zwecke, aus de-

1 (*A. d. Ü.:* Das französische Wort *fin* bedeutet sowohl Zweck, Ziel als auch Ende. Alle drei Bedeutungen spielen im folgenden Text eine wesentliche Rolle und überlagern sich zum Teil. Begriffe, die im Originaltext auf Deutsch verwendet werden, sind im Folgenden mit einem voranstehenden Sternchen [*] gekennzeichnet.)

nen neue Konstruktionsmöglichkeiten entstehen. Das Auto hat die Autobahn hervorgebracht, die wiederum neue Arten und Normen der Fortbewegung hervorgebracht hat. Das Auto ist auch im Begriff, die Stadt vor die Notwendigkeit zu stellen, zugleich ihre Transportmittel (Straßenbahn usw.) neu zu erfinden und schließlich ihre Finalitäten selbst als »Stadt«. Die Kamera und der digitale Schnitt sind im Begriff, nicht nur die formale Landschaft des Films zu dekonstruieren und zu rekonstruieren, sondern auch die Bedeutung und die Einsätze seiner Kunst (genauso verhält es sich mit der elektronischen Klangverarbeitung).

2.

Ganz allgemein ist der Einsatz dieses Prozesses der des Sinns: Wo wir gewohnt waren, den Sinn auf eine äußerste Perspektive zu beziehen, auf einen letzten Zweck (mag es nun die Geschichte, die Weisheit oder das Heil gewesen sein), entdecken wir, dass die Zwecke zugleich üppig sprießen und sich unablässig in Mittel umwandeln. In dieser Hinsicht könnte man sagen, dass Technik und Nihilismus miteinander einhergehen, wobei allerdings da, wo man bisher eher eine Verabschiedung und Enthebung der Zwecke (Werte, Ideale, Sinn) vor sich gehen sah, sich nun vielmehr ihre unbegrenzte Vervielfältigung und gleichzeitig ihre Äquivalenz und ihre Substituierbarkeit zeigt.

Aber genau da erteilt die Technik ihre Lektion: Durch sie offenbart eigentlich die Natur, aus der sie hervorgegangen ist, dass sie selbst der Zwecke entbehrt. Wir haben es gewusst und haben gesagt: »Die Rose ist ohne Warum, / sie blühet, weil sie blühet«. Doch dieses »ohne Warum« öffnete immer noch einen mehr oder weniger dumpfen, mehr oder weniger latenten Bezug zu einem verborgenen Reich der Grundlosigkeit, in dem wir dachten, eine reine Herrlichkeit des Seins erkennen zu können (von dem Zeitpunkt an, wo wir keine göttliche Güte mehr darin anzusiedeln brauchten).

Die Technik lehrt uns, mit solcher Herrlichkeit und solch verborgenem Reich aufzuräumen. Das ist nicht nur für unsere metaphysischen, theologischen und spirituellen Neigungen mühsam, sondern sogar für unsere poetischen Vorlieben. In einem gewissen

Sinne stellt es all unsere Erhebungen, unsere Erhabenheiten, unsere Begeisterungen und unsere Stimmungen in Frage, die an Größe und Großartigkeit ausgerichtet sind und damit an etwas anderem als am stets mittelmäßigen Maß des Lebens, das einer Notwendigkeit, einem Bedürfnis unterworfen ist, das nichts rechtfertigt. Und dieses Bedürfnis, das schlichte Bedürfnis zu leben, wandelt sich, wenn es nicht gerechtfertigt ist, in eine Knechtschaft, durch die wir uns als Sklaven der Technik und dessen empfinden, was ihre offenkundige Konsequenz ist: der Kapitalismus als unendliche Produktion von herstellbarem, austauschbarem und zu exponentiellem Wachstum fähigem Wert. Der Wert als Geldwert repräsentiert gewissermaßen die verkehrte Natur: Er wächst von selbst, seine Entfaltung aber vermischt sich mit einem unbegrenzten Wachstum ohne Blüte oder Frucht. Nicht zufällig wird der Ausdruck »Frucht tragen« verwendet, um von der Rentabilität der Investition zu sprechen, inbegriffen die rein finanzielle Investition (im Grunde die reine Form der Valorisierung an sich und des Austauschs, der keine Referenz außerhalb seiner selbst hat).

Der Kapitalismus exponiert die wuchernde Unendlichkeit der Zwecke und des Sinns, in die die Technik uns hineingeführt hat, als Wert. Diese Exposition gibt Zweck, Sinn und Wert als genau den Prozess eines Anwachsens ohne Ende (wir sprechen von »Wachstum«). Von diesem Prozess konnte man, wie Marx es getan hat, erwarten, dass er an seine Grenzen gelangt und sich umkehrt, wodurch das Wachstum ein Stadium erreichen würde, in dem seine Früchte allen zur Verfügung stünden, und zwar ohne eine Verzerrung zwischen ihren Produktionsbedingungen und ihrem effektiven Wert (ihrem Geschmack, ihrem Wert, ihrem nicht austauschbaren Sinn). Eine solche Erwartung setzte etwas wie eine Natur voraus, die zurückkommen und ihre Rechte einfordern könnte. Eine *physis* würde durch die Technik als Wachstum – dabei offenlegend, dass jede Technik Wachstum ist – die Blüte und das Fruchttragen eines Wertes oder eines Sinnes realisieren, die von jedem Maß, von jeder Äquivalenz und von jeder Möglichkeit der Verminderung oder Akkumulation unabhängig wären.

Nun entfaltet sich aber vor unseren Augen keine *physis*. Wir würden eher sagen, es sei das Gegenteil, und möchten dieses Gegenteil »Technik« nennen. Aber wie ich bereits gesagt habe: Wenn die Technik die Entfaltung der Natur ist, dann können wir in jener nicht ihr Gegenteil sehen – oder aber es muss uns gelingen, eine Wendung der Natur in dieses Gegenteil aus ihr selbst heraus zu denken. Aber hieße das nicht, eine Dialektik weiterzuführen, von der wir unweigerlich eine zweite Natur erwarten würden?

Wir müssen also anders denken. Wenn die »Technik« den Sinn der »Natur« gibt, von der her sie sich konstruiert und die sie zugleich zerstört, so bedeutet dies, dass wir nicht mehr wirklich von »Natur« sprechen können und demzufolge letztlich auch nicht mehr von »Technik«.

Der Gegensatz von *physis* und *techné* hat nach Aristoteles mehrere Jahrhunderte der Reifung durchlaufen; seine entscheidende Schwierigkeit liegt schon bei Aristoteles in jener Wendung, die einführt, was Derrida später das »Supplement« genannt und was Heidegger als »letzte Schickung des Seins« bezeichnet hat. In jedem Falle handelt es sich um die Tatsache, dass die »Technik«, indem sie der Natur etwas hinzufügt und Zwecke eröffnet, die dieser unbekannt sind, in Wirklichkeit die Idee selbst dieser »Natur« konstruiert: ihre Immanenz, ihren Selbstzweck, ihr Gesetz der Entfaltung. Doch sie ist es auch, die diese Idee zerstört und dekonstruiert und mit ihr ein ganzes Vorstellungsgefüge, eine ganze Repräsentationsstruktur, die das westliche Denken organisierte.

Es ist bemerkenswert, dass das Motiv der Destruktion die Wende zur Moderne markiert; zunächst bei Baudelaire, bei dem »die Zerstörung« in dem gleichnamigen Gedicht das gesamte »schändliche« und »dämonische« Begehren verdichtet, das ihn genauso betrübt wie (in »Sammlung«) »den gemeinen Haufen«. Und dann findet sich das Motiv bekanntermaßen bei Mallarmé, dem die Zerstörung »seine Beatrice war«.[2] Man darf sich auch an Rimbaud erinnern: »Kann man sich durch Zerstörungswut in Ekstase versetzen, sich durch Grausamkeit verjüngen!«[3]

2 »Ich habe mein Werk nur durch ›Eliminierung‹ geschaffen, und jede Wahrheit, die ich erworben habe, ist aus dem Verlust einer Impression hervorgegangen, die sich in ihrem Aufblitzen verzehrt hatte und mir auf Grund der Dunkelheit, die sie frei werden ließ, erlaubte, tiefer in das Empfinden der absoluten Dunkelheit einzudringen. Die Destruktion war meine Beatrice, […] der sündhafte und übereilte, satanische und leichte Weg der Destruktion meiner selbst, die keine Kraft schaffte, aber eine Sensibilität […]« (Stéphane Mallarmé, »Brief an Eugène Lefèbvre vom 27. Mai 1867«, zitiert nach: Maurice Blanchot, *Der Gesang der Sirenen*, aus dem Französischen von Karl August Horst, Frankfurt/M. 1988, S. 305).

3 Aus dem »Conte« der *Illuminations*: Arthur Rimbaud, *Illuminationen (französisch*

(Bereits bei den Vorboten der Moderne, vor der eigentlichen Wende, hat das Motiv der Ruine einen zweideutigen Platz eingenommen und den melancholischen Charme verkommener Konstruktionen, Monumente ihres eigenen Unterganges, ausgestellt.)

3.

Es hat also gleichsam eine Hypertrophie der Konstruktion gegeben: weniger das Errichten, Erbauen von Gebäuden – Tempel, Palast und Grab bildeten ihr dreifaches Paradigma – als vielmehr die Montage, die Zusammenstellung, Fügung und Komposition von Kräften (Brücke, Damm, Fort, Halle etc.). Zu diesen liefert das »Kunst-Werk« quasi den Begriff; es verlangt mehr nach einem Ingenieur als nach einem Erbauer, mehr nach einem Konstrukteur als nach einem Gründer (und außerdem *konstruiert* man auch Straßen, Schiffe, Silos, Panzer, Maschinen). Die Konstruktion wird beherrschend, wenn die Erbauung einesteils, die Herstellung, die Konfektion andernteils sich industrialisieren und ingenieurisieren, sprich, die Konstruktion operativer, dynamischer, energetischer Schemen ins Spiel bringen, die ihrerseits auf mit bestimmten Zielen erfundene und konstruierte Zwecke antworten (Produktionsleistung, Schnelligkeit, Widerstand, Reproduzierbarkeit etc.).

Das konstruktive Paradigma, das sich mit der Urbanisierung, mit den Transportmitteln und den Mitteln zur Erforschung und zur Erschließung von Energieträgern verbreitet (Kohle, Gas, Öl, Elektrizität, Magnetismus, digitale Komputation etc.), lässt Zwecke und Mittel zunehmend konsubstantiell werden. Es zieht eine Reaktion der Destruktion nach sich. In dieser geht es weniger darum, zu zertrümmern und zu zerstören, als vielmehr darum, sich von dem zu lösen, was man »Konstruktivismus« nennen könnte

und deutsch), aus dem Französischen von Jeanne Mammen, Frankfurt/M. 1967, S. 15. – Und man denke auch an Dostojewskij: »Der Mensch liebt es, tätig zu sein und Wege zu bahnen, darüber lässt sich nicht streiten. Aber warum liebt er bis zur Leidenschaft auch die Zerstörung und das Chaos? […] Liebt er, vielleicht, Zerstörung und Chaos deswegen so über alle Maßen […], weil er sich instinktiv davor fürchtet, ans Ziel zu gelangen und das zu errichtende Gebäude zu vollenden?« (Fjodor Dostojewskij, *Aufzeichnungen aus dem Kellerloch*, aus dem Russischen von Swetlana Geier, Stuttgart [1984] 2007, S. 36 f.).

(um einen Terminus zu entwenden, der nicht ohne Belang zu Beginn des 20. Jahrhunderts erfunden wurde). Die Heideggersche *Destruktion* der Ontologie, die sich ausdrücklich von der Zerstörung unterscheidet, ist »Destruktion« in diesem Sinne (den Granel und Derrida mit »Dekonstruktion« übersetzt haben). Sie liefert gewissermaßen ein philosophisches Pendant zur existentiellen und ästhetischen Destruktion Baudelaires und Mallarmés. Ihr Einsatz ist die Konstruktion als solche (und auch die Instruktion als Gliederung und Anordnung des Wissens: Das könnte man an der relativen Neuheit der schulischen Bedeutung von »Instruktion« als Bildung bzw. Unterricht zeigen [die »öffentliche Bildung« stammt aus der Französischen Revolution, auch der »Religionsunterricht« ist nicht älter]).

Worauf öffnet die Destruktion – und das heißt vielleicht die Bewegung selbst der modernen Konstruktion? Es handelt sich nicht darum zu »re-konstruieren« – ganz im Gegensatz zu jener Forderung, die man immer wieder an die »Dekonstruktionisten« stellt: Werden Sie denn nun endlich rekonstruieren? Es geht auch nicht darum, zu Gesten der Gründung, des Erbauens, zu konstituierenden oder instituierenden Gesten zurückzukehren, selbst wenn es durchaus darum geht, Sinn zu öffnen und zu eröffnen, entstehen zu lassen. Was jenseits von Konstruktion und Dekonstruktion auf dem Spiel steht, ist die *Struktion* als solche.[4]

Struo bedeutet »anhäufen«, »aufhäufen«. Es geht dabei nicht wirklich um Ordnung oder um Organisation, wie sie die *Kon-* und die *In*struktion implizieren. Es ist der Haufen, die nicht gefügte Gesamtheit, die unversammelte Menge. Es ist Kontiguität und Kopräsenz, gewiss, aber ohne Koordinationsprinzip.

In der Rede von »Natur« haben wir eine eigene, der übersprießenden Fülle der Wesen immanente Koordination unterstellt oder überlagert (eine spontane oder göttliche Konstruktion). Mit der »Technik« haben wir eine durch Zwecke geregelte oder regulierte Koordination unterstellt, Zwecke, die vom »Menschen« ausgehen (seinen Bedürfnissen, seinen Fähigkeiten, seinen Erwartungen). Indem sie sozusagen auf die »Natur« zurückwirkt, aus der sie herkommt oder entsteht (wir können zwischen diesen beiden Konzepten nicht entscheiden ...), verwischt die »Technik« die beiden

4 Nebenbei ist die Struktion auch ein Konzept der Graphentheorie, die hier aber keinen Platz hat.

Möglichkeiten von Koordination. Sie lädt dazu ein, eine Struktion in Betracht zu ziehen: die nicht koordinierte Gleichzeitigkeit von Dingen oder Wesen, die Kontingenz ihrer Kozugehörigkeiten, die Streuung im Wuchern von Aspekten, Arten, Kräften, Formen, Spannungen und Intentionen (Instinkten, Trieben, Projekten, Elanen). In dieser Fülle macht sich keine Ordnung über die anderen geltend: Sie scheinen alle – Instinkte, Reaktionen, Reizbarkeiten, Konnektivitäten, Gleichgewichte, Katalysen, Stoffwechsel – dazu bestimmt, sich ineinander zu verfangen, wechselseitig zu erfassen, sich gegenseitig aufzulösen oder sich miteinander zu vermischen und durcheinanderzugeraten.

Nachdem das Paradigma erst ein architekturales gewesen war und folglich, metaphysischer, auch ein architektonisches, ist es zunächst struktural geworden – Komposition, gewiss, Zusammenfügung, aber ohne konstruierende Finalität – und dann struktional, sprich, bezogen auf eine instabile Zusammenfügung, die eher ungeordnet, aufgehäuft oder vermengt ist als verbunden, vereinigt, zusammengestellt oder assoziiert.

Tatsächlich stellt sich mit der Struktion die Frage einer »Soziation« im Allgemeinen. Kann es Assoziation, Gesellschaft geben – wenn denn der *socius* jener ist, der »mitgeht«, der »begleitet«, und wenn er folglich einen aktiven und positiven Wert des »Mit«, des *cum* ins Spiel bringt, um das herum oder durch das sich etwas wie ein Mit-Teilen [*partage*] abspielt? Was ich hier »Struktion« nenne, wäre der Zustand des »Mit« ohne den Wert des Teilens, ein Zustand, der nur die einfache Kontiguität mit ihrer Kontingenz ins Spiel bringt. Es wäre, um die Termini wieder aufzunehmen, die Heidegger in der Wahrnehmung des »Mit« unterscheiden möchte (des **Mit* im **Mitdasein* als ontologische Konstitution des Seienden), ein nur kategoriales und nicht existenziales »Mit«: das schlichte, reine Nebeneinander, das keinen Sinn ergibt.

4.

Vielleicht ist die Struktion die Lektion der Technik – Konstruktion-Destruktion des Ganzen des Seienden ohne weitere Unterscheidung zwischen »Natur« und »Kunst« –, insofern sie uns in ebender Instruktion unterweist (die wir gerade nicht verstehen, die uns schlecht unterwiesen erscheint), der gemäß sich der Sinn fortan weder konstruieren noch instruieren lässt. Was uns gegeben ist, besteht nur im Nebeneinander und im Zugleich einer Kopräsenz, deren *Ko-* keine andere spezifische Bedeutung trägt als die der Kontiguität oder der Juxtaposition in den Grenzen, in denen das Universum selbst gegeben ist. Zugleich sind diese Grenzen selbst nur unter dem Vorbehalt der Unmöglichkeit gegeben, sie ganz eigentlich als Begrenzungen einer Welt gegenüber einer jenseitigen Welt oder Hinterwelt zuzuweisen. Einerseits heißt es vom Universum, es sei in wenngleich endlicher Ausdehnung begriffen, andererseits kann man es nicht einmal mehr »Universum« nennen, sondern nur noch »Multiversum«. Um nun aber jenseits des »Universums« zu denken, darf man die vielfältigen Welten selbstverständlich nicht mehr als eine oder mehrere andere Welt(en) verstehen. »Sie sind kein Anderswo mehr, sondern Weisen der Beziehung zum ›Außersich‹.«[5]

Die Idee des Universums enthält ein Schema der Konstruktion, der Architektur: ein Fundament, eine Grundlegung und eine Substruktion (ein Wort, das man auch bei Mallarmé findet!), auf der die Alleinheit ruht, von der aus sie sich erhebt und sich anordnet, verfügt. Diese setzt sich auf ihre eigene Supposition, bezieht sich wesentlich auf sich selbst, kurz, sie ist an sich (und »sein« heißt »an sich« sein für das Denken, das sich auf dieses Schema stützt). Doch die Kopräsenz und das gemeinsame Erscheinen, das Mit-Erscheinen[6] wenden zusammen das An-sich und die Konstruktion ab: »Sein« ist nicht mehr an sich, sondern es ist Kontiguität, Kontakt, Spannung, Verdrehung, Kreuzung, Gefüge. Das ist natürlich nicht völlig frei von Zügen von »Konstruktion«, verstanden als gegensei-

5 Aurélien Barrau, *Quelques éléments de physique et de philosophie des multivers*, ⟨http://lpsc.in2p3.fr/ams/aurelien/aurelien/multivers_lpsc.pdf⟩, letzter Zugriff 18.03.2011.

6 (*A. d. Ü.:* Nancys Begriff der »comparution« wird von den Übersetzerinnen des gleichnamigen Aufsatzes mit »gemeinsames Erscheinen« übersetzt. Wegen der Betonung des »Cum«/»Mit« im vorliegenden Aufsatz wird hier mit Mit-Erscheinen übersetzt. Der französische Terminus ›comparaître‹ bedeutet gewöhnlich ein Erscheinen vor Gericht. Vgl. Jean-Luc Nancy, »Das gemeinsame Erscheinen. Von der Existenz des ›Kommunismus‹ zur Gemeinschaftlichkeit der ›Existenz‹«, aus dem Französischen von Gisela Febel und Jutta Legueil, in: Joseph Vogl (Hg.), *Gemeinschaften. Positionen zu einer Philosophie des Politischen*, Frankfurt/M. 1994, S. 167-204.)

tige Disposition und Distribution der Multiversien; diese gehören einander zwar an, aber nicht als (Sup-)Position eines zugrunde liegenden Seins oder Realen.[7] Das Reale löst sich ganz und gar nicht in Irrealität auf, sondern es öffnet auf die Realität seiner Insupposition. Ebendies bedeutet die Auflösung des Gegensatzes *technê/physis* oder das, was man die »Herrschaft der Technik« nennt.

Das ist es, was in unserer Geschichte geschieht. Wir sind an diesem Punkt angelangt, wo Architektonik und Architektur als Bestimmungen einer wesentlichen Konstruktion oder des Wesens als Konstruktion keine Gültigkeit mehr haben. Sie haben sich von selbst abgenutzt. Die oben erwähnte Häufung von Motiven der Destruktion in dem Augenblick um 1900, der traditionellerweise als »die« Jahrhundertwende schlechthin angesehen wird, jene, wo sich tatsächlich etwas umgewendet hat und gekippt ist, wo ein Gebäude so weitgreifend erschüttert worden ist, dass man sagen könnte, das Erbauende und das Erbaute sind in jedem möglichen Sinne ins Wanken geraten – diese Häufung zeugt von einer Art Saturierung und einem Zerbrechen des Modells der »Konstruktion«. Das bedeutet, dass die Konstruktion den Keim der Dekonstruktion in sich getragen hat. Was sich zunächst als Ausdehnung der Gefüge und Montage der *Werkzeuge* dargestellt hat – Verlängerungen des Körpers, einfache Maschinen –, dann als Ausweitung einer Geste der Beherrschung – Verwaltung und Steuerung von Energien (Dampf, Elektrizität, chemische Reaktionen) statt dem bloßen Einsatz von Kräften (fließendes Wasser, Wind, Schwerkraft) –, hat eine andere Natur offenbart: die der Kombination, der Interaktion, schließlich der Rückkopplung, des *Feedbacks*.

In Wirklichkeit hat sich auf diese Weise eine ganze *Organizität* oder Quasi-Organizität entfaltet. Das konstruktive Paradigma übersteigt sich letztlich selbst; in seiner Tendenz zur organischen Autonomie überkonstruiert es sich.

5.

Oder aber es ist – aus einer anderen, etwas verschobenen Perspektive – die organische Autonomie unseres eigenen Verhaltens, die

7 Siehe zu diesem Punkt den Gebrauch der »Konstruktion« in der oben zitierten Arbeit von Barrau (wie Anm. 5).

sich bis weit über unseren eigenen Körper und sogar unseren Geist hinaus erstreckt hat. Denn sie hat den Geist dazu gebracht, sich in Gestalt von höchst selbstreferentiellen »Maschinen« zu exportieren und zu exponieren, deren Organisationsgesetze und -schemata unserem Verhalten rückwirkend gewisse Funktionsweisen auferlegen. Wir lernen, den Computer zu handhaben, an unserem Schreibtisch genauso wie im Auto, Flugzeug, Zug und auf dem Schiff, für die archäologische Grabung und zur Speicherung von Daten, sowie bei der »Erschaffung« von Klängen und Bildern. Dieses Handhaben setzt nicht nur einen neuen Sachverstand voraus, sondern auch einen unterschiedlichen Zeit-Raum, der im Übrigen nicht homogen und weder einheitlich noch »universell« ist: Wir befinden uns in jedem Augenblick zugleich in der Ausdehnung gewisser überall eingesetzter Module (digitaler Verfahrensweisen, des Gebrauchs von Icons und Signalen) und in der Erneuerung nie gesehener Möglichkeiten, die zweifellos von sehr repetitiver Erscheinung sind (jeder macht dieselben Fotos von denselben Monumenten etc.), deren Wiederholung selbst jedoch eine neue Realität aufglühen lässt. Wir erleben nicht mehr die Entdeckung einer Welt, die in Teilen unbekannt geblieben ist, wir leben in der schwindelerregenden Anhäufung von Stücken, Teilen, Zonen, Fragmenten, Parzellen, Teilchen, Elementen, Lineamenten, Keimen, Kernen, Clustern, Punkten, Skansionen, Knoten, Datenbäumen, Projektionen, Proliferationen, Dispersionen, und darin sind wir mehr denn je verflochten, verwebt, absorbiert und überschwemmt von einer außergewöhnlich instabilen, beweglichen, plastischen und metamorphischen Masse, die uns immer weniger ermöglicht, zwischen »Subjekt« und »Objekt« zu trennen und zu unterscheiden, genauso wenig wie zwischen »Mensch« und »Natur« oder »Welt«.

Tatsächlich sind wir vielleicht gar nicht mehr in einer Welt noch »auf der Welt«. Das ist der fortgeschrittenste Sinn der Auflösung oder des Verschwindens des *Kosmos* oder der schönen Einheit, nach einer höheren Ordnung komponiert, die sie steuert und von ihr widergespiegelt wird. Unsere »Welt« – oder unser »Element« – ist vielmehr aus Stücken und Teilen zusammengesetzt, die alle gemeinsam ein und demselben Stamm entsprießen (der Mensch, das technische Tier der Natur, das schöpferische, konstruktivische Anhängsel eines großen Ganzen; dieses erweist sich als wenig konstruiert, doch unglaublich reich an kon-, des-, instruktiven Virtualitäten). Die Teile und Stücke, die nie ausreichend elementaren »Elemente« dieses großen »Elements« im Sinne von Milieu, dieses Ökosystem, das eine Ökotechnie ist, sie werden indes nie von irgendeiner Konstruktion ergriffen. Ihr Gefüge verweist nicht auf eine erste oder letzte Konstruktion, sondern vielmehr auf eine Art kontinuierlicher Schöpfung, in der sich unablässig die Möglichkeit selbst der Welt – oder aber der Vielfalt von Welten – erneuert und wiederbelebt.

In diesem Sinne öffnet die Struktion weniger auf eine Vergangenheit und eine Zukunft als auf eine Gegenwart, die sich indes niemals als Präsenz erfüllt und vollendet. Sie setzt eine Zeitlichkeit frei, die entschieden nicht mehr auf die lineare Diachronie antworten kann. Es gibt etwas Synchronisches in ihr, weniger im Sinne eines Schnitts durch die Diachronie als im Sinne des Modus einer Einheit der Teile der traditionellen Zeit – eben die Einheit der Gegenwart, insofern sie *sich vergegenwärtigt, sich präsentiert*, ankommt, statthat, plötzlich erscheint. Das *plötzliche Erscheinen* ist die Zeit der Struktion: ein Ereignis, das nicht allein die Bedeutung des Unerwarteten oder des Inauguralen hat – nicht nur die eines Bruchs oder einer Erneuerung und Wiederanknüpfung der Zeitlinie –, sondern auch die des Übergangs, einer Flüchtigkeit vermischt mit Ewigkeit.

Ein Außerhalb und Außen der Zeit im Herzen der Zeit: Genau dies ahnte vermutlich unser gesamtes chronisches Denken mit der immerwährenden Flucht des gegenwärtigen Augenblicks voraus. Doch »Flucht« meint hier nicht mehr Verschwinden [*disparition*], und Ereignis gilt nicht mehr als Erscheinen [*apparition*]. Wie bei der (De-)(Kon-)Struktion ist es erforderlich, die (Dis-)(Ap-)Parition, Verschwinden und Erscheinen, zu entkoppeln. Die »Parition« ist das Erscheinen – aber weder in der Manifestation des Phänomens noch im Schein des Anscheins [*apparence*]. Wie es der einstige Gebrauch des Wortes vorschlug, ist »erscheinen« [*paraître*] gegenwärtig werden [*venir en présence*], sich präsentieren [*se présenter*]. Das heißt nahe kommen [*venir près*], an die Seite kommen. Es ist immer gemeinsam erscheinen oder miterscheinen [*comparaître*].

In der *Comparution*, im Mit-Erscheinen, offenbart sich eine Verschiebung, eine Krümmung des phänomenologischen Dispositivs. Dabei handelt es sich weniger um den Bezug zwischen einer Absicht und ihrer Erfüllung als um eine Korrelation des vielfachen

Erscheinens, der Paritionen untereinander. Es geht weniger um ein Subjekt und eine Welt als vielmehr um Verweise der Welt in sich selbst und auf sich selbst, um die Fülle dieser Verweise und um ihre Weise, so das zu schaffen, was man einen Sinn nennen kann, einen Sinn der Welt, der nichts anderes ist als ihr Mit-Erscheinen, ihre *Comparution*: dass es Welt gibt und alles, was auf der Welt ist, und nicht nichts.

6.

Diese Art von roher Evidenz könnte den Eindruck erwecken, sie führe uns zu einem kindlichen, rudimentären Anfangszustand zurück. Wir hätten nichts anderes mehr zu empfangen, zu projizieren oder auszudrücken als die gröbste aller Bedingungen. Wir könnten von der Welt weder Rechenschaft [*raison*] ablegen noch der Tatsache ihrer Existenz auf irgendeine Art gerecht werden. Die Technik hätte uns jede Art von letztem Zweck oder höchstem Gut geraubt, uns entblößt und zugleich die Vernunft [*raison*] in ihrer Selbstgenügsamkeit wuchern, übersteigert, ja irre werden lassen, von nachgerade krebsartigem Wachstum.

In den Zustand der Struktion zurückversetzt zu sein zeugt aber nicht notwendig von Regression oder Degeneration. Es kann durchaus ein Fortschritt sein, über die Prozesse der Konstruktion, Instruktion und Destruktion hinauszugehen. Die Struktion befreit von der Obsession, die das Reale oder das Sein in einem Konstruktionsschema denken will und sich so in der vergeblichen Suche nach einem Weltarchitekten oder -mechaniker erschöpft.

Die Struktion bietet eine Un-Ordnung an, die weder das Gegenteil einer Ordnung ist noch ihre Zertrümmerung: Sie situiert sich anderswo, in dem, was wir Kontingenz, Zufälligkeit, Zerstreuung, Irren nennen und was genauso die Namen Überraschung, Erfindung, Chance, Zusammentreffen, Übergang verdient. Es handelt sich um nichts anderes als um die Kopräsenz oder besser das Mit-Erscheinen all dessen, was erscheint, sprich: dessen, was ist.

Was tatsächlich ist, erscheint nicht, indem es aus einem Sein an sich hervorgeht. Das Sein ist selbst Erscheinen, und zwar gänzlich. Nichts geht dem »Phänomen«, welches das Sein selbst ist, voraus oder folgt ihm. Das Sein ist also nichts Seiendes, denn es ist das Erscheinen des Seienden, das nur erscheinend und mit-erscheinend »ist«. Es erscheint keinem Bewusstsein oder Subjekt: Es mit-erscheint, alles erscheint zusammen und alles erscheint allem. Somit muss man überdies sagen, dass alles durch-scheint [*transparaît*]: Alles verweist auf alles, und alles zeigt sich also durch alles hindurch. Ohne Zweck und Ziel – und genauer ohne Anfang und Ende.

Können wir die Logik lernen – die Ontologie, die Mythologie, die Atheologie, wenn wir ihr denn Namen suchen müssen –, die Logik dieses einfachen und unentwirrbaren Mit-Erscheinens? Das heißt die Logik dieser *Ökotechnie*, zu der unsere Ökologien und Ökonomien bereits geworden sind, das heißt unsere Umweltgleichgewichte und unsere Subsistenzsteuerung bzw. -verwaltung?

Einerseits präsentiert uns die Technik von allen Seiten die Streuung, oft Widersprüchlichkeit und immer die unbestimmte und unbegrenzte Vervielfältigung ihrer Zwecke, die weder Zweck noch Mittel sind. Wir verlängern das Leben, um es zu verlängern, wir bieten Dienstleistungen für derart verlängerte Leben, wir steigern unser biochemisches, biomechanisches Können und ziehen daraus neue Möglichkeiten für andere Arten der Hilfeleistung für andere bedrohte Leben – und wir sind dabei weiter und weiter entfernt davon zu wissen, wie »das Leben« zu denken ist, nicht nur die Existenz eines jeden, sondern das Leben der Gesamtheit des Lebendigen und über dieses nicht weniger als den Antrieb und Schwung der Welt, wenn denn das »Leben« im eigentlichen Sinne – was wir so nennen – selbst aus der Bewegung der Gefüge, Kombinationen, Aktionen und Reaktionen dessen hervorbricht, was wir die »Materie« nennen. Diese zeigt sich mehr und mehr – dank immer feinerer exploratorischer Techniken, die aber vor allem immer stärker selbst in ihre »Objekte« verstrickt und mit ihnen verschränkt sind.[8]

8 Man weiß – um beim Einfachsten zu bleiben –, inwiefern ein Teilchenbeschleuniger oder eine Raumsonde nicht unabhängig von ihren »Untersuchungsgegenständen« sind und umgekehrt. In Wahrheit jedoch stehen wir noch ganz am Anfang: Die Verstrickung oder die Implikation des Beobachters in die beobachtete Wirklichkeit, die sich sowohl in den sogenannten harten Wissenschaften als auch in den sogenannten *Humanities* unablässig erweitert und komplexer wird, bedeutet in Wirklichkeit eine schrittweise Transformation des Status der »Wissenschaft«. Selbst die Rede von dieser »Implikation« ist unausgesprochen noch einem Modell der Nichtimplikation und der »Objektivität« verhaftet. Auch hier trägt die Technik die Wissenschaft da, wo wir gewohnt waren, die Techniken als Anwendungen

Letztlich stürzt alles, was wir »Materie«, »Leben«, aber auch was wir »Natur«, »Gott«, »Geschichte«, »Mensch« genannt haben, mit demselben Fall. Der »Tod Gottes« ist ganz genau der Tod all dieser Subjekt-Substanzen. Wie der erste sind diese Tode sehr lang, endlos für unsere Wahrnehmung und sogar für unsere Einbildungskraft. Und mehr noch, sie bringen ungeahnte Potentialitäten praktischen, konkreten Todes der Lebenden mit sich, der Menschen und warum nicht der Welt? Mit jedem Schritt der Technik werden nicht nur Zweck, Mittel oder Abirrung ununterscheidbar, sondern Schaden und Nutzen mischen sich, und dies umso mehr, als man oft nicht einmal weiß, was tatsächlich überhaupt als Nutzen oder als Schaden angesehen werden muss (ist zum Beispiel die Geschwindigkeit der Fortbewegung und der Nachrichtenübertragung »gut« oder »schlecht«, nach welchen Kriterien?).

Wenn wir meinen, noch einige Prinzipien und Verhaltensregeln aufrechtzuerhalten – und tatsächlich halten wir ein paar elementare als »lebensnotwendiges Minimum« aufrecht –, führt uns dies zwangsläufig zur Frage nach ihren Grundlagen oder letzten Zwecken. Ein annehmbares oder menschenwürdiges Leben, ja, aber zu welchem Zweck? Und was für eine Annehmbarkeit? Welches Niveau, auf welcher Stufe jenseits strikten Überlebens? Gleichheit, ja, aber Gleichheit worin, wenn man über das strikte Minimum einer Gleichheit der Rechte hinausgeht? Jeden Menschen als einen Zweck und nicht ausschließlich als ein Mittel betrachten? Ja. Aber worin und auf welche Weise ist er »Zweck«, und wo setzen all die Hebel und Agenten seiner Reduzierung auf den Zustand des Mittels an? (Es gibt so viele, wirtschaftliche, politische, religiöse, ideologische.)

Wir können nun nicht annehmen, dass hinter so problematischen, ja aporetischen Erscheinungen das gesamte Gefüge und das Werden der Welt einem *intelligent design* entspricht. Diese Idee ist das typische Ergebnis eines fehlenden Denkens der Technik: Sie siedelt diesseits und vor der Natur die *techné* an, die diese vorgebliche Natur schließlich hervorgebracht haben soll.

Man kann sich außerdem fragen, ob die abendländische Umwälzung, die eine technische (Eisen, Geld, Alphabet, Recht) und zugleich eine religiöse Umwälzung war (Ende des Menschenopfers,

bestimmter wissenschaftlicher Ergebnisse zu denken, zu nie gesehenen Inhalten und verschafft ihr einen ganz neuen Status.

Ende der theokratischen Reiche), nicht gleichzeitig auch die doppelte Möglichkeit eines Gottes eröffnet hat, der als Entwerfer und Architekt der Welt entworfen wird, und eines Gottes, der in der Entfernung und der Nichtgegenwärtigkeit gegeben ist. Die anderen Kosmogonien besitzen in einem viel geringeren Ausmaß, wenn überhaupt, den Charakter von Plan und Konstruktion; ihre Götter sind in einer Welt aktiv und gegenwärtig, deren »Natur« sie eigentlich sind.

In jedem Falle ist es das Bild eines göttlichen Baumeisters oder eines Uhrmacher-Gottes, eines Konstrukteurs und Technikers, das sich in unserer Kultur herausgebildet und durchgesetzt hat: der platonische Demiurg in Kombination mit einer Allmacht, der für die Gesamtheit einer Welt Sorge trug, deren Anfang und Ende klar über ihn hinausreichten, außerhalb seiner, in die Macht und Herrlichkeit des allerhöchsten Konstrukteurs. Dieser Konstrukteur hat in seinem Sturz das ferne, persönliche und lebendige Göttliche mit sich gerissen, dessen Doppel er war. Und während es immer weniger möglich wurde, den technischen Konstruktionsplan einer Welt zu verstehen (das war die Frage der Theodizee, der Rechtfertigung des göttlichen Werkes), ist es genauso wenig möglich geworden, auf ein »Heil« oder eine »Gnade« oder eine »Liebe« zurückzugreifen, die in letzter Instanz die unmögliche Legitimation supplieren würde.

Weder Vorsehung noch Versprechen: Man könnte sagen, das ist die Gesamtsituation, die die Technik zur Entfaltung bringt. Es ist klar, dass jede Repräsentation eines *intelligent design* fortan zum Scheitern verurteilt ist, weil die »Intelligenz« darin nur sich selbst repräsentiert – das heißt wesentlich die technische oder technikerhafte Intelligenz.[9] Sie kann sich nur ihrer eigenen Produktion voraussetzen. Doch dann ist sie dazu verurteilt, auch ihre Grenzen vorauszusetzen: Denn wenn ein *Designer* die Materie und das Leben, die in der menschlichen Intelligenz münden, entworfen und konstruiert hat (das ist dasselbe), warum versteht diese dann nichts von dem, was sie da tut, sobald ihr Intellekt selbst sie zwingt, auf die Projektionen des »Zwecks«, der »zweiten Natur«, der »Natur«

9 Die Modernen verwechseln tendenziell Technik und Intelligenz. Deshalb erscheint die »künstliche Intelligenz« (vielleicht ein Pleonasmus?) als so faszinierend. Wenn man dagegen von der »Klugheit des Herzens« spricht, dann ist klar, dass man eine Metapher verwendet.

selbst und des »rationalen Menschen« oder des »totalen Menschen« zu verzichten?

Da, wo eine Technik (Töpferarbeit, Architektur, Uhrmacherkunst ...) als Modell für den intelligenten Plan [*dessein intelligent*] eines ersten Technikers hatte dienen können, implizierte das Modell das Zielen und die Ausrichtung auf einen Zweck. Heute manifestiert das Modell selbst – die »Technik«, die sich als anthropologische, kosmologische, ontologische Dimension erwiesen hat (und nicht mehr als untergeordnete Ordnung dessen, was einmal die »mechanischen Künste« hieß) –, dasselbe Modell also manifestiert fortan ein Gewimmel, ja eine Pulverisierung der »Zwecke«, der kein vorgeblicher *Designer* mehr sein Schema aufzuprägen vermag.

Wir müssen auf einen »intelligenten Plan« verzichten, da gibt es nichts zu diskutieren. Selbst wenn wir behaupten wollen, die erste Intelligenz sei viel umfassender als die unsere und habe ebendie Absicht, uns in den Grenzen und in der erratischen Proliferation ihrer nicht endenden Finalitäten suchen, tasten, stolpern zu lassen – was Derrida mit dem Ausdruck »destinerrance«, gleichzeitig Geschick und Irrung, beschreibt –, stehen wir unweigerlich wieder vor der Frage nach der Absicht oder dem Plan und dem *design*, die da in diesem Irren wirken mögen, das wir sind. So kann man sagen, dass die Hypothese vom *intelligent design* sich auf andere Weise annulliert: Von einer Hypothese, die unfähig war, sich selbst zu verstehen, wird sie zu einer Hypothese, die ihrerseits nach einer anderen Hypothese ruft, einer Hypothese über den Sinn des Irrens und sogar, genauer, über den Sinn des Irrens des Sinnes.

Dem müssen wir noch Folgendes hinzufügen: Wir sind nicht nur die technisierten, die Techniker-Lebewesen, perplex vor der Entfaltung ihrer Kunst oder ihres Könnens, wir sind nicht nur überrollt und verwirrt davon, wie alle Formen und Gangarten des Sinnes zum Einsatz kommen und in Frage gestellt werden, sondern wir sind bereits selbst in dieser Transformation einbegriffen. Wir fügen uns in eine Technosphäre, die unsere Entwicklung ist; was wir »die Technik« nennen, geht über die gesamte Ordnung der Werkzeuge, Instrumente und Maschinen hinaus. Es geht nicht mehr um das, was einer Beherrschung und Meisterschaft zur Verfügung steht (Mittel zu Zwecken), vielmehr wird nun das Gehirn in das Netz einer »Intelligenz« erweitert (wenn man so sagen will), von der ausgehend eine Beherrschung extrapoliert wird, die aus sich selbst ihre Gültigkeit bezieht und sich selbst unbegrenzt Zweck und Mittel ist.

Vergeblich würfe man über dieses Irren in der Struktion irgendeinen Schleier von »Sinn«, der vorgefasst und einem Modell von vorgeblich »guter« »Intelligenz« nachgebildet wäre. Und daher obliegt es uns, alles neu zu erfinden – und zuallererst den »Sinn«. Er entspricht nicht mehr einem Schema der Konstruktion und auch nicht der Destruktion und Rekonstruktion: Er muss einer »destinerrance« entsprechen, die bedeutet, dass wir, wenn wir auch auf keinerlei Ende und Ziel zugehen – weder als Vorsehung noch als tragisches Schicksal noch als hervorgebrachte Geschichte –, dennoch »gehen«. Wir sind nicht, ohne voranzugehen, zu durchlaufen, zu durchqueren, zu erfahren – und dieses letzte Wort bedeutete einst: »bis zum Ende gehen, bis zur äußersten Grenze«.

Allerorten ruft die Weisheit: »Wir müssen aufhören! Wie weit soll das noch gehen?« Denn allerorten treibt die Grenzenlosigkeit tatsächlich Knospen: die der genetischen Manipulationen genauso wie die der Finanzmärkte, die der Vernetzung wie die der Armut und der Sozial- und Technopathologien. Es kann nicht darum gehen, dem Grenzen zu setzen, was von sich aus keine Grenze kennt. Entweder wird diese Unbegrenztheit selbstzerstörerisch sein – wenn die Konstruktion bis zum Ende geht, um dort zusammenzubrechen –, oder wir finden einen Weg, wie wir über die Struktion und durch sie hindurch »Sinn« dort erkennen, wo es weder Zweck noch Mittel gibt, weder Fügung noch Entfügung, weder Oben noch Unten, weder Ost noch West. Sondern alles zusammen.

Aus dem Französischen von
Esther von der Osten

Gilbert Simondon
Die technische Einstellung

Die folgende Darstellung ist nicht ontologisch, sondern werttheoretisch ausgerichtet. Sie zielt darauf ab zu zeigen, dass eine technische Einstellung existiert und dass sich diese noch in der Entwicklung befindet, also unvollständig ist, und dass daher die Gefahr droht, dass man diese voreilig für monströs und unausgewogen erachtet. Diese Darstellung setzt eine großherzige Haltung gegenüber jener Ordnung der Wirklichkeit voraus, die sie zum Vorschein zu bringen versucht, denn in dieser – unabgeschlossenen – Genese stehen Werte auf dem Spiel, die eine pauschale Zurückweisung verkennen könnte und so zu vernichten droht.

Wir werden versuchen zu zeigen, dass die technische Einstellung auf dem Gebiet der kognitiven Schemata kohärent, positiv und fruchtbar ist. Im Rahmen der affektiven Kategorien betrachtet, erscheint sie hingegen als unvollständig und steht sie im Konflikt mit sich selbst, weil sie erst unzureichend freigelegt wurde. In der Ordnung des Willens schließlich besitzt sie keinerlei Einheit und muss sie noch beinahe vollständig konstruiert werden.

Kognitive Schemata

Das Gebiet der Theorie war das erste, das in den westlichen Zivilisationen freigelegt wurde, das erste, das theoretisiert, systematisiert, formalisiert wurde; es hat zu fruchtbaren Konstruktionen geführt und stellt in sich selbst eine verallgemeinerbare Methode der Entdeckung und Interpretation dar. In diesem Sinn bietet die technische Einstellung eine Weise der Erkenntnis *sui generis*, indem sie im Wesentlichen die Übertragung mittels Analogien und das Paradigma einsetzt, wobei sie sich auf die Entdeckung gemeinsamer Funktionsweisen und Betriebsformen [*régimes opératoires*][1]

1 (*A. d. Ü.: Régime* ist einer der zentralen Begriffe dieses Textes. Obwohl im Deutschen die Rede von Regimen in anderen Kontexten Konjunktur hat, wäre die homonyme Übersetzung hier fast durchgehend irreführend. Sie würde auch der semantischen Weite nicht gerecht, die das Wort im Französischen besitzt und

in ansonsten verschiedenen Wirklichkeitsordnungen gründet, die ebenso aus dem Bereich des Lebendigen oder des Unbelebten wie aus dem Bereich des Menschlichen oder Nichtmenschlichen ausgewählt werden.

Die Techniken haben, wenn wir die Antike beiseitelassen,[2] bereits wenigstens zweimal, in Form des kartesischen Mechanismus und der kybernetischen Theorie, Schemata des Verstehens [*intelligibilité*] geliefert, die mit einer latenten Kraft zur Allgemeingültigkeit ausgestattet sind.

Im kartesischen Mechanismus ist die grundlegende Operation der einfachen Maschine analog zur Funktionsweise des strengen und produktiven logischen Denkens gedacht. Eine einfache Maschine[3] ist ein Übertragungssystem, das die Identität einer bewe-

die Simondon hier zu einem Gutteil ausschöpft. Gerade der im Deutschen mit Regime am ehesten assoziierte Aspekt der [politischen, wirtschaftlichen usw.] *Organisation* ist im hier umrissenen Kontext missverständlich, weil sich Organisation leicht im Sinne einer bestehenden Struktur oder eines Systems auffassen ließe. Simondon verwendet *régime* hier aber gerade als Gegenbegriff zur statischen Struktur. *Régime* ist auch in seinen abgelegensten Verwendungen wie im Bezug auf Schwankungen des Klimas oder des Stands eines Gewässers ein dynamischer, zunächst genuin technischer Begriff. Er bezeichnet dann schlicht den Betrieb von Maschinen oder technischen Ensembles: Erst die Funktion verleiht dem System Sinn und erlaubt es, Aussagen über dieses zu treffen. Den Betrieb wiederum gilt es zu lenken und zu steuern: Dies ist die zweite wesentliche, von Simondons Auseinandersetzung mit der Kybernetik geprägte Dimension von *régime*, in der die technische mit der politischen Dimension des Begriffs enggeführt wird.)

2 Diese war reich an Schemata der Plastizität und des reversiblen oder irreversiblen Wechsels des Aggregatzustands, die vermutlich von den handwerklichen Techniken der Vorbereitung, Formung und des Brennens des Tons herrühren. Diese ontogenetischen Schemata, die aus einer gänzlich vom Menschen beherrschten, kontinuierlichen und progressiven Operation hervorgegangen sind, die seinem Maßstab entsprechen, sind auf andere, ebenfalls ontogenetische Schemata getroffen, die ihrerseits das Aufeinandertreffen entgegengesetzter, qualitativ antagonistischer, räumlich und geographisch verschiedener Prinzipien beinhalten, die von einer Größenordnung sind, die sie in Bezug auf den Menschen *transzendent* macht: die Erde, der Himmel, das Heiße und das Kalte, das Trockene und das Feuchte. Damit sich diese beiden Wirklichkeiten treffen können, müssen ihre Größenordnungen konvergieren. Aus dem Zusammentreffen der handwerklichen Schemata und der magischen Schemata der Genese, der Schemata der Kontinuität und der Schemata der Diskontinuität geht in der Antike die Naturphilosophie hervor. Landwirtschaft und Viehzucht sind tatsächlich Industrien und [nicht] Handwerke, wenn der Mensch nicht den Besitz der Mittel in der Hand hat.

3 (*A. d. Ü.:* Die einfache Maschine ist ein *terminus technicus* der Mechanik und

genden Arbeit mit einer widerständigen Arbeit für jenen Sonderfall festsetzt, dass die Verschiebung als umkehrbar angenommen wird, also im Zustand des Gleichgewichts der Kräfte. Wenn jedes Teil der Maschine diese Übertragung strikt ausführt, ist es gleichgültig, wie groß die Zahl der Teile ist: Es vollziehen sich lediglich Änderungen in der Richtung der Kräfte – wie mit einer Seilrolle – oder Veränderungen in den Faktoren (Kraft und Weg) eines Produktes, das konstant bleibt, wie im Fall eines Flaschenzuges. Die rationale, geistige Untersuchung führt das Wesen der gebräuchlichen technischen Objekte auf dieses Übertragungsschema zurück: Eine Kette ist eine Aneinanderreihung von Gliedern, in der das zweite Glied mit dem ersten verbunden ist wie das erste mit dem Verankerungsring. Die Übertragung der Kräfte vollzieht sich von Glied zu Glied, so dass das letzte Glied zwar mittelbarer, aber ebenso strikt am Verankerungspunkt fixiert ist wie das erste, wenn jedes Kettenglied gut verschweißt ist und die Verkettung keine Lücken aufweist. Ein Gebäude [ist], Stein auf Stein und Lage auf Lage, eine Übertragung des *certum quid et inconcussum* – der Widerstand des Felsens des Fundamentes – bis zum höchsten Dachfirst, durch aufeinanderfolgende Ausgleichsschichten, von denen jede als Fundament für die unmittelbar höhere Ausgleichsschicht fungiert. Die Intelligibilität der verlustfreien Übertragung, die ideal und analog (aber kraft der kartesischen Auffassung von Erkenntnis) alle Weisen des Wirklichen mechanisiert, findet nicht nur Anwendung auf die *res extensa*, sondern auch auf die *res cogitans*: die »langen Begründungsketten« bewerkstelligen eine »Übertragung von Evidenz« von den Prämissen bis zur Konklusion, so wie die Kette eine Kraftübertragung vom Verankerungspunkt bis zum letzten Kettenglied bewerkstelligt. Die Regeln der Methode sind nicht allein von der Mathematik inspiriert; sie stimmen auch vollkommen mit den verschiedenen Etappen der Herstellung und der technischen Kontrolle überein. Das Denken bedarf eines Verankerungspunktes, welcher das operationale Äquivalent des Felsens unter dem Gebäude oder des eingemauerten Rings am Ursprung der Kette darstellt: *certum quid et inconcussum*: *Evident* ist, was nach allen Versuchen der Erschütterung, und sei es mittels des hyperbolischen Zweifels, bestehen bleibt. Der

bezeichnet Vorrichtungen, die mit den Parametern von Weg und Kraft so arbeiten, dass die Vergrößerung des Wegs die Verkleinerung der aufzuwendenden Kraft bedeutet, etwa Seilwinde, schiefe Ebene, Rolle, Keil und Hebel.)

Vernunftgebrauch bedarf einer Analyse – einer Unterteilung des Problems in so viele Teile wie möglich und wie nötig sind, um es leichter zu lösen –, weil jedes Teil der intellektuellen Montage eine einfache und eindeutige Rolle spielen muss, so wie eine Seilrolle oder ein Hebel, deren mechanische Funktion im Ensemble einfach und vollkommen klar ist. Die dritte Regel (der Synthese oder der Ordnung) drückt die Anordnung nach dem vollkommen vereinten Gesamtschema der Maschine aus. Die vierte Regel schließlich, jene der Kontrolle, drückt die Vereinigung der verschiedenen bereitgestellten Teile und die Anpassung der Maschine in ihrer Gesamtheit an die zwei Wirklichkeiten aus, die man an den beiden Enden der Kette vorfindet.

In der rationalen Untersuchung der Maschinen wie in der Gedankenführung wird die *Übertragung ohne Verlust* ins Werk gesetzt: Wissenschaft und Philosophie sind aufgrund der Annahme möglich, dass die verlustfreie Übertragung möglich ist. Die logische Konsequenz daraus ist, dass der philosophischen Reflexion nur Gebiete mit kontinuierlicher Struktur zugänglich sind. Man versteht also, warum man die Lebewesen als Maschinen ansehen wollte: Wenn sie dies nicht *ontologisch* waren, so mussten sie es wenigstens qua *Analogie* sein, um Gegenstände der Wissenschaft werden zu können.

Die Kybernetik, die aus der Mathematisierung automatischer Regelungsvorrichtungen entstanden ist – welche besonders nützlich für die Konstruktion der automatischen Ausrüstungen für Flugzeuge im Flugbetrieb sind –, setzt als Basisschema die rekursive Einwirkung einer Information auf eine Relaisvorrichtung ein, was die aktive Anpassung an einen spontan sich verändernden Zweck erlaubt. Diese technische Verwirklichung einer auf ein Ziel ausgerichteten Steuerung hat als Verständnismodell gedient zum einen für die Untersuchung einer großen Zahl von Regulierungen – oder des Fehlschlagens von Regulierung – im Bereich des Lebendigen, sei es menschlich oder nichtmenschlich, zum anderen für die Untersuchung von Phänomenen, die dem Werden unterworfen sind, wie etwa des Artengleichgewichts in Räuber-Beute-Beziehungen, und schließlich auch geographischer und meteorologischer Phänomene: Variationen im Wasserstand von Seen oder Variationen innerhalb eines Klimasystems.

In dieser Hinsicht offenbaren die Techniken in aufeinanderfolgenden Wellen ein Vermögen zur vergleichenden Interpretation, das *sui generis* ist; tatsächlich wird es nicht von den Grenzen der Verteilung der Wesen oder der Bereiche der Wirklichkeit eingedämmt. Es beruft sich nicht auf die Kategorien und lässt die Beziehungen der Gattungen und Arten ebenso beiseite wie die der spezifischen Differenzen. Keines der Schemata erfasst einen Bereich erschöpfend, aber jedes von ihnen trägt einer gewissen Anzahl von Wirkungen innerhalb jedes Bereichs Rechnung und erlaubt es, von einem Bereich zum anderen zu gelangen. Diese transkategoriale Erkenntnis, die eine Erkenntnistheorie voraussetzt, welche eine nahe Verwandte eines wahrhaft realistischen Idealismus wäre, ist geeignet, die Allgemeingültigkeit einer Weise der Aktivität, einer operativen Betriebsform zu erfassen; sie lässt das Problem der zeitlosen Natur der Wesen und der Weisen der Wirklichkeit beiseite; sie widmet sich ihren Funktionsweisen, ihrem Funktionieren, dabei tendiert sie zu einer Phänomenologie der Aktivitätsformen, ohne dass ontologische Voraussetzungen bezüglich der Natur dessen gemacht würden, was aktiv wird. Jedes Schema widmet sich auf jedem Gebiet ausschließlich bestimmten Aktivitäts- und Betriebsformen, aber *de jure* kann es auf bestimmte Operativitätsformen jedes Gebietes angewandt werden.

Die Anwendung solcher Verständnisschemata erfordert zwei Hauptbedingungen, die als Postulate der »technischen Einstellung« vorgestellt werden können:

(1) *Die Untermengen sind relativ ablösbar von dem Ensemble, deren Teil sie sind.* Die technische Aktivität produziert keinen absolut unteilbaren Organismus, der metaphysisch eins und unauflösbar wäre. Das technische Objekt lässt sich reparieren; es kann vervollständigt werden; eine einfache Analogie mit dem Lebendigen ist trügerisch in dem Sinn, dass das technische Objekt schon im Augenblick seiner Konstruktion als etwas vorgesehen ist, das, durch Prüfung, Veränderung und im Bedarfsfall durch vollständigen Austausch einer oder mehrerer der Untermengen, aus denen es sich zusammensetzt, überprüft, repariert, gewartet wird. Dies nennt man das Vorsehen der »Wartung«, der *maintenance*[4] gemäß dem aus dem angelsächsischen Vokabular hervorgegangenen Begriff.

4 (*A. d. Ü.:* In der *maintenance* kombiniert und führt Simondon zwei wesentliche Aspekte der vollendeten technischen Einstellung ein – einen zeitlichen und einen räumlichen –, die er in der Folge entfaltet. Einerseits geht es um eine Konstruk-

Dieses Postulat ist von höchster Wichtigkeit, wenn man danach fragt, wie man mit einem Lebewesen, einem Menschen, einer Institution umgehen kann. Das Postulat des Holismus, das oft als eine Haltung dargestellt wird, die das Leben, die Person, die Integrität einer Tradition achtet, ist vielleicht nur eine Lösung, die man aus Gründen der Bequemlichkeit wählt. Ein Wesen pauschal zu akzeptieren oder zurückzuweisen, weil es ein Ganzes darstellt, bedeutet vielleicht nur ein Ausweichmanöver, um ihm gegenüber keine generösere Haltung einnehmen zu müssen, die auf Unterscheidungsvermögen beruhte. Eine wahrhaft technische Haltung wäre subtiler als der leichtfertige Pauschalismus oder Integrismus des moralischen und des gerichtlichen Urteils. Die Unterscheidung von Untermengen und der Weisen ihrer wechselseitigen Solidarität wäre somit die erste geistige Arbeit, wie sie der kognitive Inhalt der technischen Einstellung lehrt.[5]

(2) Das zweite Postulat ist jenes der Ebenen sowie der Aktivitäts- und Betriebsformen: *Will man ein Wesen vollständig erfassen, so muss man es untersuchen, indem man es in seiner Entelechie nimmt und nicht im statischen Zustand der Inaktivität.*

Die meisten technischen Realitäten sind der Existenz einer Schwelle für die Zündung oder das Anlaufen und für die selbsttätige Aufrechterhaltung ihres Funktionierens unterworfen; unterhalb dieser Schwelle sind sie absurd und selbstzerstörerisch; oberhalb derselben sind sie autostabil. Sehr häufig besteht die Erfindung da-

tion der technischen Objekte, die diese im Jetzt hält, also ihr vorschnelles Veralten und Überholtsein verhindert. Anderseits geht es auch um die *manutention*, also das, was in der Hand gehalten, handhabbar ist, womit Simondon auf die Abkehr von den Menschen radikal übersteigenden Dimensionen der Technik der Hochindustrialisierung anspielt.)

5 Als Boeings während des Flugs explodierten, hat sich ein grobschlächtiges Urteil damit zufriedengegeben, sie für ›schlechte Flugzeuge‹ zu halten; die subtilere Arbeit bestand darin, das Verhalten der Tragwerke zu untersuchen, wenn sie Vibrationen und Spannungen während des Betriebs (*régime*) bei internem Überdruck unterworfen sind, um die Zonen der ›Ermüdung‹ des Metalls zu bestimmen. Étienne de Greeff, ein Jurist, sagt in *Notre destinée et nos instincts*, Paris 1945, dass ein Krimineller niemals verurteilt würde, wenn man über ihn auf der Säuglingsstation urteilen würde: Dies wohl deshalb, weil man ihn, würde man von diesem Anfangsstadium seines Lebens ausgehen, für *konstruiert* ansehen würde, als zusammengesetzt aus verschiedenen, wechselseitig miteinander solidarischen Schichten. Die Verurteilung opfert pauschal, indem sie das Individuum als homogenes Ganzes betrachtet. So verfahren Rassismus und Fremdenhass.

rin, die Bedingungen des Funktionierens als verwirklicht – also das Problem als gelöst anzunehmen. Deswegen verfahren die meisten Erfindungen mittels Kondensation und Konkretisierung und reduzieren die Zahl der ursprünglichen Elemente bis auf ein Minimum, das gleichzeitig ein Optimum ist.

Dies ist zum Beispiel beim Staustrahltriebwerk von Leduc der Fall: Am Boden ist es nur eine absurde Struktur, die unfähig ist, einem Schub eine bestimmte Richtung zu verleihen. Ab einer bestimmten Fortbewegungsgeschwindigkeit jedoch ist es in der Lage, seine Geschwindigkeit aufrechtzuerhalten – also die Kompression der Luft vorne am Triebwerk [auf der seine Bewegung beruht] – und überdies eine nutzbare Bewegungsenergie zu liefern.

Die *Guimbal*-Gruppe – die ganz im Turbinenzuleitungsrohr des Stauwerks Platz findet – erschien anfangs als absurd. Der Wechselstromgenerator ist von derart kleinen Dimensionen, dass es scheint, als müsste der Joule-Effekt den Anker zerstören. Aber es ist eben seine kleine Dimension, die es erlaubt, ihn vollständig in der Rohrleitung und genau in der Achse der Turbine unterzubringen, und die so eine bedeutend wirkungsvollere Abkühlung gewährleistet als diejenige eines an der Luft angebrachten Wechselstromgenerators. Diese Anordnung wird durch die Einführung des Generators in ein mit Öl gefülltes Gehäuse ermöglicht, was seine Isolierung erhöht und den thermischen Austausch verbessert. Gleichzeitig wird die Schmierung der Lager gewährleistet und das Eindringen von Wasser verhindert: Der multifunktionale Charakter des Gehäuseöls ist hier selbst das Schema der Konkretisierung, welche als [konkrete] Funktionsweise die Existenz dieser Erfindung ermöglicht.

Analog ist es möglich, in den verschiedenen Wirklichkeitsordnungen die Existenz bestimmter *Effekte* (das Wort wird hier wie in den Ausdrücken »Raman-Effekt« oder »Compton-Effekt« verstanden) vorherzusehen, die für ihre Existenz die Überschreitung festgelegter Schwellen erfordern. Diese Effekte sind keine Strukturen; vielmehr unterscheiden sie sich von den Strukturen, auf denen sie beruhen, in jener Hinsicht, dass sie die Überschreitung der Schwelle erfordern. Ein ausgeschalteter Verbrennungsmotor ist in einem stabilen Zustand und kann sich nicht von sich aus in Funktion setzen; man muss ihm von außen eine bestimmte Menge an Energie zuführen, ihm eine bestimmte Winkelgeschwindigkeit übermitteln, damit er die Schwelle der Selbstunterhaltung erreicht, ab der er im automatischen Betrieb funktioniert, in dem jede Phase des Zyklus die Voraussetzungen für die Verwirklichung der nächsten Phase vorbereitet.

Aus diesen wenigen Beobachtungen kann man schließen, dass die technische Einstellung bereits kohärente und verwendbare Schemata für eine kognitive Interpretation bietet. Sie hat nicht nur mit dem kartesischen Mechanismus und der Kybernetik zwei Bewegungen des Denkens hervorgebracht, sondern sie scheint durch die Bewusstmachung und systematische Verwendung der zwei vorgestellten Postulate auch dazu in der Lage, zur Formierung umfassenderer Schemata beizutragen.

Affektive Modalitäten

Das Bild fällt hingegen weitaus weniger klar und deutlich aus, sobald man versucht, die affektiven Inhalte zu analysieren; man trifft auf einen Antagonismus zwischen handwerklichen und industriellen Modalitäten, der mit der Unmöglichkeit einhergeht, beide Aspekte vollständig voneinander zu trennen. Die Nostalgie des Handwerks durchzieht nicht nur das industrielle Leben der Produktion, sondern auch die verschiedenen alltäglichen Verhaltensweisen bei der Verwendung von Konsumprodukten, die der Welt der Industrie entstammen.

Es ist schwierig, den Gegensatz zwischen Handwerk und Industrie auf ein vollkommen kohärentes und einheitliches Bündel von Merkmalen zurückzuführen, wenn man der Entstehung der affektiven Modalitäten Rechnung tragen will. Wir schlagen gleichwohl das Kriterium vor, welches, nach mehreren Versuchen [in dieser Richtung], am wenigsten schlecht zu passen scheint: Im Handwerk hängen alle Bedingungen vom Menschen ab, die Quelle der Energie ist die gleiche wie jene der Information. Die eine wie die andere sind im menschlichen Operator angesiedelt. Die Energie wohnt ihm als Verfügbarkeit der Geste, als Ausübung von Muskelkraft inne, die Information gleichermaßen als ein Erlernen, das aus der individuellen, von Unterweisung und Lehre bereicherten Vergangenheit bezogen wird und als die aktuelle Ausübung der sensorischen Ausstattung, welche die Anwendung der erlernten Gesten auf das materiell Konkrete des bearbeitbaren Materials und die besonderen Eigenschaften des Ziels kontrolliert und reguliert. Die Handhabung wird gemäß kontinuierlicher Schemata auf Wirklichkeiten ausgeübt, die sich von ihrer Größenordnung her auf einer Stufe mit dem Operator befinden. Damit geht einher, dass der Abstand zwischen dem Akt der Arbeit und den Umständen, unter denen das Produkt dieser Arbeit benutzt wird, gering ist: Der Schuster hat direkt Maß genommen, der Sattler weiß, für welches Pferd er arbeitet; die Rekursion ist möglich: Die Geschwindigkeit der Abnutzung, die Arten der Deformation des Produkts während der Benutzung sind dem Handwerker bekannt, der nicht nur konstruiert, sondern auch repariert.

Zudem ist, was die Wahl der Materialien und ihre Bearbeitung angeht, die Beziehung des Menschen zur Natur im Handwerk unmittelbar; die Arbeit ist hier Kunstgriff, sie besteht darin, verarbeitbare Materialien (*matières ouvrables*) anzuordnen und anders zusammenzufügen, die beinahe Rohstoffe (*matières premières*) sind, die aber ihrem natürlichen Zustand nahebleiben, wie etwa Leder und Holz. Ihm geht im Allgemeinen keine vollständige Umwandlung dieser Rohstoffe voran, keine Umwandlung, für die Energiequellen erforderlich sind, die anderswo als im menschlichen Körper geschöpft werden müssen und welche in diesem Sinn selbst im vorindustriellen Zustand einem industriellen Schema unterstehen, nämlich jenem der Metallurgie, die durch die Umwandlung des Erzes in Metall industriell ist, selbst wenn sie bei der Bearbeitung der Objekte handwerklich bleibt.

Die Industrie kommt auf, wenn die Informations- und die Energiequelle sich trennen, wenn der Mensch nur noch die Informationsquelle ist und von der Natur verlangt, die Energie zu liefern. Die Maschine unterscheidet sich vom Werkzeug dadurch, dass sie ein Relais ist: Sie hat zwei verschiedene Eingänge, denjenigen für die Energie und denjenigen für die Information; das hergestellte Produkt, das sie ausgibt, ist der Effekt der Modulation dieser Energie durch diese Information, ein Effekt, der auf ein verarbeitbares Material ausgeübt wird. Beim Werkzeug, das in der Hand gehalten wird, vermischen sich der Eingang der Energie und der Eingang der Information oder überlagern sich doch wenigstens teilweise. Zwar kann man mit einer Hand den Stechbeitel führen und ihn mit der anderen antreiben, doch ist es der gleiche Körper, der beide Hände in Einklang bringt, und ein einziges Nervensystem, welches ihre Bewegung dieser oder jener Einzelheit des Materials und dem angestrebten Zweck anpasst. Auch die mit den Füßen angetriebene Töpferscheibe[6] ist von der gleichen Art, aber sie lässt bereits das mögliche Entstehen der Maschine erahnen. Die Glaserei ist so lange handwerklich, wie der Glasbläser mit seinem Atem die Energie liefert, welche die anfängliche Blase weitet und durch den Rhythmus des Einblasens die Geschwindigkeit der plastischen Verformung des Glases reguliert. Sie wird industriell, wenn die Energie von einem Kompressor bezogen wird.

Indem er die Energie von einer natürlichen Quelle bezieht, entdeckt der Mensch einen unendlichen Vorrat und verfügt somit über eine beträchtliche Macht. Tatsächlich ist es möglich, die Relaisstationen in Reihe zu schalten, wodurch eine sehr schwache Energie den Einsatz beträchtlicher Energien steuern kann.[7]

Unglücklicherweise ist *die Eingabe der Information*, die in die Arbeit eingreift, kein einmaliger Vorgang mehr, wie es in der handwerklichen Geste der Fall ist; vielmehr vollzieht sie sich mehrfach und auf verschiedenen Ebenen. Ein erstes Mal geht Information in die Erfindung der Maschine ein – eine Erfindung, die bisweilen die Aufbietung beträchtlicher Bereiche des Wissens und die Mitwirkung einer großen Zahl von Menschen voraussetzt. Ein zweites Mal geht sie in die *Konstruktion* der Maschine und in die Einstellung der Maschine ein – beides Weisen der Aktivität, die sich von ihrer Verwendung unterscheiden. Schließlich geht sie ein drittes und ein viertes Mal in das Erlernen (der Verwendung) der Maschi-

6 (*A. d. Ü.:* Der französische Text, in dem es *travail du potier* heißt, ist hier korrupt: Gemeint ist eindeutig der *tour du potier*.)

7 In gewissem Sinne sind Ackerbau, Viehzucht und die Segelschifffahrt mehr industriell als handwerklich, in dem Maße, wie sie Kräfte zur Hilfe nehmen, die *nicht vom Menschen abhängen* und von einem Wirklichen herrühren, dessen Größenordnung den Maßstab des Handhabbaren überschreitet. Diese Operationen führen in gleichem Maße *Diskontinuität* ein, sie sind eventuell entfremdend und können Anlass geben zu einer *magisch-religiösen Ausübung des Denkens*. Tatsächlich *kommodulieren sie die menschliche Operation der Vorbereitung und die kosmologische Aktion*: Die menschliche Arbeit bleibt nach dem Säen oder dem Bau des Schiffs fruchtlos, wenn der kosmische Akt (Regen, Wind, der Fluss, der über die Ufer tritt) nicht die menschliche Anstrengung empfängt und verstärkt. Die menschliche Anstrengung muss in Übereinstimmung treten mit dem kosmischen Akt, sie muss *en kairo* sein. Bei der Aufzucht des Viehs hängt das Wohlergehen der Herde nicht nur vom Wachstum der Pflanzen und von der Wassermenge ab, sondern auch von den Tierseuchen.

ne und schließlich in die Verwendung selbst ein. Während aber die Maschine, als Verbindung zwischen Natur und Mensch, als Begegnung einer Information mit einer auf ein Material wirkenden Energie ein vollständiges technisches Schema bildet, ist keiner der vier Momente der Informationszufuhr organisch mit den anderen verbunden und von ihnen ausbalanciert. Der Akt der Informationszufuhr ist dissoziiert und in getrennte Momente aufgebrochen, die von getrennten Individuen oder Gruppen übernommen werden. Um in der Industrie das Äquivalent des Handwerks wiederzufinden, müsste derselbe Mensch Erfinder, Konstrukteur und Bediener, also Operator sein. Der Effekt dieser Ausweitung und Komplexitätssteigerung der industriellen Welt besteht aber darin, die verschiedenen Rollen voneinander zu entfernen, wobei nicht nur die Informationsquelle von der Energiequelle und der Quelle des Rohstoffs getrennt, sondern sogar die Aufgaben der Informationszufuhr unterteilt werden. So wird bloß ein geringerer Teil der Gesamtfähigkeiten des Menschen in den industriellen Akt eingebunden, und dies nicht nur, wenn er Bediener ist, sondern auch in den anderen Rollen der Informationszufuhr. Das iterative und fragmentarische Regime der Aufgabe des Bedieners in der industriellen Produktion ist eine ›zerbröselte Arbeit‹, welche die verschiedenen Effekte industrieller Ermüdung hervorruft. Doch ist es ebenso erschöpfend, das Erfinden zur einzigen Aufgabe zu haben, ohne [die Maschine] zu konstruieren oder zu bedienen. Das Bild vom Unglück des Erfinders hat sich zeitgleich mit jenem der Entmenschlichung des Arbeiters herausgebildet: Es ist dessen Gegentyp und rührt von der gleichen Ursache her. Um auf das gleiche Niveau zu gelangen wie die enorme Menge an Energie, die in die Maschine eingeht, kompliziert sich der Informationseingang, er teilt sich auf und spezialisiert sich, so dass der Mensch hier nicht allein von der Natur isoliert ist:[8] Er wird auch von sich selbst isoliert und in parzellierte Aufgaben eingesperrt, und dies selbst als Erfinder. Er begegnet durch die Arbeit dem Diskontinuierlichen.

8 Die Industrie isoliert den Menschen von der Natur, weil sie die Beziehung Mensch–Natur übernimmt: Tatsächlich ist sie bezüglich des Menschen das, was das Wirkliche kosmischer Ordnung ersetzt (den Wind, den Regen, den Fluss, der über die Ufer tritt, die Viehseuche), indem sie in einem gewissen Maß dessen Unabhängigkeit vom Menschen vermindert, dabei aber die Transzendenz der Dimension und den diskontinuierlichen, irreversiblen Charakter bewahrt.

Es ist aber illusorisch, danach zu trachten, unmittelbar handwerkliche Produktionsweisen zurückzugewinnen. Die Bedürfnisse der zeitgenössischen Gesellschaften machen nicht allein große Stückzahlen an Erzeugnissen und verfertigten Objekten, sondern auch [physikalische und chemische] Zustände erforderlich, die man nicht mittels des menschlichen Körpers und Werkzeugen erzielen kann. Denn die hierfür erforderlichen Temperaturen, Druckverhältnisse und physikalischen Reaktionen, der Größenmaßstab der erforderlichen Bedingungen bedeuten Diskontinuität, also den Bruch mit jenem Größenmaßstab, der die Grundlage dafür liefert, dass menschliches Leben [physisch] möglich ist. Die Werkstatt [dagegen] ist ein *menschliches Milieu*.

Gerade in der schärferen Akzentuierung der industriellen Produktion, gerade in der Vertiefung ihrer Eigenschaften kann mit den größten Aussichten auf Erfolg eine Überwindung des Gegensatzes zwischen Handwerk und Industrie gesucht werden. Und dies nicht nur im Großen und Ganzen und in einem globalen Sinn, sondern mittels dessen, was im Inneren der industriellen Organisation der Produktion die spezialisierte Fragmentierung der menschlichen Informationszufuhr zum Äußersten getrieben hat: die Rationalisierung der Arbeit durch die Gesamtheit der Methoden, deren erste diejenige Taylors war.

Freies Handeln: Die Suche nach Normen

Gleichwohl ist es angebracht, hier die Betrachtung der affektiven Modalitäten zu verlassen, um die Suche nach Normen des freien Handelns in Betracht zu ziehen und so den Ausdruck der technischen Einstellung zu vervollständigen. Die technische Einstellung kann nämlich Handlungs- und Werteschemata so weit entwickeln, dass sie in menschlichen Milieus, die sich voll und ganz der industriellen Produktion widmen, eine Moral liefert. Solange diese Milieus aber vom sozialen Feld der Verwendung der Produkte getrennt, solange sie selbst in verschiedene Gruppen zerstückelt bleiben, die durch die verschiedenen Funktionen der Informationszufuhr zu den Maschinen spezialisiert sind – leitende Angestellte, Techniker, Arbeiter –, können sie keinen verallgemeinerungsfähigen Wertekodex entwickeln, weil sie nicht über die Erfahrung der Gesamtheit der technischen Wirklichkeit verfügen. Die technokratische Haltung ist nicht verallgemeinerbar, denn sie besteht darin, die Welt als neutrales Feld für das Vordringen der Maschinen neu zu erfinden: Einen Turm aus Metall oder eine riesige Brücke zu konstruieren bedeutet sicherlich, Pionierarbeit zu leisten und zu zeigen, wie die industrielle Macht die Fabrik verlassen kann, um in der Natur anzukommen. Doch besteht in dieser Aktivität etwas von der Isolation des Erfinders fort, solange der Turm oder die Brücke sich nicht in ein Netz einfügen, das mit seinen Maschen die gesamte Erde bedeckt und sich in Übereinstimmung mit den geographischen Strukturen und den lebendigen Möglichkeiten der Erde befindet. Man muss den Eiffelturm und den Garabit-Viadukt als Ankündigung des Endes der industriellen Konzentration rund um die Energie- oder Rohstoffquellen betrachten, das heißt nicht als spektakuläre isolierte Zentren und Erfolge, sondern als erste Masche eines virtuellen Netzes. Der Eiffelturm, der vollständig in der Fabrik entworfen und hergestellt wurde und auf der Baustelle ohne eine einzige Nachbesserung nur zusammengebaut worden ist, ist heute zum Träger von Antennen geworden: Er verbindet sich so mit Hunderten von Masten und Stationen, mit denen Europa sich gerade bedeckt. Er fügt sich in ein multifunktionales Netz ein, in dem die Schlüsselpunkte der geographischen wie der menschlichen Welt zum Vorschein kommen.

Es ist die Standardisierung der Untermengen, die industrielle Möglichkeit der Produktion von vollkommen ähnlichen Einzelteilen, die die Errichtung von Netzen ermöglicht. Wenn man über Hunderte Kilometer Eisenbahnlinien auslegt, wenn man ein Kabel von Stadt zu Stadt und manchmal von Kontinent zu Kontinent entrollt, verlässt die Industrie das industrielle Zentrum und breitet sich durch die Natur hindurch aus. Es handelt sich hier nicht um eine Vergewaltigung der Natur oder um den Sieg des Menschen über die Elemente, denn tatsächlich sind es die natürlichen Strukturen selbst, die dem in Entwicklung befindlichen Netz als Verbindungspunkt dienen. Die Relaispunkte der »Hertzschen Kabel« treffen auf die hohen Orte [*hauts lieux*] alter Heiligkeit über den Tälern und Meeren.

Hier vollendet sich die technische Einstellung in einem Erfolg, und sie findet die Natur wieder, indem sie sich im Netzwerkgedanken vollendet, als materielle wie begriffliche Synthese von Partikularität und Konzentration, von Individualität und Kollektivität – denn die gesamte Kraft des Netzes ist in jedem seiner Punkte verfügbar, und seine Maschen werden mit jenen der Welt im Konkreten und Besonderen verwoben.

Der Fall der Informationsnetze ist sozusagen ein Idealfall, in dem das Gelingen so gut wie vollständig ist, denn hier werden Energie und Information wieder vereint, nachdem sie in der industriellen Phase getrennt waren. Gleichzeitig kehren Unterbauten und Montagen von den riesigen Dimensionen der Hochindustrialisierung zurück zu einer besser handhabbaren Dimension und werden auf leichterem Fundament errichtet: Elektronik und Telekommunikation verwenden kleinere Tonnagen, bescheidene Energiemengen und Dimensionen, die nicht erdrückend sind. In ihrer Umwandlung in ein Labor findet sich in der Fabrik etwas von der Werkstatt wieder. Nicht mehr für den individuellen Benutzer, wie im Handwerk, sondern für jenen gleichzeitig kollektiven und einzelnen Benutzer, den die Natur darstellt, sieht das Labor eine Montage nach Maß vor. Jene Zeile von Masten, jene Kette von Relaisstationen bilden das Geschirr[9] der Natur. Nur die Fabrikation der Einzelteile bleibt industriell. Gleichzeitig vermindert sich der Abstand zwischen dem Erfinder, dem Konstrukteur und dem Bediener: Alle drei Typen laufen im Bild des intellektuellen und manuellen Technikers zusammen, der gleichermaßen zu rechnen wie eine Verkabelung zu montieren weiß.

Ganz ähnlich gelagert wie der Fall der Informationsnetze ist jener der *Energieversorgungsnetze*: Die elektrische Energie ist Information und Energie zugleich. Einerseits kann sie, ohne Leistungsverlust, unbegrenzt vermindert werden: Ein Summer – der nichts anderes als ein Motor ist – kann in der Spitze eines Werkzeugs [eines Phasenprüfers], das so leicht wie ein Bleistift ist, untergebracht werden und sich aus dem Netz speisen. Ein Mann kann mit einer Hand mühelos einen Motor von einer drittel Pferdestärke handha-

9 (*A. d. Ü.:* Simondon spricht hier vom *harnais*, dem Pferdegeschirr. Die Analogie beruht auf der Netzartigkeit dieser Ausrüstung, die nicht den ganzen Körper des Tiers bedeckt, sondern nur die energetischen Punkte, die zu Kraftübertragung oder Sicherung nötig sind: ein maßgeschneidertes Netz, das den Körper umgürtet und an den neuralgischen Punkten zusammengehalten wird. Gleichzeitig ermöglicht es das Geschirr, die Kraft des Pferdes zu nutzen und zu *lenken*, vgl. die durchgehende Idee der Lenkung und Steuerung in diesem Text.)

ben. Diese Energie ist durch eine Information, deren zuverlässige Trägerin sie genau im Moment ihrer Verwendung wird, vollständig modulierbar. Zudem ist es gerade die Standardisierung ihrer Produktionsbedingungen, welche die normierte Vernetzung und Distribution ermöglicht, die die Energie zur Informationsträgerin macht: Man kann dem Alternativnetz die Aufgabe zuteilen, (als Energiequelle) eine Uhr funktionieren zu lassen, deren korrekten Gang es als Informationsträger reguliert.[10] Diese simultane Verwendung konkretisiert sich im Synchronmotor.

Weniger rein sind dagegen die *Kommunikations- und Transportnetze*. Es gelingt ihnen nicht, ihre wahre Funktion freizulegen, und der technischen Einstellung gelingt es nicht, sich in maßgeblicher Weise Gehör zu verschaffen, weil infolge sozialer oder psychosozialer Interferenzen ein beträchtliches Gewicht auf ihnen lastet und sie zudem nicht gänzlich neu, ohne funktionale Vorgeschichte sind, wie es bei den Informations- oder Energienetzen der Fall ist. Die Eisenbahn genoss eine privilegierte Situation, weil sie sich hinreichend stark von der Straße unterschied, um sich in fast autonomer Weise entwickeln zu können. Und dennoch beginnt auch dort das Spiel des Sozialen in der Form des *Überholtseins* sichtbar zu werden, jenes Typs also der Antiquiertheit, der mehr mit dem Veralten einer Konvention und einer Verwandlung der gesellschaftlichen Gewohnheiten verbunden ist als mit dem Verschleiß oder dem Funktionalitätsverlust des technischen Objekts. Ein Güterwagon oder ein Lokomotivtender veralten weniger schnell als ein Passagierwagon mit seinem ganzen Zierrat und seinen Beschriftungen: Das am meisten mit unwesentlichem Zierrat überladene Modell ist auch am schnellsten außer Mode.

Doch sind es die dem Straßennetz angepassten technischen Objekte, bei denen der Widerstand, welcher der Entwicklung der technischen Einstellung entgegengebracht wird, am deutlichsten hervortritt: Das Überholtsein trifft das Reiseautomobil weit schneller als das Nutzfahrzeug oder den landwirtschaftlichen Traktor, die

10 (*A. d. Ü.:* Simondon antizipiert also in gewisser Weise, was heute Stromkonzernen ermöglicht, ins Kommunikationsgeschäft einzutreten, nämlich, dass sich ihre Stromleitungen auch als Informationsleitungen nutzen lassen. So erhält eine elektrische Uhr nicht nur ihre Energieversorgung aus dem Netz, sondern empfängt durch das gleiche Netz auch Impulse, die sie takten und somit auf die richtige Uhrzeit einstellen.)

doch seine nahen Verwandten sind – das Automobil altert schneller als das Flugzeug, obwohl das Flugzeug technisch gesehen bedeutendere Transformationen erfahren hat als das Automobil. Dies liegt daran, dass das Flugzeug für die Startbahn, die Luft und die Landebahn gemacht ist. Es ist notwendigerweise weitaus eher *Wirklichkeit des Netzes* als separates Objekt. Das Automobil ist nicht nur als Wirklichkeit des Straßennetzes konzipiert – wie die Lastwagen –, sondern auch als soziales Objekt, als eine Art Kleidungsstück, in dem der Benutzer sich darstellt. Es erhält daher die Merkmale, die früher auf der Kleidung getragen wurden und diese mit Spitzen und Stickereien überluden. Die oberflächlichen Verzierungen des psychosozialen Lebens sind in diesem Fall der Lack, Chrom, Antennen. Die soziale Bedeutung kann auch in Masse, Volumen und Breite des Vehikels zum Ausdruck kommen.

Um die Befreiung der technischen Einstellung auf dem Gebiet der freien Wahl zu vollenden, könnte man versuchen, die Kategorien einer geläufigen Ethik personaler Beziehungen anzuwenden, beispielsweise jene der Aufrichtigkeit: Ein Automobil verliert schnell an Wert, weil es ebenso sehr dafür gemacht worden ist, gesehen zu werden, wie dafür, benutzt zu werden. Der Zwischenraum in den Türen ist nicht gegen Verrosten geschützt, der Unterboden wird nicht nach den Prinzipien der Aerodynamik behandelt, während die sichtbaren Teile überreich profiliert sind.

Aber das ist nicht das Wesentliche, und mit der Einführung eines dualistischen Moralsystems des Guten und des Schlechten, des Verborgenen und des Offensichtlichen würde man nicht weit kommen. Um auf diesem Gebiet wirkliche Normen zu finden, muss man sich wieder den bereits freigelegten kognitiven Schemata zuwenden und sich fragen, wie sie auf die Dringlichkeit antworten können, die in der angespannten Inkohärenz der affektiven Modalitäten zum Vorschein kommt.

Der Grund für die Unwesentlichkeit der technischen Objekte und gleichzeitig die Ursache für jene inflationäre Überholtheit, mit der die Population der technischen Objekte geschlagen ist, liegt im Fehlen einer industriellen Vertiefung der Produktion.

Ein Automobil ist deshalb so rasch überholt, weil es nicht ein und derselbe Akt der Erfindung, Konstruktion und Produktion ist, der gleichermaßen das Straßennetz und die Automobile hervorbringt. Zwischen das Netz – dieses funktionale Geschirr der geographischen Welt – und die Automobile, die dieses Netz befahren, stellt sich der Mensch als virtueller Käufer: Einem Automobil wird nur gestattet zu funktionieren, falls es auch gekauft wurde, falls es ausgewählt wurde, nachdem man es produziert hat. Diese Vermittlung wird zum Ausgangspunkt für eine Art Rekursion: Der Konstrukteur, der in Serie produzieren muss, muss die Verkaufschancen abschätzen; nicht genug damit, dass er nicht zugleich das Netz und die Wagen konstruieren kann, muss er zudem noch die Möglichkeit für den Käufer in seine Überlegungen mit einbeziehen, zwischen verschiedenen Modellen auszuwählen. Um lebensfähig zu sein, muss ein Automobil, nachdem es konstruiert wurde, auch noch gekauft werden, so wie das römische Kind, dem es, von der Mutter zur Welt gebracht, erst nach der *elevatio* gestattet war, zu leben. Man könnte diese entfremdende Bedingung des unter Verhältnissen der Käuflichkeit produzierten Objektes mit jener des antiken Sklaven auf dem Marktplatz oder mit jener der Frau in einer Situation gesellschaftlicher Benachteiligung vergleichen: Die Einführung in die aktive Existenz erfolgt durch Mittel, die den wahren Funktionen unangemessen sind; sie steht im Gegensatz zur Entelechie und schafft eine Dualität, eine Vorherrschaft des Unwesentlichen, eine Verzerrung der wahren Natur. Die Wahl erfolgt unter dem trügerischen Einfluss des Zaubers, des Prestiges, der Schmeichelei, der sozialen Mythen und persönlichen Überzeugungen. In seiner unwesentlichen Situation als Käufer – der weder Konstrukteur noch Benutzer *in actu* ist – führt der Mensch, der auswählt, in seine Wahl ein Bündel nichttechnischer Normen ein. Es ist die Tatsache, dass das Spiel dieser Normen in das Projekt der Herstellung vorausschauend miteinbezogen wird, die den Mischcharakter des mit seiner Käuflichkeit gestraften industriellen Produktes hervorruft und die damit zur Hauptquelle für seine rasche Antiquiertheit wird. Die *Distanz* zwischen dem Akt der Herstellung und dem Akt der Benutzung, dieser Mangel an wirklicher Information, ermöglicht, dass das Unwesentliche sich einschleicht, welches das Überholtsein hervorbringt. Weil auf einmal und in Bausch und Bogen über es geurteilt wird, es als Ganzes angenommen oder zurückgewiesen wird in der Entscheidung für den Kauf oder der Verweigerung des Kaufs, ist das Objekt der industriellen Produktion ein geschlossenes Objekt, ein falscher Organismus, der von einem holistischen Denken mit psychosozialen Anteilen erfasst wird; es erlaubt weder die Ausübung noch die Entwicklung der technischen Einstellung auf der Ebene der freien, bewussten Entscheidungen und der Handlungsnormen.

Wie aber ist es möglich, zu einer Struktur des Objekts überzugehen, die es erlaubt, die technische Einstellung freizulegen? Zunächst erlaubt es ganz allgemein die Parteinahme für eine asketische Haltung, den künstlichen und ungesunden Charakter der Überfrachtung mit rein gesellschaftlichen Merkmalen zu enthüllen, der sich in hypertelischen[11] oder wirklich unfunktionalen Entwicklungen niederschlägt. Bei den heutigen Überseekreuzern, die eher eine falsche schwimmende Stadt als ein Instrument des Reisens sind, tendiert die Entwicklung dahin, dass sich die Passagiere allein aus dem Kreis der Müßigen rekrutieren; das Frachtschiff ist reiner. Diese massenhafte Verbreitung des Unwesentlichen erfasst auch bereits die kommerziell genutzten Flugzeuge: Die Fluggesellschaften schmeicheln dem Fluggast, das Flugzeug wird größer und schwerer. Das Wesentliche aber ist das Folgende: Damit ein Objekt die Entwicklung der technischen Einstellung ermöglicht und von dieser ausgewählt werden kann, muss es selbst eine netzförmige Struktur aufweisen: Nimmt man ein Objekt an, das, anstatt geschlossen zu sein, Teile aufweist, die so konstruiert sind, dass sie sich so weit wie nur möglich der Unzerstörbarkeit annähern, wohingegen sich in anderen Teilen die feinste Anpassung an den Gebrauch, der Verschleiß, der mögliche Bruch im Fall eines Zusammenpralls oder auch die Fehlfunktion konzentrieren, so erhält man ein *offenes* Objekt, welches ergänzt, verbessert, in einem Zustand der beständigen Aktualität, im Jetzt gehalten [*maintenu*] werden kann. Eine elektrische Maschine, die nicht mit einem Schutzorgan wie Sicherung oder Unterbrecher versehen ist, ist nur dem Anschein nach einfacher als eine geschützte Maschine: Im Fall der Überlastung wird das Schutzsystem ausgelöst, und der Zustand

11 (*A. d. Ü.:* Das Konzept der Hypertelie entwickelt Simondon in *Du mode d'existence des objets techniques* (1958), Paris 1969, S. 50 ff. In seiner evolutionären Perspektive auf die technischen Objekte bezeichnet die Hypertelie den Fall einer übermäßigen Anpassung dieser Objekte an bestimmte, eng gewählte Zwecke bzw. Funktionszusammenhänge. Was auf den ersten Blick als Vervollkommnung erscheint, erweist sich in Simondons Allagmatik, also der dynamisch-verzeitlichten Perspektive auf die Objekte, als Sackgasse. Die Überanpassung wird zur Sackgasse, die die Veränderung und Weiterentwicklung des technischen Objekts wie des Netzes, in dem es funktioniert, erschwert oder unmöglich macht.)

der Maschine ist wieder absolut jenem vor dem Zwischenfall vergleichbar, wenn das Schutzsystem wieder in den Ausgangszustand zurückversetzt worden ist. Diese Wiederinstandsetzung setzt Standardisierung und Normierung voraus; sie ist umso vollkommener, je rigoroser die Normierung ist: Dies ist der Fall bei kalibrierten Sicherungen oder auch bei Elektronenröhren, die in einem Apparat ersetzt werden können. Dies ist der entscheidende Punkt: Das postindustrielle technische Objekt ist eine Einheit aus zwei Wirklichkeitsschichten – eine Schicht, die so stabil und dauerhaft ist wie möglich, die sich dem Benutzer anschmiegt, an ihm haftet und für die Dauer konstruiert ist; sowie eine Schicht, die beständig ersetzt, ausgetauscht, verjüngt werden kann, weil sie aus einander vollständig ähnlichen, unpersönlichen Elementen gemacht ist, die in Unmengen von der Industrie hergestellt und von allen Ersatzteilnetzen verbreitet werden. Durch die Teilnahme am Netz bleibt das technische Objekt stets Zeitgenosse seiner Verwendung, stets neu. Dass dieser Zustand vollständiger Aktualität bewahrt werden kann, wird eben durch die Strukturen ermöglicht, welche die kognitiven Schemata freilegen. Das Objekt muss über *Funktionsschwellen* verfügen, die erkannt, gemessen, normiert werden, damit es in beständige und absichtlich zerbrechliche, in Sollbruchteile, die sich austauschen lassen, unterteilt werden kann. Das Objekt ist nicht nur Struktur, sondern auch Betrieb. Und im Übrigen zeigt sich die Normierung der Funktionsschwellen in der Unterscheidung der relativ voneinander gesonderten Untermengen: Der Grad ihrer Solidarität ist eben das Maß (im griechischen Sinn von *métrion*) der Beziehung zwischen den beständigen Teilen und jenen, die dem Austausch und der Auswechslung unterworfen sind. Dieses Maß ist es, welches das Optimum des Betriebs in der Beziehung der Funktionsschwellen definiert.

Abschließend lässt sich sagen, dass die technische Einstellung sehr wohl im Begriff ist zu entstehen, aber dass diese Herausbildung eine Beziehung rekursiver Kausalität mit dem Aufkommen der postindustriellen technischen Realitäten selbst unterhält: Sie expliziert das Wesen dieser Realitäten und tendiert dazu, ihnen Normen zu liefern, um ihre Entwicklung zu gewährleisten. Eine solche Einstellung kann sich nur entwickeln, wenn an die Stelle der affektiven Antinomie, die mit dem Gegensatz zwischen Handwerk und Industrie verbunden ist, die entschiedene Orientierung durch einen willentlichen Schub in Richtung der Entwicklung der technischen Netze tritt, die postindustriell sind und zu einer neuen Kontinuität (zurück)finden.

Sucht man nach dem Signum der Vollkommenheit der technischen Einstellung, so lässt sich der Ausdruck der kognitiven Schemata, der affektiven Modalitäten und der Handlungsnormen in einem einzigen Kriterium vereinen: demjenigen der *Öffnung*; die technische Realität ist in höchstem Maße dafür empfänglich und geeignet, fortgesetzt, vervollständigt, vervollkommnet, ausgedehnt zu werden. In diesem Sinn ist eine Ausweitung der technischen Einstellung möglich und beginnt sich insbesondere auf dem Gebiet der schönen Künste zu zeigen. Ein Gebäude nach den Normen der technischen Einstellung zu konstruieren heißt, es so zu entwerfen, dass es vergrößert, fortgesetzt, erweitert werden kann, ohne Entstellung oder Korrektur. Der »Couvent Le Corbusier« [in Eveux] ist ein schönes Beispiel des Beitrags der technischen Einstellung in der Architektur: Er beinhaltet bereits in seinem Bauplan die Linie seiner Verlängerung für eine spätere Erweiterung. Und dies ist möglich nicht nur aufgrund des architektonischen Gesamtentwurfs, sondern auch wegen des Geistes der Schmucklosigkeit, die sich in der Wahl der Formen und der Verwendung der Materialien zeigt: So wird es möglich sein, ohne Bruch zwischen dem alten und dem neuen [Bauteil] wieder den Sichtbeton, das Eisen, die Kabel und das Rohrsystem der langen Gänge zu verwenden. Das Nichtverbergen der Mittel, diese Höflichkeit des Architekten gegenüber seinen Materialien, die sich in einer konstanten Technophanie auswirkt, führt zur Verweigerung des Überholtseins und, was die sinnliche Erscheinung angeht, zur fruchtbaren Entdeckung, dass die beständige Verfügbarkeit und Aufgeschlossenheit [*disponibilité*][12] des industriellen Materials die Grundlage der Kontinuität der Arbeit bildet.

Aus dem Französischen von Michael Cuntz

12 (*A. d. Ü.: Disponibilité* meint hier mehr als bloß die Verfügbarkeit im Sinn eines Nachschubs, es geht auch um *dispositio*, die Möglichkeit zur Neuanordnung, und somit auch um das, was man von Personen sagt, die eine *disponibilité d'esprit* haben: Hier ist es die *disponibilité de la matière*, die Aufgeschlossenheit der Materialien, auf der die Offenheit des offenen Objektes basiert.)

Jean-Hugues Barthélémy

Simondon – Ein Denken der Technik im Dialog mit der Kybernetik

Die Einheit eines Denkens

Das Buch *Du mode d'existence des objets techniques* (*MEOT*)[1] stellt auf dem Feld der Philosophie zweifellos einen Sonderfall dar. Wenn auch einige Philosophen und besonders diejenigen, die sich die Mühe gemacht haben, Bachelard zu verstehen, an Simondons in *L'individuation à la lumière des notions de forme et d'information* (*ILFI*)[2] unternommene epistemologische Untersuchungen anschließen können, so gilt das nicht für die technologischen Analysen, wie sie in *MEOT* unablässig entfaltet werden. Selbst die Technikphilosophen sind zumeist Philosophen und gerade keine Techniker oder Technologen, sie haben deshalb einen äußerlichen, philosophischen und eben keinen technologischen Blick auf die Technik. Simondon ist in diesem Punkt außergewöhnlich, und niemand könnte ihm den Vorwurf machen, wie er manchmal an Heidegger gerichtet wurde, dass er *technisch* nicht verstünde, wovon er spricht.

Man kann sich dem Simondonschen Denken der Technik allein

1 Gilbert Simondon, *Du mode d'existence des objets techniques* (1958), Paris 2005 (*A. d. Hg.*: Bislang ist nur die Einleitung in deutscher Übersetzung erschienen: »Einleitung zu *Die Existenzweise technischer Objekte*«, aus dem Französischen von Michael Cuntz, in: *Zeitschrift für Medien- und Kulturforschung* 1 [2011], S. 75-82).

2 Gilbert Simondon, *L'individuation à la lumière des notions de forme et d'information* (teilw. 1964), Grenoble 2005. (*A. d. Hg.*: Ins Deutsche übertragen lautet der Titel *Die Individuation im Lichte der Begriffe Form und Information*. Die Ausgabe von 2005 ist nicht nur die erste vollständige Ausgabe von Simondons gleichnamiger, 1958 verteidigter Doktorarbeit, die 1964 und 1989 in zwei Teilen erschienen ist. Sie enthält überdies umfangreiche Ergänzungen und Zusätze. Bislang liegen nur zwei längere Auszüge in deutscher Übersetzung vor: »Das Individuum und seine Genese. Einleitung«, aus dem Französischen von Julia Kursell und Armin Schäfer, in: Claudia Blümle, Armin Schäfer [Hg.], *Struktur, Figur, Kontur. Abstraktion in Kunst und Lebenswissenschaften*, Zürich, Berlin 2007, S. 29-46; sodann die sehr bedeutende »Ergänzende Bemerkung zu den Konsequenzen des Individuationsbegriffs«, aus dem Französischen von Michael Cuntz, in: Ilka Becker, Michael Cuntz, Astrid Kusser [Hg.], *Unmenge – Wie verteilt sich Handlungsmacht*, München 2008, S. 45-74).

schon aufgrund seines Reichtums sicherlich aus mehreren Blickwinkeln nähern. Will man das Technikdenken jedoch mit der genetischen Ontologie in Zusammenhang bringen, die Simondon in *ILFI* entwickelt, dann gilt es, zwei miteinander zusammenhängende Angriffspunkte in den Vordergrund zu rücken:

(a) Der Kampf gegen die »anthropologische« Vorstellung der Technik in *MEOT* – die Vorstellung, die die Technik einfach auf die Gesamtheit der Mittel reduziert, die vor dem Hintergrund des *Arbeits*paradigmas durch ihren menschlichen Gebrauch definiert werden – wird jenen ersten Versuch eines nichtanthropologischen Denkens ergänzen, den Simondon in *ILFI* unternahm, wo es darum ging, den »Menschen« nicht mehr getrennt und abgesetzt vom Lebendigen zu denken. Man könnte sagen, dass der genetische Enzyklopädismus Simondons die »anthropologische« Tendenz des abendländischen Denkens genau *in ihren zwei wesentlichen Aspekten* bekämpft, indem er nämlich einerseits den Menschen mit dem Lebendigen zu verbinden trachtet und andererseits dasjenige in der Technik zu enthüllen sucht, was den Gebrauch und die menschliche Arbeit transzendiert, um dabei eine Normativität aufzuschließen, die als solche durch und durch kulturell ist.

Fügen wir hinzu, dass Simondon sich *nicht damit begnügt*, die Technizität des technischen Objekts im eigentlichen Sinne, die in dessen *Funktionsweise* besteht, von den *Weisen des Gebrauchs* des technischen Objekts durch den Menschen zu unterscheiden – die Verwechslung von Funktionsweise und Gebrauch ist in technophoben Denkweisen gang und gäbe. Er leitet daraus auch das folgende Paradox ab: Wenn es eine technische »Normativität« und somit eine vollkommen kulturelle Würde der Technik gibt, dann besteht diese nicht in ihren Verwendungen durch den Menschen, sondern in dem scheinbar am wenigsten Menschlichen an der Technik, der Funktionsweise und dem reinen Funktionieren des Objekts. Dieses *Para*dox, das nur eines ist, weil es durch eine gewisse »philosophische Doxa« missverstanden und mit einem unauflösbaren *Widerspruch* verwechselt wird, wird sich in der Idee auflösen, dass das technische Werden auf technische *Ensembles* hinführt und dass allein die Funktionsweise dieser technischen Ensembles, wie sie *im Zeitalter der Information* gegeben ist, die Bedingungen für eine wahre menschliche *Transindividualität* schaffen kann. Das bedeutet, dass »technische Normativität« nur als eine je historische behauptet werden kann – und entsprechend heißt es: »Heute hat die Technizität die Tendenz, den Ensembles innezuwohnen. Sie kann nun zu einer Grundlage der Kultur werden, der sie eine vereinheitlichende und stabilisierende Kraft zuführen wird und die sie wieder jener Wirklichkeit adäquat werden läßt, welche die Kultur ausdrückt und reguliert.«[3] Die Technik, wohlverstanden in ihrer eigentlichen Technizität, hat diese Normativität somit nicht immer besessen. Man könnte auch zeigen, dass genau hier, im Innersten von *MEOT*, die Differenz zwischen der *historischen* Realität der verschiedenen »Zeitalter der Technik« und der *genetischen* Realität, wie sie die Theorie der »Phasen der Kultur« beschreibt, zum Ausdruck kommt.

(b) Die Einheit zwischen dem Simondonschen Denken der Technik und seiner genetischen Ontologie beruht noch grundsätzlicher auf der These einer dreifachen Analogie zwischen der Technik und dem Lebendigen – und genau hier, in dieser dreifachen Analogie, liegt auch das *Mittel*, um die zwei Kämpfe gegen die zwei Aspekte der »anthropologischen« Tendenz miteinander zu *verbinden*: erstens die »Individualisierung« des technischen Objekts wie des Lebewesens; zweitens die Analogie zwischen der Funktionsweise des erfundenen Objekts und dem Zusammenspiel geistiger Schemata des Erfinders als einem Lebendig-Denkenden; drittens die »phylogenetische Abstammungslinie« technischer Objekte. Diese These von der dreifachen Analogie zwischen Technischem und Lebendigem wird den Dialog mit der Kybernetik ins Zentrum von Simondons Werk rücken – einen Dialog, der sein Werk von *ILFI* bis zu den posthumen Publikationen durchzieht und der sich natürlich in *MEOT*, aber auch in den beiden Ergänzungskapiteln zu *ILFI* wiederfindet, die von *ILFI* zu *MEOT* überleiten, den beiden Kapiteln der langen »Ergänzenden Bemerkung zu den Konsequenzen des Individuationsbegriffs«.

3 Simondon, »Einleitung zu *Die Existenzweise technischer Objekte*« (wie Anm. 1), S. 82.

Die Frage des technischen Fortschritts: »offene Maschine« versus Automat

Zur Einführung in *MEOT* eignet sich die folgende Passage aus der »Ergänzenden Bemerkung«, in der sich bereits alle Etappen abzeichnen, die am Leitfaden des Dialogs mit der Kybernetik von *ILFI* bis zu den letzten Ausblicken in *MEOT* führen werden:

> Eine zirkuläre Kausalität schafft eine Reziprozität der Existenzbedingungen, die dem technischen Universum seine Konsistenz und seine Einheit verleiht. Diese je aktuelle Einheit findet ihre Fortsetzung in einer Einheit in der zeitlichen Abfolge, welche die Menschheit mit jenem Menschen vergleichbar macht, von dem Pascal spricht und der beständig lernt, ohne jemals zu vergessen. Der Wert des Dialogs des Individuums mit dem technischen Objekt besteht also darin, die menschliche Anstrengung zu bewahren und einen Bereich des Transindividuellen zu schaffen, der sich von der Gemeinschaft unterscheidet; einen Bereich, in dem die Vorstellung der Freiheit einen Sinn erhält und der die Vorstellung des individuellen Schicksals transformiert, ohne sie zu vernichten. Der grundlegende Charakter des technischen Wesens ist es, die Zeit in ein konkretes und konsistentes Dasein zu integrieren. Darin ist es das Korrelat der Selbst-Schöpfung des Individuums.[4]

Die Analogie des Technischen mit dem Lebendigen, die in den ersten Sätzen dieser Passage durchscheint und die notwendig zum Dialog Simondons mit der Kybernetik führt, zielt inhaltlich auf den neuzeitlichen Individualisierungsprozess technischer Objekte, der den Gegenstand des ersten Teils von *MEOT* bilden wird. Im neuzeitlichen Individualisierungsprozess der technischen Objekte schreitet die »Konkretisierung« dieser Objekte immer weiter fort und mündet schließlich im zeitgenössischen Zeitalter der technischen »Ensembles«. Wir werden sehen, inwiefern die Kybernetik, gerade in ihrer Verblendung durch den Typus von Objekt, wie ihn der Automat markiert, eben nicht gesehen hat, dass die technischen Ensembles *die Bedingung, aber auch die Grenze* des technischen Fortschritts darstellen. Zunächst gilt es jeden dieser Punkte einzeln zu erklären:

(1) Die »Konkretisierung« der technischen Objekte besteht in dem folgenden, ursprünglich zwei Aspekte aufweisenden Prozess:

4 Simondon, »Ergänzende Bemerkung« (wie Anm. 2), S. 58 f.

– einerseits in der Tatsache, dass dasselbe Element eines technischen Objekts von einer Funktion zu zwei gleichzeitig von ihm erfüllten Funktionen übergehen kann. Simondon bezeichnet das als die »Plurifunktionalität« technischer Elemente durch »Konvergenz von Funktionen« und bringt das Beispiel der Kühlrippen beim Verbrennungsmotor: Zunächst auf die Funktion der Kühlung beschränkt, erhalten sie in der Folge die mechanische Zusatzfunktion der Verstärkung, indem sie einer Verformung des Zylinderkopfs unter dem Druck der Gase entgegenwirken;
– andererseits in der Tatsache, dass die Elemente in einem immer stärkeren Maße voneinander abhängig sind. Simondon bezeichnet das als die *»innere Resonanz«* der Elemente, die ein technisches Objekt bilden. Er führt wiederum das Beispiel des Motors an:

In einem heutigen Motor hängt jedes wichtige Teil durch wechselseitigen Energieaustausch derart mit den anderen zusammen, dass es nicht anders sein könnte als nur so, wie es ist. Die Form der Explosionskammer, die Form und die Größe der Ventile, die Kolbenform gehören alle zum selben System, in dem eine Vielzahl wechselseitiger Kausalitäten herrscht. [...] Man könnte sagen, dass der heutige Motor ein konkreter Motor ist, während ein früherer Motor einen abstrakten Motor darstellt. Im früheren Motor greift jedes Element lediglich in einem bestimmten Moment in den Zyklus ein und darf dann nicht mehr auf die anderen Elemente einwirken.[5]

Es ist wichtig zu bemerken, dass die innere Resonanz hier wie eine *Organizität* beschrieben ist, die dennoch niemals derjenigen des Lebendigen gleichkommen wird; schließlich ist dieses, wie wir sehen werden, »konkret von Anfang an«, während der Konkretisierungsprozess der technischen Objekte in der Art einer asymptotischen Annäherung verläuft.

(2) Was bringt nun der Begriff der *Individualisierung* zu dem der Konkretisierung noch hinzu, was bedeutet er vor dem Hintergrund dieses ersteren? Die Individualisierung technischer Objekte ist ebenfalls »Resonanz«, aber nicht mehr innere, sondern *äußere* Resonanz, und zwar durch wechselseitige Kausalität *zwischen technischem Individuum und seinem »assoziierten Milieu«*:

5 Simondon, *Du mode d'existence des objets techniques* (wie Anm. 1), S. 21. (Übers. hier und in der Folge K. W.).

Die Individualisierung der technischen Wesen ist die Bedingung des technischen Fortschritts. Diese Individualisierung wird möglich durch die Rekursivität der Kausalität innerhalb eines Milieus, das ein technisches Wesen um sich herum schafft und das es bedingt, so wie es selbst dadurch bedingt ist. Dieses zugleich technische und natürliche Milieu kann als assoziiertes Milieu bezeichnet werden. Das assoziierte Milieu ist das, wodurch sich das technische Wesen in seiner Funktionsweise selbst bedingt.[6]

Wenn Simondon das technische Objekt als eines denkt, das sich im und durch das Verhältnis rekursiver Kausalität mit seinem assoziierten Milieu individualisiert, dann weil er den technischen Fortschritt entsprechend den Schemata denkt, die seinem Denken des Lebendigen entstammen – Schemata, die im Gegensatz zu einer bestimmten Kybernetik stehen, die das Lebendige entsprechend dem technologischen Schema des Automatismus denken wollte. Da man nach Simondon aber mit diesem technologischen Schema gerade nicht verstehen kann, wo sich der technische Fortschritt wirklich verorten lässt, worin er tatsächlich besteht, errichtet er seinen Diskurs auf einem Dialog mit der Kybernetik, deren begriffliche Ausschweifungen, aber auch Verwechslungen er freilegt und moniert: »Die Arbeit der Kybernetik droht durch ihr Ausgangspostulat der Identität von Lebewesen und selbststeuernden technischen Objekten als interwissenschaftliche Forschung teilweise ineffizient zu werden [...]. Alles, was man behaupten kann, ist, dass technische Objekte zur Konkretisierung neigen, während natürliche Objekte, wie sie Lebewesen darstellen, von Anfang an konkret sind.«[7]

Der Grund der theoretischen Unstimmigkeit zwischen Simondon und der Kybernetik ist nun der Folgende: Während die Kybernetik die Analogie und sogar die Identität zwischen der Maschine und dem Lebendigen von der Idee des *Automaten* her denkt, denkt Simondon diese nunmehr bei ihm bloß *asymptotische* Analogie ausgehend von der *auf ihr assoziiertes Milieu hin offenen Maschine*. Und die Analogie ist hier allein deshalb real, weil sie letztlich auf der operativen Übereinstimmung *zwischen der Funktionsweise des Objekts und dem geistigen Prozess des Subjekts im Moment der Erfindung dieses Objekts* beruht:

6 Ebd., S. 56 f.
7 Ebd., S. 49.

> [D]ie Elemente, aus denen das technische Objekt materialiter bestehen wird und die vor der Entstehung dieses Objekts voneinander getrennt sind, ohne ein assoziiertes Milieu, müssen im Verhältnis zueinander nach Maßgabe jener zirkulären Kausalität organisiert werden, die eintreten wird, sobald das Objekt gebildet ist. Folglich handelt es sich hier um eine Bedingtheit der Gegenwart durch die Zukunft, durch das, was noch nicht ist. [...] Die geistigen Schemata wirken während der Erfindung so aufeinander ein, wie die unterschiedlichen Dynamiken des erfundenen technischen Objekts in der faktischen Funktionsweise aufeinander einwirken werden.[8]

Es gibt eine *Analogie* zwischen der Funktionsweise des erfinderischen Denkens und derjenigen des erfundenen Objekts, und Simondon schließt daraus, dass die Erfindung eines technischen Objekts, welches im Verhältnis rekursiver Kausalität zu seinem assoziierten Milieu existiert, nur möglich ist durch ein denkendes Lebewesen, das seinerseits autokonditioniert, also sich selbst bedingend ist: »Das Lebewesen kann nur deshalb erfinden, weil es ein individuelles Wesen ist, das sein assoziiertes Milieu bei sich trägt: Sein Vermögen, sich selbst zu bedingen, ist am Ursprung des Vermögens, Objekte hervorzubringen, die sich ihrerseits selbst bedingen.«[9]

Der Gedanke, der dahintersteht, ist der folgende: Wenn man, wie die Kybernetik, den technischen Fortschritt mit der Automatisierung verwechselt, dann verwechselt man die Individualität des Lebewesens, aber auch die Gesundheit der Gesellschaft, mit Prozessen, die weniger die *Individualität* und die *Gesellschaft* als vielmehr die *Gemeinschaft* betreffen. Diese Unterscheidung zwischen Gemeinschaft und Gesellschaft und die damit verbundene Differenz zwischen Gemeinschaft und Individualität sind bei Simondon immer wieder Thema, weil sie für ihn zentral sind. Wenn er den Automaten als »gemeinschaftlich« charakterisiert, suggeriert er damit, *dass die konstitutive (d. h. sie auch ermöglichende) Wegmarke der Individualisierung technischer Objekte in der Verwirklichung technischer Ensembles liegt, wobei der »perfekte Automat« nur einen mythologischen »Grenzfall« darstellt, da das Ensemble in diesem Fall völlig im Individuum aufgehen, d. h. mit ihm deckungsgleich wird.*

Die technischen Ensembles sind ihrerseits *heute* genau das, wodurch *zugleich* die technischen Objekte wie auch die Gesellschaft

8 Ebd., S. 57 f.

9 Ebd., S. 58.

in ihrer Differenz zum Gemeinschaftlichen fortschreiten. Simondon unterscheidet *drei Zeitalter* des technischen Fortschritts, entsprechend den »drei Ebenen des technischen Objekts [...]: das Element, das Individuum, das Ensemble«.[10] Erst das letzte Zeitalter offenbart aber den – im Vergleich zum *Lebendigen* – asymptotischen Charakter der Individualisierung technischer Objekte, da sich das technische Individuum, die Maschine, nunmehr lediglich innerhalb technischer Ensembles weiter individualisieren kann, die zum »assoziierten Milieu« jedes technischen Individuums geworden sind. Aber diese *zeitgenössischen* technischen Ensembles – d. h. die des »Zeitalters der Information«,[11] das Simondon so treffend voraussah – ermöglichen dadurch, dass sich die gerade noch »moderne« *menschliche Arbeitsgemeinschaft*, welche aus der industriellen Revolution hervorging, aus einfachen *inter*individuellen Beziehungen bestand und sich zuweilen durch die Maschine entfremdet sah, nunmehr *als untrennbar menschliche und technische Transindividualität konstituieren kann*. Das waren die Worte Simondons in der synthetischen Passage der »Ergänzenden Bemerkung«, die uns als Einführung in sein Denken der Technik diente: Der Wert des Dialogs des Individuums mit dem technischen Objekt besteht darin, »einen Bereich des Transindividuellen zu schaffen, der sich von der Gemeinschaft unterscheidet«.

10 Ebd., S. 15; Simondon, »Einleitung zu *Die Existenzweise technischer Objekte*« (wie Anm. 1), S. 81.

11 Siehe dazu Gilbert Simondon, *L'invention dans les techniques. Cours et conférences*, hg. von Jean-Yves Chateau, Paris 2005, S. 79 f. In dieser Zusammenstellung aus Vorlesungen und Vorträgen finden sich zwei verschiedene Einteilungen der Geschichte der Technik, die jedoch der Einteilung nicht widersprechen, die Simondon auf der letzten Seite der Einleitung in *MEOT* vorschlägt. Die erste Einteilung verläuft nach vier Perioden, nämlich die Periode »vor dem Werkzeug- und Instrumentgebrauch«, diejenige des »Werkzeug- und Instrumentgebrauchs«, dann die Periode »der Werkzeugmaschine und der Maschine«, schließlich die Periode »der Vernetzung« (S. 104). Die zweite Einteilung verläuft nach drei Perioden: »der vorwissenschaftlichen Erfindungen«; »der Erfindungen, die mit Hilfe der Wissenschaften gemacht oder vervollständigt wurden«, und zwar in der »industriellen Epoche«; schließlich die Periode der »dritten Gruppe der Erfindungen« in der Epoche der »Information« (S. 229 und 271 f.). Die erste Einteilung enthält nur deshalb vier Perioden, weil die erste Periode dem Artefakt vorausgeht und jede Form der allerersten, anfänglichen Techniken im Sinne von Verfahren einbezieht: zum Beispiel »eine primitive Jagdtechnik wie die, die darin bestand, an die Felsen zu schlagen und die Tiere zu erschrecken« (S. 86).

Wir werden dieser Thematik der Transindividualität bei Simondon dort wiederbegegnen, wo es um den Zusammenhang zwischen der Erkenntnis und dem Begriff der »Naturalisierung« des technischen Objekts gehen wird, auf den wir nach den Begriffen »Konkretisierung« und »Individualisierung« zu sprechen kommen müssen. Doch zunächst und einleitend gilt es noch, einen Einwand aus dem Weg zu räumen. Denn es scheint, als könne die Simondonsche Analyse des technischen Werdens als eine Frage der *Funktionsweise, des Funktionierens*, die den *Gebrauch, die Verwendung* als etwas für die eigentliche Technik Extrinsisches explizit verwirft, nicht ganz korrekt sein, da doch die meisten *Erfindungen von Funktionen zunächst mit der Absicht eines bestimmten Gebrauchs* gemacht worden sind. Simondon ist sich dessen bewusst, und deshalb führt er im letzten Unterkapitel des ersten Kapitels von *MEOT* einen Begriff ein, den er dann in der *Imagination et invention* betitelten Vorlesung der Jahre 1965/66 weiter ausführen und so die Antwort auf den gerade erhobenen Einwand liefern wird.

Es handelt sich um den Begriff des »absoluten Ursprungs einer technischen Abstammungslinie«. Simondon schreibt:

Der synthetische Erfindungsakt markiert den Beginn einer Abstammungslinie technischer Objekte und ist für eine *technische Essenz* konstitutiv. Die technische Essenz lässt sich daran erkennen, dass sie durch die evolutionäre Abstammungslinie hindurch stabil bleibt, und sie bleibt nicht nur stabil, sondern bringt auch Strukturen und Funktionen durch interne Weiterentwicklung und fortschreitende Sättigung hervor.[12]

12 Simondon, *Du mode d'existence des objets techniques* (wie Anm. 1), S. 43. Als Beispiel führt Simondon hier die technische Essenz »Verbrennungsmotor« und das Werden an, das durch diese Essenz determiniert ist, was sich in Kontinuitäten, *aber auch selbst in Diskontinuitäten innerhalb jener Abstammungslinie äußert, die aus der Ursprungsessenz hervorgegangen ist*: »(…) auf diese Weise konnte die technische Essenz des Verbrennungsmotors durch eine zusätzliche Konkretisierung der Funktionsweise zu derjenigen des Dieselmotors werden. In dem vorhergehenden Vergasermotor ist die Erwärmung des Luft-Kraftstoff-Gemisches im Zylinder im Moment der Verdichtung unwesentlich und sogar schädlich, weil sie eine Glühzündung auszulösen droht, anstatt die Verpuffung zu bewirken (Verbrennung mit fortschreitender Explosionswelle), was das Verdichtungsverhältnis reduziert, das für einen bestimmten Kraftstofftyp zugelassen ist; umgekehrt wird diese Erwärmung aufgrund der Verdichtung wesentlich und positiv im Dieselmotor, denn hier leitet der Motor die Verpuffung ein« (ebd., S. 43 f.). Diese etwas technische Beschreibung macht jedenfalls gut verständlich, dass die Konkretisie-

Es gibt also folglich Abstammungslinien technischer Objekte, die *das in einer »Essenz« potentiell enthaltene Werden* verwirklichen. Die Konsequenz, die Simondon in der Vorlesung von 1965/66 daraus zieht, besteht in der Annahme einer *Transzendenz* des erfundenen Objekts *gegenüber den ursprünglichen Verwendungsabsichten, welche die Erfindung des Objekts gleichwohl angestoßen und geleitet haben*: »Es wäre zum Teil falsch, zu sagen, dass die Erfindung *dafür gemacht* ist, um ein Ziel zu erreichen, eine im Voraus vollständig vorhersehbare Wirkung zu erzielen«, denn »es gibt in der wahren Erfindung einen Sprung, einen Verstärkungseffekt, der die simple Zweckmäßigkeit und die auf bloße Anpassung beschränkte Forschung überschreitet«.[13]

Es gilt also zu unterscheiden:

- die ursprüngliche Erfindung einer technischen Essenz, *absoluter Ursprung* einer Abstammungslinie, beispielsweise die technische Essenz »Verbrennungsmotor«;
- die untergeordneten *kontinuierlichen* Perfektionierungen innerhalb der Abstammungslinie, die aus dieser technischen Essenz hervorging;
- die *diskontinuierlichen Erfindungen*, die notwendig werden aufgrund der »Sättigung des Systems«, welche sich aus einer kontinuierlichen Reihe von untergeordneten Perfektionierungen ergibt. Die diskontinuierliche Erfindung ist somit das, worin sich das technische Objekt tatsächlich »konkretisiert« und einem Fortschritt Wirklichkeit verleiht; so die Erfindung des Dieselmotors ausgehend von der technischen Essenz »Verbrennungsmotor«.

In seinem Dialog mit der Kybernetik, um darauf zurückzukommen, analysiert Simondon die Frage des technischen Fortschritts

rung, wie Simondon sie denkt, keinen einfachen und unvollkommenen Kompromiss zwischen den konfligierenden technischen Erfordernissen darstellt: Das technische Objekt konkretisiert sich tatsächlich nur dann, wenn die früheren Hindernisse *selbst zu Lösungen werden*. Deshalb bezeichnet Simondon die wahre *Erfindung* oft als eine »Problemlösung«, die genau darin besteht, das Problem als gelöst zu betrachten ... Das ist auch eine Weise zu sagen, dass die Erfindung, im Gegensatz zu einer bloßen Innovation, ihrerseits eine Diskontinuität einleitet, ohne die die früheren Hindernisse nicht zu Lösungen hätten werden können. Siehe dazu ebd., S. 22 f. und 27 f., sowie ders., »Imagination et invention«, in: Gilbert Simondon, *L'invention dans les techniques* (wie Anm. 11), S. 170-173.

13 Ebd., S. 171 f. (Hervorh. J.-H. B.).

folgendermaßen: »Anstatt nur eine Klasse von technischen Wesen, die Automaten, zu betrachten, muss man die Konkretisierungslinien anhand der zeitlichen Evolution technischer Objekte nachvollziehen; nur wenn man das Lebewesen und das technische Objekt auf diesem Wege einander annähert, erhält dieser Vergleich einen wirklichen Aussagewert jenseits aller Mythologie.«[14] Es ist dieses Verfahren, das Simondon in *MEOT* 1958 wie in »Imagination et invention« 1965/66 zu guter Letzt dazu führt, dem technischen Werden die Fähigkeit der »Naturalisierung« technischer Objekte zuzuerkennen. Naturalisierung, das ist nach der Konkretisierung und nach der Individualisierung der dritte und letzte zentrale Begriff im ersten Teil von *MEOT*.

Von der »Naturalisierung« technischer Objekte zum Problem des gesellschaftspolitischen Fortschritts

Der Begriff der »Naturalisierung«, der schon sehr früh im Werk Simondons auftaucht, durchzieht es in all seinen Konsequenzen, die zuerst das Problem der Erkenntnis, sodann das Problem der Ausarbeitung einer »Transindividualität« und schließlich das des gesellschaftlichen Fortschritts betreffen, wo Simondons Dialog mit Norbert Wiener wieder einsetzt. Die Naturalisierung technischer Objekte ergibt sich aus dem zuvor beschriebenen technischen Fortschritt insofern, als »die Gruppe der geschaffenen Objekte durch die Notwendigkeit des technischen Fortschritts sich immer mehr mit der natürlichen Wirklichkeit vermischt, sie sich zu eigen macht und übernimmt. [...]. Die fortschreitende Entwicklung der Techniken, die sich dem Verstärkungseffekt jeder ein Objekt erschaffenden Erfindung verdankt, lässt die natürlichen Wirkungen in die Welt der Techniken übergehen, was dazu führt, dass sich die Techniken nach und nach naturalisieren.«[15] Die Folgen für die Erkenntnis- und Wissensfrage bestehen für Simondon in einer wachsenden Konvergenz zwischen Technik und Wissenschaft. In diesem Punkt

14 Simondon, *Du mode d'existence des objets techniques* (wie Anm. 1), S. 49.
15 Simondon, »Imagination et invention« (wie Anm. 11), S. 175.

ist Simondon sicherlich der Vorläufer einer Philosophie der später so genannten »Technowissenschaft«.

Vollständig möglich ist eine derartige Konvergenz von Technik und Wissenschaft in seinen Augen aber erst im Zeitalter der Information, das auch das Zeitalter der Ensembles ist:

> In diesem Sinne lässt sich behaupten, dass die Geburt einer Technikphilosophie, die sich auf der Höhe von Ensembles befindet, nur durch ein eingehendes Studium der Steuerungsmechanismen, d. h. von Information, möglich ist. Die wahren technischen Ensembles sind nicht solche, die technische Individuen verwenden, sondern solche, die ein Netz aus miteinander verschalteten technischen Individuen bilden. Jede Technikphilosophie, die von der Wirklichkeit solcher zwar technische Individuen verwendender Ensembles ausgeht, die diese untereinander aber nicht in Informationsbeziehungen zueinander bringt, ist keine Technikphilosophie, sondern bleibt eine Philosophie der durch Technik vermittelten menschlichen Macht.[16]

Die Kritik der »Philosophien der menschlichen Macht« richtet sich an jenes Denken, das Simondon »Technokratie« nennt, und es ist das Anliegen Simondons zu zeigen, dass wahrhaft technische Normativität nicht im menschlichen Gebrauch einer Technik liegt, die uns zu »Herren und Besitzern der Natur« machte, wie Descartes sagte, sondern in der Fähigkeit der Technik, im Zeitalter der Ensembles und der Information als »Träger« und »Stütze« einer menschlichen Beziehung zu fungieren, die als solche »das Modell der Transindividualität«[17] darstellt.

Damit sind wir schließlich bei der *gesellschaftspolitischen* Tragweite von *MEOT* angekommen, wo auch der Dialog Simondons mit Norbert Wiener fortgesetzt wird. Man wird hier allerdings mit einem doppelten Paradox konfrontiert: Einerseits gibt es bei Simondon kein im eigentlichen Sinne politisches Denken, sondern nur eine *Kulturtheorie*, die eine andere Interpretation jener »Sinnkrise« ermöglicht, von der die Philosophie seit Husserl spricht. Deshalb auch drückt sich der »politische und soziale Wert«, den Simondon der in *MEOT* geforderten »Ausweitung der Kultur« zuschreibt, darin aus, »dem Menschen die Mittel (zu) verleihen, um seine Existenz und seine Situation in Entsprechung zur ihn um-

16 Simondon, *Du mode d'existence des objets techniques* (wie Anm. 1), S. 126.

17 Ebd., S. 248. Zum Thema des Transindividuellen siehe Jean-Hugues Barthélémy, *Simondon ou l'Encyclopédisme génétique*, Paris 2008, S. 85-113.

gebenden Wirklichkeit zu denken«.[18] Andererseits sieht sich diese Kulturtheorie mehr im Zusammenhang mit der Idee einer »universellen Kybernetik« als mit den Fragen politischer Philosophen und Soziologen, und Simondon offenbart uns die gesellschaftspolitische Stoßrichtung von *MEOT* bezeichnenderweise in einem Dialog mit dem letzten Kapitel von Norbert Wieners *Cybernetics* (1948), implizit aber auch mit *The Human Use of Human Beings* (1950):

[M]an kann die Überlegung von Norbert Wiener noch etwas weiter denken. Am Ende seines Buches fragt sich der Autor, wie die von ihm definierten Begriffe für die Organisation der Gesellschaft verwendet werden könnten. [...] Doch man kann versuchen, zwischen dem Technikverständnis und der Macht, die die menschlichen Gruppen lenkt, eine ganz andere Vermittlung zu entdecken als die von Norbert Wiener erwogene. Denn es ist schwierig, es so einzurichten, dass Philosophen Könige und Könige Philosophen sind. Oft passiert es, dass die Philosophen, die Könige geworden sind, keine Philosophen mehr sind. Die wahrhafte Vermittlung zwischen Technik und Macht kann nicht individuell sein. Sie kann nur vermittels der Kultur verwirklicht werden.[19]

Man versteht hier sehr gut, dass die letzte Frage der Technik in Wirklichkeit die der *Einführung »technischer Bildung« [culture technique] in die Kultur ist, welche sich ansonsten durch ihren Rückstand gegenüber der technischen Entwicklung zu entfremden droht.*[20] Deshalb ist das Problem einer »Vermittlung« zwischen »dem Technikverständnis und der Macht, die die menschlichen Gruppen lenkt«, die *gesellschaftspolitische Übersetzung* eines umfassenderen und philosophischeren Problems, nämlich des Problems der »Sinnkrise«, die durch die Nichtverwirklichung jener »Ausweitung der Kultur« herbeigeführt wurde, von der Simondon weiter oben gesprochen hat. Denn die Kultur kann ihren »allgemeinen« Charakter nur *bewahren*, wie Simondon sagte, wenn sie die »Kraft der absoluten

18 Simondon, »Einleitung zu *Die Existenzweise technischer Objekte*« (wie Anm. 1), S. 80.

19 Simondon, *Du mode d'existence des objets techniques* (wie Anm. 1), S. 150.

20 Das Unterkapitel von *MEOT*, das in einen Dialog mit Wiener eintritt, ist folgendermaßen betitelt: »Das philosophische Denken muss durch die Grundlegung einer Technologie die Integration der technischen Wirklichkeit in die universelle Kultur herbeiführen« (ebd., S. 148).

Ankunft«[21] sich entfalten lässt, *durch die sie sich immer weiter öffnet*, auch und vor allem den bislang als fremde Wesen betrachteten technischen Objekten gegenüber: »[D]ie vollständige Kultur ist jene, die es erlaubt, den Fremden als Menschen zu entdecken«,[22] ließ Simondon bereits auf der ersten Seite in *MEOT* verlauten.

Der Unterschied zwischen der »universellen Kybernetik« und der Kybernetik besteht nun darin, dass die reklamierte *Universalität* eine *Modifizierung der kybernetischen Paradigmen* voraussetzt, welche Simondon als zu reduktionistisch beurteilt. So etwa denkt Norbert Wiener die gesellschaftspolitischen Probleme als Probleme der *Homöostase*, d.h. letztlich als Probleme des *stabilen Gleichgewichts* der Gesellschaft. *MEOT* steht in direkter Konkurrenz mit dieser Position, wenn es darum geht, die gesellschaftspolitischen Fragen *anders* zu beleuchten, als dies die politischen Philosophen und die Soziologen tun. Das Zentrale dieses Simondon und Wiener gemeinsamen *anderen* Zugriffs auf gesellschaftspolitische Fragen, das auch das Ungedachte der philosophischen wie soziologischen Tradition geblieben ist, das ist natürlich die Technik und ihre Rolle *in der Kultur*. Aber im Gegensatz zu Wiener kommt der Technik bei Simondon keine Alleinstellung zu. Denn »isoliert betrachtet tendiert die Technizität dazu, dominant zu werden und eine Antwort für alle Probleme zu liefern, so wie sie es heute vermittels des Systems der Kybernetik tut«.[23]

Man könnte sagen, dass die Kybernetik ein *technizistisches* Denken ist, während Simondon ein Denken *der* Technik entwickelt, und diese Differenz bestätigt sich in einer komplizierten und entscheidenden, aber auch paradoxen Denkoperation Simondons, wenn er behauptet:

Die Aufnahme einer Repräsentation der technischen Wirklichkeit in die Kultur, und zwar durch Erhöhung und Erweiterung der Sphäre der Technik, muss die Fragen der Finalität wieder an ihrem eigentlichen Ort als *technische Fragen* stellen, denn sie werden zu Unrecht als ethische und manchmal auch als religiöse Fragen angesehen. Die Unfertigkeit und Unvollendetheit der Techniken sakralisiert die Fragen der Finalität und bringt

21 Ebd., S. 151.

22 Simondon, »Einleitung zu *Die Existenzweise technischer Objekte*« (wie Anm. 1), S. 75.

23 Simondon, *Du mode d'existence des objets techniques* (wie Anm. 1), S. 152.

den Menschen dazu, sich Zwecken zu unterwerfen, die er sich als absolute und als Unbedingtheiten vorstellt.[24]

Das Paradox besteht hier darin, dass Simondon in seinem Dialog mit Wieners Kybernetik dem Technizismus jedweder Form ausgerechnet vorwirft, die Fragen der Finalität gerade nicht als technische, sondern als ethische und manchmal als religiöse zu verstehen! Dieses Paradox löst sich auf, sobald man begreift, dass *der Technizismus die Gesellschaft nur deshalb mechanisiert, weil er die Finalität als ein Absolutes und als ein Gleichgewicht ohne Werden denkt und sie ebendarin moralisiert – ein Gleichgewicht, dessen Entsprechung die Homöostase ist. Für Simondon gehört die Finalität im Gegenteil zum Werden und nicht zum Sein*, weshalb sie auch der Sphäre der Technik zugeordnet werden muss, von der Simondon sagte, dass diese ihrerseits durch *ihre »Erweiterung«* verstanden werden muss. Er fährt fort:

Aus diesem Grund müssen nicht nur die technischen Objekte auf dem Niveau verstanden werden, auf dem sie sich zum gegenwärtigen Zeitpunkt wirklich befinden, sondern gilt es auch, die Technizität dieser Objekte als eine Weise der Beziehung des Menschen zur Welt unter anderen Weisen zu begreifen, etwa der religiösen und ästhetischen Weise [...]. Tatsächlich muss die Technizität, um richtig, entsprechend ihrem Wesen und vernünftig in die Kultur integriert, verstanden zu werden, in ihrer Beziehung zu den anderen Weisen des Menschen, in der Welt zu sein, verstanden werden. Keine induktive, von der Pluralität technischer Objekte ausgehende Betrachtungsweise wird jemals das Wesen der Technizität erkennen. Vielmehr gilt es, und zwar unter Anwendung einer philosophischen Methode, die direkte Untersuchung der Technizität nach einer genetischen Methode zu versuchen.[25]

24 Ebd., S. 151.

25 Ebd., S. 151 f. Diese Passage wird im dritten Teil noch auf bemerkenswerte Weise ergänzt: »[N]icht die menschliche Wirklichkeit und besonders das an ihr, was verändert werden kann, sprich: die Kultur als tätige Vermittlerin zwischen den aufeinanderfolgenden Generationen, den gleichzeitigen menschlichen Gruppen und den aufeinanderfolgenden wie gleichzeitigen Individuen, nicht also diese menschliche Wirklichkeit muss der Technik einverleibt werden, gleich einer Materie, die zu bearbeiten ist; es ist umgekehrt die Kultur, aufgefasst als gelebte Ganzheit, die die technischen Ensembles in sich aufnehmen und integrieren muss, indem sie ihre Natur erkennt, um das menschliche Leben entsprechend diesen technischen Ensembles regulieren zu können. Die Kultur muss über aller

Was Simondon unter dem Titel einer »direkten Untersuchung der Technizität nach der genetischen Methode« ankündigt, wird der Gegenstand des dritten Teils von *MEOT* sein, dem die obige Passage als Abschluss des zweiten Teils des Buches unmittelbar vorausgeht. Im Folgenden wird es für Simondon darum gehen, mittels einer Art neuen Phänomenologie des Geistes die »Phasen der Kultur« freizulegen: Simondons »Phasen der Kultur« gehorchen dabei Wesensgesetzen, die ihre jeweilige *Genese* betreffen, und diese ist nicht dasselbe wie die tatsächliche *Geschichte* der Kultur. Wir werden in diese letzte Etappe von *MEOT* nicht vordringen.

Schlussfolgerung: Ein Dialog für die Zukunft

Es gibt im Streitgespräch Simondons mit der Kybernetik noch einen letzten Aspekt, der hier bislang nicht angesprochen wurde. Es handelt sich um die Frage der *Natur* derjenigen Realität, die »Information« genannt wird. Diese Frage ist für den ontologischen Entwurf Simondons ganz entscheidend, und sie kehrt in seinem Werk immer wieder, aber in ihrer Bearbeitung ist er letzten Endes am wenigsten vorangekommen.[26] Die heutigen Schüler Simondons werden ihre Anstrengungen zweifellos auf diese wie auch auf die wichtige Frage der *Quantenrealität* – und des *Zusammenhangs* zwischen Information und Quantenrealität[27] – zu richten haben, wol-

Technik verbleiben, aber sie muss die Erkenntnis und die Anschauung der tatsächlichen Schemata der Technik in ihren Inhalt aufnehmen und zu ihrem Gehalt machen. Die Kultur ist das, wodurch der Mensch seine Beziehung zur Welt und zu sich selbst reguliert. Würde sich die Kultur nicht die Technologie einverleiben, behielte sie eine dunkle Zone und könnte sie der Kopplung von Mensch und Welt mitnichten eine regulative Normativität verleihen« (ebd., S. 227).

26 Vgl. Barthélémy, *Simondon ou l'Encyclopédisme génétique* (wie Anm. 17), S. 66-75.

27 Zu diesem Zusammenhang siehe: Jean-Hugues Barthélémy, *Penser la connaissance et la technique après Simondon*, Paris 2005, S. 127-136. Simondon forderte eine zweifache, probabilistische und nichtprobabilistische Theoretisierung der Information, genauso wie die Quantenrealität probabilistisch – in der Teilchentheorie – und nichtprobabilistisch – in der Wellentheorie – theoretisiert worden war. Heute kann man die Idee der Information reformieren, indem man sie als *Genese* denkt – als Formwerdung, aber nichthylemorphistisch –, genauso wie die Quantenrealität im fundamentalen Sinne eine Genese ist und nur als Genese ist, und zwar Genese in der nicht zu beseitigenden, unaufhebbaren und

len sie die »universelle Kybernetik« tatsächlich möglich machen. Nur dann wird der Dialog Simondons mit der Kybernetik Früchte getragen haben.

Aus dem Französischen von Ksymena Wojtyczka

*techno*wissenschaftlichen Interaktion zwischen dem gemessenen Objekt und der Messapparatur, wie sie durch das berühmte »Wirkungsquantum« definiert wird.

Bernard Stiegler
Allgemeine Organologie und positive Pharmakologie
(Theorie und ›praxis‹)

Die Globalisierung des technischen Systems

1.

Geht man von dem Begriff des technischen Systems aus, das Bertrand Gille als ein Ensemble von Beziehungen funktionaler Interdependenz zwischen technischen Objekten definiert, wobei diese Beziehungen um eine Technik herum metastabilisiert sind, die in einem geographischen Verbreitungsgebiet während eines bestimmten Zeitraums dominiert – jede Gesellschaft formt sich durch eine Weise, ein solches technisches System zu adoptieren, es einzuführen und zu unterhalten –, dann zeichnet sich unsere Epoche durch ein nahezu globalisiertes technisches System aus, d. h. ein System, das auf dem gesamten Planeten einheitlich funktioniert.[1]

Mit Ausnahme mancher Wüstengebiete oder sehr unterentwickelter Zonen können die wichtigsten Geräte jeder beliebigen Gesellschaft in jeder anderen in Betrieb genommen werden. Weltweite (und für einen Teil des Telekommunikationssystems gilt sogar: in die Erdumlaufbahn geschossene) Infrastrukturen gewährleisten die Bereitstellung von Energien, Informationen, Finanzmitteln, Zugriffsrechten und Anschlüssen aller Art, aber auch von Einzelteilen etc., insbesondere über elektrische, digitale und Banknetze sowie über die logistischen Vernetzungen von See-, Land- und Luftwegen, die sich über den ganzen Erdball erstrecken und so die

1 (*A. d. Hg.:* Der französische Technikhistoriker Bertrand Gille hat in seinen »Prolégomènes à une histoire des techniques«, die seine große *Histoire des techniques* einleiten, den Begriff des technischen Systems im Unterschied zu dem des ökonomischen und des sozialen Systems eingeführt: »[I]n der Regel sind alle Techniken in unterschiedlichen Graden voneinander abhängig, und es bedarf notwendigerweise einer bestimmten Kohärenz zwischen ihnen: die Gesamtheit von Kohärenzen auf den unterschiedlichen Ebenen aller Strukturen aller Ensembles und aller Zweige bildet zusammen das, was man ein technisches System nennen kann« [Bertrand Gille, *Histoire des techniques*, Paris 1978, S. 19; Übers. E. H.].)

Handelsabkommen der Welthandelsorganisation (WTO) ins Werk setzen.

Was wir heute im für unsere Zeit charakteristischen Sinne Globalisierung nennen, ist kein *Prozess* mehr, der noch im Gange wäre (er hat bereits im frühesten Altertum begonnen, beschleunigte und systematisierte sich dann während der Kolonialisierung, die ihrerseits zur industriellen Revolution und schließlich zur Entkolonialisierung als effektiver Globalisierung führte), sondern eine *vollendete Tatsache*.[2]

2.

Die so verstandene Globalisierung beruht einerseits auf der Planetarisierung des technischen Systems und andererseits auf der ebenfalls planetaren Finanzialisierung des Kapitals, die ihrerseits durch die Planetarisierung des technischen Systems möglich wurde. Denn das technische System gestattet die Verallgemeinerung des *remote control*, zugleich als betriebswirtschaftliche Steuerung und Kontrolle aus der Ferne und als weltweite Vernetzung der Börsen, die in Echtzeit funktionieren.

Nun hat diese *Konkretisierung der Planetarisierung des technischen Systems durch die Finanzialisierung des weltweiten Kapitalismus*, die wir Globalisierung nennen, eine *Miss*wirtschaft, eine Ökonomie der Fahrlässigkeit und darin eine selbstzerstörerische Ökonomie errichtet.[3] So war diese »Globalisierung« kaum verwirklicht, als sie sich auch schon *entwirklicht*, führt sie doch zu einem Prozess der *kollektiven Desindividuation*, d. h. zu einer *Entweltlichung*. Und sie erzeugt, momentan vor allem im Abendland, ein tiefes Gefühl von Desillusionierung und Enttäuschung.

2 Diese Vollendung und Leistung ist das Thema von Peter Szendys Monographie *Kant chez les extraterrestres* (Paris 2011), in der die Diskurse, die durch das Aufkommen der Schließung der irdischen Welt auf sich selbst hervorgebracht worden sind, durchgearbeitet werden – Diskurse wie derjenige von Kant selbst, dann von Carl Schmitt, aber auch von Ronald Reagan, Al Gore und anderer.

3 Die Gründe dafür habe ich entwickelt in *Ce qui fait que la vie vaut la peine d'être vécue. De la pharmacologie*, Paris 2010, S. 177-205; vgl. auch »Pharmacology of Capital and Economy of Contribution«, in: Bernard Stiegler, *For a New Critic of Political Economy*, Malden 2010, S. 71-129, insb. S. 96.

3.

Das Gefüge zwischen dem globalisierten technischen System und dem globalisierten Finanzsystem, das zu einem Verschwinden der Welt zu führen scheint, ist Teil eines organologischen Werdens, wie es Paul Valéry 1939 zu denken gab, als er den fortschreitenden »Verfall des Geist-Wertes« beklagte und dabei notierte:

Es sind dieselben Sinne, dieselben Muskeln, dieselben Glieder; mehr noch, es sind dieselben Typen von Zeichen, dieselben Mitteilungsinstrumente, dieselben Sprachen, dieselben logischen Modi, welche in die unentbehrlichsten Akte unseres Lebens ebenso eingehen wie in den überflüssigsten, konventionellsten, aufwendigsten Luxus. Der Mensch hat also keine zwei Werkzeugarsenale; er hat nur ein einziges, und dies verwendet er abwechselnd zur Sicherung der Existenz, des physiologischen Rhythmus, und zum Aufbruch in die Illusionen und Taten unseres großen *Abenteuers*.[4]

Bereits 1939 und in Fortsetzung einer 1919, am Ende der ersten großen Katastrophe des 20. Jahrhunderts begonnenen Analyse konstatiert Valéry das Erscheinen eines radikal neuen Elements in den organologischen Beziehungen zwischen Technik, Geist und Ökonomie. Dieses Element erzeugt, so Valéry, »zunehmend stärker das Empfinden einer Abnahme des Geistigen, einer Gefährdung der Kultur, einer Dämmerung der reinsten Gottheiten«, und er betont, dass es sich dabei um »Eindrücke [handelt], die von vielen anderen geteilt werden [...], die im Bereich der höheren Werte, von denen hier [unter dem Begriff des Geistes] die Rede ist, überhaupt etwas verspüren«.[5] Valéry spricht hier zweifellos nicht nur von den Vorzeichen, die davon künden, dass die zweite große Katastrophe des 20. Jahrhunderts vor der Tür steht und noch schlimmer sein könnte als die erste, sondern auch von der Vorahnung, dass die Globalisierung als Fortführung und Vollendung eines alten Prozesses eingesetzt hat *und dergestalt* die Sterblichkeit der Zivilisationen erweist.

4 Paul Valéry, »Die Freiheit des Geistes« (1939), aus dem Französischen von Harmut Köhler, in: ders., *Werke*, Bd. 7, Frankfurt/M., Leipzig 1995, S. 349-374, hier S. 351.
5 Ebd., S. 363.

4.

Für Valéry wirft die Globalisierung im heutigen Sinne und wie er sie seit 1919 in Gestalt der planetarischen Ausbreitung von Techniken kommen sieht – und die Techniken sind die effektiven und realen Früchte des Geistes –, die Frage nach einer politischen Ökonomie des Geisteslebens auf, die ich hier in Anlehnung an seine Analysen im Rahmen einer *allgemeinen Organologie* erfassen und bearbeiten möchte.

Die *allgemeine Organologie* ist die Voraussetzung und Propädeutik einer *positiven Pharmakologie*, die nicht als eine positive *Wissenschaft* zu verstehen ist – in dem Sinne wie Derrida nach den Bedingungen der Möglichkeit und der Unmöglichkeit einer Grammatologie als einer positiven Wissenschaft fragt –, sondern als ein positives *Wissen*. Nicht alles Wissen ist wissenschaftlich, und das ist glücklicherweise so.

Valéry hat den eigentlich pharmakologischen Charakter der Früchte des Geisteslebens selbst betont, als er 1919 konstatierte, dass neun Millionen Tote, zwanzig Millionen Verwundete, Tausende im Krieg zerstörte Städte und Dörfer und noch »so viel Schreckliches nicht möglich gewesen [wäre] ohne so vorzügliche Eigenschaften«, ohne all die geistigen Errungenschaften und »*moralischen Kräfte*«[6] der Kultur.

Heute ist die *Demoralisierung* des Geistes, die Freud kurz nach Valéry und wenige Jahre vor Husserl als »Unbehagen in der Kultur« beschreibt (für Husserl stellt sich das Unbehagen zunächst als eine Krise der Wissenschaften dar), zum Unbehagen im Konsum geworden. Der *Konsum als weltweite Inswerksetzung und Vollendung des Verfalls des Geist-Wertes* ist letzten Endes an die Stelle der Kultur getreten, er hat sie ausgeschaltet und zunichtegemacht, förmlich aufgerieben durch die weltweite und mehr oder weniger standardisierte Beförderung von Praktiken und Anwendungen eines globalisierten technischen Systems, für dessen planetarische Ausbreitung ein Marketing von ebenfalls weltweiten Ausmaßen sorgt.

6 Paul Valéry, »Die Krise des Geistes« (1919/1922), aus dem Französischen von Herbert Steiner und Frank Rümelin, in: ders., *Werke*, Bd. 7, S. 27 (Hervorh. i. O.).

5.

Das Unbehagen resultiert aus dem Zustand einer allgemeinen Proletarisierung, mit dem sich eine systemische Dummheit breitmacht – Proletarisierung verstanden als Zerstörung aller Formen von Wissen, damit ein System funktionieren kann, das selbst auf einer chronischen und zudem immer kurzfristigeren Obsoleszenz basiert (und ebendas bedeutet konkret der »Verfall des Geist-Wertes«). Die Zerstörung von Wissen und die Ausbreitung einer Dummheit, die weder Zukunft noch Vergangenheit und deshalb auch nicht die Gegenwart kennt, resultiert aus einem Prozess der radikalen ›Entpassung‹ [*désajustement*] zwischen dem *technischen Werden* einerseits und der *gesellschaftlichen Zukunft* andererseits, und im Moment besteht keine Aussicht auf eine wechselseitige Wiederanpassung.

Das technische Werden, das vollständig mit einem Zur-Ware-Werden jeder nur erdenklichen Sache zusammenfällt – Modernisierung ist zum Synonym der Verwirklichung und Umsetzung des neoliberalen Modells geworden –, schlägt sich infolgedessen in einer zugleich gesellschaftlichen, mentalen, umweltlichen und wirtschaftlichen Regression nieder. Genauer formuliert bedeutet das: Die planetarische Ausbreitung des technischen Systems führt zur Desintegration

- der psychischen Systeme, die die Individuen konstituieren,
- der sozialen Systeme, aus denen die Gesellschaften bestehen,
- der biologischen und geophysikalischen Systeme, in denen die psychischen Individuen leben und wachsen und zusammen jene kollektiven Individuen bilden, die die Gesellschaften sind.

6.

Das planetarische technische System hat einen neuen Prozess der Transindividuation in Gang gesetzt, und hierin liegt die Ursache für die Desintegration der einzelnen Systeme.[7] Denn dieser neue Trans-

7 (*A. d. Hg.:* Das Transindividuelle ist ein zentraler Begriff in Gilbert Simondons groß angelegter Neubeschreibung der Individuation: »Die beiden Individuationen, die psychische und die kollektive, verhalten sich reziprok zueinander; sie erlauben es, eine Kategorie des Transindividuellen zu bestimmen, die darauf abzielt, von der systematischen Einheit der inneren [psychischen] Individuation und der äußeren [kollektiven] Individuation Rechenschaft abzulegen. Die psychosoziale

individuationsprozess ist weit davon entfernt, zur Verstärkung und Intensivierung der psychischen und kollektiven Individuationsprozesse beizutragen, wie sie für die unterschiedlichen Gesellschaftsformen konstitutiv sind, auf die sich die Weltbevölkerung verteilt. Im Gegenteil, er umgeht diese Prozesse, schwächt sie und macht sie schließlich zunichte. Diese Schwächung oder Erschöpfung ist keine bloße Nebenwirkung des Wachstums und der Globalisierung des technischen Systems. Es handelt sich im Gegenteil um eine sehr spezifische Art und Weise, dieses Wachstum auf Kosten der sozialen Systeme durchzusetzen, wie sie Bertrand Gille definierte.

Die »sozialen Systeme« konstituieren und konkretisieren in ihrer Einheit den kollektiven Individuationsprozess, der die notwendige Voraussetzung dafür bildet, dass sich gesunde psychische Individuen entwickeln und entfalten können. Die Art, mit der heute mit Hilfe eines Marketings von globaler Reichweite die Verbreitung von Techniken organisiert wird, die überall auf der Erde und in ihrer Vernetzung funktionieren, hat es zum Ziel, die Widerstandsfähigkeiten der psychischen und kollektiven Individuationsprozesse gegenüber den »universellen technischen Tendenzen«, wie sie sich in der weltweiten Expansion des industrialisierten technischen Systems äußern und verwirklichen, herabzusetzen und letztlich zu ruinieren.

Ich habe kürzlich zu zeigen versucht, warum alles menschliche Werden aus einem widersprüchlichen und dynamischen Gefüge von *psychischen Tendenzen*, *technischen Tendenzen* und *gesellschaftlichen Tendenzen* resultiert:

– Das psychische System verbindet *triebhafte Tendenzen* und *sublimierende Gegentendenzen*, deren Zusammenspiel über technische Artefakte verläuft (etwa Übergangsobjekte bei Kindern und

Welt des Transindividuellen ist weder das nackte Soziale noch das Interindividuelle; sie setzt einen wahren Prozess der Individuation voraus, ausgehend von einer vorindividuellen Wirklichkeit, an der die Individuen teilhaben und die einen neuen Problembereich mit einer ihm eigenen Metastabilität zu bilden in der Lage ist« [Gilbert Simondon, *L'individuation à la lumière des notions de forme et d'information*, Grenoble 2005, S. 29, Übers. E. H.]. Analog dazu bedeutet Transindividuation für Stiegler weder das »Ich« [das Individuelle] noch das »Wir« [das Interindividuelle], sondern den Prozess der Ko-Individuation von »Ich« und »Wir« in einem vorindividuellen Milieu. Vgl. Bernard Stiegler, Irit Rogoff, »Transindividuation«, in: *e-flux journal* 14 ⟨http://www.e-flux.com/journal/view/121⟩, letzter Zugriff 23. 03. 2011.)

Gegenstände der Sublimierung), und ergibt so, durch diese Fügung, das psychische Individuum.

- Das technische System verbindet seinerseits *technische Tendenzen*, die indes nur in *technischen Tatsachen* [*faits techniques*] zum Ausdruck kommen, durch die sie in ihrer vollständigen Verwirklichung aufgeschoben werden. Die *technischen Tatsachen* sind insofern *die Beschränkungen* der technischen Tendenzen, und darin *Gegentendenzen, die aus der Anpassung zwischen dem technischen System und den sozialen Systemen resultieren.*
- Die sozialen Systeme, die sich der vollständigen Verwirklichung der technischen Tendenzen widersetzen, werden durch *Synchronisierungstendenzen* vereinheitlicht. Insofern die *Synchronisierungstendenzen* jene *soziotechnischen Kompromisse* mit dem technischen System herstellen, die die technischen Tatsachen sind, bändigen und ökonomisieren sie die *Diachronisierungsprozesse*, in denen die psychischen Individuen als begehrende und wünschende Singularitäten bestehen. Die Synchronisierungstendenz metastabilisiert das, was Simondon das Transindividuelle nennt (d. h. die Bedeutung),[8] durch einen Prozess psychosozialer Transindividuation.[9]

7.

Ein technisches System funktioniert nur in Verbindung mit sozialen Systemen, die es nährt und von denen es selbst genährt wird.[10] Das technische System jener Völker, die wir heute »Urvölker« nennen, bildet Leroi-Gourhan zufolge ein »Häutchen«, eine »künstli-

8 Vgl. Gilbert Simondon, *L'individuation psychique et collective: À la lumière des notions de forme, information, potentiel et métastabilité* (1964), Paris 2007, sowie meine Einleitung in diese Ausgabe.

9 Zum Begriff der Transindividuation vgl. Bernard Stiegler, *Prendre soin. De la jeunesse et des générations*, Paris 2008. (Dieser Text ist auf Deutsch in zwei separaten Teilen erschienen: Bernard Stiegler, *Die Logik der Sorge. Verlust der Aufklärung durch Technik und Medien*, aus dem Französischen von Susanne Baghestani, Frankfurt/M. 2008, und ders., *Von der Biopolitik zur Psychomacht*, aus dem Französischen von Susanne Baghestani, Frankfurt/M. 2009.) Vgl. zudem auch Bernard Stiegler, *La télécratie contre la démocratie*, Paris 2006, S. 118-128.

10 Vgl. Gille, *Histoire des techniques* (wie Anm. 1), S. 25-36. Man müsste diese Thesen unter dem Gesichtspunkt der Autopoiesis den sozialen Systemen gegenüberstellen, wie sie Niklas Luhmann entwickelt hat.

che Hülle«, durch die sich eine »ethnische Zelle« von ihrem äußeren Milieu ernährt (wobei diese Zelle darüber hinaus ein »inneres Milieu« enthält, und Leroi-Gourhan bezieht sich hier sinngemäß auf Claude Bernard).[11] Doch sobald sich die sozialen Formen vom Stadium »ethnischer Zellen« zu großen, sesshaft gewordenen und urbanisierten Gemeinschaften entwickeln, gewinnt die gesellschaftliche Struktur an Komplexität, während das technische System das lokale soziale Feld überschreitet und dazu tendiert, sich zu deterritorialisieren.

Eine Gesellschaft ist unter diesen Umständen nicht durch ein technisches System charakterisiert, sondern vielmehr dadurch, wie sich ihre sozialen Systeme dem technischen System anpassen oder durch dieses ›entpasst‹ werden, wie sie sich mit diesem in Übereinstimmung bringen oder davon dereguliert werden, das heißt, sie zeichnet sich durch ihre Möglichkeiten aus, das technische System adoptieren oder es nicht adoptieren zu können. Deshalb auch ist die Existenz eines globalisierten technischen Systems nicht gleichbedeutend mit der weltweiten Einheit der sozialen Systeme – und genau das ist eine Chance für die gegenwärtige und kommende Welt, zugleich aber auch eine Bedrohung, die auf ihr lastet.

Es ist eine Chance, weil so jene singuläre, negentropische Möglichkeit bewahrt wird, die die noetische Lebensform, das Geistesleben darstellt, das selbst aus dem technisierten Leben hervorging. Es stellt eine Gefahr dar, weil die Unmöglichkeit der Anpassung an das technische System das Aufkommen neuer Konflikte befürchten lässt, und zwar nicht nur wirtschaftlicher, sondern auch kriegerischer Natur (und nicht nur in Gestalt von Terrorismus).

8.

Hatte die Sesshaftwerdung des Menschen bereits vor Jahrtausenden den Prozess struktureller ›Entpassung‹ zwischen dem technischen System und den sozialen Systemen in Gang gesetzt – dieser ›Entjustierungsprozess‹ bildet die Dynamik der menschlichen Kulturen – und damit schon sehr früh jene Entwicklung in ihren Grundzügen

11 André Leroi-Gourhan, *Milieu et technique* (1945), Paris 1973, S. 332. (*A. d. Hg.:* Zum Begriff des inneren und äußeren Milieus vgl. auch Bernard Stiegler, *Technik und Zeit 1. Der Fehler des Epimetheus*, aus dem Französischen von Gabriele Ricke und Ronald Voullié, Zürich, Berlin 2009, S. 81-84.)

eingeleitet, die wir heute unter dem Stichwort »Globalisierung« erleben, so wurde dieser fortlaufende Deterritorialisierungsprozess erst im Zuge der industriellen Revolution zum *Prinzip der wirtschaftlichen Entwicklung selbst.*

Diese hat in der Folge, in Gestalt des ökonomischen Systems, schrittweise und unaufhaltsam alle anderen gesellschaftlichen Systeme in den Hintergrund gedrängt, was schließlich zu einem Bruch des technischen Systems mit den territorialisierten sozialen Systemen führte, während sich das kapitalistische ökonomische System auf seine vollständige Deterritorialisierung hin organisierte, sich als vollständig deterritorialisierte Organisation ins Werk setzte und sich zugleich vom Okzident löste (wie es Valéry voraussah).

Während jedoch die ›Entpassung‹ zwischen den Systemen als die eigentliche fortschrittliche Triebkraft genutzt wurde und damit zum Kernmoment des wirtschaftlichen und gesellschaftlichen Werdens seit der industriellen Revolution im 19. Jahrhundert avancierte, war sie in dieser Zeit zugleich auch Gegenstand von *Regulierungen* durch eine staatliche Politik gesellschaftlicher Modernisierung – einer Politik, die auf der Idee einer *als Fortschritt verstandenen Modernität basierte und dafür Sorge trug, dass die Individuation des technischen Systems nicht zur Zerstörung der sozialen Systeme führte*, sondern im Gegenteil zu ihrer Stärkung und ihrer Transformation in Richtung einer zunehmend mächtigen und weitsichtigen psychischen und kollektiven Individuation bezüglich ihres eigenen Werdens beitrug – freilich auf dem Boden nationalistischer oder kolonialistischer Ideologien. In diesem Zusammenhang entstanden die öffentliche Bildung und das Hochschulwesen, jene von Condorcet und später von Guizot geerbten Aushängeschilder der Modernität.

9.

Die Regulierung durch die öffentliche Gewalt wurde im Laufe der 1970er Jahre aufgegeben, als sich der angelsächsische Kapitalismus von seiner industriellen Ausrichtung löste und für eine zunehmende Finanzialisierung entschied, wodurch sich das Kapital zu einem im Wesentlichen spekulativen und managementbezogenen Kapital hin entwickelte. Die (klassische) Investition und das Unternehmertum, obgleich sie für das System immer noch unentbehrlich blieben, wurden zu peripheren und zweitrangigen Aktivitäten, ihrer wirtschaftlichen Majorität beraubt und dem Diktat »der Märkte« unterworfen, und das heißt dem Diktat der *Finanzmärkte*, die allen anderen Märkten ihre eigenen Zwänge auferlegten – beispielsweise den Rohstoff-, Konsumgüter-, Dienstleistungs- und Arbeitsmärkten (Arbeit wurde in diesem Zuge auf die Erwerbsarbeit reduziert).

In diesem Zusammenhang und in Anlehnung insbesondere an die neoliberalen Theorien der Chicagoer Schule vollzog sich weltweit die Expansion des technischen Systems buchstäblich *gegen* die Erhaltung von sozialen Systemen. Die Zerstörung betraf dabei nicht nur die sozialen Sicherungssysteme (auch wenn die sozialen Netze dort, wo sie existierten, zuallererst in Frage gestellt und in marktbezogene Dienstleistungen umgewandelt wurden), sondern *all das, was eine Gesellschaft ausmacht*.

Die Zerstörung der *gesellschaftlichen Bildungs-* und *Verkörperungsprozesse* betrifft insbesondere und in erster Linie diejenigen psychischen Besetzungen [*investissements*], die auf ursprüngliche Weise mit den sozialen Systemen ineinandergefügt sind (und zwar durch die Beziehung der Sorge, die durch die Vermittlung des Übergangsobjekts entsteht, wobei dieses als das erste technische Objekt, dasjenige des Säuglings und des *infans*, verstanden werden muss) und die sich nur durch die vielgestaltigen Besetzungen ihrer diversen Objekte in soziale Individuation trans-formieren. Und wenn alle sozialen Objekte Objekte solcher Besetzungen sind, dann stellen die geistigen Objekte unter ihnen die Voraussetzung für die Herausbildung des Zugriffs auf alle anderen Objekte dar, sie bedingen den Zugang zu ihnen, indem sie die *attentionalen Formen* generieren und pflegen.[12]

12 (*A. d. Hg.:* Stiegler hat in *Ce qui fait que la vie vaut la peine d'être vécue* [wie Anm. 3] Donald W. Winnicotts erstmals 1951 formulierte psychoanalytische Theorie des Übergangsobjekts einer Relektüre unterzogen und sie dabei zur Grundlage einer umfassenden Reformulierung des Problems der Sorge gemacht, das zunehmend in den Mittelpunkt seiner theoretischen Arbeit und Zeitdiagnostik gerät. Dabei wurde das Übergangsobjekt, das nach Winnicott die Reise des Säuglings vom rein Subjektiven zur Objektivität beschreibt, tatsächlich aber den Übergangsraum *vor* der Differenz von Subjekt und Objekt bzw. von innen und außen überhaupt als deren Möglichkeitsbedingung aufreißt, als erstes technisches Objekt gelesen, auf dem sowohl die ursprüngliche Beziehung der Sorge als auch die Bildung und Erhaltung des psychischen Apparats basiert. Zusätzlich wird das Übergangsobjekt auch als erstes *pharmakon*, als Heilmittel und Gift bestimmt,

Weil die psychischen Besetzungen jene diachronen und negentropischen Kräfte entfalten, die die Entwicklung sozialer Systeme jeglicher Form nähren, setzt der finanzialisierte Kapitalismus vermittels eines planetarischen Marketings eine *Psychomacht ins Werk, die dazu tendiert, alle psychosozialen Apparate, die Triebe in Libido und in Besetzung transformieren, kurzzuschließen bzw. zu umgehen.* So wird ein gewaltiger *Prozess der ›Entbesetzung‹, der Desinvestition* [*desinvestissement*], im Bereich der Libidoökonomie, aber genauso im Bereich der Ökonomie der Subsistenzen in Gang gesetzt. Letztere gerät dadurch zu einer konsumistischen Ökonomie im zeitgenössischen Sinne, das heißt, sie basiert auf der Organisation des Konsums *durch das Marketing und nicht mehr durch die sozialen Systeme, und darin basiert sie auf der Zerstörung der Kultur* (was sich in einem kompensatorischen *Kulturkonsumismus* äußert).

Die neoliberale Wende und die mit ihr einsetzende Ökonomie der Sorglosigkeit und Fahrlässigkeit, deren Grundmerkmal darin besteht, dass das technische System sich nur noch durch die Zerstörung der sozialen Systeme fortentwickelt, diese Wende ereignete sich zum Zeitpunkt einer in der Geschichte noch nie dagewesenen Situation, insofern als sich Ende der 1970er Jahre – auch wenn der »Ostblock« hier zunächst ein Hindernis darzustellen schien – ein

das positive oder negative Projektionsprozesse ins Werk setzt. Es ist mithin das *pharmakon* des technischen Objekts, das überhaupt die Herausbildung einer Beziehung der Sorge ermöglicht [und zwar zunächst zwischen Mutter und Kind, vermittelt durch das Übergangsobjekt], und das, eben weil es ein *pharmakon* ist, am Ende auch selbst Gegenstand der Sorge zu sein hat. Damit wird, und darauf kommt es an, das technische Objekt an der Schlüsselstelle des psychischen und des kollektiven Individuationsprozesses platziert und als konstitutiv für beide aufgewiesen, die sich nunmehr zuallererst als Frage und Problem der Sorge exponieren. Das Übergangsobjekt trägt auf diese Weise als erstes technisches Objekt die Grundlegung der Pharmakologie, wie sie von Derrida in Bezug auf die Schriftproblematik zwar angedacht, aber in ihrer prinzipiellen Möglichkeitsbedingung nicht ausgearbeitet worden ist und die nunmehr das systematische Herzstück von Stieglers Denken der Technik darstellt. Die gegenwärtige planetarische Krise des Geistes – d. h. bei ihm die Zerstörung von Aufmerksamkeitsformen und schließlich die Destruktion psychischer und kollektiver Individuationsprozesse durch hyperindustriell besetzte technische Objektkulturen – markiert für Stiegler den zeitgenössischen Horizont der pharmakologischen Frage und stellt den Einsatz des gegenwärtigen Sorgeproblems dar.)

und dasselbe globalisierte technische System in allen Gesellschaften durchzusetzen begann (und man müsste eines Tages untersuchen, wie die audiovisuelle Industrie des Westens Ostdeutschland durchdrang und dadurch in entscheidender Weise zum Fall der Berliner Mauer beitrug).

II.

Wie aber wurde der Vollzug der Globalisierung durch die planetarische Ausbreitung des technischen Systems *effektiv* möglich? Anders gefragt, welche darin ins Werk gesetzte neue Effizienz vermochte die psychosozialen Systeme zu *desintegrieren* und dergestalt die Globalisierung tatsächlich zu bewirken – und, als indirekte Folge davon, die biophysikalischen Umwelten zu vergiften, zu verändern oder zu erschöpfen?

Meine These ist, dass dieses Werden nicht allein aus der Planetarisierung des technischen Systems resultierte, die es dem Kapitalismus ermöglichte, sich zu finanzialisieren, sondern namentlich aus einem tiefgreifenden Wandel der Funktion der Schrift innerhalb dieses technischen Systems – erst dieser Wandel konnte die psychosozialen Systeme in ihrem Kern erfassen und angreifen. Das technische System konnte sich überhaupt nur planetarisieren, weil es sich durch *den Prozess einer allumfassenden Grammatisierung*, in dem gerade das Wesen seiner Industrialisierung bestand, in ein *globalisiertes mnemotechnisches System* transformierte.

Seit dem Aufkommen der Wirtschaftsinformatik in den 1960er Jahren als eines zentralen – wenn auch nur eines – Aspektes der Digitalisierung ist die Schrift *in jeglicher Form* zur Hauptfunktion industrieller Technologie geworden. Diese nunmehr industrialisierte Funktion der Schrift unterliegt nun aber den Zwängen der Ökonomie der Subsistenzen, und das heißt heute einer konsumistischen Ökonomie chronischer Veralterung und allgemeiner Verschwendung, und ist nicht länger Funktion und noetisches Milieu der Ökonomie der Existenzen (der *skhole*, des *otium* und des *spiritus*).[13]

13 (*A. d. Hg.:* Die Begriffe Subsistenz, Existenz und Konsistenz gehören zum systematischen Kern von Stieglers Individuationstheorie und stellen in ihrer Verflochtenheit zugleich auch Grundbegriffe seiner – in der Frage des Wunsches zentrierten – neuen politischen Ökonomie dar. Während die Ökonomie der Subsistenzen die Ökonomie der Bedürfnisse darstellt, ist die Ökonomie der

Die techno-industrielle Schriftfunktion gewährleistet das Funktionieren des Systems dergestalt, dass sie die Funktionen der Planung, Entwicklung, Absatzförderung, des Vertriebs und des Konsums techno-logisch und industriell auf globaler Ebene integriert.

Das digitale Funktionieren der Schrift und durch die Schrift baut auf einer *zweifachen funktionalen Gliederung* auf (vergleichbar etwa mit der zweifachen Gliederung bzw. doppelten Artikulation der Sprache nach André Martinet): In der ersten Gliederung macht man sich die physikalischen Eigenschaften von Silizium zunutze, in der zweiten die logisch-logistischen Eigenschaften der alphanumerischen Sprache, die für die Zentraleinheiten (sprich die CPUs, die Hauptprozessoren) binär in »Maschinen-Sprachen« und für die Schnittstellen über den ASCII-Code encodiert ist, wobei hier die Boolsche Algebra zur Anwendung kommt.

12.

Diese »Eigenschaften« begründen die Operationen, sie stellen die operationalen Möglichkeiten dar. Die mikroelektronische Ebene der Materie ermöglicht die Materialisierung logischer Operationen durch Elektronenpaarbindungen: Mit Hilfe von »Logikgattern« werden die homothetischen elektromagnetischen Ströme des Halbleitermaterials gemäß den in Sequenzen von binären elementaren

Konsistenzen die Ökonomie der noetischen [spirituellen und intellektuellen] Organisationen und Gestaltungen, ohne welche das, was Aristoteles die noetische Seele [den *nous*] nannte, nicht existiert, mithin Existenz unmöglich ist. Das heißt neben der bloßen Subsistenzebene der Bedürfnisbefriedigung und über diese hinaus gibt es die Konsistenzebene, auf die hin sich die Existenz, die überhaupt nur durch diese Projektion und kraft ihrer existiert, entwirft. Die Existenz projiziert sich stets auf fehlende, nichtexistierende und unendliche, also auf allein konsistierende Dinge, an die sie glaubt, von denen sie überzeugt ist und die sie begehrt. Die Existenz wird nur durch diese Konsistenzen hindurch. Auf der Konsistenzebene geschieht alle Idealisierungsarbeit, findet Ideation statt und individuiert bzw. singularisiert sich Existenz qua Sublimierung. Ebendieses Projektionsvermögen, mithin aber auch das Verhältnis von Subsistenz, Existenz und Konsistenz ist jeweils geschichtlich, und zwar durch Techniken und Medien, geformt. Es handelt sich um eine technisch-medial geprägte Geschichte der Projektionsbedingungen, die insgesamt im Mittelpunkt von Stieglers neuer Kritik der politischen Ökonomie steht: Fokussiert werden dabei insbesondere die hyperindustriell besetzten neuen Technologien und Medien, insofern sie eine Zerstörung der Projektionsvermögen befördern.)

Operationen gegliederten logischen Operationen organisiert – d. h. entsprechend einer offenen oder geschlossenen Schaltung.

Durch diese zweifache Gliederung ist das soziale System der Sprache zu einer Funktion des technischen Systems in Gestalt des elektronischen Dispositivs der *automatisierbaren Schrift* geworden. Wenn auch die Sprache immer schon als eine Schrift strukturiert war und auf der von Jacques Derrida so genannten Ur-Schrift beruhte – ich werde auf diesen Punkt noch zurückkommen –, so trat sie doch erst im digitalen Stadium der Grammatisierung in die Epoche der industriellen Lektüre und der industriellen Schrift ein – industriell in einem sehr vielschichtigen Sinne, der jedoch vor allem eins bedeutet: maschinisch und automatisiert.

All dies bedeutet einen radikalen Wandel in der Geschichte der technischen Systeme und der unzähligen Formen soziotechnischer Organisationen, die aus ihnen hervorgingen. Praktisch bis herauf ins 20. Jahrhundert entwickelte sich das *technische* System der Produktion von Subsistenzen strukturell getrennt vom *mnemotechnischen System* der Formung und Bildung von Existenzen. Zu diesem Letzteren hatten nur die Gebildeten Zugang, d. h. in der Antike die Adeligen, sprich die Bürgerschaft, später die Kleriker, die gelehrten Geistlichen der Christenheit.

13.

Als ökonomische Macht der Subsistenzproduktion war das technische System damals dem mnemotechnischen System unterworfen, das selbst in der Hand der symbolischen und geistigen Macht lag. Für diese Macht war *einzig von Wert, was sich durch keine Rechenoperation erfassen ließ und darauf irreduzibel war*, was mithin nicht nur alles überstieg, was subsistiert (dieses ist, da zum Verzehr bestimmt, zur Auszehrung verurteilt, d. h. zum Verfall und Verderb), sondern auch über alles hinausging, was existiert (dieses ist nur in Abhängigkeit von Subsistenzen möglich). Von Wert war einzig das, was konsistiert, und die Konsistenz war damals eins mit der Transzendenz, denn es war die Welt der Ontotheologie.

Nur unter der Bedingung dieser Unterwerfung der Ökonomie der Subsistenzen unter diejenige der Konsistenzen konnten sich die Existenzen über ihre Abhängigkeit von den rein lebensnotwendigen Dingen erheben und zur *noetischen Notwendigkeit* gelangen.

Seit den Ursprüngen der großen Kulturen formte und prägte diese Unterwerfung jenen Prozess, durch den sich die psychische und die kollektive Individuation im Verhältnis zur technischen Individuation vollzog, technische Individuation verstanden im doppelten Sinne: als Individuation der Techniken im Dienste der Subsistenzen und als Individuation der Mnemotechniken im Dienste der Existenzen, die den Konsistenzen gewidmet waren.

14.

Diese Ordnung wurde durch die industrielle Revolution umgestürzt, deren entscheidendes Ereignis in England die Begegnung zwischen James Watt und Matthew Boulton markierte, während sie in Frankreich durch die Machteroberung seitens des dritten Standes vorbereitet wurde. Sie führte zu einem Zusammenrücken von Wissenschaft (das heißt der regionalen Wissenschaften vom Sein, das von einer Metaphysik her ontotheologisch verstanden wurde) und Technik, die sich dadurch zur Technologie wandelte und als solche dazu bestimmt sein sollte, die Welt fortwährend und immer schneller zu transformieren.

Das neue Gefüge von Wissenschaft und Industrie hat den Namen des Fortschritts angenommen, und dieser setzte sich dem Konservatismus der Kleriker und der Verfechter des Ancien Régime entgegen. Indes entfaltete sich der Progressismus in zwei entgegengesetzte Richtungen. Er war einerseits das Projekt der Bourgeoisie, das heißt der Kräfte des transformatorischen Kapitals, und stellte andererseits das Emanzipationsprojekt der Arbeitskräfte gegen dieselbe Bourgeoisie dar. Anders gesagt beruhte der Fortschritt niemals auf einer einzigen und einheitlichen Doktrin, sondern war stets Gegenstand von Konflikten um die Deutung des Sinns von Wissenschaft, Technik und Gesellschaft in ihren wechselseitigen Verflechtungen – und vor allem in ihren Verflechtungen über die zur Großindustrie gewordene Wirtschaft.

15.

Die industrielle Gesellschaft des 19. Jahrhunderts, so gilt es einerseits festzuhalten, gründete sich auf der Idee des Fortschritts, der aus der neuen Zusammenfügung von Wissenschaft und Technik durch die Industrie resultierte, und spaltete sich dabei in die beiden politischen Strömungen der sogenannten Rechten und Linken – die Letztere bezeichnete sich selbst als »fortschrittlich« und bezichtigte die Kapitalmächte immerfort des Konservatismus (wobei sich diese Situation seitdem in gewisser Hinsicht umgekehrt hat, wenngleich auf Kosten des Fortschrittsbegriffs, der für den Begriff der Modernisierung fallen gelassen wurde – verstanden als eine *Modernisierung ohne Modernität*). Doch obwohl diese Gesellschaft auf ihrem neu beschrittenen Weg eines unausgesetzten gesellschaftlichen Wandels mit der Trennung brach, kraft welcher die symbolische und geistige Macht über die ökonomische Macht regierte, indem sie diese begrenzte, sich dieser aber auch entgegensetzte und ihr oft zuwiderhandelte, hat sie, andererseits, dennoch nicht die sozialen Systeme aus den vorhergehenden Kultur- und Gesellschaftformen abgeschafft, deren zentrales Organ das *Rechtssystem* bildete.

Im Gegenteil, gerade durch eine *Verstärkung des Rechts*, und zwar als eines den (monarchischen oder republikanischen) *Staat gründenden Rechts*, das sich später durch die Demokratie legitimierte – all dies zweifellos im Dienste der Biomacht, wie sie Foucault beschrieben hat –, bewerkstelligte die industrielle und kapitalistische Gesellschaft die Anpassung des nunmehr in beständiger Wandlung begriffenen technischen Systems und der sozialen Systeme, die auf dem Umweg über das Recht und die politische Organisation ihre Mittel und Wege zur Adoption dessen fanden, was sich ihnen als die konkrete Gestalt des Fortschritts darbot.

16.

Seit über zweitausend Jahren, in den alten sesshaften und städtischen Gesellschaften, wurden die Bedingungen der Anpassung zwischen dem technischen System und den sozialen Systemen ihrerseits durch das mnemotechnische System festgelegt und reguliert, das heißt, sie wurden durch die symbolische und geistige Macht geregelt, die damit die Schnittstelle zwischen dem technischen und den sozialen Systemen bildete. (Und die sozialen Systeme ›entpassten‹ sich nur vorübergehend vom technischen System, während diese ›Entpassung‹ mit der im Gefolge der Industrialisierung erscheinenden permanenten Innovation zur Regel wurde.)

Fassen wir zusammen, was hier bislang über die *Kontrolle der*

Schrifttechniken und ihre Bedeutung für die Ordnung der Systeme untereinander seit den Großen Reichen und bis zur industriellen Demokratie vorgebracht wurde, können wir festhalten, dass das mnemotechnische System stets die Grundlage einer geistigen Macht bildete, die vermittels des von ihr kontrollierten Rechtssystems die Regeln überdeterminierte, die die Anpassungen zwischen den sozialen Systemen im Allgemeinen und dem technischen System bestimmten.

Das politische Rechtssystem, das im antiken Griechenland mit dem Erscheinen der alphabetischen Schrift entsteht, bedeutet eine neue Entwicklungsstufe der symbolischen Macht, die in jeder Gesellschaft die Lebensweisen und den Umgang mit der Technik reguliert. Die Technik ist dabei der Träger dieser *Savoir-vivres*, und diese *formen* die Existenzen, die auf den *verschiedenen Sorgesystemen fußen, aus denen die sozialen Systeme bestehen.*

17.

Eine symbolische und geistige Macht muss die technischen Kräfte und das technische Wissen notwendig beherrschen und zügeln, stellt doch die Technik zuallererst ein System der Prädation dar: Die vorgeschichtlichen Werkzeuge »verlängern« die unzulänglichen, schwachen Organe der neotenischen Wesen – die neotenisch sind im Sinne von unvollendet und unvollkommen, da unbewaffnet und damit wehrlos – und verleihen ihnen die Fähigkeit zur Prädation und Verteidigung, die ihnen fehlt.

Wie das Horn oder die Kralle ist ein behauener Feuerstein zunächst eine Waffe, und diese »kriegerische« Dimension wohnt jedem technischen »Hilfsmittel« inne. Insofern jede Technik auf irgendeine Weise zur Steigerung der Handlungsmacht des technischen Akteurs beiträgt, kann sie immer zur Zerstörung eines anderen Lebewesens eingesetzt werden, ob dieses Lebewesen nun selbst technisch ist, wie im Falle des Krieges, oder nicht, wie im Falle der Jagd.

Man spricht vom Krieg, und nicht nur vom Kampf ums Dasein, wenn die Protagonisten dieses Kampfes neotenische und noetische Wesen sind und einander in der Absicht gegenübertreten, unter Einsatz ihrer noetischen und physischen Fähigkeiten ihresgleichen entweder zu unterwerfen oder zu vernichten. Eine Technik ist ein künstliches Prädationsorgan, das auch zur Flucht dienen und insofern ein künstliches Verteidigungsorgan bilden kann. Bei beiden Funktionen (Prädation und Verteidigung) geht es darum, einen Fehl und einen Mangel im Kampf ums Überleben zu kompensieren.

Das Erscheinen des künstlichen Organs (welches den neotenischen Fehl und Mangel [*défaut néotenique*] durch einen Seinsmangel der Technik [*un défaut d'être de la technique*], das heißt durch eine technische Faktizität ausgleicht, wodurch alle Technik zu einem [Not-]Behelf von irreduzibel pharmakologischem Charakter wird, und darauf komme ich später noch zurück) verändert indes radikal die Gesetze des Lebens, das nicht mehr unmittelbar dem Kampf ums Überleben im Sinne der Darwinschen Beschreibung unterworfen ist. Denn die Technik bringt ein drittes Gedächtnis ins Spiel, das ich das epiphylogenetische Gedächtnis genannt habe, und verändert damit die Evolutionsbedingungen von Organismen, Organen und Organisationen, zu denen die Ersteren sich zusammenschließen, sobald sie sich technisiert haben.[14] An die Stelle des Überlebenskampfes tritt der Kampf um die Existenz, dessen erste Dimension der Kampf um Anerkennung ist. Die Existenz unterliegt nicht mehr unmittelbar jenen Gesetzen der Evolution, die durch den Selektionsdruck geprägt sind.

18.

Die neotenischen Wesen, die *genau dadurch* noetisch werden, zeichnen sich nicht länger durch ihre bio-logische, sondern nunmehr durch ihre techno-logische Evolution aus, und das heißt auch durch ihre mnemotechno-logische Evolution, die logisch im Sinne von noetisch ist. Die techno-logische Evolution schlägt sich auf der gesellschaftlichen Ebene in der organisatorischen Entwicklung der psychischen und kollektiven Individuen nieder. Gesellschaften sind Formen soziotechnischen Lebens, in denen sich Individuen auf der Ebene ihrer psychischen Strukturen fortentwickeln, denn diese sind nicht festgefügt und stabil.[15] Der zeitgenössische psy-

14 Zum Begriff der Epiphylogenese vgl. Stiegler, *Technik und Zeit 1. Der Fehler des Epimetheus* (wie Anm. 11), S. 233-236.

15 Ich habe diesen Punkt entwickelt in: »L'automatisation du surmoi et le passage du désir en tant que détournement originel de l'energie libidinale«, in: Bernard

chische Apparat ist nicht genauso konfiguriert wie der vormalige psychische Apparat. Die neuronale Plastizität des neotenischen und noetischen Gehirns interiorisiert die sozioartefaktischen Organe und Organisationen und organisiert sich selbst dementsprechend in neurosynaptischen Verschaltungen, die die Kreisläufe der Transindividuation gewissermaßen innerlich abbilden, sie *introjizieren*. Die Transindividuationkreisläufe spuren oder weben das soziale Milieu, in dem sich der im zentralen Nervensystem engrammierte psychische Apparat des Individuums entwickelt. Man muss die Aussage von André Leroi-Gourhan, der zufolge es keine überzeitliche Einheit des Menschengeschlechts gibt, in diesem Sinne verstehen.

Wenn indes an die Stelle des Überlebenskampfes der Kampf um die Existenz tritt – und die Existenz ist die psychische und kollektive Individuation im Sinne Simondons –, dann fungieren die Techniken in diesem neuen Kampf nichtsdestotrotz weiterhin als Waffen im Dienste eines Krieges. Denn erst das technisierte Leben kann etwas bewirken, was nicht mehr einfach nur Kampf ums Überleben ist, sondern *ein Krieg gegen andere Existenzformen, das heißt auch gegen andere Lebensweisen.*

19.

Dieser Krieg hat seinen Ursprung in der Zwietracht, der die Griechen den Namen *eris* gaben. Mit dem Erscheinen der Technik beginnt auch der Wettstreit unter den psychischen und sozialen Individuen, das heißt unter psychischen Individuen innerhalb einer sozialen Gruppe und unter den sozialen Gruppen selbst.[16]

In den frühesten gesellschaftlichen Organisationen – die »ethnische Zelle« Leroi-Gourhans stellt deren Formalisierung dar – wird der Wettstreit durch einen traditionellen Sockel der Magie beschränkt und umfasst, was im Wesentlichen der Erhaltung der Gruppenmerkmale dient. Mit der Urbanisierung und vor allem mit der Entstehung der alphabetischen Schrift wird *eris* zu einem

Stiegler, *Mécréance et discrédit 3. L'esprit perdu du capitalisme*, Paris 2006, S. 66-111, insb. S. 66-69.

16 Zu dieser Frage vgl. Jean-Pierre Vernant, »*À la table des hommes*. Mythe de fondation du sacrifice chez Hésiode«, in: Marcel Detienne, Jean-Pierre Vernant, *La cuisine du sacrifice en pays grec*, Paris 1979, S. 37-132, insb. S. 50-58.

primordialen dynamischen Prinzip, aus dem die griechische *polis* hervorbricht: Die *polis* ist eine soziale Gruppe, die mit anderen sozialen Gruppen – die sie selbst als Kolonien innerhalb von Großgriechenland gründet – eine Kultur [*civilisation*] bildet, innerhalb der z. B. Athen und Sparta miteinander rivalisieren, während sich auch in Athen selbst aufrührerische Parteien gegenüberstehen, deren psychische Individuen ihre Ideen (das heißt ihre Wünsche) hinsichtlich der Zukunft der Gruppe anderen psychischen Individuen gegenüber geltend zu machen versuchen.

Als Zwietracht und Wettstreit zugleich verurteilt *eris* die neotenischen und noetischen Wesen dennoch nicht zu Krieg und Selbstzerstörung. Im Gegenteil – und genau in diesem Sinne sind diese Wesen noetisch –, ihr dynamisches Prinzip kann einem meliorisierenden kollektiven Individuationsprozess dienen, der auf einem zivilisatorischen Frieden beruht. In diesem Frieden ist *eris* als Faktor des Kampfes nicht beseitigt, sondern wird dieser Kampf auf die noetische Ebene gehoben, wodurch *eris*, der Streit, geistig, intellektuell und, wie die Griechen auch sagen, rational wird. Die *Eristik*, die Kunst des Streitgesprächs, eröffnet die kritische Epoche im eigentlichen Sinne, d. h. auch die Geschichte.

Doch *eris* kann genauso gut wieder zum Krieg führen und sich in Schrecken verwandeln, wie die Wohltat des Feuers, wenn es das Haus und die Stadt verbrennt. Das Feuer ist das Symbol der Technik *und* des Wunsches, und wie diese beiden, und wie *eris*, ist es ambivalent und pharmako-logisch, das heißt immer Gift und Heilmittel zugleich. Es ist diese Doppeldeutigkeit, die die noetische Macht fassen und in Schach halten muss, wobei die noetische Macht selbst auf dem mnemotechnischen System der Schrift gründet, das indes genauso ambivalent und deshalb umso strenger den Klerikern, den Trägern der Geistigkeit, vorbehalten bleibt.

20.

Die Rationalität, deren Erben die Kleriker sind, setzt voraus, dass die interindividuellen Beziehungen – zwischen psychischen Individuen und zwischen sozialen Individuen – durch Gesetze regiert werden, die ihrerseits öffentlich sind und an denen alle als Zivilisierte, das heißt hier als Bürger, teilhaben. Überdies erfordert diese Rationalität die Berücksichtigung der *skhole*, das heißt der Sphäre der Konsistenzen, die die charakteristischen Gegenstände der *theoria* als einer spezifischen attentionalen Form sind. Diese attentionale Form ist die Grundlage der symbolischen Ordnung und sie wird in der römischen Welt zum Gegenstand des *otium* – im Gegensatz zum *negotium* – werden.

Diese ins Innerste des Seelenlebens (des psychischen Lebens) eingeschriebene geistige Apparatur ist durch die mnemotechnische Apparatur der *hypomnesis* bedingt und beruht auf einer entsprechenden gesellschaftlichen Organisation, die die verschiedenen Formen des Wissens und ihre Entwicklung ins Zentrum der kollektiven und psychischen Individuation rückt, was über die *epimeleia* (Sorge) und die *melete* (Übung) im Dienste einer *episteme* geschieht. Das ist echte Demokratie. Das noch mitten im Industrialisierungsprozess lebendige und allen zugängliche Erbe dieser gesellschaftlichen Organisation ist die republikanische Schule vom Ende des 19. Jahrhunderts.

Vom griechischem *skholeion* über die Reformation und die Verbreitung von Druckschriften in der ›Gelehrtenrepublik‹ (*république des lettres*) bis hin zum öffentlichen Unterricht behauptet und wandelt sich das mnemotechnische System als symbolische und geistige Macht – bis es in unserer Zeit schließlich in das technisch-ökonomische System eingegliedert und von diesem einverleibt wird. Das technisch-ökonomische System aber neigt dazu, das mnemotechnische System zu beseitigen und mit ihm die öffentliche Sphäre und alle sozialen Systeme, die sich darin formiert haben.

Bevor ich nun zum zweiten Teil meiner Argumentation komme, möchte ich die folgenden zwei Punkte hervorheben:

(1) Die Mnemotechnik, verstanden als eine spezifische und spezialisierte Entwicklungslinie der Epiphylogenese des technischen Objekts im Allgemeinen (das technische Objekt speichert die Gesten und die Lebensweisen und konstituiert damit ein drittes Gedächtnis, das die Evolutionsbedingungen des technischen Lebewesens zwar tiefgreifend verändert, aber noch nicht *die psychischen Inhalte als solche* reproduziert, denn genau das geschieht nur im Fall der Mnemotechnik), diese Mnemotechnik ist ein *pharmakon*, das die Exteriorisierung des Gedächtnisses gestattet und dadurch sowohl eine Intensivierung der psychischen und der kollektiven Individuation als auch eine psychische und kollektive Desindividuation ermöglicht. – Die Philosophie gründet sich gegen die

insbesondere im Athen des 5. Jahrhunderts v. Chr. vorherrschende Tendenz des ›buchstäblichen‹ *pharmakons*, eine Desindividuation herbeizuführen.

(2) Die mnemotechnische Entwicklung in ihren vielfältigen Formen ist Teil eines umfassenden, zweifellos bereits im Jungpaläolithikum begonnenen Grammatisierungsprozesses, der darin besteht, zeitliche Flüsse aller Art zu verräumlichen und sie dadurch reproduzierbar und diskretisierbar, das heißt zu Gegenständen diverser Bearbeitungen und Operationen zu machen, insbesondere durch die Vermittlung von Rechenmaschinen.

Anders gesagt gehört die mnemotechnische Entwicklung, die auf eine intrinsische Weise pharmakologisch ist, zu einer vielgestaltigen Bewegung der Eroberung von Reproduzierbarkeit (durch die Verräumlichung der Zeit), einer Bewegung, die von den ersten diskretisierten Spuren als solchen zu den elektronischen Schriftformen führt, die gegenwärtig das globalisierte technische System beherrschen.

An diesem Punkt unseres Parcours ist es Zeit, dass wir uns den Analysen der Ur-Spur und der Ur-Schrift zuwenden, die Derrida vor mehr als vierzig Jahren in der *Grammatologie* vorantrieb. Das wird uns am Ende gestatten, einen Schritt über die Grammatologie hinaus vorzuschlagen, und zwar zugleich als allgemeine Organologie und als positive Pharmakologie.

Positive Pharmakologie

21.

Derrida hat nach der Möglichkeit einer Grammatologie als »positiver Wissenschaft«[17] gefragt – um allerdings gleich festzuhalten, dass eine solche Möglichkeit sich selbst aufheben würde, in dem Maße (und in der Maßlosigkeit), als diese Grammato-logie ihren eigenen *logos* sprengte. Denn sie wäre gezwungen, »den Logozentrismus zu strapazieren«[18] und ihn gleichzeitig zu dekonstruieren. Man müsste

17 Das ist die Frage des dritten Kapitels von Jacques Derrida, *Grammatologie*, aus dem Französischen von Hans-Jörg Rheinberger und Hanns Zischler, Frankfurt/M. 1974, S. 130-170.

18 Ebd., S. 130 (Übers. verändert).

deshalb eher, so Derrida, von *Graphematik* oder *Grammatographie* sprechen und darauf verzichten, diese »als Wissenschaften« darzustellen.

Die wissenschaftliche Positivität einer »positiven Grammato*logie*«, positiv *in diesem Sinne* von -logie, verliefe notwendig über die Frage nach dem *Wesen* der Schrift, also der Frage nach ihrem *Sein*, danach, *was* die Schrift *ist*, das heißt, sie müsste den *Ursprung* der Schrift befragen. Begreift man die Schrift jedoch von der Frage der Spur her, das heißt als Ur-Spur und Ur-Schrift, dann ist die Schrift genau das, was das *Fehlen* eines Ursprungs [*défaut d'origine*] aufweist:

Wo beginnt die Schrift? Wann beginnt die Schrift? Wo und wann verengt sich die Spur – die Schrift im allgemeinen, die dem gesprochenen Wort und der Schrift gemeinsame Wurzel – zur ›Schrift‹ im geläufigen Sinne? [...] Ursprungsfrage. Daß es aber keinen Ursprung, das heißt keinen einfachen Ursprung gibt, daß die Ursprungsfragen mit einer Metaphysik der Präsenz beladen sind, das dürften wir zweifellos erfahren, wenn wir über die Spur nachdenken.[19]

Diese Frage der Spur und Ur-Spur baut auf den Überlegungen zur Retention und zur Protention auf, die im Derridaschen Textkorpus 1962 in seiner Einleitung zu Husserls Text über den »Ursprung der Geometrie«[20] auftauchen, und ist 1967 (im Erscheinungsjahr der *Grammatologie*) der zentrale Gegenstand der Analyse in *Die Stimme und das Phänomen.*[21]

19 Ebd.

20 Jacques Derrida, *Husserls Weg in die Geschichte am Leitfaden der Geometrie. Ein Kommentar zur Beilage III der Krisis*, aus dem Französischen von Rüdiger Hentschel und Andreas Knop, München 1987. Derrida leitet hier die von ihm selbst besorgte französische Übersetzung von Husserls posthum veröffentlichtem Text über den Ursprung der Geometrie ein; für den Originaltext vgl. Edmund Husserl, »Beilage III [Der Ursprung der Geometrie]«, in: *Die Krisis der Europäischen Wissenschaften und die Transzendentale Phänomenologie* (= *Gesammelte Werke*, Bd. VI), hg. von Walter Biemel, Den Haag 1954, S. 365-386.

21 Jacques Derrida, *Die Stimme und das Phänomen*, aus dem Französischen von Jochen Hörisch, Frankfurt/M. 1979. Tatsächlich erscheinen die Fragen von Retention und Protention in Derridas Werk in den 1960er Jahren nach einer Art Präambel von 1953, die allerdings erst 1990 erstveröffentlicht wurde: Jacques Derrida, *Le problème de la genèse dans la philosophie de Husserl*, Paris 1990. Hier interpretiert Derrida Husserls »Ursprung der Geometrie« in entgegengesetzter Weise, wie er es in seinem Kommentar von 1962 tun wird. Eine Analyse dieser

Derridas Anliegen darin ist es zu zeigen, dass die primäre Retention und der Vorrang, den ihr Husserl in den *Vorlesungen zur Phänomenologie des inneren Zeitbewußtseins* einräumt, einer »Metaphysik der Präsenz« untersteht. Noch vor der Differenz zwischen den beiden Formen der Retention, die Husserl bestimmte und als primär und sekundär charakterisierte, wäre die Frage der Spur zu stellen, so Derrida, die jede Präsenz *überschreitet*, das heißt jede Opposition zwischen Präsenz und Absenz – und mithin auch die Opposition, die Husserl prinzipiell zwischen der primären und der sekundären Retention errichtet.

Die *Grammatologie* nimmt diese Problematik der durch den Begriff der Spur dekonstruierten Retention wieder auf, und zwar als Dekonstruktion der »Metaphysik der Präsenz«, die das Präsens bevorzugt und deren Indiz das Vorrecht der primären Retention gegenüber der sekundären Retention wäre. Die Dekonstruktion verläuft diesmal über Heidegger und die Seinsfrage, über Saussure, Leroi-Gourhan, Lévi-Strauss und Rousseau. Die abwesende Präsenz, und die Abwesenheit, die die Präsenz bildet, das ist die Spur.

Muss indessen der Umstand, dass es »keinen Ursprung, das heißt keinen einfachen Ursprung gibt«,[22] nicht dazu führen, die Frage *der* Urspur oder *der* Spur selbst zu hinterfragen? Wenn es niemals einen einfachen Ursprung gegeben haben wird, müsste man nicht, anstatt von *der* Spur oder *der* Ur-Spur zu sprechen, *noch viel eher als »die Spur«* den *Komplex von Spuren* befragen und problematisieren – jenen Komplex, der zuerst, aber eben durch eine retrospektive Illusion, als »die« Spur erscheint?

22.

Wenn wir die Frage der Spur derjenigen *der Spuren* als der *uranfänglichen Vielzahl von Spuren* unterordnen wollen – davon ausgehend, dass es keinen einfachen Ursprung gibt und dass im uranfänglichen Komplex von Spuren, zu dem das *Fehlen* des Ursprungs *unaufhörlich wird* (und es nicht *ist*, denn es geht nicht um die Frage des *Seins der Spur*, diese Kopula sollte gestrichen werden, sondern um die des *Werdens der Spuren*), dass also *die* Spur »immer schon«

Präambel findet sich in Bernard Stiegler, *La technique et le temps 2. La désorientation*, Paris 1996, S. 267-275.

22 Derrida, *Grammatologie* (wie Anm. 17), S. 130.

das Plurale eines Unbestimmten geworden sein *muss* und es *verfehlt* [*la trace* faut *d'être ›toujours déjà‹ devenue le pluriel d'un indéfini*] –, dann müssen wir noch einmal auf die von Husserl definierte Beziehung zwischen den primären und den sekundären Retentionen und auf den entsprechenden Kommentar Derridas in *Die Stimme und das Phänomen* zu sprechen kommen. Bei Derrida heißt es:

Wenn man einmal [mit der primären Retention, B. S.] diese Kontinuität des Jetzt und des Nicht-Jetzt, der Wahrnehmung und der Nicht-Wahrnehmung in der Ursprungszone, in die sich die ursprüngliche Impression und die Retention teilen, zugesteht, so muß man auch dem anderen in der Selbstidentität des *Augenblicks* stattgeben [...]. Der Unterschied zwischen der Retention und der Reproduktion, zwischen der primären und der sekundären Erinnerung, ist nicht der von Husserl als radikal angenommene Unterschied zwischen der Wahrnehmung und der Nicht-Wahrnehmung, sondern der zwischen zwei Modifikationen der Nicht-Wahrnehmung.[23]

Ich habe diesen Kommentar folgendermaßen kommentiert:

Gegen diese Ausführungen ist nichts einzuwenden und ich stimme ihnen als solchen zu, allerdings nur unter der Voraussetzung einiger Präzisierungen, die ich für unerlässlich halte: Die *Differenz* zwischen primärer und sekundärer Retention ist insofern nicht *radikal*, als die primäre Retention *unaufhörlich* mit der sekundären Retention *zusammengeht, einen Kompromiss mit ihr eingeht* [*compose*], d.h. insofern als die Wahrnehmung immer *durch* die Phantasie, *auf* die Phantasie und *in* der Phantasie projiziert wird – entgegen der Annahme Husserls, die er gegen Brentano vertritt. Das ändert aber nichts daran, dass die *Differenz* eine *Unterscheidung* bleibt und *konstituiert*, welche aber kein *Gegensatz*, sondern [...] eine *Zusammensetzung* ist, keine *Op-position*, sondern [...] eine *Kom-position*. Diese Konstitutivität der Komposition, d.h. des *Gewebes der Zeit*, durch die Differenz zwischen primär und sekundär, die eine philosophische Erkenntnis im eigentlichen Sinne ist und der Husserl am Ende seines Lebens noch die Entdeckung der retentionalen Endlichkeit und ihrer uranfänglichen Technizität in der Geometrie hinzufügen wird – all dies wird das Derridasche Denken letztlich weder je im vollen Umfang eingeräumt noch in all seinen Konsequenzen untersucht haben. Die *différance* verläuft über diese Differenz, aber diese

23 Derrida, *Die Stimme und das Phänomen* (wie Anm. 21), S. 120f.

Differenz setzt ihrerseits die Differenzierung (und mithin die Identifizierung) der [...] tertiären Retention voraus, denn diese bezeichnet den ganzen Einsatz, um den es im ›Ursprung der Geometrie‹ geht.[24]

Dass es keine *radikale* Differenz zwischen der primären und der sekundären Retention gibt, heißt nicht, dass es *keine* Differenz zwischen ihnen gäbe. Aber das heißt auch nicht, dass *die* Differenz, die es *effektiv* (*und in Effekten*) zwischen ihnen gibt, zur Frage *der* Spur werden könnte, welche selbst dieser Differenz gegenüber indifferent bliebe (da sie sich auf einer anderen Ebene hielte) und deshalb diese Differenz (und als *différance*) nun erst *geben* oder *machen* könnte, noch *vor* dem Erscheinen dieser retentionalen Formen selbst.

Denn damit es die Spur im Sinne Derridas geben kann – die er nicht nur als *die* Differenz (und deshalb spricht man von der »Philosophie der Differenz«), sondern auch als die *différance* begreift –, braucht es *Ausdrücke* [*termes*], die sowohl *auf eine transduktive Weise konstituierend* als auch *auf eine transduktive Weise konstituiert* sind durch jene Differenz, die eine *différance* gibt: Es braucht einen Prozess. Ein solcher Prozess geht seinen Ausdrücken nicht voraus, genauso wenig wie die Ausdrücke dem Prozess vorausgehen.

Die Frage dieses Prozesses ist die Frage der *Individuation*, verstanden als Individuations*prozess*, der nicht von dem Ursprung her gedacht werden kann, der *das* Individuum wäre, weil er dieses Individuum allererst individuiert, insofern als das strukturell fehlerhafte und sich selbst verfehlende [*en défaut de lui-même*], unvollendete Individuum immer im Werden und in Ko-Individuation mit anderen Individuen begriffen ist und insofern als dieser Prozess (des Werdens und der Ko-Individuation) – da er nicht in Begriffen des Substanzialismus oder im Rahmen des hylemorphistischen Schemas gedacht werden kann – die Frage des Vorindividuellen aufwirft. Das Vorindividuelle wird hier als Phase verstanden, durch die sich das Individuum individuiert, indem es sich selbst dephasiert, sich also durch Dephasierung auflöst, wobei Phase und Dephasierung den Prozess selbst konstituieren.[25]

24 Bernard Stiegler, »La peau de chagrin ou l'accident franco-européen de la philosophie d'après Jacques Derrida«, in: *Rue Descartes* 52 (2006), S. 103-111 (Übers. K. W.).

25 (*A. d. Hg.*: Stieglers vom ursprünglichen Fehl ausgehende Relektüre des Individuationsprozesses geht zurück auf Gilbert Simondons Prozesstheorie, die die Frage der Individuation vollkommen neu aufwirft und dabei nicht mehr vom

23.

Was Simondon als Individuationsprozess zu denken versuchte, das ist genau die *différance*: *Die* Differenz, also *die* Spur, »beginnt« in der *différance* durch die Individuation (die Dephasierung) der *Differenzen*, also der *Spuren*, in denen sich das Vorindividuelle als diese *différance* dephasiert; die *différance* ist das, was nicht (von allein) anfängt, *was nicht der Anfang ist.* Sie ist das, was nicht nur keinen *einfachen* Ursprung, sondern, wenn man es genau und in letzter Konsequenz betrachtet, überhaupt keinen Ursprung hat; sie ist der fehlende Ursprung und das ursprüngliche Fehlen [*défaut d'origine*], so wie es notwendig ist, und so wie es *auf vielfältige Weise* notwendig ist. Und genau hier liegt das ganze Problem, in diesem *Vielfältigen*, dessen Subsumierung und Unterordnung unter das *Eine* des Begriffs zur metaphysischen Obsession werden wird, wobei der

letztlich substanzialistischen Gegensatz von Sein und Werden ausgeht, der das Sein privilegiert, *sondern das Werden selber als eine Dimension des Seins versteht.* Im Zuge dieser Neubeschreibung des Verhältnisses von Sein und Werden greift Simondon u. a. auf die Theorie der Phasenumwandlung der Physik [Thermodynamik, Quantenphysik] und der Chemie zurück und führt die Begriffe der Phasen [stets im Plural] und der Dephasierung [*déphasage*] an zentraler Stelle in seine Individuationstheorie ein. In den Schlussbemerkungen seines Hauptwerkes *L'individuation à la lumière des notions de forme et d'information* (Paris 2005) heißt es: »Die Idee der Diskontinuität wird hier zu einer Diskontinuität der Phasen, wie sie mit der Hypothese der Kompatibilität der sukzessiven Phasen des Seins [*phases successives de l'être*] verbunden ist: Ein Wesen [*être*], als Individuum betrachtet, kann in der Tat entsprechend mehrerer, zusammen gegenwärtiger Phasen existieren und es kann selbst die Seinsphase verändern; es gibt eine Pluralität im Wesen, die nicht die Pluralität seiner Teile ist [die Pluralität der Teile liegt unterhalb der Ebene der Wesenseinheit], aber eine Pluralität, die sogar über der Einheit angesiedelt ist, denn sie ist diejenige des Wesens als Phase [*l'être comme phase*] in der Beziehung von einer Seinsphase zu einer anderen. Das Sein als Sein, das Wesen als Wesen ist als Ganzes in jeder seiner Phasen gegeben, aber mit einer Reserve, einem Vorrat an Werden« [S. 317, Übers. E. H.]. Was Simondon Dephasierung nennt, markiert den Prozess, im Zuge dessen sich Phasen verwandeln, den Prozess, in dem sich eine Werdensreserve entfaltet und entsprechend eine Phase des Seins zugunsten des Werdens einer anderen auflöst, sie dephasiert. Vgl. dazu auch Gilbert Simondon, »Das Individuum und seine Genese. Einleitung«, aus dem Französischen von Julia Kursell und Armin Schäfer, in: Claudia Blümle, Armin Schäfer [Hg.], *Struktur, Figur, Kontur. Abstraktion in Kunst und Lebenswissenschaften*, Zürich, Berlin 2007, S. 29-45, hier insb. S. 31 f.)

Begriff der Spur oder der Urspur als *die* Spur oder *die* Urspur wie ein Gespenst dieser Einheit des Begriffs erscheint.

Die Vielheit, die in dem Ursprungsfehlen und als dieses Fehlen selbst (als das Fehlen des Einen) hervorbricht, das heißt als Individuation des vorindividuellen Potentials, von dem man nicht sagen kann, dass es dieses Fehlen »ist«, sondern dass es fehlt und verfehlt, dass es dieses (Ver-)Fehlen macht, in dem es vor (Ver-)Fehlen nur so »wimmelt«, wie vielleicht Deleuze und Guattari gesagt hätten – diese Vielheit ist der Prozess, durch den sich eine Fügung der primären, sekundären und *tertiären* Retentionen vollzieht: *als Emergenz eines Komplexes von Spuren, welcher das Lebendige und das Nichtlebendige miteinander verbindet, gliedert und artikuliert.*

Indem nun aber Derrida die Differenz zwischen der primären und der sekundären Retention, wie sie Husserl entworfen hat, reduziert, erspart er es sich, dasjenige zu untersuchen und zu bestimmen, was man als diese tertiäre Retention begreifen muss – er tut dies trotz seiner Interpretation des »Ursprungs der Geometrie« und des Stellenwerts, den die Technik darin einnimmt, genauer ihres dortigen Stellenwerts als Zugang zu den Idealitäten durch das ›Polieren‹, das Vermessen und die Schrift,[26] das heißt als *praxischer* Raum, der der retentionalen Endlichkeit des Urgeometers Abhilfe schafft. In dieser Nichtbeachtung der tertiären Retention durch Derrida verdichtet sich aber das ganze Problem der »Grammatologie als positiver Wissenschaft«, die sich doch in ihrem ganzen Aufbau der Frage nach dem Verhältnis zwischen Protention und Retention widmet. Darauf weist die *Grammatologie* an mehreren Stellen hin, so etwa im Kommentar Derridas zu Leroi-Gourhan, wo die Spur zum *gramma* wird, dessen *différance* die Geschichte ist. *Hand und Wort*, so lesen wir bei Derrida, beschreibt die Einheit des Menschen

> als eine Etappe oder eine Artikulation in der Geschichte des Lebens – dessen, was wir hier die *différance* nennen –, als Geschichte des gramma. […] [Man beruft] sich jetzt auf den Begriff des *Programms*. Zweifellos ist dieser Begriff ganz im Sinn der Kybernetik zu verstehen, die nur über eine Geschichte der Möglichkeiten der Spur als Einheit einer doppelten Bewegung von Protention und Retention verstehbar wird.[27]

26 Vgl. Husserl, »Beilage III« (wie Anm. 20), S. 384.

27 Derrida, *Grammatologie* (wie Anm. 17), S. 149 (Übers. verändert, K. W.).

Die *différance*, das geht aus dem Zitat klar hervor, das ist das Leben – als Geschichte des *gramma*. Das heißt sie ist auch das, was wir mit Simondon *den Prozess der vitalen Individuation* nennen würden – wie er zu einem Prozess der *psychischen und kollektiven* Individuation führen kann.[28] Die Geschichte der Möglichkeiten der Spur, die sich im Rahmen der als *différance geschehenden »Geschichte des Lebens«* entfaltet, konstituiert die »Einheit einer doppelten Bewegung von Protention und Retention«.

24.

Im Leben aber, so schreibt nun Derrida, gestattet es eine Artikulation des Lebendigen und des Nichtlebendigen, dass in dieser »doppelten Bewegung von Protention und Retention«, das heißt in jener *différance*, die das Leben selbst ist, »das gramma als solches« erscheint, weil es durch das »›intentionale Bewußtsein‹, das seinerseits eine Emergenz ist«, zur Erscheinung gebracht wird – eine Emergenz, die »zweifellos das Auftauchen von Schriftsystemen im engeren Sinn erst ermöglicht«.[29]

Es fragt sich, wie diese doch recht überraschende Aussage zu verstehen ist, sofern sie tatsächlich zu bedenken gibt, dass die Schriftsysteme im engeren Sinn durch die Emergenz des intentionalen Bewusstseins möglich gemacht würden – während man doch gerade umgekehrt meinen würde, die Bildung des intentionalen Bewusstseins sei der psychische Aspekt (als Stadium von dessen Individuation) der Formierung jener tertiären Retentionen, die die Schriftsysteme im engeren Sinne sind.

Wie dem auch sei, allgemeiner gesprochen kann man fragen, ob das Denken der *différance* sich hier nicht *zu früh* auf die »Schriftsysteme im engeren Sinn« stürzt, wenn es stimmt, dass es die tertiäre Retention schon vor dieser Schrift im engeren Sinne gibt und dass diese tertiäre Protoretention bereits eine Artikulation des Lebendigen und des Nichtlebendigen ist und als solche einen retentionalen-protentionalen Prozess (eine *différance*) einleitet, der samt und

28 Zum Übergang von der vitalen Individuation zur psychischen und kollektiven Individuation vgl. Bernard Stiegler, »Cinq cent millions d'amis. Pharmacologie de l'amitié«, Vorlesung an der Universität Luxemburg ⟨http://arsindustrialis.org/node/3505⟩, letzter Zugriff 29.03.2011.

29 Derrida, *Grammatologie* (wie Anm. 17), S. 149.

sonders durch das Fehlen des Ursprungs [*défaut d'origine*] überdeterminiert und *indeterminiert, also unbestimmt* ist.

Dieses Fehlen des Ursprungs ist eine neue Modalität der Individuation des vorindividuellen Potentials, *die sich ins Leben hineintreibt und bahnt,* und zwar *mit und durch* die tertiäre Retention – Leben so verstanden als Leben-und-Tod [*la-vie-la-mort*], wie es Derrida auch selbst bezeichnet. In diesem Prozess individuiert sich, was zum technischen System werden wird, indem es sich dephasiert und dabei zugleich auch das individuiert, was *nur auf diese Weise und in dieser Bewegung* zur psychischen und kollektiven Individuation werden wird. Bei diesem ganzen Prozess handelt sich um eine Metaindividuation des vorindividuellen Potentials, aus dem die tertiären, das heißt *akzidentiellen* Retentionen hervorgehen.

Diese Metaindividuation ist insofern eine *Bifurkation in den retentionalen und protentionalen Bedingungen der Individuation*, als die psychische Individuation und die kollektive Individuation, die auch in sich differieren, in transduktiver Beziehung zur technischen Individuation stattfinden. Das heißt, die Individuation vollzieht sich insgesamt über die *wuchernde Vielfalt von transduktiven Beziehungen, die sich durch das Spiel der tertiären Retentionen*, also der technischen Spuren, mit den primären und sekundären Retentionen verweben *und dergestalt ein neues protentionales Regime hervorbringen, nämlich den Wunsch, das Begehren* [*désir*] – *dadurch trans-formiert sich das Werden in Zukunft, das heißt in Zeitlichkeit.*

25.

Dieses Wuchern ist das Wuchern des Wunsches, verstanden als Idealisierung, die ein neues protentionales Regime bildet. Nur auf diesem Boden kann eine mathematisch-philosophische Idealität entstehen, von der aus dann und vermittels jener spezifischen Form der tertiären Retention, die die Schrift im engeren Sinn ist, das Denken des *gramma* als solches möglich werden wird. Doch ist dieses neue protentionale Regime nicht nur dasjenige des Bewusstseins, es ist auch das des Unbewussten.

(Man müsste hier fragen, inwieweit Derrida jene von Husserl zum Zwecke des Durchdenkens des Bewusstseins gebildeten Begriffe der Retention und der Protention übernehmen kann, um sie auf die *différance* als Geschichte des Lebens zu erweitern, ohne dabei das enorme phänomenologische Problem zu thematisieren, das diese Erweiterung aufwirft, wo er sich doch selbst zugleich immer, in letzter Konsequenz, der Autorität der Phänomenologie unterstellt, etwa um die Saussuresche Position zu verteidigen, die eine Unterscheidung zwischen dem erscheinenden Laut und dem Erscheinen eines Lautes fordert.[30])

Deshalb muss man die tertiäre Retention hier auch von der Frage des Übergangsobjekts her begreifen, das heißt unter Rückgriff auf Winnicott. Und wenn es stimmt, dass die tertiäre Retention aus einer *différance* emergiert, die, als Prozess vitaler Individuation, aus gewissermaßen vorintentionalen Retentionen und Protentionen besteht, dann müssen wir uns auch an Bowlby[31] orientieren, dessen Arbeiten und vor allem wissenschaftliches Material denen von Winnicott ähneln – Bowlby fragt nach dem Verhältnis zwischen Instinkten und Trieben, und das heißt nach dem Verhältnis zwischen elementaren Formen der Protention –, zumindest wenn wir die Behauptungen Derridas ernst nehmen wollen (und das sollten wir unbedingt), genauer seine Überlegungen zur vorintentionalen *différance* und zur Frage der Beziehungen zwischen dem Lebendigen und dem Nichtlebendigen, *die sich organisieren* und sich als technische *Organe* organisieren.[32] Die Beschreibung dieses Organisationsprozesses bildet den Gegenstand und die Frage der allgemeinen Organologie.

Wenn die tertiäre Retention nicht als solche charakterisiert und gekennzeichnet wird, das heißt als eine Retention, die die *Kompositionen* der primären und sekundären Retentionen *regelt und überdeterminiert, indem sie sie indeterminiert*, dann wird es sehr schwierig, sich nicht in den Aporien *der* Spur zu verlieren, etwa wenn man sich fragt, wo und wann *die* Spur beginnt, die man auch, in diesem Fall, *die* Schrift nennt.

30 Vgl. Derrida, *Grammatologie* (wie Anm. 17), S. 110.

31 John Bowlby, *Bindung und Verlust*, Bd. 1: *Bindung* (1969), aus dem Englischen von Gertrud Mander, München 2006.

32 Derridas Überlegungen zum Übergang von der Ur-Schrift oder der Ur-Spur zur Schrift (und zur Spur) im engeren Sinne sind hier nur von mittelbarem Interesse.

26.

Wenn es einerseits offenkundig ist – und ich habe das wiederholt zu zeigen versucht –, dass die primäre Retention ohne Unterlass mit der sekundären Retention zusammengeht und mit ihr Kompromisse bildet und dass die Differenz zwischen ihnen in diesem Sinne nicht radikal ist, da sie zusammen ein *System* von Spuren formen (die Spuren fügen sich zu retentionalen Dispositiven,[33] durch die sich die attentionalen Formen metastabilisieren), wobei überdies zu untersuchen ist, in welcher Weise die tertiären Retentionen das Zusammenspiel von primären und sekundären Retentionen bedingen und »faktorisieren«, so ist doch andererseits genauso offensichtlich, dass eine primäre Retention keine sekundäre und diese wiederum keine tertiäre Retention ist, auch wenn die eine nicht ohne die anderen stattfindet und umgekehrt.

Das Zusammenspiel der drei Spurenarten beginnt nicht nur lange vor der Schrift »im geläufigen Sinn«, sondern auch lange vor anderen Spuren wie etwa Felsinschriften oder bearbeiteten Knochen, wie man sie in archäologischen Fundstätten aus dem Jungpaläolithikum fand.[34] Das Zusammenspiel der drei Retentionstypen beginnt genau mit den allerersten behauenen Feuersteinen – dies aufzuzeigen war mein Anliegen im ersten Band von *Technik und Zeit*.[35]

Wie steht es nun aber um die Frage der *Wissenschaftlichkeit* in diesen Angelegenheiten, um die Frage einer »Grammatologie als positiver Wissenschaft«? Will man diese Problematik anders als auf eine rein spekulative und logische, das heißt durch den *logos* geprägte Weise erfassen, deren Präsenzmetaphysik es doch hinter sich zu lassen gilt, dann muss man sie als die *praktische* Frage des fehlenden Ursprungs angehen, insofern als dieser Fehl *nötig ist*, es ihn *braucht*, und insofern als *dieser Fehl fehlt* [*ce défaut faut*], wie man es vielleicht mit Hilfe des Altfranzösischen sagen könnte. Es braucht diesen Fehl, und wenn dieser Fehl fehlt, dann ist dieses Fehlen [*falloir*] immer ein Riss, eine Lücke, eine Kluft [*faille*], es

33 Zu diesem Begriff vgl. Bernard Stiegler, *La technique et le temps 3. Le temps du cinéma et la question de mal-être*, Paris 2001, S. 199-232.

34 Derrida befasst sich mit diesen Spuren unter Rückgriff auf Leroi-Gourhan in der *Grammatologie* (wie Anm. 17), S. 149-156.

35 Vgl. Stiegler, *Technik und Zeit 1. Der Fehler des Epimetheus* (wie Anm. 11), S. 201-213.

ist immer fehlend [*defaillant*], das heißt *vergessen und verdrängt* – nicht weil es gar nicht da wäre, sondern weil es stets *im Kommen ist, weil es insofern protentional ist.* Das ist die Struktur des Begehrens, das heißt der »intentionalen« *différance*, die durch das *gramma* »als solches« affizierbar ist, das heißt auch durch das, was Heidegger die *Frage* genannt hätte.[36]

»Die« Spur, die die *Grammatologie* verfolgt, um so die »Metaphysik der Präsenz« zu jagen und zu verfolgen, die Spur auch als Ur-Spur (Derrida wird später vom »Quasi-Transzendentalen« sprechen), stammt von *vor* der tertiären Retention; sie beträfe demnach *das Leben als solches*, das Leben lange vor dem technisierten Leben, das sich am Nichtlebendigen artikuliert, indem es dieses Nichtlebendige zum künstlichen Organ organisiert; sie beträfe das Leben als genetisches Programm etc. Die Spur als *gramma* konstituiert jedwede Form von Gedächtnis und zuallererst das biologische Gedächtnis. Aber sie bringt auch jene »Magnetothek«[37] hervor, von der Leroi-Gourhan gesprochen hat – das Aufkommen des globalisierten mnemotechnologischen Systems antizipierend, wie es hier beschrieben worden ist –, sowie auch die Kybernetik, die sich dann, in der Zeit des Strukturalismus, der Molekularbiologie etc. durchsetzt.

Indes ist die Frage des ursprünglichen Fehlens des Ursprungs, das sich mit der Technisierung des Lebens direkt in dieses Leben selbst einschreibt – wodurch das Leben zu Leben-und-Tod wird – und das sich der Möglichkeit einer Grammatologie als einer positiven Wissenschaft widersetzen wird, nicht nur die Frage »der« Spur, sondern auch die eines Spiels zwischen den Spuren, insofern sie *ein Spiel ergeben* und noch genauer Spiele in diesem Spiel ergeben, und *Spieleinsätze*, die von Mal zu Mal *völlig neu und unerhört* sind und die sich als *Protentionen* all dieser Spiele – Liebesspiele und Glücksspiele eingeschlossen – eröffnen und entfalten.

Dass sich diese Fragen für eine Grammatologie und *als* Grammatologie, die eine Dekonstruktion ist, überhaupt stellen können,

36 Man müsste in diesem Zusammenhang noch einmal auf Derridas *Vom Geist. Heidegger und die Frage* (aus dem Französischen von Alexander García Düttmann, Frankfurt/M. 1988) zurückkommen. Eine Relektüre dieses Textes habe ich vorgeschlagen in: Stiegler, *Ce qui fait que la vie vaut la peine d'être vecu* (wie Anm. 3), S. 209-235.

37 André Leroi-Gourhan, *Hand und Wort. Die Evolution von Technik, Sprache und Kunst*, aus dem Französischen von Michael Bischoff, Frankfurt/M. ^{3}2000, S. 493.

liegt in einer Genealogie und einer *Rückschau auf Spuren* begründet, die die Frage des *Einen* (*der* Spur), das nicht immer schon Vielfaches wäre, aufgeben muss, um dabei von der Frage des *Individuums* zu jener der *Individuation* überzugehen: Die Zukunft Derridas verläuft über Simondon (der sie selbst nicht enthält). Das ist die Zukunft dessen, was unter dem Namen und als das Unterfangen von *Dekonstruktion* begonnen haben wird. Am fehlenden Ursprung der Dekonstruktion wird es immer Vielfaches gegeben haben.

27.

Das Spiel der Spuren, wie es sich demjenigen entfaltet, der zur Betrachtung des »gramma als solchen« gelangt, resultiert aus einer Fügung *dreier organologischer Ebenen*:
- der Ebene der psychosomatischen Organe des psychischen Individuums;
- der Ebene der technischen und künstlichen Organe des technischen Individuums (die ein technisches System bilden);
- der Ebene der gesellschaftlichen Organe wie Institutionen und Organisationen aller Art, die soziale Systeme bilden, in denen sich die kollektive Individuation konkretisiert.

Als eine *Methode zur Erforschung der transduktiven Beziehungen* zwischen psychischen, technischen und kollektiven Individuationsprozessen zielt die allgemeine Organologie auf eine Genealogie der Zusammenhänge zwischen den primären, den sekundären und den tertiären Retentionen. Darin eine »Geschichte des Supplements« begründend, entwickelt sie den Begriff des Grammatisierungsprozesses,[38] der sowohl die Geste und den Körper als auch den *logos* betrifft und, in diesem Sinne als Geschichte der Schrift verstanden, die Bedingung ist für das Verständnis und die Beschreibung industriellen Werdens. Darüber hinaus erforscht sie die Ausbreitung und Entfaltung transduktiver Beziehungen und ihrer Effekte als einen Transindividuationsprozess, der auf den drei organologischen Ebenen, und das heißt auch zwischen diesen drei Ebenen, alle möglichen Kreisläufe bildet.

38 Zum Begriff der Grammatisierung vgl. Bernard Stiegler, *De la misère symbolique 1. L'époque hyperindustrielle*, Paris 2004, S. 111 ff.; ders., »Memory«, in: W. J. T. Mitchell, Mark B. N. Hansen (Hg.), *Critical Terms for Media Studies*, Chicago 2010, S. 64-87, insb. S. 70 f.

Die *psychischen* sekundären Retentionen werden im Verlaufe dieses Transindividuationsprozesses, der die *différance* ist, grundsätzlich zu *kollektiven* sekundären Retentionen (diese konstituieren das Transindividuelle, das heißt die Bedeutung). Des Weiteren gilt Folgendes:

- auch die *kollektiven sekundären Protentionen* entstehen innerhalb dieses Transindividuationsprozesses;
- die tertiären Retentionen gestatten es als *pharmaka*, die Produktion dieser psychischen und kollektiven sekundären Retentionen zu kontrollieren und zu steuern (was nicht heißt, sie vollends zu beherrschen und zu bändigen), und zwar mit Hilfe von *retentionalen Dispositiven* und *Kriteriologien*, die in langen Kreisläufen der Transindividuation entstehen und ihrerseits die gesellschaftlichen Organisationen konstituieren;[39]
- die retentionalen Dispositive und die Kriteriologien, die zur dritten Ebene der allgemeinen Organologie gehören (diese Ebene des Gesellschaftskörpers konkretisiert die kollektive Individuation in und durch die sozialen Systeme), werden heute tendenziell durch die technologische Ebene des globalisierten technischen Systems absorbiert, wodurch sie im Begriff sind, durch und durch mnemotechnisch zu werden. Dies verursacht den Prozess einer allgemeinen Proletarisierung;
- infolgedessen desindividuiert sich das psychische Individuum selbst, da es, als proletarisiertes Individuum, der Möglichkeit beraubt ist, an kollektiver Individuation teilzunehmen.

28.

Die Frage der Grammatologie, die Derrida 1967 aufwirft, fünf Jahre nachdem er die Frage der Schrift in Husserls spät verfasster Phänomenologie des geometrischen Wissens entdeckt, führt ihn schließlich 1972 zur *pharmakologischen* Frage: Die Schrift, der Husserl am Ende seines Werkes einen konstitutiven Status verleiht und die auf diese Weise nichts anderes als ein »transzendentales Feld ohne Subjekt« darstellt, um die berühmte Formulierung Jean Hyppolites aufzugreifen,[40] wird zum *pharmakon*: Einerseits hilft sie

39 Zu den langen Kreisläufen der Transindividuation vgl. Stiegler, *Die Logik der Sorge* (wie Anm. 9), S. 106-111.

40 Das heißt klarerweise nicht, dass es in diesem Feld kein *Ich* gäbe, wie es die

der »retentionalen Endlichkeit« ab, gleicht sie aus; aber durch dic retentionale Extension, in der sie besteht und die auch die tertiäre Retention ist, ermöglicht sie andererseits Kurzschlüsse, Überbrückungen jener anamnestischen retentionalen Aktivität, *in der gerade das Denken besteht.*

Die Frage ihrer möglichen und unmöglichen Wissenschaftlichkeit, die die Grammatologie 1967 stellte, erweist sich gerade in ihrer Zweideutigkeit 1972 als Problem einer *Pharmazie*, wenn nicht einer Pharmakologie, die schon in der *Grammatologie* als die Frage des *pharmakon* keimte, um deren Feld schließlich zu überschreiten.

Heute müssen wir uns – jenseits der Grammatologie als positiver Wissenschaft – dem Problem und der Frage einer Pharmakologie als eines *positiven Wissens* stellen. *Die Positivität dieses Wissens ist nicht die einer Wissenschaft, sondern die einer Praktik* – sagen wir einer *praxis* – und noch genauer: Es ist die Positivität von *Techniken des Selbst und der Anderen*, die sich insgesamt in der *Frage der Sorge* und der Sorgesysteme verdichten, wie sie sich durch retentionale Dispositive zu sozialen Systemen formieren. Es sind – das macht die ganze Dringlichkeit der Frage aus – genau diese sozialen Systeme, die das *industriell techno-logisch* gewordene *pharmakon* in den Prothesen aufzulösen droht, Prothesen, die ihrerseits durch die vom planetarischen Marketing vorangetriebenen *Serviceleistungen* arrangiert, konstelliert und gestaltet werden – einem Marketing, das auf die Zerstörung von Diachronizitäten, das heißt von Singularitäten, abzielt. Aber nur die Singularitäten vermögen es, Objekte des Wunsches hervorzubringen, die nicht auf die generalisierte Berechnung reduzierbar sind. Auf dieser Letzteren aber beruht diese ganze zerstörerische Entwicklung unter der hegemonialen Kontrolle eines finanzialisierten Wirtschaftssystems, das nicht mehr investiert, sondern fahrlässige und selbstzerstörerische Spekulation vorzieht.

»miserablen Denker« (Dominique Lecourt) verstanden wissen wollten, sondern dass das Transzendentale, wenn es denn ein solches gibt, das Subjekt *überschreitet* – und zwar als sein Fehlen, seine Unzulänglichkeit, Unvollkommenheit.

29.

Die Frage der Grammatologie wurde in »Platons Pharmazie«[41] zur Frage der Pharmakologie. Doch Derrida hat sie niemals als solche verstanden und so auch nicht unter dem Gesichtspunkt pharmakologischer Positivität gestellt, als Frage von *Besetzungen*, die das *pharmakon* ermöglicht (und noch weniger unter dem Gesichtspunkt einer »positiven Wissenschaft«). Wenn man indes von einer positiven *Pharmakologie* sprechen *kann* und sprechen *muss*, dann gerade nicht im Sinne einer Wissenschaft, sondern im Sinne einer *positiven* (und gelehrten) *Technizität* dieser Technik, die immer und zuallererst ein *pharmakon* ist, das sich von vorn herein und irreduzibel in ein Gegensatzpaar teilt.

Ich verstehe unter positiver Technizität keine Wissenschaft, sondern ein Wissen, das Sorge trägt für etwas, was nur dann als Glück und Tugend (als Vermögen, Kraft, Vorzüglichkeit) erscheint, wenn es *von seinem Gegensatz begleitet* wird (einem Notbehelf, einer Abhängigkeit, einem Gift). Dieses Wissen versucht nicht, die darin aufscheinende Zweiheit zu reduzieren, sondern weiß im Gegenteil, dass diese Bedingung der Unmöglichkeit die Bedingung einer *kontingenten, akzidentellen und darin glücklichen Positivität ist*; *Tyche*, Schicksal, Fügung, wird dabei zu *kairos*, das heißt zur *Möglichkeit, die aus einer Unmöglichkeit entspringt, als die Notwendigkeit eines Fehlens und Fehls*. Es ist ein Wissen, das aus dieser Notwendigkeit eine Tugend und positive Wirkung zu machen versteht – ein Wissen mit der Tugend der Not jener Bedürftigen umzugehen [*un savoir-faire-avec-la-vertu-d'une-nécessité-des-nécessiteux*], die die Neotenischen (das heißt die pharmakologischen Wesen) sind und die *dergestalt* noetisch werden.

Das ist das Programm einer politischen Ökonomie, die nur eine *praxis* sein kann. Doch bedarf eine solche Praxis einer Theorie. Die Praxis heißt positive Pharmakologie, und deren Theorie ist die allgemeine Organologie.

Aus dem Französischen von
Ksymena Wojtyczka

41 Vgl. Jacques Derrida, »Platons Pharmazie« (1968), in: ders., *Dissemination*, aus dem Französischen von Hans-Dieter Gondek, Wien 1995, S. 69-190.

Frédéric Neyrat
Das technologische Unbewusste
Elemente für eine Deprogrammierung

Schwarmroboter, die auf biomimetische Weise miteinander kommunizieren. »Geschwätzige Objekte« (Bruce Sterling), die das Internet der Dinge bilden. Eine »virtuelle« Realität, dann eine »erweiterte«, dann eine »gemischte«. Ein Nuklearpark aus Europäischen Druckwasserreaktoren. Die Einlagerung von 120 000 Tonnen CO_2 in einem natürlichen, fast vollständig ausgebeuteten Gasfeld unter dem Weinbaugebiet der Gemeinde von Jurançon (Béarn, Frankreich 2009). Geo-Engineering, das in planetarem Maßstab operieren soll, um dem Klimawandel entgegenzuwirken. Kobalt-Chrom-Nanoteilchen, die die DNA schädigen sowie Chromosomabweichungen und Apoptose-Mechanismen auslösen können. Gentechnisch veränderte Organismen, gentechnisch veränderte Tiere, Vorkämpfer der Biokunst (Eduardo Kac, Stelarc). Maschinen überall, die ein horizontales Netz bilden, zu den Sternen emporragen, um das Universum in der Nähe des Urknalls zu kartographieren, und in einer Schleife bis zur genetischen Information hinabsteigen, um ihrer Replikation beizuwohnen und zu assistieren. Maschinen ... ist das überhaupt noch der richtige Ausdruck?

Gewiss, unsere Liste scheint sich begrifflich nur mit einem Terminus schließen zu lassen, der ebenso weit gefasst ist wie die Bereiche, die sie beschreibt: ingeniöse Machination. All diese *synthetischen Identifikationen* scheinen tatsächlich von einem beständigen erfinderischen Prozess durchzogen zu sein, der dem Geist keine Zeit lässt, zu atmen und kurz innezuhalten, um die heilsame Übung der Definition und Klassifizierung zu vollziehen. Müssen wir aber deshalb daraus schließen, dass eine Untersuchung der neuen globalen Verhältnisse, die die technologische Innovation an die vorderste Stelle rücken, nur mit unendlicher Geschwindigkeit vor sich gehen kann? So schnell, wie die Geräte zunehmen und wie die psychopolitische Umgestaltung wächst, die aus deren Vermehrung hervorgeht, so schnell, wie dadurch neue Fragestellungen hinsichtlich der Natur des Lebendigen dringlich werden, hinsichtlich der Natur der Natur und ihrer Beziehungen zu dem, was als ihr Gegenteil betrachtet werden konnte, nämlich die Technik? Ehrlich gesagt fehlen uns die Worte. Und wenn, wie William S. Burroughs dachte, die Sprache ein Virus ist (mit anderen Worten also ein Wesen, von dem man heute nicht genau sagen kann, ob es lebendig ist oder nichtlebendig, eine noch unentscheidbare ontologische Form), dann muss man hinzufügen, dass die technologische Wirtszelle, die der Sprachvirus heute zu seiner Vermehrung bräuchte, auf die Sprache selbst zurückwirkt. *A code is a code is a code.*

Im Versuch, von Prozessen Rechenschaft zu geben, die zu solchen synthetischen Identifikationen führen, wäre unsere philosophische Position zunächst folgende: Erstens weisen wir, im Anschluss an die Kybernetik, an die Mechanologie Simondons, an die Dekonstruktion, schließlich an den Konstruktivismus, die strengen Teilungen eines immunbegrifflichen Denkens zurück. Und zweitens lehnen wir genauso die Eventualität neuer absoluter Synthesen ab, die auf einer imaginären Kontinuität beruhen und die Existenz distinkter ontologischer Bereiche leugnen. Folglich weisen wir sowohl die binäre Teilung als auch das Axiom der Kontinuität zurück; sowohl die strikte Spaltung als auch das indistinkte Hybride.

Eine aristotelische Lösung dieses Problems ließe sich folgendermaßen formulieren: Erstens, die Technik wird gemacht und ist, zweitens, nur insofern Natur, als sie sich *in mindestens einem Punkt* von ihr unterscheidet. Das nennen wir das *Schema der gestörten Identität* [*le schème de l'identité contrariée*], und es will uns scheinen, als setze alles Denken der Technik und von Techniken bzw. Technologien sich mit diesem Schema, mit seinen Erwartungen und Grenzen auseinander. Nun kann diese Gegenüberstellung zwei unglückliche Auflösungen ergeben. Die erste bestünde darin, die Natur völlig in die Technik zu integrieren, in einer Art von *integralem Substitut*; symmetrisch dazu bestünde die zweite darin, jede Maschine als Ausdruck der Natur zu sehen und somit die Technik aufzulösen. Diese doppelte Versuchung beschränkt sich durchaus nicht auf ein paar karikaturhaft verzerrte Positionen, sie scheint vielmehr im Zentrum verschiedenster, durchaus prominenter Theoretisierungen vorzuliegen, die sich auf Maschinen wie auf die Bezüge zwischen Natur und Technologie beziehen. Letztlich handelt es sich um die Versuchung, die *ontologische Störung* [*la contrariété ontologique*] *zu verringern oder verschwinden zu lassen*, weil sie unweigerlich zum Scheitern der synthetischen Identifikationen führt, setzt sie doch den Status des Subjekts aufs Spiel genauso wie den Status des Objekts, des Menschen, der Natur und des Lebendigen, der Technologien und der Artefakte. Als ob dumpf eine Art *technologisches Unbewusstes* insistierte, das in der Lage wäre, gewisse seltsame Schwankungen zu erklären: missbräuchliche oder erträumte Identifikationen, dann – oder zugleich – begriffliche Reue, ja begriffliche Beschwörungen im äußersten Fall, die versuchen ebendort Differenz zu rekonstruieren, wo sich die Theorie von einer pseudo-ontologischen Kontinuität geprägt zeigt, ja von dieser nur so strotzt… Hier nun unsere Hypothese: *Je mehr sich das technologische Unbewusste offen, unter freiem Himmel Ausdruck verschafft, desto mehr verschwindet diese Störung.*

Es geht jedoch darum, dieser Störung ihre gesamte ontologische Positivität zu geben, anstatt einfach das Scheitern und die Enttäuschungen festzustellen, die sie hervorruft. Dazu nun werden uns die Analysen Gotthard Günthers und seine dreiwertige Logik dienen. Um ein hyperlukrezianisches Bild des Seins zu bemühen, ließe sich Folgendes sagen: (a) Alles Seiende rührt von einer *partiellen existenziellen Synthese* her; (b) diese Unvollständigkeit ist von der Art eines *schöpferischen Versagens* bzw. einer *schöpferischen Ohnmacht*; und (c) jede Synthese kann in Hinblick auf neue Entitäten, neue Körper, neue Welten der Analyse und Neuverteilung unterworfen werden. In diesem Dispositiv gibt es weder unteilbare physische Atome noch feste Totalisierung noch einen »vollen Körper« (Deleuze/Guattari), es sei denn phantasmatischer Natur. Und die technischen Individuen sind nicht mehr einzig in Begriffen von Objekten oder Subjekten denkbar: Wir nennen diese dritte ontologische Kategorie *Hyperjekt*. Jedes Hyperjekt bezeichnet indessen zwei sehr unterschiedliche Operationen, die das Denken der Technologie ebenso wie politische Analysen oft durcheinanderbringen: die *maschinische Autonomisierung* und die *materielle Substitution*. Das technologische Unbewusste ist die Hyperbel dieser beiden Operationen, ihre Begegnung im Unendlichen wie die Voraussetzung ihrer ursprünglichen Ununterschiedenheit. Dieses Unbewusste auszulegen läuft darauf hinaus zu erfassen, auf welche Weise es sich mit der Produktion der Hyperjekte zusammenfügt.

Um das Anliegen dieses Essays etwas zu dramatisieren, sagen wir also, dass die Aufgabe des Denkens heute darin besteht, sich weder von dieser Hyperbel noch von jener Konfusion täuschen zu lassen, insofern beide die entscheidenden ökologisch-politischen Einsätze unserer Zeit undeutlich werden lassen. *Das technologische Unbewusste zu deprogrammieren* ist gleichwohl die einzige Art, die Existenz differenzierter politischer, ökologischer und sozialer Fronten auszumachen, deren wir gewahr sein müssen, um dabei zur Beschreibung einer neuen *kosmologischen Komposition* vorzustoßen, die unsere Zeit verlangt. Denn diese tut sich mit der Identifizierung kopräsenter Wesen zumindest schwer. Zusammensetzen anstatt durcheinanderzubringen oder zu spalten: Das wäre die Losung einer Kosmopolitik, die zwischen jenen Technologien zu unterscheiden wüsste, die daran hindern zu leben, und jenen, die den Formen der Existenz gerecht werden.

Vom künstlichen Einschnitt zur technischen Inkorporation: Das Schema der gestörten Identität

»Die Kunstfertigkeit [*téchnê*] bringt teils zur Vollendung, was die Natur nicht zu Ende bringen kann, teils eifert sie ihr (der Natur) nach.«[1] Die Fortsetzung des Textes ist genauso wichtig: »Wenn nun die Vorgänge nach Maßgabe der Kunstfertigkeit aufgrund des ›wegen etwas‹ ablaufen, so ist es klar, dass auch die Vorgänge gemäß der Natur [dies tun]. Denn es verhält sich ja ähnlich zueinander das Spätere zum Früheren sowohl bei den Vorgängen gemäß Kunst wie auch bei denen gemäß Natur.«[2] Seit Aristoteles zeichnet sich ein Denkschema ab, das man später entgegen jeder Erwartung noch bei Simondon wiederfinden wird. Nennen wir es das *Schema der gestörten Identität*.

Es stellt sich folgendermaßen dar: (1) Es wird, zumindest in einem Punkt, eine Ähnlichkeit [*semblance*] zwischen Natur und Technik behauptet. (2) Diese Identität jedoch – diese »Analogie« – wird stets sofort als bloß partiell ausgewiesen: entweder durch die Abwertung der Technik zugunsten der (Göttin-Mutter-)Natur oder durch die mehr oder weniger eingestandene Überschätzung –

1 Aristoteles, *Physik*, 199a16-17, zitiert nach: Hans Günter Zekl (Hg.), *Aristoteles' Physik. Vorlesungen über Natur*, 1. Halbbd., Bücher I-IV, aus dem Griechischen von Hans Günter Zekl, Hamburg 1987, S. 89, 91.

2 Ebd.

begriffliche Faszination oder Versuch einer werttheoretischen Rettung – der technischen Objekte. Diese *partielle Identität* ist bereits in Aristoteles' Äußerung angesprochen, sie hängt an der Fähigkeit der Technik, etwas *jenseits* der Möglichkeiten der Natur zu vollbringen. Selbstverständlich ist für Aristoteles dieses Jenseits noch von der der Natur eigenen Macht abgesteckt und umschrieben, wir befinden uns nicht im biotechnologischen Reich Bacons und Descartes'; nichtsdestotrotz eröffnet sich in der bloßen Eventualität der *ontologischen Verlängerung* der Technik – wenn nicht keimhaft, so immerhin hohlförmig – der Ursprung ihrer begrifflichen Isolierung. Die Möglichkeitsbedingung eines strengen Schnitts zwischen Natur und Technik ist also im eigentlichen Sinne *meta*-physisch. *Meta* hier zunächst verstanden im Sinne von *post-*, *nach*, nicht im Sinne von *über*. Aber ebenso im Sinne von *ultra*: nicht einfach jenseits, sondern im äußersten Grade, da, wo etwas nie Gesehenes und nie Dagewesenes geschehen könnte. Deshalb wird Cornelius Castoriadis – darin zweifellos Hegels mimesiskritischen Thesen[3] treu – die Technik mit der radikalen Einbildungskraft und der Möglichkeit einer Schöpfung *ex nihilo* verbinden.[4]

Untersuchen wir nun genauer, was diese Hypothesen ergeben können, nachdem wir uns einmal in das Simondonsche Korpus vertieft haben. Es eröffnet die vom Aristotelischen Modell scheinbar weit entfernte Möglichkeit einer Mechanologie, dieser Wissenschaft, die das »Verteidigungssystem« zu durchbrechen vermag, das die Kultur »gegen die Technik« errichtet hat. Mit dieser Absichtserklärung beginnt Simondons *Du mode d'existence des objets techniques* [Die Existenzweise technischer Objekte]. Die Ausgangshypothese mag überraschen, schließlich läuft sie allen Philosophien zuwider (Adorno, Heidegger, Levinas, Rousseau ...), die im Gegenteil versucht haben zu zeigen, dass die Kultur zuerst und vor allem ein Verteidigungssystem gegen die Natur ist! Simondon definiert sein Unternehmen in Analogie zur »Abschaffung der Sklaverei«: Es gilt, den Sinn der technischen Wirklichkeit, insofern sie eine »menschliche Wirklichkeit« in sich trägt, im Namen eines wirklichen Humanismus zu befreien, eines Humanismus, der hinter

3 G. W. F. Hegel, *Vorlesungen über die Ästhetik I*, *Werke*, Bd. 13, Frankfurt/M. 1986, S. 66f.

4 Cornelius Castoriadis, *Durchs Labyrinth. Seele, Vernunft, Gesellschaft*, aus dem Französischen von Horst Brühmann, Frankfurt/M. 1981.

dem, was an »Fremdem« in der Maschine ist, etwas »Menschliches« zu entdecken wüsste.[5] Dabei wird die wirkliche Erkenntnis des technischen Objekts um seiner selbst willen jedoch gerade die Begründung eines nichtanthropozentrischen Humanismus erlauben. Es wäre tatsächlich ein großer Irrtum zu meinen, das technische Objekt definiere sich über seine Fähigkeit, dem Menschen zu dienen oder zu schaden.[6] Es muss vielmehr um seiner selbst willen gedacht werden, als eine Funktionsweise bzw. ein reines Funktionieren und als Betrieb mit einer erklärbaren Genese, in deren Verlauf es sich »konkretisiert«. An genau diesem Punkt erfindet Gilbert Simondon eine neue Konzeption des Verhältnisses von Technik und Natur. Denn was man *Künstlichkeit* bzw. *Artifizialität* nennt (oder als solche empfindet), ist tatsächlich immer ein *Mangel an Technik* und gerade nicht ihr Übermaß und ihre Übertreibung. Die Spezifizität oder vielmehr die *Spezialität* eines technischen Objekts ist nicht ursprünglich gegeben, sondern bildet sich erst im Laufe eines Prozesses heraus. Dieser bringt es als kohärentes und vereinheitlichtes – individuiertes – System, das jede lokale Operation in die übergreifende und umfassende Anordnung, jede Untermenge in seine Totalität integriert, allererst hervor. Man spürt hier den Einfluss Norbert Wieners: »Die Konsequenzen, die [ursprünglich] belanglos oder schädlich waren, werden zu Gliedern in der Funktionskette«,[7] und die Konkretisierung erweist sich als Möglichkeitsbedingung der Autonomie der Maschine im kybernetischen Sinne des Begriffs; dagegen gilt als artifiziell, was nur durch das ständige Eingreifen des Menschen existieren kann, der – ein wenig wie der kartesische Gott – seine Existenz gewährleisten muss, »indem er es gegen die natürliche Welt schützt, ihm einen besonderen Existenzstatus gibt«.[8] So kann die »artifizialisierte Pflanze nur in jenem Laboratorium für Pflanzen existieren, wie es ein Gewächshaus darstellt«, das Blühen wird somit »rein, abgelöst, anomisch; die Pflanze blüht bis zur Erschöpfung, ohne Samen zu produzieren«; kurz, »die Artifizialisierung ist ein Abstraktionsprozess im artifizialisierten Objekt«.[9]

5 Gilbert Simondon, *Du mode d'existence des objets techniques*, Paris 1969, S. 9 (diese und die folgenden Übersetzungen von Esther von der Osten und Erich Hörl).

6 Vgl. ebd., S. 11.

7 Ebd., S. 35.

8 Ebd., S. 47.

9 Ebd.

Man kann nun verstehen, was es Simondon erlaubt, das technische Objekt, das er vom artifiziellen Objekt unterscheidet, dem natürlichen Objekt anzunähern: Ist das artifizielle Objekt »isoliert und heteronom«, so ist das natürliche autonom, das technische indessen *tendiert* zu dieser Autonomie. Es »tendiert«, so heißt es wörtlich, »zur inneren Kohärenz, zur Geschlossenheit des Systems der Ursachen und Wirkungen, die sich innerhalb seiner Umgrenzung zirkulär verhalten«, weil es jenes Laboratorium »dynamisch inkorporiert«, das für das artifizielle Objekt lediglich äußere Umgrenzung war. Ja mehr noch, und dieser Punkt ist für unser Anliegen entscheidend, es »inkorporiert einen Teil der natürlichen Welt, die als Bedingung seines Funktionierens hineinspielt«.[10] Diese Inkorporation erlaubt es nun, den Begriff des »assoziierten Milieus« zu verstehen.[11] Auf der einen Seite haben wir das Artefakt der »abstrakten Form«, die als ein »Absolutes«[12] behandelt wird, Heteronomie, Schnitt und Isolation; auf der anderen Seite stehen Inkorporation, Autonomie und Relationen. Nun könnten diese beiden letzten Ausdrücke antinomisch erscheinen: Wie soll man autonom sein, wenn man vom Außen abhängt? Simondon schreibt indes in Bezug auf das technische Objekt: »Seine Beziehung zu anderen Objekten, technischen oder natürlichen, wird zum regulierenden Element und erlaubt, dass die Betriebsbedingungen sich selbst aufrechterhalten; dieses Objekt ist nicht mehr isoliert; *es verbindet sich mit anderen Objekten oder genügt sich selbst.*«[13] Es wird unmöglich sein, im Verlaufe dieser Untersuchung alle Probleme anzugehen, die die Frage der Autonomie aufwirft, wenngleich diese für das, was als »Kybernetik zweiter Ordnung« bezeichnet wird, von entscheidender Bedeutung ist (das würde eine Relektüre der Thesen von Varela zum Begriff der »operationellen Geschlossenheit« voraussetzen sowie der Thesen von Foersters zur »Kybernetik der Kybernetik«[14]). Bemerken wir einfach, dass dieses *oder*

10 Ebd., S. 46f.

11 Das assoziierte Milieu, seinerseits »technisch und natürlich zugleich«, ist, wie es heißt, »nicht fabriziert oder zumindest nicht in Gänze fabriziert; es ist eine bestimmte Ordnung [*régime*] der natürlichen Elemente, die das technische Wesen umgeben« (ebd., S. 57).

12 Ebd., S. 21.

13 Ebd., S. 47 (Hervorhebung F. N.).

14 Francisco Varela, *Principles of Biological Autonomy*, New York u. a. 1979; Heinz von Foerster, *Wissen und Gewissen. Versuch einer Brücke*, hg. von Siegfried J.

in *»oder genügt sich selbst«* möglich wird, weil der Beziehungsraum sich fortan aufgrund ebenjenes Inkorporationsprozesses der Natur zugleich nach außen und nach innen gestaltet. Das bedeutet, *die Abwesenheit von Natur würde die Autonomie der Maschine unmöglich machen.* Als ob in Umkehrung der Aristotelischen Formel *die Natur fortan vollende, was die Technik zu vollenden unfähig ist.* Dazu darf die Analogie zwischen technischem Objekt und natürlichem Objekt auf keinen Fall in »übermäßige Assimilation« umschlagen: Denn tatsächlich kann die Konkretisierung des technischen Objekts immer nur eine tendenzielle sein, da das technische Objekt »in gewissem Maße Reste von Abstraktion aufweist«.[15] Ein unerhörter Coup! *Das Künstliche bzw. Artifizielle* – mit anderen Worten die unauslöschlichen Rückstände von Schnitt, Isolation, Abstraktion usw. – *hindert die Technik daran, natürlich zu werden.* Diese unerwartete Wendung offenbart etwas, das es hier als ein wahrhaftes ontologisches Gesetz hervorzuheben gilt und das im Kontext einer Reflexion zur Automatenfrage in der Wendung dieses Satzes erscheint: »Man darf das letzte Produkt der technischen Evolution nicht isolieren, um es als völlig konkret zu deklarieren.«[16] Diese Absonderung wäre tatsächlich nur ein Artefakt und etwas Künstliches. Ein Artefakt, das man jedoch nicht von der Abstraktion abstrahieren kann, die in der Genese des technischen Objekts am Werk ist. Und so weiter.

Wir ziehen daraus die für unser Ziel einer Deprogrammierung des technologischen Unbewussten wesentliche Folgerung, dass *die technische Inkorporation immer teilweise scheitert.* Dieses Scheitern schreibt Simondon dem Artefakt zu beziehungsweise dem Modus einer kontinuierlichen Intervention des Menschen. Hinter diesem Scheitern aber ist etwas anderes lautstark vernehmbar, nämlich dass eigentlich die Möglichkeit fehlschlägt, mit der Differenz Natur/Technik völlig und *absolut* zu einem Ende zu kommen. *Das dem Artefakt eigene Versagen, seine Verfehlung besteht in der Rückkehr des Natürlichen in Form einer Desinkorporation.*

Schmidt, aus dem Amerikanischen von Wolfram Karl Kröck, Frankfurt/M. 1993; sowie Heinz von Foerster, *KybernEthik*, aus dem Amerikanischen von Birger Ollrogge, Berlin 1993.

15 Vgl. Simondon, *Du mode d'existence des objets techniques* (wie Anm. 5), S. 48 f.

16 Ebd., S. 49.

Inneres Versagen des Artefakts und Scheitern der technischen Inkorporation lassen sich indes mit einer Art von Phantasma verleugnen, in dem das Schema der gestörten Identität gewissermaßen *absolut* – total und definitiv – bestritten wird. Diese Verabsolutierung beruht auf der Aussage, die heute heimlich oder ganz offen dominiert: *Alles ist technologisch.*

In diesem Macht-Wissens-Dispositiv wird die Maschine zum Bild und Begriff einer Hybridisierung, durch die die Technik ihre Macht und Fähigkeit affirmiert, unablässig genetisch veränderte lebende Materie umzuformen, eine nach Belieben reprogrammierte, nanokonfigurierte, ja posthumane Materie, sofern sie das Individuum bezeichnet, das zum wandelnden Laboratorium geworden ist, zum häuslichen Weißkittel, Ingenieur seiner selbst. Im Zentrum dieser manischen Position nach dem Bilde eines sehr *design*mäßigen Prometheus herrscht eine performativ geltende Behauptung: *Die Natur existiert nicht.* Sie ist nur eine Illusion oder ein gefährliches Delirium von *deep ecologists*; mit anderen Worten: neonazistisch. In allen denkbaren Fällen wird die Möglichkeit, eine sogenannte neue Wirklichkeit zu schaffen, als Beweis (Monstration) für die Abwesenheit von Natur gelten. Diese wird als Spielverderberin angesehen, die dem hemmungslosen Genuss im Wege steht, politisch petainistisch, in jedem Falle reaktionär. Umgekehrt wird jedes Verschwinden von Natur als Beweis und K.-o.-Sieg der technischen Verabsolutierung gewertet. In der dem hyper-tele-technischen Kapitalismus eigentümlichen Konfiguration steht die Natur weniger im Gegensatz zum Fortschritt (an den fortan niemand mehr glaubt) als vielmehr zum Strom der permanenten Veränderung. Das mag überraschen, wenn man sich daran erinnert, dass von Heraklit über Lukrez und Bergson bis hin zu Whitehead die Natur gerade als ein Fließen beschrieben worden ist, als Veränderung, als Durch- und Übergang – denken wir zum Beispiel an folgende Passage Whiteheads: »Die Natur ist ein Prozeß. Wie im Falle des Alles-unmittelbar-Darbietens im sinnlichen Bewußtsein kann es für dieses Charakteristikum der Natur keine Erklärung geben.«[17] Die praktische Abschaffung des Schemas der gestörten Identität bedeutet jedoch,

17 Alfred North Whitehead, *Der Begriff der Natur*, aus dem Amerikanischen von Julian von Hassell, Weinheim 1990, S. 44.

in den Begriffen Simondons, von einer *Technik ohne Artefakt* zu träumen, der es gelungen wäre, die Natur zu ersetzen und das zu bilden, was wir ein *integrales Substitut* nennen – mit anderen Worten eine technische Verabsolutierung, deren Traum, wie man weiß, im 17. Jahrhundert mit Bacon und Descartes entstand.

Dieses moderne Programm ist gleichwohl von der kritischen Position zu unterscheiden, die nachweist, dass das, was man Natur nennt, nur in Form einer sozial, politisch, rechtlich »konstruierten« Realität existiert – und dass wir sie nur, wie Bruno Latour sagen würde, über den Umweg ihrer Sprecher kennen. »Nach dem Tode Gottes und des Menschen musste auch die Natur endlich abtreten«, schreibt Latour in *Das Parlament der Dinge*[18] – ein Buch, das sich wie der Großteil des zeitgenössischen Denkens daranmacht, die schlechten Dualismen zu zerschlagen. »Wir müssen«, so heißt es weiter, »sowohl *den Begriff der Kultur als auch den der Natur* umgehen.«[19] In der Abschaffung der Dualismen aber lauert die Gefahr der Alterophagie – eine Gefahr, die alles in allem dem Programm der Moderne inhärent ist. Mal abgesehen von der Idee, das Soziale würde durch natürliche Schweiger[20] präsentiert (das wäre vorstellbar, aber eher auf der Grundlage einer Dekonstruktion), ist es in diesem Falle die Natur, die in der konstruktivistischen Optik Gefahr läuft, als Erste »abzutreten«. Und genau das geschieht heute, nach den jüngsten Neuigkeiten von der Biosphäre zu schließen, die nicht sehr gut sind. Das bedeutet, *es scheint uns nicht möglich, die »großen Trennungen« symmetrisch zu ver-teilen oder zu ent-scheiden.* Mit anderen Worten: Das Ende eines Gegensatzes bedeutet nicht das Ende einer Realität. Es scheint uns möglich, die Idee einer strengen Lokalisierung der Natur auf der Grundlage der »großen Trennungen« abzulehnen, ohne ihre Existenz zurückzuweisen – jene minimale Existenz, wie sie Whitehead vorschlug.

In dieser Hinsicht ist Donna Haraways Position bemerkenswert. Sie bekräftigt die Notwendigkeit einer letztlich politischen Arbeit, die darin besteht, sich der »Naturalisierung« bestimmter sozialer

18 Bruno Latour, *Das Parlament der Dinge. Für eine politische Ökologie*, aus dem Französischen von Gustav Roßler, Frankfurt/M. 2001, S. 41.

19 Ebd., S. 68.

20 (*A. d. Ü.:* Das hier im Französischen verwendete Wort für Schweiger, »porte-silence«, ist dem Wort für Sprecher, »porte-parole«, nachgebildet, das von Bruno Latour verwendet wird.)

Gegebenheiten entgegenzustellen. Das ist im Grunde der Gegenstand jeder kritischen Ausarbeitung, von Epikur bis Marx. In *Simians, Cyborgs, and Women. The Reinvention of Nature* zeigt und demontiert Haraway, wie »die hierarchische Teilung der Arbeit, die Ungleichheiten von Rasse, Geschlecht und Klasse in effizienten Systemen der Ausbeutung naturalisiert worden sind«.[21] All das, sagt sie uns, muss »entnaturalisiert« werden, ein Begriff, der in diesem Buch mit und ohne Anführungszeichen oft verwendet wird. Der alternierende Gebrauch dieser Anführungszeichen ist, wie der Leser bemerken wird, durchaus nicht belanglos. Denn die Cyborgs, die Haraway gegen die naturalisierten Trennungen ins Feld führt, sind »postmoderne Cyborgs, die sich nicht auf eine undurchlässige Abgrenzung von Organischem, Technischem und Textuellem stützen. Dennoch unterscheiden sich ihre linguistischen und kommunikativen Systeme deutlich von denen der KI-Cyborgs der ›Informationsgesellschaft‹, die krankhaft bestrebt ist, vermittels endgültiger Abstraktion Verletzlichkeit und damit auch Körperlichkeit auszurotten.«[22] Eine Fußnote zum letzten Satz präzisiert, dass jene undurchlässigen Cyborgs der Künstlichen Intelligenz von denen produziert werden, die »*tatsächlich* von einer Transzendierung und Entkörperung als Ziel des Lebens und des Geistes träumen«.[23] Das bedeutet, der cyborgsche Entnaturalisierungsprozess stolpert nicht über *die Natur*, doch über *eine* Natur, in Anführungszeichen, aber dennoch Natur. »[D]ie Nichtrepräsentierbarkeit, die historische Kontingenz, Artefaktizität und doch Spontaneität, Notwendigkeit, Zerbrechlichkeit und verblüffende Fülle der ›Natur‹ können uns«, so heißt es, »bei der Neufigurierung der Art von Personen helfen, die wir sein könnten.«[24] Dies erlaubt, die grundlegende Frage zu stellen: »Wie können unsere ›natürlichen‹ Körper neu imaginiert – und neu belebt – werden, und zwar auf Weisen, die die Beziehung von Gleichem und Unterschiedenem, Selbem und Anderem, Innen und Außen, von Anerkennung und Verkennung in Wegekar-

21 Donna Haraway, *Simians, Cyborgs, and Women. The Reinvention of Nature*, London 1991, S. 2. Auszugsweise ins Deutsche übersetzt in: Donna Haraway, *Die Neuerfindung der Natur. Primaten, Cyborgs und Frauen*, hg. und eingel. von Carmen Hammer und Immanuel Stieß, Frankfurt/M., New York 1995.

22 Ebd., S. 178 f.

23 Ebd.

24 Haraway, *Simians, Cyborgs, and Women* (wie Anm. 21), S. 3.

ten für unaneigenbare Andere transformieren«, und zwar so, dass »diese Neufigurierungen die fortwährende Bedingung unserer Zerbrechlichkeit, Sterblichkeit und Endlichkeit anerkennen«[25] müssen? Die alterophage Gefahr des die immunbegrifflichen Teilungen zerstörenden Konstruktivismus wird hier auf zwei Arten gebannt: (1) durch die Affirmation der Natur, trotz allem, in den Begriffen von Leben, Sterblichkeit usw., die den Druck vom Cyborg nimmt; (2) indem man auch aus diesem Letzteren, so »entnaturalisiert« er auch sein mag, einen Helden des Lebens macht: »Cyborgs for earthly survival!«, wie Haraway sagt.

Natur und Maschinen (und, und, und)

Wir bleiben weiter im Rahmen von Gedanken, die die technische Frage ganz direkt angehen. Dabei ist zu bemerken, dass die Abschaffung des Schemas der gestörten Identität eine andere Wendung nehmen kann, wenn im Gegenteil behauptet wird, *alles sei natürlich.* Wider Erwarten führt der Maschinenbegriff, wie ihn Deleuze und Guattari verwenden, zu dieser Behauptung.

»Überall sind es Maschinen, im wahrsten Sinne des Wortes [und gar nicht metaphorisch]: Maschinen von Maschinen, mit ihren Kupplungen und Schaltungen«,[26] das kann man schon im ersten Absatz des *Anti-Ödipus* lesen. Es gibt niemals eine einzelne Maschine, sondern immer eine Vielheit von Maschinen, die gekoppelt und sogar miteinander verschaltet sind. Eine erste Kopplung setzt eine Maschine M1, Energiequelle, die einen »Strom aussendet«, mit einer anderen in Beziehung, M2. Diese »schneidet«, »unterbricht« – zum Beispiel, aber es ist gewiss nicht nur ein Beispiel, denn es ist das Erste, von dem Deleuze und Guattari sprechen – die Organmaschine Brust, an die die Organmaschine Mund angeschlossen ist. Wissend, dass jede Quelle selbst einen Einschnitt darstellt, eine Entnahme aus einem anderen Strom, der aus einem anderen Quellpunkt stammt (M3), auf dessen Grundlage sie sich selbst als

25 Ebd., S. 3f.

26 (*A. d. Ü.:* Gilles Deleuze, Félix Guattari, *Anti-Ödipus. Kapitalismus und Schizophrenie I,* aus dem Französischen von Bernd Schwibs, Frankfurt/M. 1974, S. 7. Der wörtlichere Zusatz in eckigen Klammern wurde hinzugefügt, da der Verfasser etwas weiter unten auf diese Wendung Bezug nimmt.)

Quelle konstituiert hat, werden wir sagen, dass jede Aussendung eines Stroms ein Einschnitt in eine andere Aussendung ist. M1 ist abwärts an M2 gekoppelt und aufwärts an M3, und das System der Maschinen – Maschinen-von-Maschinen-von… – konstituiert ein Netz binärer Serien, die in alle Richtungen gehen. »Gar nicht metaphorisch?« Wir sollten gleichwohl wissen, wovon wir sprechen. Im *Anti-Ödipus* hat der Maschinenbegriff die Funktion, die Produktion als ontologischen Prozess zu definieren. Alles ist Maschine = alles ist Produktion – dieses Axiom erlaubt, die Natur als *natura naturans* zu definieren, als unablässigen Prozess, der sich niemals, in keinem endlichen Wesen absolut aktualisiert. Es ist also gewiss kein Zufall, wenn das erste Beispiel, das im *Anti-Ödipus* angesprochen wird, das der Mund-Brust-Maschine ist, *denn es ist sehr wohl die Natur, die es mittels des Maschinenprozesses zu beschreiben gilt.* Dieses Denken der Natur – das Deleuze und Guattari in die Nähe des romantischen jungen Marx' der Jahre 1844/45, aber auch in die Nähe Schellings und Spinozas rückt – verbietet die Opposition Natur/Industrie oder die von Mensch/Natur. All das konstituiert »eine einzige und selbe Wirklichkeit«, die »Produktion« als »Prozess« »stellt einen Kreis dar«,[27] eine Zirkulation ohne Unterbrechung, in der selbst die Einschnitte zu fließen scheinen… Für Deleuze und Guattari ist die Maschinenwirklichkeit grundsätzlich molekular; was sie lokalisieren möchten, ist zunächst und vor allem ein »maschinisches Unbewusstes«, ein mikrophysikalisches, das unterhalb des Niveaus der molaren Organisation zirkuliert. »Es sind molekulare Formationen«, so formulierte es Deleuze am 18. Januar 1972 in seinem Seminar in Vincennes, »Mikro-Formationen, deshalb handelt es sich um ein nichtfiguratives, nichtsymbolisches Unbewusstes: Es ist das, was Lacan das Reale nennt, aber das Reale nicht nur als möglich Gewordenes, sondern das Reale, das funktioniert.«[28] Auf dieser präödipalen Ebene geht es noch nicht um Subjekt oder Objekt, um »Es« oder »Ich«; es ist die Zeit, wo »ich die Brust bin« (Freud), die archaische Zeit einer als absolut erscheinenden Identität. Von da aus versteht man besser, warum der Anhang des *Anti-Ödipus* – »Programmatische Bilanz für Wunschmaschinen« – seine Maschinenbeispiele vor allem aus der Kunst

27 Ebd., S. 11.

28 Vgl. die Transkription des Seminars vom 18. Januar 1972, veröffentlicht unter: ⟨http://www.le-terrier.net/deleuze/⟩, letzter Zugriff 19. 03. 2011.

nimmt: Man Ray, Goldberg, Tinguely, Jules Vernes, Kafka, Proust usw.

Das Problem ist, dass der Maschinenbegriff von Deleuze und Guattari weit über den Bereich der Kunst und des Unbewussten hinausgeht, es handelt sich tatsächlich um eine *allgemeine Maschinentheorie*. Demnach definieren sich Maschinen als Gefüge [*agencements*]: Man bildet eine Maschine, bildet »durch Rekursion und Kommunikation«[29] ein Stück und eine Einheit mit der Maschine, diese beiden Operationen definieren für Deleuze und Guattari das Maschinische als solches, etwa den Komplex »Mensch-Pferd-Bogen«, Arbeiter/»Arbeitsmaschinen« usw. So verstanden ist die Maschine nicht der historische Nachfolger des Werkzeugs, sondern zeitgenössisch mit ihm. Von den paläolithischen Ursprüngen an gibt es einerseits das als Projektion und Verlängerung bestimmte Werkzeug und andererseits die Maschine, die durch Rekursivität definiert wird. Die Maschine ist also keine perfektionierte Projektion, keine vervollkommnete Verlängerung und Entäußerung des Menschen (die Projektionshypothese stellt insgesamt ein klassisches Schema des »humanistischen Geistes [dar] und [ist] abstrakt«[30]), sondern die ursprüngliche *Verbindung* heterogener Elemente, die miteinander ein Stück bilden – Verbindung von Produktivkräften, sozialen, politischen, kulturellen Bedingungen usw. In diesem Sinne können Deleuze und Guattari sagen, dass »Maschinen immer schon den Werkzeugen vorausgehen«.[31] Wenn die Maschine Rekursion, Kommunikation, »Konnexion«, »Macht des Stetigen«[32] ist, wenn sie – natürlich – *machina machinans* ist, Strom, der verbindet, so ist sie tatsächlich nicht mehr und nicht weniger als identisch mit allem, was ist, mit der Totalität der Gefüge. *Das Programm der Wunschmaschinen wäre also die Bejahung des Kontinuierlichen durch die Gefüge.* Der Kreis schließt sich, der »Zyklus« der Produktion wird recycelt: »Eine derart verstandene Maschine wird als Wunschmaschine bestimmt: als Ensemble eines maschinenerzeugenden vollen Körpers und der auf ihm zu Maschinen gefügten Menschen und Werkzeuge«,[33] zu Maschinen gefügt auf dem vollen

29 Ebd., S. 498.
30 Ebd., S. 499.
31 Ebd., S. 500.
32 Ebd., S. 503 (Übers. geändert).
33 Ebd., S. 517.

Körper einer Gesellschaft, der vom »volle[n] Körper einer Steppe, der Mensch-Pferd-Bogen [maschinisiert]«, bis zum »volle[n] Körper der Fabrik, der Mensch und Maschine maschinisiert«,[34] reicht. *Kommunikation; und letztlich Redundanz.*

Dieselbe Ausweitung des Maschinenbegriffs findet man zwanzig Jahre später im Kapitel »Die maschinische Heterogenese« von Felix Guattaris Buch *Chaosmose*. Auch hier ist alles Maschine, »weit über die technische Maschine hinaus«[35] – doch wird es nun darum gehen, das Heterogene da einzuführen, wo es im *Anti-Ödipus* eher gefährdet schien. Denn die maschinischen Gefüge haben fortan eine »einzigartige Aussagemacht« (eine »spezifische Aussagekonsistenz«), sie fabrizieren Sinn, sie stehen miteinander in einer Alteritätsbeziehung usw. Aber auch da sieht man, alles in allem genommen (Materialität, Sinn, Organe, Informationen),[36] am Ende nicht mehr, was *technische* Maschine eigentlich noch heißen soll, denn »auch die sozialen Zusammenhänge sind Maschinen, der Körper ist eine Maschine, es gibt wissenschaftliche, theoretische und Informationsmaschinen«.[37] Nun, wird man sagen, das ist genau das Ziel! *Die Technik in der Natur auflösen!* Das heißt, ihr keinen vollkommen gesonderten Existenzstatus zuerkennen, der vom Rest getrennt ist.

Unsere Position gegenüber einer solchen Theoretisierung wird nun eine doppelte sein:

Einerseits ist es tatsächlich grundlegend, das Unbewusste der maschinischen Produktion zu befragen. Denn ganz offenkundig ist die Macht und Gewalt des Stetigen in dem am Werk, was heute das Internet der Dinge genannt wird und was sich zuerst und vor allem durch eine Tendenz zur verallgemeinerten Verbindung und Verschaltung kognitiver Objekte auszeichnet, die mit Hilfe von Sensoren und Aktoren miteinander kommunizieren. Diese »geschwätzigen Objekte« (Bruce Sterling), diese »*blogjects*« (Julian Bleecker), die das Internet überschwemmt haben, erweitern die Realität der Kommunikation und bilden das, was Deleuze und Guattari vermutlich einen neuen »vollen Körper« nennen würden. Die

34 Ebd., S. 516.

35 Félix Guattari, *Chaosmose*, Paris 1992, S. 54 (diese und die folgenden Übersetzungen von Esther von der Osten und Erich Hörl).

36 Vgl. dazu ebd., S. 55.

37 Ebd., S. 60 f.

Menschen liefen so gesehen Gefahr, auf diesem bloße Anhängsel zu bilden, vollständig von kognitiven Objekten durchzogen. Verwirklichte Techno-logie.

Andererseits aber stehen wir hier, was diese Theoretisierung angeht, tatsächlich auch vor der *Produktion* eines vollen Körpers. Es handelt sich bei ihr selbst um ein Gefüge, das wir der Analyse unterziehen müssen, und zwar *gegen* diese Produktion; denn jede Analyse, die ihres Namens würdig ist, kann nur antiproduktiv sein, da sie den Lauf des Geschehenen zurückverfolgt, um davon Rechenschaft abzulegen. In dieser Hinsicht funktioniert der Begriff der Maschine zu gut. Von einem deskriptiven Gesichtspunkt her eignet er sich, um uns zu sagen, was uns heute widerfährt, dieses gegenseitige Durchdringen der Gattungen, diese unablässige Erfindung, die in vielfältigen Gefügen die tierischen, menschlichen, technischen, kognitiven usw. Wirklichkeiten miteinander verbindet. Doch geht das zu gut mit dem zusammen, was in der Sprache von Deleuze und Guattari die ersten und letzten Ströme wären, die den vollen technologischen Körper zusammensetzen und bilden – vollen technologischen Körper, den man *Köörper* [*coorps*] nennen könnte, eine verdoppelte, redundante Entität. Deshalb muss man den letztlich viel zu konjunktiven Synthesen des *Köörpers* defekte Synthesen entgegenstellen und in das Milieu des *Köörpers* Ebenen ontologischer Unverfügbarkeiten einbringen. Das können wir aber erst in Erwägung ziehen, wenn es uns gelingt, die folgende Frage zu beantworten: Ist es möglich, vom Schema der gestörten Identität – das *letztlich* immer gezwungen ist, seine Unvollständigkeit einzugestehen und äußerstenfalls stets die Existenz von etwas anzuerkennen, das sich weder auf die Natur noch auf die Technik reduzieren lässt (außer man zerstört dieses Etwas und vernichtet in der Wirklichkeit, was im Diskurs verleugnet worden sein wird) – zu einem anderen Schema überzugehen, das diesem *Weder-noch unmittelbar* Rechnung trüge, indem es die *mindestens dreifache Existenz* des Realen affirmiert? Genau dies erlaubt Gotthard Günther uns zu denken.

Die doppelte Ablösung: Autonomie und Substitut

In einem 1952 geschriebenen Text mit dem Titel »Die ›zweite‹ Maschine«[38] denkt Günther die Technik von einer doppelten Operation der Ablösung her: Ablösung von der Natur, die in jedem Stück Holz, Knochen, Steinsplitter gegenwärtig ist, und Ablösung vom Menschen als »Schöpfer«, der dem Objekt »etwas von sich selbst« hinzufügt. Ein Messer, sagt Günther uns nach Hegel, ist »ein Stück objektiver Geist. Objektiv insofern, als es ein materielles Stück der Außenwelt ist«,[39] also natürliche Materie, und Geist insoweit, als es durch den Menschen vermittelt ist. Die Technik hält sich also in der Mitte, zwischen natürlichem Wesen und menschlichem Wesen, zwischen Gegebenem und Schöpfung. Das ganze Problem ist das folgende: Bis wohin ist das, was sich *dazwischen* hält, aufgerufen, ein echtes *Milieu* zu werden? Das heißt, welchen Grad an *Konsistenz* und *Autonomie* hat die Technik? Der Sinn der Technik – jener, den man ihr geben kann, ihr Wesen, und ebenso jener, den die Technik selbst produzieren könnte – hängt von diesem Grad an Konsistenz ab, von dieser ontologischen Breite.[40]

Gegenüber der Natur bedeutet Ablösung *Substitution*, die »Kunststoffe« ersetzen die »Naturstoffe« und bedeuten ein »ganz neue[s] Genus physischer Existenz«,[41] schreibt Günther. Aber von der subjektiven Seite her betrachtet bedeutet Ablösung *Unabhängigkeit*, das heißt Übergang vom Werkzeug zur Maschine als »autonom gewordenes Werkzeug«.[42] Diese *doppelte Ablösung* meint also zwei Dinge, die wir von einem theoretischen Gesichtspunkt her absolut unterscheiden müssen: die *maschinische Autonomisierung* einerseits, die *materielle Substitution* andererseits. Halten wir also

38 Gotthard Günther, »Die ›zweite‹ Maschine« (1952), in: ders., *Das Bewußtsein der Maschinen. Eine Metaphysik der Kybernetik* (1957), Baden-Baden 2002, S. 205-227.

39 Ebd., S. 206.

40 Vgl. zur Frage des Sinns der Technik den Aufsatz von Erich Hörl, »Die technologische Sinnverschiebung. Über die Metamorphose des Sinns und die große Transformation der Maschine«, in: Lorenz Engell, Katerina Krtilova, Jiri Bystricky (Hg.), *Medien denken: von der Bewegung des Begriffs zu bewegten Bildern*, Bielefeld 2010, S. 17-35, dem ich herzlich danke, dass er mich Gotthard Günther hat entdecken lassen.

41 Günther, »Die ›zweite‹ Maschine« (wie Anm. 38), S. 207.

42 Ebd.

fest, dass der Ausdruck ›technisches Milieu‹ ontologisch zweideutig ist, insofern er entweder *Substitutionsmilieu* (Materialien) oder *Autonomisierungsmilieu* (Maschinen) bedeuten kann. Zahlreiche theoretische Überlegungen zur Technik legen den Akzent nun entweder auf die Maschinen oder auf die Materialien. Die schlechte Antwort wäre hier: Ja doch, wir wissen, dass die neuen Maschinen neue Materialien verlangen, wir wissen, dass diese beiden Dimensionen nur eine einzige sind! Denn dabei brächte man *gegenseitige Durchdringung* und *Überlagerung* durcheinander. Die theoretische Einheit der vollständigen Überlagerung ist das Vergessen der doppelten Ablösung und des doppelten Milieus, ein Vergessen, dessen politische Konsequenzen wir weiter unten ermessen wollen.

Sehen wir uns an, wie Günther sich zu dieser Zweideutigkeit positioniert. Sein Problem, das letztlich das der ersten und der zweiten Kybernetik ist, betrifft den Status maschinischer Unabhängigkeit und Selbständigkeit; all seine theoretischen Anstrengungen laufen auf diese Formalisierung hinaus. Ein Werkzeug wird *»gehandhabt«*, sagt er uns, eine Maschine wird *»bedient«*, also betätigt. Und man kann zwischen zwei Typen von Tätigkeiten unterscheiden, je nachdem ob ihre Steuerung von außen kommt oder ob sie sich selbst steuern. Hegel hatte das bereits 1805 in der *Jenenser Philosophie des Geistes* angesprochen:

Wenn »das Werkzeug noch nicht die Tätigkeit selbst an ihm« hat, »bekomme [ich] aber doch Schwülen«; aber wenn es »selbsttätig« wird, dann sehe ich »ruhig zu und regier[e] nur mit leichter Mühe das Ganze – List«. »Weibliche List«, schreibt Hegel, die die »blinde Macht« der Natur gegen sie selbst zu richten wusste.[43] Die Kybernetik als Wissenschaft der Kontrolle und Steuerung durch Information wäre somit höchste List. *Mit dem Unterschied, dass die List selbst dazu tendieren würde, sich außerhalb des Menschen zu autonomisieren*, und genau das sieht Hegel nicht. Günther unterscheidet zwei Typen von Maschinen: (1) Die klassische oder »archimedisch-klassische« Maschine mit mechanisch beweglichen Teilen (Hebel, Achse, Rad, Schraube), die ihre Arbeit durch die Bewegung ihrer Teile verrichtet. Beispiel: ein Auto, aber ebenso, präzisiert Günther, ein auf den Boden gelegter Baumstamm, auf dem man eine Last rollen lässt. Der »Prototyp« der archimedischen Maschine ist der

43 G. W. F. Hegel, *Jenaer Systementwürfe III: Naturphilosophie und Philosophie des Geistes*, hg. von Rolf-Peter Horstmann, Hamburg 1982, S. 190 f.

menschliche Körper mit seinen beweglichen Gliedmaßen. (2) Die Maschine ohne mechanisch bewegliche Teile, die trans-klassische oder nichtarchimedische Maschine, liefert tendenziell weniger einen Arbeitsvorgang als vielmehr Information. Als Gegenstand der Kybernetik würde sie tendenziell wie ein Gehirn funktionieren.

Nur *wie* ein Gehirn: Denn die trans-klassische Maschine lässt sich *weder* auf die Natur (die Materie) abbilden *noch* auf den Menschen (die Schöpfung). *Weder* auf den Status des Objekts *noch* auf den des Subjekts. Das »mechanische Bewusstsein«, das »*mechanical brain*«,[44] beschreibt eine neue ontologische Entität, einen neuen, vollkommen gesonderten Bereich des Seins, der die binären Identitäten Natur-Materie und Mensch-Schöpfung neu befragt.

Unvollständige Identitäten für ein dreiwertiges Universum (weder – noch)

Solange wir diese Tatsache nicht begreifen, verstehen wir weder diese Kybernetik noch, was Techno-logien sind. Das *mechanical brain* ist nichts anderes als das, was Günther den »Reflexionsprozeß« nennt, also Gedächtnis, Aufmerksamkeit, Projektion in die Zukunft, Rückprojektion in die Vergangenheit usw. Diese geistigen Operationen sind für genuin menschlich gehalten worden, aber dem ist nicht so, denn sie lassen sich definieren, objektivieren, exteriorisieren, wie wir heute über den Umweg der neuen Informations- und Kommunikationstechnologien feststellen. Der humanistische bzw. idealistisch-humanistische Irrtum ist, zu glauben, dass diese Operationen, eben weil sie *exteriorisiert*, realisiert und autonomisiert worden sind, *de jure* und *de facto* zur *ursprünglichen Innerlichkeit* des Menschen gehören. Günthers kybernetische These ist hingegen, dass die *Konstruktion* trans-klassischer Maschinen eine unabhängige Seinsregion *offenbart* hat. Diese Unabhängigkeit bedeutet also nicht, dass die Maschinen die Menschen ersetzen (an ihre Stelle treten), sondern dass die *konstruierte Offenbarung* der trans-klassischen Maschinen eine Neubewertung des gesamten Denkens impliziert, eine Reevaluierung zugleich der Logik und

44 Vergessen wir nicht, dass der Computer bei seinem Erscheinen als »Elektronenhirn« bezeichnet wurde.

der Ontologie, der Verteilung und der Spezifizität der jeweiligen Stellen im Universum. Mit anderen Worten bedeutet die ontologische Unabhängigkeit der trans-klassischen Maschinen nicht den Verlust der spezifischen Unabhängigkeit der Menschen, sondern die Notwendigkeit, deren eigenes ontologisches Regime besser zu verorten und genauer zu erkennen, ein Regime, das offenbar nicht die Spezifik und Sonderstellung hatte, die ihm zuerkannt worden war: Den Bereich *des* Menschen zu dekonstruieren darf uns nicht dazu verleiten, den Bereich *der* Menschen zu annullieren.

Günther behauptet entsprechend eine dreifache Transzendenz, die für ihn eine dreifache Ebene *ontologischer Unverfügbarkeit* bzw. *Unerreichbarkeit* bedeutet: die Transzendenz der Objekte, die der Subjekte und schließlich die der »Reflexionsprozesse«. Das sprengt die Aristotelische Logik, und diese Sprengung wirkt noch immer nach. Zu behaupten, dass die trans-klassischen Maschinen weder Subjekte noch Objekte sind, widerspricht dem von Aristoteles formalisierten Prinzip des ausgeschlossenen Dritten und zwingt dazu, eine Logik mit »mindestens drei Werten« zu denken, die das Identitätsprinzip verkompliziert und *stellenweise* hinfällig macht, ohne es jedoch in Gänze zu verabschieden. Können wir uns nun nicht mehr mit dem binären Schema eines Isomorphismus von Sein und Denken, einer absoluten (ursprünglichen oder finalen) Identifikation von Subjekt und Objekt zufriedengeben, so bleibt es denkbar, *Formen unvollständiger Identifikationen zu vervielfachen*. Das würde jegliches Zusammenfallen der Gegensätze definitiv unmöglich machen, entgegen all den verkappten oder austauschbaren Humanismen, die gehofft hatten, sich in Gott oder einem Roboter zu komplettieren. Diesen Punkt werden wir später noch erläutern. Drei partielle Identitäten lassen sich ins Auge fassen: Seinsidentität (Objekt/Reflexionsprozess), Reflexionsidentität (Reflexionsprozess/Subjekt) und Transzendentalidentität (Subjekt/Objekt). Jedes Mal stellen wir jedoch fest, dass etwas außerhalb der Identifikation bleibt, etwas, das sie überschreitet, ein Überschuss. Zum Beispiel lässt die Identifikation Subjekt/Reflexion das Objekt außen vor, der Reflexionsprozess geht über die mangelhafte Identifikation von Subjekt/Objekt hinaus, und das Subjekt ist losgelöst von der Identifikation Objekt/Prozess. Dieser letzte Punkt kann nie genug betont werden, und wir werden uns weiter unten, wenn wir Heidegger lesen, daran erinnern: Die »introszendente Innerlichkeit«[45] ist nicht ablösbar, nicht übertragbar, nur die Information produzierenden Reflexionsprozesse sind es.

Diese Bedingung sähe aus wie die letzte Rettung der Subjektivität, wenn und nur wenn man vergisst, dass *wir uns fortan in einer ontologischen Situation mit drei Termen befinden*. Diese verteilt über das gesamte existenzielle Territorium die Autonomie, die Transzendenz, die ontologische Unverfügbarkeit der einen für die anderen, den »unerreichbaren Grund«,[46] die »Freiheit« (die durch die Reflexionsprozesse produzierte Information ist nichts anderes als »*the unpredictable part of a message*«[47]) – wie Erich Hörl schreibt, sind die nichttrivialen Maschinen, wie Heinz von Foerster sie definiert hat, »analytisch nicht voraussagbar«.[48] Es wird also fortan durchaus möglich, der Maschine eine Reflexionsfähigkeit zuzugestehen, ohne dabei dem Menschen etwas zu rauben. Diese Fähigkeit hat nichts Mysteriöses, es geht hier nicht um den Glauben an irgendeinen Animismus, mag er auch klar verortet sein, wohl aber darum, die Geschichte und die Genese einer Animation in einem dreiwertigen Universum zu zeigen. Gewiss, man kann einer »Kaffeemühle« nicht das Denken beibringen,[49] aber das ist eine Tautologie, die in Wirklichkeit in einem System *binärer* Logik – vom magischen Denken abgesehen – verbietet, einem Objekt das zuzugestehen, was nur dem Reich des Subjekts zugehört. Doch sobald die kognitive Tätigkeit vom Menschen getrennt gedacht wird, verbietet nichts die Identität von (»irreflexivem«) Objekt und (Reflexions-)Prozess: *Es* kann denken [*cogiter*]. Mit den richtigen Synthesen, den passenden Konstruktionen könnte die Materie denken.[50] Das Schema der gestörten Identitäten wird hier damit angereichert, dass ihre anfänglichen ontologischen Unvollständigkeiten berücksichtigt werden. Das weiter oben beobachtete Scheitern der technischen Vollendung ist nun bereits im Ursprung der Bildung der Seienden aufgeworfen, welche das auch immer sein mögen.

45 Günther, *Das Bewußtsein der Maschinen* (wie Anm. 38), S. 74.
46 Ebd., S. 72.
47 Ebd., S. 71.
48 Vgl. Hörl, »Die technologische Sinnverschiebung« (wie Anm. 40), S. 19.
49 Vgl. Günther, *Das Bewußtsein der Maschinen* (wie Anm. 38), S. 103.
50 Günther stützt sich auch auf die Quantenphysik, die zeigt, inwiefern ein kognitiver Prozess untrennbar ist von einem beobachteten Objekt: Die subatomare Region verifiziert die Seinsidentität! (Vgl. ebd., S. 104 f.)

Hyperjekt und Holojekt: Der Sinn des technologischen Unbewussten

In Weiterführung der dreiwertigen Logik Günthers beabsichtigen wir, ein theoretisches Universum mit vier Termen zu konstruieren. Dies soll als begrifflicher Rahmen dienen, der die verschiedenen oben unternommenen Analysen zusammenfasst und den Ort sowie die Funktion dessen, was wir technologisches Unbewusstes genannt haben, einträgt. Ohne diesen vierten Begriff wird es uns nicht gelingen, jene untergründige Logik zu begreifen, die dazu neigt, die Unvollständigkeit zu kompensieren und das zu vervollständigen, was fehlt.

Bis jetzt haben wir die Existenz von drei Termen gesetzt: Mensch – *Subjekt*, Natur – *Objekt* und als dritten Term die trans-klassischen Maschinen – nennen wir diese Entitäten, die Ablösungsprozessen unterworfen sind, *Hyperjekte*. Nachdem wir dies vermerkt haben, können wir nun – gleichsam auf der Kehrseite des *weder* Subjekts/*noch* Objekts, von dem das Hyperjekt bedingt ist – die Existenz eines *sowohl* Subjekt/*als auch* Objekt wieder einführen: Nennen wir *Holojekt* das, was auf absoluten *Anschluss*, auf *absolute Anbindung* zielt, *holo* mit der Bedeutung von ganz, vollständig (in unserem Wortschatz: heil, unversehrt, integral). Der Sinn des technologischen Unbewussten liegt in der Klärung des Bezuges zwischen Hyperjekt und Holojekt. Von Günther haben wir gelernt, dass jede Identität unvollständig ist; wir müssen also klarstellen, *dass das Holojekt nicht existiert*, insofern nämlich die Identität Subjekt-Objekt nur defekt sein kann:

(a) Sagen wir es, um damit zu beginnen, auf theologische Weise: Der Schöpfung als Totalität muss dennoch immer das hinzugefügt werden, was Gott zu lieben und zu schaffen versäumt haben muss. Dies hat Schelling 1809 in seinen *Untersuchungen über das Wesen der menschlichen Freiheit* formalisiert: Die Existenz, als Hinaustreten aus dem Unendlichen, verlangt, nicht mit zwei, sondern mit drei Begriffen zu rechnen. Einen davon – den *Ungrund oder *Abgrund – bewohnt Gott als das von ihm, was nicht er selbst ist.

(b) Sagen wir es nun auf einer psychoanalytischeren Ebene (und wie wir wissen, verband Lacan das Unbewusste mit Gott):[51] Zeich-

51 François Regnault, *Dieu est inconscient: études lacaniennes autour de saint Thomas d'Aquin*, Paris 1985.

net sich das Unbewusste zwar durch die als zeitlos angenommene Verschmelzung von Subjekt/Objekt, Wort/Ding, Vergangenheit/Gegenwart aus, so verfestigen sich die Identitäten und Zeiten doch niemals in der Konfusion einer vollständigen Überlagerung der Instanzen: Es handelt sich, so könnte man mit Meister Eckhart sagen, um eine Verschmelzung, Fusion ohne Konfusion. Die Liste der *sowohl – als auch, als auch, als auch* …, also der konjunktiven Synthesen des Unbewussten, ist instabil und endlos, weil sie immer irgendwo unterbrochen ist, sich wiederholt und sich immer noch weiter ausdifferenziert. So muss man also sagen, dass *jedes Holojekt inexistiert.* Und es ist genau diese Inexistenz, die *den Versuch, es in Form eines Hyperjekts zu projizieren,* bedingt.

Günther hat genau das erfasst: »Das ist das letzte Ziel der menschlichen Technik und speziell der Kybernetik, auch das objektive Sein als Reflexion-in-sich darzustellen.«[52] Weil der Mensch sich an dieser »Fremdheit und Unansprechbarkeit des nur objektiven Seins« stößt, »werden radikale Jenseitsreligionen erfunden«,[53] aber in der Kybernetik sucht »die Seele ihre Heimat nicht in einem Jenseits, sondern in dieser Welt«.[54] Klarer kann man den nicht intentionalen, aber unbewussten Sinn – unbewusst im Sinne eines Unbewussten, das jenes der gesamten Menschheit wäre, eines anthropischen Unbewussten – nicht angeben, der die Produktion der Technologien orientiert: Es so einrichten, dass das Weder-noch-Objekt (Hyperjekt) mit dem Sowohl-als-auch-Objekt (Holojekt) absolut und restlos identifizierbar wird, dass *das Holojekt die ihm unterstellten Kontinuitätseigenschaften in das Hyperjekt überträgt* und dabei dem Gestalt gibt, was Deleuze und Guattari einen »vollen Körper«, einen »organlosen Körper« nennen. Eine werkzeuglose Maschine, könnte man sagen, oder eine, die in all ihren Teilen maschinisch wäre. *Das »maschinische Unbewusste« zielt de facto auf die Produktion von Kontinuität*: Diese würde sich zugleich im finalen Hyperjekt erweisen, dieser Art von absolutem Holo-Hyperjekt, und im Produktionsprozess selbst, der seine Kommunikationsmacht in Maschinen kommuniziert, die mit sich selbst kommunizieren können … Dieses phantasmatische, an Schleifen überreiche und damit übersättigte Programm, dieser anscheinend geschlossene Kreis er-

52 Günther, *Das Bewußtsein der Maschinen* (wie Anm. 38), S. 118.

53 Ebd.

54 Ebd., S. 120.

klärt die Faszination, die manche für das Internet der Dinge empfinden, denn es ist eine seiner Besonderheiten, die Junktoren wuchern zu lassen (diese nehmen die von den Sensoren kommenden Signale auf und speisen sie ins Netz ein[55]). Das Phantasma wäre, dass der Kommunikationsprozess nie abbricht, nie scheitert, sich nie unterbricht. Und dass das große *Autonome Substitut* erscheint, allumfassende Nanotechnik.

Von dieser Hypothese ausgehend, müssen wir den Sinn des Rückkopplungsbegriffs bei Norbert Wiener verstehen. Dieser bezieht sich auf den zweiten Hauptsatz der Thermodynamik, also die Tendenz zur Desorganisation des Universums, zur Entropie eines geschlossenen Systems, die in jedem spontanen Prozess zunimmt. Das bedeutet, wie man weiß, die Unmöglichkeit einer immerwährenden Bewegung, den Energieverlust in jedem isolierten System in Form von Wärme. *Die Rückkopplung ist nichts anderes als ein Mittel, um gegen die Unordnung zu kämpfen*. Die Funktion der Rückkopplung besteht darin, »die Tendenz zur Deregulierung der Maschine zu kontrollieren«, und zwar indem sie eine »zeitliche und räumliche Umkehrung der normalen Richtung der Entropie« produziert.[56] Man irrt sich, wenn man das zuerst aus einem politischen Blickwinkel analysiert (die Kybernetik als Technik sozialer Steuerung und Kontrolle), denn Wiener ist zunächst und vor allem vom unablässigen Prozess des ontologischen Verlusts des Realen umgetrieben. Wenn mein Fahrzeug abdriftet, ist diese Bewegung, diese Neigung [*inclinaison*] bereits eine Unordnung – ein Abweichen, eine Deklination und ein Niedergang [*déclin*]; die Rückkopplung stellt hier die gerade Linie wieder her, mit anderen Worten die Trägheitsbewegung. Die Information, die in Gestalt der Wirkungen meiner vergangenen Handlungen in meine gegenwärtige Handlung integriert ist, wird uns in Gestalt der Rückkopplung vor der Unordnung retten … Eine flüchtige Rettung, das weiß Wiener genau, da »wir

55 Das Internet der Dinge ist nicht mehr ein *Vermittler* zwischen Menschen, die Informationen austauschen wollen, sondern ein *Milieu des Austauschs* von Daten, ermittelt von Sensoren, die in der Lage sind, jedes mögliche Objekt (Mobiltelefon, Haus, Brücke, Stadt, Welt) in ein verortbares, ein auffind- und steuerbares Medium zu transformieren.

56 Norbert Wiener, *Mensch und Menschmaschine* (1950), aus dem Englischen von Gertrud Walther, Berlin 1952. (Die zitierte Passage fehlt in der deutschen Ausgabe.)

Schiffbrüchige auf einem zum Untergang bestimmten Planeten sind«.[57] Aber »es kann uns gelingen, den Rahmen unserer Werte so zu spannen, daß dieses kurzdauernde Ereignis des Vorhandenseins von Leben und dieses zeitlich noch begrenztere Ereignis von menschlichem Leben trotz ihres vergänglichen Charakters als positive Werte von überragender Bedeutung erscheinen«.[58] Die Existenz eines technologischen Unbewussten induziert nicht die Eindeutigkeit der menschlichen Praktiken oder die Dummheit der Theorien, und die Analysen Norbert Wieners sind weitaus subtiler als das, was meistens von ihnen wiedergegeben wird. Doch dieses holotechnologische Programm schneidet in die eben beschriebene Konstruktion der Welt mit vier Termen eine gefährliche Immanenzebene ein, und diese gilt es zu identifizieren, damit sie nicht die Gesamtheit der von uns belebten und erlebten Räume saturiert.

Gegen diese holotechnologische Sättigung ist es wichtig, die beharrliche Existenz des Niedergangs der Welten in Erinnerung zu rufen, die eine materialistische Tradition von Epikur bis Michel Serres unter dem Namen *Clinamen* theoretisiert hat. Nun ist das *Clinamen* bei Lukrez die aufgehende und werdende, wiederentstehende und niedergehende Natur. Die Natur als Prozession, aber auch als Rezession; Schöpfung und Entschöpfung; Lebensschwung und sterbliches Dahingehen. *Prozess,* zweifellos, aber auch *Rezess*, unauslotbare Vakanzen des Seins. Eine Störung, die sich auf keine Weise maschinisieren lässt. Ontologische Unmöglichkeit des großen *Autonomen Substituts*. Die holotechnische Immanenzebene, der die Schranke des ›weder Objekt/noch Subjekt‹ zugunsten eines ›sowohl Objekt/als auch Subjekt‹ einreißen und den Naturprozess in der Form eines absolut technischen Betriebs in Beschlag nehmen will, wird durch eine Art großer Antiproduktion konterkariert. Im Gegensatz zu einem technologischen, anthropischen und produktiven Unbewussten müsste man dazu kommen, die Existenz eines dissipativen, sprich: eines zerstreuenden und verschwenderischen, eines entschieden antiproduktiven Unbewussten zu denken.[59]

57 Ebd., S. 36.

58 Ebd.

59 Es bräuchte wesentlich mehr Platz, um diese letzten Zeilen zu entwickeln, die den eigenartigen Anspruch haben, Lukrez und Heidegger zusammenzubringen, das *Clinamen* und die Verborgenheit des Seins, die Spiralen und das Sein-Lassen;

Politische Diagnostik und Lösungen: Die dreifache Front

Wie kann man nun diese ontologischen und parapsychoanalytischen Analysen auf die Ebene einer Technologiepolitik bringen? Um eine derartige Übertragung leisten zu können, ist es zunächst wesentlich, in diesem Zusammenhang die geklärte Differenz zwischen maschinischer Autonomie und materieller Substitution einzuführen. Es ist tatsächlich nicht dasselbe, ob man sich über verwendete oder produzierte Materialien Gedanken macht oder über Formen der Autonomisierung von Systemen der Informationsproduktion und -übertragung. Die sozialen Medien sind keine Wohnungen, selbst wenn sich Letztere in haustechnisch gesteuerte »Wohnmaschinen« verwandeln (Le Corbusier). Ein Kernkraftwerk ist nicht das Internet, selbst wenn Letzteres die Frage nach zweckmäßigen Materialien stellt und selbst wenn ein Kernkraftwerk auf der Basis von Kommunikationssystemen funktioniert. Eine Maschine-zu-Maschine-Kommunikation, eine in einem *geschlossenen Kreislauf* zirkulierende Information (wie der Stromzähler eines Privatabnehmers, der automatisch Informationen an das Unternehmen *Electricité de France* sendet), unterscheidet sich von der Verschaltung von Maschinen mit dem Internet und einer *Öffnung des Datenfeldes*, die damit einhergeht. Deshalb ist es notwendig, das, was wir die *Doppelte Ablösung* genannt haben, begrifflich distinkt zu halten, um dann in einem zweiten Schritt zu zeigen, wie diese beiden Operationen stellenweise zusammenfallen und miteinander verschmelzen können. Ohne diese begriffliche Differenz aber werden die die technologischen Weichenstellungen betreffenden Evaluierungen, Entscheidungen und Kritiken unverständlich bleiben.

Um es deutlich zu sagen: Die technologische Kultur, auf die Simondon seine Hoffnungen setzte, ist nicht aus den Schulen hervorgegangen, sondern aus der Konfrontation der Individuen mit den Konsequenzen der technologischen Weichenstellungen für ihr physisches, psychisches und soziales Leben. Der »Sinn« der neuzeitlichen Technik hat sich tatsächlich entlang den verheerten Wegen

das versuche ich nichtsdestoweniger in *Clinamen. Flux, absolu et loi spirale* (in Vorbereitung für November 2011).

gezeigt, die vom Begriff des Fortschritts zu dem der Katastrophe geführt haben, wie Hans Jonas und Ulrich Beck gezeigt haben,[60] also durch große Krisen – Hiroshima, Nagasaki, Tschernobyl, BSE, Schwinden der Biodiversität, Klimaveränderungen. Wie Andrew Feenberg feststellt,[61] ist die Konkretisierung nicht nur eine Angelegenheit der Verinnerlichung der Natur und der Multifunktionalität von Maschinenkomponenten. Sie ist auch an die Verinnerlichung sozialer Werte gebunden, die sich je nach den veränderlichen und unvorhersehbaren Umständen der Einführung von Maschinen und den daraus entstandenen politischen Kämpfen vollzieht. In diesem entscheidenden Rahmen situieren wir uns theoretisch und weisen jeden Diskurs zurück, der beharrlich glauben möchte, dass der Sinn der Technologien Sache offizieller Experten und Ingenieure ist – ein im Übrigen mörderischer Diskurs. Die zeitgenössischen Entscheidungen betreffend die Technologien müssen von einer kritischen, anders gesagt: alarmierten Warte aus getroffen werden, die sich nicht mit der schlichten, für neutral gehaltenen Abschätzung vergleichbarer Vorzüge und Nachteile zufriedengeben kann: Eine solche Bewertung verbleibt tatsächlich ganz innerhalb der Herausforderungen und Probleme der Zivilisation, die es heute jedoch als solche umzugestalten und neu zu begründen gilt.

Wenn jedes »ökologisierte Denken« (Edgar Morin) in zumindest einem Punkt technikfeindlich ist (es gibt zu verbietende, zu ächtende, zu verwerfende Maschinen), so darf es doch nicht technophob sein, riskiert es doch damit, sich eine Phantomkugel in den Fuß zu schießen – nämlich das rächende Gespenst der Technologie, die wir hätten schaffen müssen und das Rechenschaft fordern wird, wenn wir es versäumen sollten. Diese Technophobie ist oft das Ergebnis davon, dass zuvor die Prozesse von Autonomisierung und Substitution miteinander verwechselt und vermischt wurden. Wenn wir die beiden trennen, können wir klarer identifizieren:

(1) die Diagnosen und Lösungen, die Fragen des öffentlichen Gesundheitswesens und der Ökologie der Körper betreffen. Hier müssen *toxische Materialien* als *unerwünschte Substitute* verboten

60 Hierzu erlaube ich mir zu verweisen auf Frédéric Neyrat, *Biopolitique des catastrophes. La politique sur le qui-vive*, Paris 2008.

61 Andrew Feenberg, *Questioning Technology*, London 1999.

werden, Asbest zum Beispiel, oder das Vorhandensein von Substanzen, die das physische Leben schädigen, in Nahrungsmitteln oder in der Atmosphäre. Die Frage der gentechnisch veränderten Organismen (GVO) – zum Teil auch die der Nanoteilchen – gehört in diesen Rahmen.

(1a) Man wird feststellen, dass die Diagnostiken, die unerwünschte Substitute betreffen, das Problem der *maschinischen Autonomisierung* in ihre Erwägungen mit einschließen, wie es etwa im Phänomen der *unkontrollierbaren Proliferation* erkennbar ist (GVO, Nanoteilchen, Plutonium), und dann wird von »invasiven Technologien« die Rede sein. Die *Autonomisierung ist hier jedoch eine Folge der Produktion von Substituten aus sich selbst heraus* (»Chimären« zum Beispiel, um diesen Begriff zu benutzen, mit dem die Biologen die GVO definieren): Abgelöst von jeder kognitiven Operation fürchtet man hier eine Art von *kopfloser Autonomisierung*.

(2) Die Apprehension der maschinell-kognitiven Autonomisierung – in dem Sinne, den das Wort *appréhender* im Französischen hat: verstehen und fürchten – bezieht sich vor allem auf die von dieser ermöglichte Kontrolle und Überwachung von Bevölkerungen und reicht von Überwachungskameras bis zu Techniken des Data Mining, über RFID-Chips[62] und, noch einmal, das Internet der Dinge.

(2a) Genauso wie über den Substitutionsprozessen die Drohung einer kopflosen Autonomisierung schwebt, ist die maschinische Autonomisierung allgemein dafür bekannt, Furcht vor einer Ersetzung der Menschen nach sich zu ziehen. Sie ruft technikfeindliche Reaktionen hervor, wenn die Maschinen, wie Simondon schreibt, nicht mehr nur in Form von »Motoren« die Tiere ersetzen, sondern in Form von »Werkzeugträgern« auch die Menschen.[63] Diese Einschätzung ist jedoch falsch, denn es ist der Mensch, so Simondon, »der übergangsweise die Maschine ersetzte, ehe sich wahrhaft technische Individuen konstituieren konnten«.[64] Mit anderen Worten nimmt die *maschinische Substitution* dem Menschen nichts weg; das Problem ist nicht technologischer, sondern wirtschaftlicher und sozialer Ordnung (verbunden mit der An- oder Abwesenheit

62 Zu diesem Punkt vgl. Frédéric Neyrat, »Avant-propos sur les sociétés de clairvoyance«, in: *Multitudes* 40 (2010), S. 104-111.

63 Vgl. Simondon, *Du mode d'existence des objets techniques* (wie Anm. 5), S. 115.

64 Ebd., S. 81.

gesellschaftlicher Vermittlungen, die erlauben, die Lohnzwänge zu lockern oder abzuschaffen).

Nicht durcheinanderbringen werden wir also (1) die politisch-wirtschaftlichen Kämpfe (die sich zuweilen in ihrem Gegenstand irren, wenn sie den Fortbestand ökologisch schädlicher Tätigkeiten fordern, während wir doch vielmehr kollektiv die Umgestaltung und Neufassung sozialer Rechte fordern müssten, die von der Arbeit abgelöst sind, sowie die Einrichtung eines bedingungslosen allgemeinen Einkommens); (2) die politisch-sozialen Kämpfe, die mit den Überwachungsgesellschaften zusammenhängen (die auf den sozialen Medien basieren); (3) die politisch-ökologischen Kämpfe (die der Substitutionstechnologien bedürfen, wie sie beispielsweise an die erneuerbaren Energien geknüpft sind). Dennoch können diese Kämpfe stellenweise in einer politischen Ökologie der Körper und der Geister konvergieren – aber wie? Indem man endlos nach ihrem Verbindungspunkt und ihrer Schnittstelle sucht? Was für ein Programm!

Elemente für eine Deprogrammierung: Heidegger-Therapie und neue kosmologische Komposition

Das technologische Unbewusste wird ein Geschick sein, solange wir nicht in der Lage sind, es zu deprogrammieren. Diese Deprogrammierung begreift mit ein, die Kontingenzen zu erfassen – die politischen, ökonomischen, kulturellen Entscheidungen –, die seine Einrichtung lenkten (hier besteht kein Widerspruch: Was lediglich notwendig ist, hat kein Schicksal). In dieser Optik nun scheint es uns möglich, auf die Heideggersche Analyse zurückzugreifen und zu verstehen, warum Heidegger behauptet, die moderne Technik gehe der Mathematisierung der Natur geschichtlich – historisch selbstverständlich nicht – voraus. Das **Gestell*, verstanden als eine Weise der Entbergung des Seins, ist nichts anderes als das technologische Unbewusste, und es reicht gewiss nicht aus, um die *konkreten* Formen der Technologien zu erklären, so wie sie sind oder sein könnten. In seinem Versuch, unter dem Namen »sozialer Konstruktivismus« die kritischen Theorien der Technik (Frankfurter Schule + Heidegger) und den Konstruktivismus zu verbinden, erklärt Andrew Feenberg in diesem Sinne, Heidegger sei selbst in dem Modell gefangen, das er kritisiert; er »betrachtet die moderne Technik von oben herab«.[65]

Das ganze Problem liegt tatsächlich darin zu wissen, was es mit diesem »von oben herab« auf sich hat, anders gesagt: mit der Distanz, die das Denken zum Realen einnimmt. Nun wird in einer Welt der Kontinuität ganz gewiss die Diskontinuität – und also die Philosophie – lebenswichtig, selbst wenn wir wissen, wohin eine solche Haltung abdriften kann (die schizophrene Isolation des Metaphysikers, der am Ende in einen Brunnen fällt). Einer aufmerksamen Lektüre des Textes *Gelassenheit* wird nicht entgehen, dass Heidegger, ohne es explizit zu thematisieren, zwischen Substituten (»Atombombe«, die Natur als »einzige riesenhafte Tankstelle« und »Energiequelle«, die künstliche Erschaffung von »lebendiger Substanz«) und technologischen Autonomisierungen in Gestalt gesellschaftlicher Medien unterscheidet (»Radio«, »Film- und Fernsehfunk«, »illustrierte Zeitungen«, »Nachrichteninstrumente« bzw. »Nachrichtentechnik«).[66] Aber ob sie den Geist simulieren oder ob sie »die Landwirtschaft zur motorisierten Ernährungsindustrie« werden lassen – die Techniken scheinen zu demselben problematischen Knoten zu führen: Entwurzelung, »Verlust der Bodenständigkeit«. Dieser Knoten lässt sich für Heidegger von einem »besinnlichen Denken« lösen, das im Gegensatz zum »rechnenden Denken« steht, welches »kalkuliert«, »plant« und programmiert. Jenes sinnt auf ein neues Verhältnis zu den technischen Gegenständen: »Wir können ›ja‹ sagen zur unumgänglichen Benützung der technischen Gegenstände, und wir können zugleich ›nein‹ sagen, insofern wir ihnen verwehren, daß sie uns ausschließlich beanspruchen und so unser Wesen verbiegen, verwirren und zuletzt veröden.«[67] Wir können sie »auf sich beruhen lassen«, diese Gegenstände, das bedeutet, sie »auf sich beruhen lassen als Dinge,

65 Feenberg, *Questioning Technology* (wie Anm. 61), S. 197.

66 Vgl. Martin Heidegger, *Gelassenheit*, Pfullingen 1959. Zur »bestellbar« gemachten Natur und ihrer Verwandlung in ein »konsumierbares« Seiendes vgl. meinen Essay: Frédéric Neyrat, *L'indemne. Heidegger et la destruction du monde*, Paris 2008.

67 Heidegger, *Gelassenheit* (wie Anm. 66), S. 24 f.

die nichts Absolutes sind, sondern selbst auf Höheres angewiesen bleiben«.[68]

Ein dekonstruktives oder konstruktivistisches Denken könnte Heidegger hier vorwerfen, dass er sich an eine prähybride oder präcyborgsche Aufteilung hält: Im Gegensatz zum besinnlichen Denken kommt das »rechnende Denken« »nicht zur Besinnung«,[69] und wir müssen die technischen Gegenstände zwar zulassen, sie »in unsere tägliche Welt hereinlassen«, sie aber »zugleich draußen lassen«.[70] Sagen wir es deutlich: Kein psychischer, pädagogischer oder politischer Raum wird existenzfähig sein, ohne dass zumindest vorübergehende Differenzen zwischen innen und außen gesetzt werden, zwischen (individueller oder kollektiver) Intimität und Extimität, auch wenn man Schleusen erfindet, die Vermittlungen und Vermittler, die erlauben, das eine *nach Belieben* und *unauffällig* in das andere zu überführen. Vermittlungen und Differenzen, die heute dringend neu symbolisiert werden müssen. Sicher, Heidegger bezieht die transklassischen Maschinen nicht in die technischen Gegenstände ein. Aber er ist dennoch kurz davor, in sein neugriechisches Geviert (Erde, Himmel, Sterbliche und Göttliche) technische Individuen einzulassen. Denn es geht hier durchaus darum, die technischen Gegenstände sein zu lassen, in Hinsicht auf eine »andere Erde«, einen »neuen Grund und Boden«,[71] eine andere Welt. Auf gewisse Weise könnte diese Perspektive den Eindruck machen, sie wiche vor den politischen Fronten zurück, die wir zuvor identifiziert haben. Ein solches Zurückweichen scheint mir jedoch notwendig, wenn wir das Mittel finden wollen, um nicht von den Kontrolltechniken überschwemmt und von den Substitutionstechniken zerstört zu werden. Die politische Ökologie kann ihren vollen Sinn und ihre volle Wirksamkeit nur im Rahmen einer Kosmopolitik erlangen, die in einem neuen Geviert die Lebenden mit den technologischen Individuen zu verbinden, sie zu alliieren weiß. Nun sind Alliierte niemals absolut identische Wesen: Die Verinnerlichung der Natur für ein technisches Individuum ist nicht dasselbe wie die Verinnerlichung der Technik für ein Lebewesen, beide verhalten sich nicht symmetrisch zueinander – hier wäre ein

68 Ebd., S. 25.
69 Ebd., S. 15.
70 Ebd., S. 25.
71 Ebd., S. 26.

Spiegel trügerisch, und das Hybride ist ein heterozider Begriff, d. h. ein Begriff, der das Heterogene abschleift und tötet. Nur die Divergenten machen manchmal gemeinsame Sache.

Aus dem Französischen von
Esther von der Osten und Erich Hörl

Dirk Baecker
Technik und Entscheidung

I.

Eine Technik ist die Einrichtung einer Sequenz von Ereignissen derart, dass diese Sequenz wiederholbar abgerufen werden kann. Die Ausgangs- und Endzustände der Sequenz sind definiert. Die Verknüpfung der Ereignisse zu ihrer Sequenz ist das Ergebnis eines Automatismus, der in der Natur der Sache vermutet wird.

Diese Beschreibung einer Technik ist bewusst neutral gehalten, dürfte unumstritten sein und wirft doch bereits eine Reihe von Fragen auf, die seit Jahrhunderten faszinieren. Die Auseinandersetzung mit diesen Fragen, so wollen wir hier zeigen, erweitert den Sachverhalt der Technik um ihren Sozialverhalt und ihren Zeitverhalt. Am Ende dieser Auseinandersetzung, das ist vermutlich der Grund für die Faszination, besitzen der Sozial- und Zeitverhalt die Eindeutigkeit, die zu ihrem Beginn der Sachverhalt hatte, aber Zug um Zug verliert.

Achten wir zunächst darauf, dass wir es mit einer Sequenz von Ereignissen zu tun haben, die *eingerichtet* werden muss. Eine Technik ergibt sich nicht von selbst. Und sie läuft auch nicht von selbst. Man muss dafür *sorgen*, dass sie verfügbar ist. Ohne das Element einer aktiven Bemühung um sie gäbe es sie nicht. Daher wird die Technik seit jeher als Kunst im Sinne von handwerklicher Kunstfertigkeit (altgriechisch *téchne*, lateinisch *artificium*) betrachtet. Technik startet artifiziell, verlässt sich aber auf die Natur der Sache.

Faszinierend ist daran, dass der Blick auf die Technik die Verlässlichkeit des wiederholbaren Abrufs betont, jedoch die Bemühung um die Einrichtung in den Hintergrund treten lässt. Erst die Technikkritik betont, dass der Technik eine *Entscheidung* vorausgeht. Handwerker, Künstler und Ingenieure sind immer schon bei der Sache und denken und handeln nur aus der Sache heraus. Aber auch sie treffen Entscheidungen. Sie entscheiden sich laufend *für* das Funktionierende und *gegen* das Nichtfunktionierende. Die Artifizialität des ersten Zugangs zur Sache wiederholt sich in jedem nächsten Schritt darin, dass positive Ereignisse gegen negative Ereignisse profiliert werden. Es wird mindestens so viel

Aufmerksamkeit auf die Frage verwendet, was *nicht* passieren soll, wie auf die Frage, was passieren soll.[1] Technik ist Positivität im Kontext von Negativität, ob es nun darum geht, einen Schrank zu bauen, eine Brücke zu errichten, ein politisches Argument zu formulieren, ein Bein zu amputieren oder eine elektrische Schaltung einzurichten.

Achten wir zweitens darauf, dass wir es immer mit einer *Sequenz* von Ereignissen zu tun haben. Jede Technik nimmt Zeit in Anspruch und würde ohne das Mitspielen von Zeit nicht funktionieren. Ein wichtiger Teil der Kunstfertigkeit im Umgang mit jeder Technik besteht explizit darin, ein Gefühl für die Zeit zu entwickeln, die jeder Schritt benötigt, damit ihm der nächste Schritt folgen kann. Der Automatismus der Ereignisse besitzt eine temporale Unwahrscheinlichkeit, die durch kleinste Ereignisse, Störungen genannt, akut werden kann.

Das ist deshalb faszinierend, weil es deutlich macht, dass die Verlässlichkeit der Wiederholbarkeit einer bereits eingerichteten Technik immer wieder neu darauf angewiesen ist, dass jeder Schritt in der Sequenz der Ereignisse die Zeit bekommt und behält, um jene *Reife* zu gewinnen, die den nächsten Schritt ermöglicht. Das macht die Technik zu einem Zeitverhalt. Aber was ist das für eine Zeit, die hier mitspielt und ebenso sehr auf ihre Einrichtung angewiesen ist wie ihren Eigensinn hat?[2]

Achten wir drittens darauf, dass die Ausgangs- und Endzustände der Sequenz *definiert* sind. Wer nimmt die Definitionen vor? Wer unterscheidet, wann eine Technik am Platze ist und wann nicht? Wer hält fest, ob das Ergebnis den Erwartungen entspricht oder nicht? Wie viel Spiel in der Sache haben die Argumente, die hier zum Einsatz kommen? Faszinierend ist, dass Anfangs- und Endzustände jeweils eine Differenz markieren. Das aber bedeutet, dass man es *vor* der Anwendung einer Technik und *nach* der Anwendung einer Technik *nicht* mit Technik zu tun hat.

Wer geht wie mit der Frage um, in welchen Kontext welche

1 Siehe auch Dirk Baecker, »Der Ingenieur«, in: *Merkur* 54, Heft 111 (November 2000), S. 1089-1101 (wiederabgedruckt in: ders., *Nie wieder Vernunft. Kleinere Beiträge zur Sozialkunde*, Heidelberg 2008, S. 197-213).

2 Siehe hierzu Oskar Negt und Alexander Kluge, *Geschichte und Eigensinn*, Frankfurt/M. 1981; und Helga Nowotny, *Eigenzeit. Entstehung und Strukturierung eines Zeitgefühls*, Frankfurt/M. 1989.

Technik jeweils eingebettet ist und welche sachliche, soziale oder zeitliche Qualität dieser Kontext jeweils hat? Techniker werden dazu neigen, auch den Kontext zu technisieren, das heißt mit der Sequenz der Ereignisse zu verschalten. Kritiker werden dazu neigen, mit dem Kontext auch die Technik zu problematisieren, das heißt die Offenheit der Fragen der Einbettung der Technik zur Unzuverlässigkeit der doch gerade absichtsvoll zuverlässigen Technik zu extrapolieren.

Und achten wir viertens darauf, dass das Gelingen einer Technik trotz aller Spielräume, die ihre Einrichtung und ihre Einbettung aufweisen, auf eine *Natur der Sache* zugerechnet wird und erst in zweiter Linie auf das Geschick des Handwerkers, Künstlers oder Ingenieurs. Die Pointe einer Technik wird immer darin gesehen, dass sie welthaltig ist, nie darin, welche Entscheidungen sie getroffen hat, um ihre Verlässlichkeit zu gewinnen. Jede Entscheidung wird ihrerseits sofort auf eine Information über die Sache zugerechnet, die sie enthält, nie auf das Spiel des Technikers, so und nicht anders vorgegangen zu sein. Es gibt keine rein innertechnischen Werte, hat Werner Rammert einmal formuliert, »die Selbstbezüglichkeit [der Technik, D. B.] ist immer auf eine Außenorientierung angewiesen«.[3]

Dies gilt selbst für eine der möglicherweise schärfsten Differenzsetzungen im Feld der Technik, die Unterscheidung zwischen Ingenieur und Bastler, die Claude Lévi-Strauss vorgeschlagen hat.[4] Der Bastler unterscheidet sich vom Ingenieur dadurch, dass seine Werkzeuge und Materialien eher allgemeiner und heterogener Natur sind, während die des Ingenieurs spezifischer und möglichst eindeutiger Natur sind. Die Techniken des Bastlers rechnen daher mit loseren und vielfältigeren Kopplungen zwischen Instrument und Welt als die Techniken des Ingenieurs. Tendenziell verweigern sie sich der Unterscheidung von Instrument und Welt und haben es auch in der Bastelei bereits mit der Welt zu tun. Der Ingenieur sorgt hier für einen größeren Abstand. Er will Welt und Instrument unabhängig voneinander beobachten und variieren können,

3 So Werner Rammert, »Technikgenese. Stand und Perspektiven der Sozialforschung zum Entstehungszusammenhang neuer Techniken«, in: *Kölner Zeitschrift für Soziologie und Sozialpsychologie* 40 (1988), S. 747-761, hier S. 753.

4 Claude Lévi-Strauss, *Das wilde Denken*, aus dem Französischen von Hans Naumann, Frankfurt/M. [12]2004, S. 29 ff.

um mehr Möglichkeiten des Eingriffs und Zugriffs identifizieren zu können.

Aber dieser Unterschied zwischen Ingenieur und Bastler ändert nichts daran, dass beide eher bei der Welt als bei sich sind. Und das verblüfft, wenn es denn stimmt. Denn es verträgt sich nicht mit der Artifizialität des Ausgangspunkts und mit den Entscheidungen, die laufend zu treffen sind und für die es Motive geben muss, sonst wären es keine Entscheidungen, die nicht in der Sache liegen. Aber wo liegen sie dann, fragen Techniker, Ingenieure wie Bastler, sofort zurück.

Die Selbstbezüglichkeit der Technik wird nicht geleugnet. Aber sie kann nicht identifiziert werden. Selbstreferenz heißt, dass eine Technik in jedem Moment ihrer Einrichtung, ihrer Definition von Anfang und Ende und sogar in ihrem Verweis auf die Natur der Sache Entscheidungen trifft, die in ihr und nirgendwo sonst motiviert sind. Die Technik ergibt sich nicht aus der Welt, sondern sie will etwas. Sie hat nicht nur kognitive, die Welt erkennende, sondern auch volitive, die Welt gestaltende Züge.[5] Sie ist nicht nur objektiv, sondern auch subjektiv artikuliert.

II.

Eine Technik, so vermutet die Theorie des 20. Jahrhunderts, bedeutet Kontaktverlust, Vereinfachung und Erkenntnis: Kontaktverlust zur Lebenswelt, Vereinfachung des Umgangs mit Welt und Gesellschaft, Erkenntnis, trotz aller Raserei des Bestellens, einer Welt, in der der Mensch zu Hause ist.[6] An der beunruhigenden Konstel-

5 So die Unterscheidung von Gotthard Günther, »Cognition and Volition. A Contribution to a Cybernetic Theory of Subjectivity«, in: ders., *Beiträge zur Grundlegung einer operationsfähigen Dialektik*, Bd. 2: *Wirklichkeit als Poly-Kontexturalität*, Hamburg 1979, S. 203-240.

6 Edmund Husserl, *Die Krisis der europäischen Wissenschaften und die transzendentale Phänomenologie. Eine Einleitung in die phänomenologische Philosophie*, Hamburg [2]1982; Hans Blumenberg, »Lebenswelt und Technisierung unter Aspekten der Phänomenologie«, in: ders., *Wirklichkeiten, in denen wir leben. Aufsätze und eine Rede*, Stuttgart 1981, S. 7-54; Arnold Gehlen, *Die Seele im technischen Zeitalter. Sozialpsychologische Probleme in der industriellen Gesellschaft*, Hamburg 1957; Niklas Luhmann, *Soziologie des Risikos*, Berlin 1991; und Martin Heidegger, »Die Frage nach der Technik«, in: ders., *Vorträge und Aufsätze*, Pfullingen 1954, S. 9-40, hier S. 37, der Verweis auf das Rasen des Bestellens.

lation dieser drei Grundgedanken ändert sich wenig, wenn man sie medientheoretisch in den Zusammenhang jenes »ganzen psychischen und sozialen Gefüges« [*the whole psychic and social complex*] versetzt, von dem Techniken, verstanden als *extensions of man*, nicht abgelöst werden können.[7] Denn der Verlust bleibt ein Verlust, auch wenn er mit dem Gewinn einer Vereinfachung einhergeht. Und wie unter den Bedingungen einer Vereinfachung noch von Erkenntnis die Rede sein kann, selbst wenn sie im Betrieb der Welt nur nebenbei noch abfällt, ist vollends rätselhaft.

Erst recht hilft es nicht und hilft es schon lange nicht mehr, eine Technik als eine Wette auf einen Fortschritt zu begreifen, der *peu à peu* die schöne neue Welt an die Stelle der nur für Nostalgiker schönen, in Wahrheit armseligen und notdürftigen alten Welt treten sieht. Denn längst haben wir durchschaut, dass die zerstörerischen Elemente jenes vom Menschen in Anspruch genommenen psychischen und sozialen Gefüges, das wir auch »Kultur« nennen, aus der Technik kommen, ja Techniken sind.[8] Der Kontaktverlust negiert Zusammenhänge; die Vereinfachung übersieht etwas Wesentliches; die Erkenntnis verfolgt eine Perspektive, die anderes ausblendet. Die Versprechen der Technik sind nach wie vor Versprechen einer Konstruktion. Doch je besser diese hält, desto größer erscheint ihr Preis.

Das ist kein Grund, die Theorie zu korrigieren. Im Gegenteil, sie hat sich präzise bewährt. Denn neben der Technik haben wir jetzt auch die Frage nach der Technik. Die Frage nach der Technik ist die Frage nach dem Unterschied, den sie macht. Und diese Frage, das wäre aus den drei Grundgedanken der Techniktheorie zu lernen, ist *nicht* die Frage danach, wie sich die Welt vor der Technik von der Welt nach der Technik unterscheidet, sondern es ist die Frage danach, *wie* die Technik *welchen* Unterschied trifft und *was* dieser Unterschied über die Welt zu erkennen gibt.

7 Marshall McLuhan, *Die magischen Kanäle*, aus dem Englischen von Meinrad Amann, Düsseldorf, Wien 1968, S. 9.

8 Hans Peter Thurn, *Kulturbegründer und Weltzerstörer. Der Mensch im Zwiespalt seiner Möglichkeiten*, Stuttgart 1990. Und zum Begriff der Kulturtechnik: Thomas Macho, »Tiere zweiter Ordnung. Kulturtechniken der Identität und Identifikation«, in: Dirk Baecker, Matthias Kettner, Dirk Rustemeyer (Hg.), *Über Kultur. Theorie und Praxis der Kulturreflexion*, Bielefeld 2008, S. 99-117.

III.

Wir müssen noch einmal neu ansetzen, um uns *dieser* Frage nach der Technik zu nähern, der Frage nämlich, von der Heidegger gesagt hat, dass sie umso rätselhafter wird, je mehr wir die Technik befragen und je weniger wir dabei aus den Augen verlieren, dass es sich bei dieser Technik nach wie vor um etwas handelt, was auch den Namen Kunst verdient.[9] Denn weder dürfen wir uns darauf verlassen, dass die Technik kunstlos sei, noch können wir annehmen, dass die Kunst per se sich auf der anderen Seite der Unterscheidung aufhält und den vollen Kontakt zur Lebenswelt der Menschen hält, um jeden Preis das Schwierige der Vereinfachung vorzieht oder gar die Erkenntnis verachtet, weil sie nichts zu bestellen hat.[10] Im Gegenteil, auch und gerade die Kunst im modernen Verständnis ist technischer, nämlich einrichtender, sequentialisierender, sich auf die Natur einer Sache einlassender Umgang mit Wahrnehmung, an dessen Gewalt sich auch dann nichts ändert, wenn dieser Umgang selbst zum Objekt der Wahrnehmung wird und die Kunst sich romantisch vor dem Kontext verneigt, in dem auch das noch möglich ist.

Mit gutem Grund haben wir es bisher vermieden, das Stichwort Kausalität zu nennen, das einen großen Teil der Technikbegriffe, wenn auch nicht alle, definiert. In diesem Stichwort konvergieren üblicherweise die Einrichtung einer Technik und die Natur der Sache, auf die sie dabei stößt und in der Folge sich verlässt. Als Sequenz funktioniert, was als Ursache und Wirkung miteinander verknüpft werden kann. Im Zeitablauf wird wiederholbar, was als Ursache eine bestimmte festgelegte Wirkung zeitigt, der weitere Wirkungen bis zum definierten Endzustand der Sequenz auf dem Fuße folgen. Der Automatismus der Technik ist ein Automatismus, der darin wurzelt, dass die Wirkungen, sind die Ursachen einmal gesetzt und gereift, keine andere Wahl haben als diejenige, sich ebenfalls einzustellen. Und die Natur der Sache ist der Kausalzusammenhang der Welt, der Wirklichkeit selber.

Spätestens jedoch der Wechsel vom mechanischen Weltbild der

9 Heidegger, »Die Frage nach der Technik« (wie Anm. 6), S. 38 ff.

10 Siehe dazu exemplarisch Gerhard Falkner, »Ist es einfach, ist es schwierig?« Huchelpreisrede 2009, ⟨http://www.poetenladen.de/gerhard-falkner-huchelpreisrede.htm⟩, letzter Zugriff 30. 03. 2011.

modernen Gesellschaft zu einem elektrischen Weltbild der nächsten Gesellschaft zwingt dazu,[11] das Kausalmodell der Technik als einen Sonderfall zu betrachten oder aber Korrekturen am Kausalbegriff vorzunehmen, die diesen statistisch reformulieren und auf Hypothesen über Korrelationen zurücknehmen. Wir betrachten im Folgenden die Kausalität als einen Sonderfall und klammern Fragen der statistischen Theorie erst einmal aus.

Kausalität, so hat Gotthard Günther formuliert, ist ein Denkmodell, das es erlaubt, Serien von Ereignissen zu postulieren, einzurichten und zu verwenden, in denen die Ereignisse untereinander über keinerlei Freiheitsgrade des so oder anders Eintreffens verfügen.[12] Kontingente Techniken, die man so oder anders ansetzen kann, treffen in diesem Denkmodell auf notwendige Welten, die keinen Spielraum haben oder zulassen. In dieser Notwendigkeit, die sie zugleich entdeckt, bedient und ausnutzt, liegt die Attraktivität jeder Technik. Zu ihren Gunsten wird von den Kontexten abgesehen, die, hätte man sie anders aufgerufen, möglicherweise auch auf andere Notwendigkeiten den Blick freigegeben hätten. Zu ihren Gunsten wird die Vereinfachung, als die jede Technik auch dann bestimmt ist, wenn sie in der Form komplizierter Hochtechnologien vorliegt (denn die Vereinfachung versteht sich im Verhältnis zur noch komplexeren Welt hinter diesem technischen Zugriff), als eine Vereinfachung auf das Wesentliche und nicht etwa, das wäre ja ebenfalls denkbar, auf das Unwesentliche betrachtet. Immerhin gibt es neben jenem, auf das die Technik sich typischerweise beruft, ein Wissen um die Welt, das das Wesentliche nicht in der Reduktion, sondern in der Komplexität vermutet.

Aber eine Ideologiekritik des Denkmodells der Kausalität ist hier nicht unser Thema. Wichtiger ist, dass Günthers Kausalitätsbegriff ein eleganter Ausgangspunkt für die Relativierung zunächst dieses Begriffs und dann auch eines allzu kausalen Technikverständnisses ist. Denn wenn man sich Serien ohne Freiheitsgrade

11 Siehe zum Stichwort der »nächsten Gesellschaft«, das diese ebenso mit der Elektrizität und dem Computer verknüpft wie das Stichwort der modernen Gesellschaft diese mit dem Buchdruck und der Presse: Dirk Baecker, *Studien zur nächsten Gesellschaft*, Frankfurt/M. 2007.

12 Gotthard Günther, »Die Entdeckung Amerikas. Ein geschichtsmetaphysisches Problem«, in: ders., *Die amerikanische Apokalypse*, München 2000, S. 5-161, hier S. 128 ff.

vorstellen kann, dann kann man sich auch Serien mit einer unendlich großen und mit einer moderaten Anzahl von Freiheitsgraden vorstellen. Die Vorstellung einer Serie mit einer unendlich großen Anzahl von Freiheitsgraden beschreibt das magische Gegenmodell zum kausalen Weltmodell.[13] Hier hat man es mit jener Welt zu tun, zu der selbst der Bastler schon fast den Kontakt verloren hat. Denn hier flottieren die Ursachen und die Wirkungen ununterschieden, eigensinnig, ja launisch, ohne einen Unterschied zwischen ihnen, eine der Natur der Sache entsprechende Sequenz oder erwartbare Regelmäßigkeit preiszugeben. Erwartbar ist, dass etwas passiert, nachdem etwas anderes passiert ist. Erwartbar ist jedoch nicht, was genau passiert. Niemals passiert nichts. Die »leeren Welten« der Ingenieure und Manager sind eine Erfindung der Moderne.[14]

Auch das ist wohlgemerkt nur ein Denkmodell. Es unterfüttert jene Praktiken eines Magiers, die mit einem unzuverlässigen Repertoire an Instrumenten eine höchst bedrohliche Wirklichkeit der Geister, Götter, Flüche und bösen Blicke auf Abstand zu halten und doch auch dem Menschen verfügbar zu machen versuchen müssen.[15] Diese Praktiken sind Techniken. Sie wirken nur deshalb auch als Sachverhalte, weil sie als Zeit- und Sozialverhalte inszeniert, ritualisiert und implementiert sind. Die Ursachen und die Wirkungen, über die der Magier verfügt, stehen in einem sozialen Zusammenhang. Es handelt sich um eine Gesellschaft von Ereignissen. Und jedes Stammesmitglied weiß das. Diese Gesellschaft gewinnt ihre Plausibilität aus einem Lauf der Ereignisse, der sich an Geburt und Tod, Tag und Nacht, Sommer und Winter orientiert. Prioritäten übersetzen sich hier in Hierarchien und diese in Konkurrenzen, so dass hinreichend viel Instabilität entsteht, um den ewigen Kreislauf desselben mit Überraschungen und Turbulenzen anreichern und seinerseits aus diesen wiederum motivieren zu können. Man kann sterben, wenn man keines Blickes mehr gewürdigt wird. Das kennen wir fast nur noch umgekehrt.

13 Ebd., S. 122 ff.

14 Siehe zur »empty world hypothesis« Herbert A. Simon, »The Architecture of Complexity«, in: ders., *The Sciences of the Artificial*, Cambridge/Mass. ²1981, S. 192-229; hier S. 221.

15 Siehe nur das Porträt einer Stammesgesellschaft in Bronislaw Malinowski, *Argonauts of the Western Pacific. An Account of Native Enterprise and Adventure in the Archipelagoes of Melanesian New Guinea*, Prospect Heights/Ill. 1984.

Die Welt *vor* der Technik ist eine Welt *in* der Technik, insofern sie Serien einrichtet und mit diesen rechnet.

Bilden der Begriff der Kausalität und der Begriff der Magie die beiden Extrempole eines Serienbegriffs, der zwischen 0 und ∞ Freiheitsgraden variiert, so liegt ein gegenüber der Magie aufgeklärter und gegenüber der Kausalität realistischer Technikbegriff im Bereich zwischen diesen beiden Extrempolen, das heißt im Bereich einer moderierbaren Anzahl von Freiheitsgraden.[16] Die Aufklärung isoliert die sachlichen gegenüber den sozialen und zeitlichen Umständen und verlangt von der Vernunft, diese Unterscheidung nicht aus dem Blick zu verlieren. Und der Realismus führt jene Kontextbedingungen in die Reflexion auf das Gelingen und Funktionieren von Technik wieder ein, von der diese zu übermütig abstrahiert.

Damit wird die Frage nach der Technik zur Frage nach den Spielräumen, innerhalb deren die Anzahl der Freiheitsgrade in der Einrichtung von Serien variiert und moderiert werden kann. Wir bekommen es mit den *Entscheidungen* zu tun, von denen jede Technikideologie gerne absieht, werde sie nun von Ingenieuren, die sich als Verwalter von Sachzwängen darstellen, oder von Kritikern vertreten, die die Entscheidung als solche bereits als Verrat an der Lebenswelt interpretieren.

IV.

Ein allgemeiner, nicht auf den Sonderfall der Kausalität beschränkter Technikbegriff handelt von der Einrichtung und Bewährung von Serien mit einer variierbaren Anzahl von Freiheitsgraden. Der für den Begriff der Technik unaufgebbare Anspruch auf die wiederholbare Abrufbarkeit einer Serie wird aus der Natur der Sache, verstanden als Ursache-Wirkungs-Zusammenhang, zurückgenommen auf Entscheidungen über die Anzahl der Freiheitsgrade, die nicht in der Natur der Sache, sondern in der Diskretion des Technikers und Anwenders liegen. Technik ist dann nicht mehr nur die kunstfertige Ausbeutung von Möglichkeiten, die die Natur

16 Günther, »Die Entdeckung Amerikas« (wie Anm. 12), S. 150-161; hier spricht er von nichtkausalen Serien als dem Thema eines dritten Zeitalters, das er das planetarische nennt und vom ersten, dem primitiven, und dem zweiten, dem hochkulturellen, unterscheidet.

bereitstellt, sondern überdies die Konstruktion von Spielräumen, die in der Natur realisierbar, aber nicht von dieser bereits gegeben sein müssen.

Technik wird zur Bewährung von Serien in einer Welt, die dies mitträgt, aber nicht vorzeichnet. Dies ist nicht mehr die magische Welt einer unendlich großen Anzahl von Freiheitsgraden, nicht mehr die antike Welt einer Eingebundenheit der Technik als Kunst in die kosmologisch bereits eingerichtete Harmonie des Ganzen und auch nicht mehr die moderne Welt einer Technik, die auf ihren eigenen Fortschritt setzen muss, um die von ihr ausgelösten Störungen natürlicher, gesellschaftlicher und mentaler Gleichgewichte wieder auffangen zu können. Stattdessen haben wir es nach wie vor mit diesen alten Welten und zusätzlich mit einer nächsten Welt zu tun, in der die Technik ökologisch eingebunden ist. Die ökologische Einbindung von Technik ist dabei jedoch nicht mehr natürlich, kosmisch oder historisch determiniert, so als ginge es nur darum, das Leben, die Ordnung und den Fortschritt zu sichern, sondern sie wird zu einer frei schwebenden Konstruktion, die im Medium selektiver Rücksichten und Rücksichtslosigkeiten das Neue sucht.

Die Leitunterscheidung dieses auf die Einrichtung nicht nur kausaler Serien abstellenden Technikbegriffs ist die Unterscheidung von Ding und Medium, wie sie Fritz Heider vorgeschlagen hat:[17] Dinge sind feste Kopplungen von Elementen im Medium loser Kopplungen derselben Elemente. Stellt man darauf ab, dass diese festen Kopplungen nicht nur sachlich, sondern auch zeitlich und sozial eingerichtet werden müssen, so dass »Dinge« zu Kurzformeln für das Eigenverhalten bestimmter Funktionen der Kombination materieller Eigenschaften, zeitlicher Dynamiken und sozialer Zugriffe werden,[18] hat man es mit technischen Vorgängen zu tun, mit Dingen als Techniken, die jederzeit auf ihre festen Kopplungen hin überprüft, aber auch in lose Kopplungen und mögliche alternative feste Kopplungen zurückübersetzt werden können.

Das ermöglicht es, den Begriff der Freiheit genauer zu fassen,

17 Siehe Fritz Heider, *Ding und Medium*, Berlin 2005.

18 Im Sinne von Heinz von Foerster, »Gegenstände: Greifbare Symbole für (Eigen-) Verhalten«, in: ders., *Wissen und Gewissen. Versuch einer Brücke*, hg. von Siegfried J. Schmidt, aus dem Amerikanischen von Wolfram Karl Kröck, Frankfurt/M. 1993, S. 103-115.

den wir bislang als Bestandteil des Begriffs des Freiheitsgrads nur implizit mitgeführt haben. Freiheit soll nicht nur heißen, sich von Zwängen zu befreien, die dort Einschränkungen setzen, wo andernfalls alles (aber was?) möglich wäre, sondern Freiheit soll heißen, dort Bewegungsspielräume zu konstruieren, zu »fingieren«, sagt Niklas Luhmann,[19] wo zuvor keine waren. Freiheit ist das Ergebnis von Arbeit. Sie besteht in dem, woraus sie resultiert, nämlich darin, feste Kopplungen auf die Elemente zurückzurechnen, die hier in fester Kopplung vorliegen, die festen Kopplungen aufzulösen und den Spielraum für alternative feste Kopplungen auszuloten. Freiheit ist das Ergebnis der Beobachtung eines Mediums, das, wie wir ebenfalls von Fritz Heider wissen,[20] nur indirekt, nur anhand der in ihm möglichen Dinge, beobachtbar ist.

Die durch die Wiederkehr desselben, die Harmonie des Kosmos oder den Fortschritt der Geschichte nicht mehr begrenzte und bestimmte Ordnung der Dinge, mit der man es jetzt zu tun bekommt, ist eine Ordnung, die auf der Ebene fester Kopplungen bestimmt, auf der Ebene loser Kopplungen unbestimmt und auf der Ebene der Elemente, um deren Kopplungen es geht, ungewiss ist. Gerade weil es hier Spielräume gibt, die in einem ersten Zugang durch nichts anderes begrenzt sind als durch unsere mental und sozial eingeübten Fähigkeiten, Bestimmtheit und Unbestimmtheit zu unterscheiden und Fragen zu stellen, die das Ungewisse erforschen, sind wir darauf angewiesen, die Konjekturen der Humanwissenschaften, wie man mit Jacques Lacan und Michel Foucault formulieren kann, bereits in den Begriff der Technik, ganz zu schweigen von den dann realisierten Techniken, mit aufzunehmen.[21] Die Frage nach der Technik beginnt als Frage nach der Sprache: nach unserer Sprache.

19 So in Niklas Luhmann, »Kausalität im Süden«, in: *Soziale Systeme* 1 (1995), S. 7-28.

20 Vgl. Heider, *Ding und Medium* (wie Anm. 17); siehe auch Elena Esposito, »Was man von den unsichtbaren Medien sehen kann«, in: *Soziale Systeme* 12 (2006), S. 54-78.

21 Siehe Jacques Lacan, »Psychoanalyse und Kybernetik oder Von der Natur der Sprache« (1955), in: ders., *Das Ich in der Theorie Freuds und in der Technik der Psychoanalyse. Das Seminar Buch II (1954-1955)*, aus dem Französischen von Hans-Joachim Metzger, Weinheim, Berlin 1991, S. 373-390; und Michel Foucault, *Die Ordnung der Dinge. Eine Archäologie der Humanwissenschaften*, aus dem Französischen von Ulrich Köppen, Frankfurt/M. 1974.

Die Einheit der Differenz von Ding und Medium ist die Kopplung, ein streng relationaler Begriff, der jede Qualität der Elemente, die so oder anders gekoppelt werden, variabilisiert. Es wäre jedoch ein Missverständnis, würde man diesen variabilisierenden Zugriff auf die Qualität der Elemente mit einer Übersetzung dieser Qualität ins Beliebige verwechseln. Die Abstraktion, die die Technikphilosophie mit Recht so sehr erschreckt hat, kann auf der einen Seite eine Auflösung nur vornehmen, wenn sie auf der anderen Seite neue Bindungen vorsieht, und sei es die Bindung in jener Form der Zerstreuung, die wir als Explosion bezeichnen, als die finale Übersetzung brauchbarer in unbrauchbare Energie. Der Techniker lässt sich hiervon nicht erschrecken. Er begreift auch die Explosion, anders wären Brennstoffmotoren nicht möglich, als mediale Voraussetzung der Konstruktion von Dingen, von Serien.

Der Kopplungsbegriff übergreift Ding und Medium und damit auch Bindung und Freiheit. Beide, Bindung wie Freiheit, sind durch die als *x* gesetzte Qualität der fest oder lose gekoppelten Elemente konditioniert. Jede Technik besteht darin, dieses *x* auszuloten und zugleich offenzulassen. Es ist das Ding an sich, von dem Kant gesprochen hat und an das Gregory Bateson erinnert hat, um darauf hinzuweisen, dass jede Bezeichnung des *x* eine Bezeichnung im Rahmen einer Unterscheidung ist, deren Außenseite, als Verweis auf weitere Möglichkeiten, unbestimmt ist.[22]

Wir bekommen es mit Kopplungen zu tun, die letztlich Schaltungen sind, und so mit einem Technikbegriff, der mechanische und elektrische Zusammenhänge gleichermaßen betrifft. Techniken arbeiten mit Kopplungen, die Spannungen aufbauen, pflegen und ausnutzen, seien dies nun Spannungen mechanischer, elektrischer, mentaler oder sozialer Art und sei es, dass diese Techniken dort ansetzen, wo die Spannungen auf Entladung warten, oder dort, wo sie Zwischenräume lassen, lose Kopplungen, die darauf warten, zu neuen Dingen artikuliert zu werden.[23] Entladung und

22 Gregory Bateson, *Ökologie des Geistes. Anthropologische, psychologische, biologische und epistemologische Perspektiven* (1972), aus dem Englischen von Hans Günter Holl, Frankfurt/M. 1981, S. 582; und vgl. sowohl Immanuel Kant, *Kritik der Urteilskraft, Werke V*, Frankfurt/M. 1968, als auch George Spencer Brown, *Laws of Form*, Leipzig 2008.

23 Siehe die Fabel vom Metzger des Dschuang-Dsi bei Jean Baudrillard, *Der symbolische Tausch und der Tod*, aus dem Französischen von Gerd Bergfleth, München

Artikulation müssen nicht in einem Gegensatz zueinander stehen, doch ist die Artikulation darauf angewiesen, neben den Kopplungen auch Rückkopplungen in der Interaktion mit einem *x* zu berücksichtigen.

V.

Wir bewegen uns mit diesem Technikbegriff der Einrichtung von Serien mit einer variierbaren Anzahl von Freiheitsgraden nach wie vor im Einzugsbereich der Techniktheorie des 20. Jahrhunderts. Gewonnen ist allenfalls die Möglichkeit, schärfer als zuvor zu sehen, welche Pointe diese Techniktheorie hat. Technik, so können wir jetzt formulieren, ist die Einrichtung von Selektivität im Medium der Beobachtung ihrer Alternativen. »Beobachtung« heißt hier, dass die Selektivität aus der mitlaufenden Reflexion der Alternativen sowohl zusätzliche Motive gewinnt, man könnte auch von einem Selbststeuerungspotential sprechen, als auch Stoppregeln, die es ihr ermöglichen, abzubrechen und woanders neu anzusetzen.

Die Ambivalenz, die den Technikbegriff der Techniktheorie des 20. Jahrhunderts kennzeichnet und die darauf verweist, dass die Technik nicht nur entbirgt, sondern auch bestellt, und nicht nur vereinfacht, sondern auch funktioniert,[24] hat im Gelingen dieser Einrichtung von Selektivität ihren Grund. Das ist, wenn man so will, die primäre und durchaus erschreckende Freiheit, mit der die Technik uns konfrontiert: Es sind Dinge möglich, die wir uns vorher nicht vorgestellt haben, und sie klären im Medium ihrer Möglichkeit über eine Welt auf, die uns dadurch zugleich bekannter und unbekannter, zugleich vertrauter und unvertrauter wird. Denn mit jeder neuen Technik ahnen wir aufs Neue, dass wir nicht wissen, was noch auf uns zukommt.

In letzter Konsequenz bedeutet dies, dass die Technik unserer Lebenswelt nicht etwa gegenübersteht, sondern mit ihr identisch ist. Allerdings ist diese Lebenswelt eben nicht die vertraute Seite unserer Welt, sondern die Differenz, die das Vertraute mit dem

1982, S. 189-191; vgl. auch François Jullien, *Über die Wirksamkeit*, aus dem Französischen von Gabriele Ricke und Ronald Vouillé, Berlin 1999.

24 So die beiden Technikbegriffe von Heidegger, »Die Frage nach der Technik«, und Luhmann, *Soziologie des Risikos* (beide wie Anm. 6).

Unvertrauten zusammenbringt.[25] Leben, Denken und Gesellschaft sind selbst Techniken der Einrichtung von Serien, wenn wir davon ausgehen, dass auf allen drei Ebenen mit Möglichkeiten der Reproduktion im Medium von Freiheitsgraden experimentiert wird.

Wenn dieser Technikbegriff zu allgemein scheint, hilft es vielleicht, sich an die leere Selbstbezüglichkeit der Technik zu erinnern, auf die Werner Rammert aufmerksam gemacht hat.[26] Denn dieser leeren Selbstreferenz korrespondiert die oszillierende Fremdreferenz in den vielfältigen Bezügen der Welt. Technik ist jede Einrichtung einer Serie, die Fremdreferenzen miteinander verschaltet, ohne Wahlmöglichkeiten (Selbstreferenzen) zu blockieren. Wir sind es gewohnt, diese Wahlmöglichkeiten in humanistischer Tradition auf den Verwender der Technik zuzuschneiden. Wir werden diese Tradition um die Zurechnung auf weitere komplexe Einheiten, die ebenfalls Wahlmöglichkeiten haben,[27] erweitern müssen, ohne deshalb unseren Technikbegriff, geschweige denn unsere Technisierungsabsichten, aufgeben zu wollen.

Nur deshalb ist es so wichtig, Techniken auf Entscheidungen zurückzurechnen. Unsere Angewohnheit, Techniken nicht als das Ergebnis von Entscheidung zu sehen, wird spätestens dann fragwürdig, wenn wir nicht mehr wissen, wer oder was diese Entscheidungen trifft. Ist die Ignoranz gegenüber unseren eigenen Entscheidungen Gegenstand einer berechtigten Kritik, so würde die Ignoranz gegenüber den Entscheidungen anderer Mitspieler zum Element einer Heuristik, die sich selbst widerlegt. Wir würden uns den Blick darauf verstellen, dass unsere Einsichten in komplexe Verhältnisse nichtlinearer Rekursivität, mit denen wir es in Organismus, Bewusstsein und Gesellschaft zu tun haben, nicht das Ende aller Technik, sondern einen sachlich interessanten, zeitlich riskanten und sozial umstrittenen Neuanfang aller Technik bedeuten.

25 Siehe zur Unterscheidung vertraut/unvertraut Niklas Luhmann, »Die Lebenswelt – nach Rücksprache mit Phänomenologen«, in: *Archiv für Rechts- und Sozialphilosophie* 72 (1986), S. 176-194.

26 Siehe wiederum Rammert, »Technikgenese« (wie Anm. 3), S. 753.

27 Im Sinne von Bruno Latour, *Das Parlament der Dinge. Für eine politische Ökologie*, aus dem Französischen von Gustav Roßler, Frankfurt/M. 2001.

N. Katherine Hayles

Komplexe Zeitstrukturen lebender und technischer Wesen*

Spätestens seit Henri Bergsons Prägung des Begriffs der Dauer wird scharf unterschieden zwischen Temporalität als Prozess (nach Bergson die unausgedehnte, heterogene Zeit, die zugleich in sich mannigfaltig und einheitlich und einzig der Intuition und der menschlichen Erfahrung zugänglich ist) und der messbaren Zeit (die homogene, verräumlichte, objektive und »wissenschaftliche« Zeit).[1] Zwar hat diese Unterscheidung wichtige Beiträge zur Geschichte der Philosophie geleistet, sie krankt aber auch an einem ernstlichen Nachteil: Obgleich Gegenstände, genau wie Lebewesen, in der Dauer existieren, besteht ein qualitativer Unterschied zwischen der menschlichen Fähigkeit zur Erfassung der Dauer und der Beziehungen, in denen Objekte zur Dauer stehen. Tatsächlich lässt sich überhaupt nicht angeben, wie Dauer von Gegenständen erfahren wird, denn da sie über keine Intuition bzw. Anschauung verfügen, kann sich Dauer in ihnen zwar manifestieren, sie können diese jedoch nicht erfahren. Welchen Sinn könnte es haben, von der Zeiterfahrung eines Gegenstandes zu sprechen, und welche Implikationen ergäben sich aus einer solchen Auffassung von Gegenständlichkeit?

Um sich diesen Fragen zu nähern, wird ein Ansatz benötigt, der der komplexen Struktur der Zeitlichkeit in Bezug auf technische Objekte gerecht zu werden vermag. Damit würde der Weg für eine Reihe provokanter Fragen frei: In welcher Hinsicht ist die Zeit von Objekten als komplexe Temporalität konstruiert? Welche menschlichen kognitiven Prozesse sind an dieser Konstruktion beteiligt? Wie haben sich die komplexen Zeitstrukturen von Objekten und Menschen im Verlauf des Evolutionsprozesses wechselseitig bedingt? Entlang welcher Zeitskalen vollziehen sich Interaktionen zwischen Menschen und technischen Objekten, ins-

* Eine längere Version dieses Aufsatzes wird parallel auf Englisch in der *Electronic Book Review* erscheinen.

1 Zum Begriff der Dauer und den zwei Zeitbegriffen vgl. Henri Bergson, *Zeit und Freiheit* (1913), Hamburg 1994.

besondere zwischen Menschen und vernetzten und programmierbaren Maschinen? Welche Implikationen bringt die Verknüpfung der prozessualen und der gemessenen Zeit im Kontext der digitalen Technologien mit sich? Mit welchen künstlerischen und literarischen Strategien lässt sich diese Verknüpfung erforschen, und wie wirkt sich umgekehrt deren Vermittlung, wie sie durch vernetzte und programmierbare Maschinen geschieht, auf diese Verknüpfung aus?

In diesem Zusammenhang lohnt sich ein Blick auf die Evolution. Denn im Zentrum der Evolution steht die transformative Verwandlung; ferner zielt sie auf Erklärungsmuster, die sowohl lokal (über Individuen) wie global (über Populationen) manifest sind und vielschichtige Analysen ermöglichen. Vor einem knappen halben Jahrhundert brachte der französische »Mechanologe« Gilbert Simondon[2] eine evolutionäre Erklärung der Regelmäßigkeiten und Ordnung in den Transformationen »technischer Wesen«, wie er sagte, ins Spiel. Simondons Analysen sind nach wie vor hilfreich, insbesondere, weil sie sich auf allgemeine Grundsätze in Kombination mit detaillierten Darlegungen ihrer Anwendbarkeit auf spezifische Technologien konzentrieren. Mit Blick auf Simondons Begriffe und ihre weitere Ausarbeitung durch spätere Theoretiker wie beispielsweise Adrian Mackenzie möchte ich die Auffassung erörtern, der zufolge technische Objekte in sich komplexe Zeitstrukturen verkörpern, die die Gegenwart mit der Vergangenheit und die Zukunft mit der Gegenwart verschränken. Eine wesentliche Komponente dieses Ansatzes ist der Perspektivenwechsel von technischen Objekten als statischen Gebilden hin zu deren Beschreibung als temporal integrativer Gebilde bzw. als temporale Fügungen im Spannungsfeld einander widerstreitender und kooperierender Kräfte. Ein gewisser Bezug zur Bergsonschen Dauer bleibt dabei erhalten, aber die mechanologische Sicht setzt bei der Betrachtung der Natur technischer Objekte und nicht bei der Untersuchung der Natur menschlicher Erfahrung an.

Die objektzentrierte Sicht des technologischen Wandels wird erst in einem nächsten Schritt in Bezug zur menschlichen Evolution gesetzt, und zwar über die Theorie, der zufolge sich Menschen und Werkzeuge im Verbund entwickelt haben und also koevolutiv

2 Gilbert Simondon, *Du mode d'existence des objets techniques* (1958), Paris 2005.

sind (Technogenese). In der Werkzeugherstellung und der mit ihr verbundenen Evolution der menschlichen Biologie und Kognition spielt die Aufmerksamkeit eine besondere Rolle, da sie der Ablösung, Freisetzung und Reintegration technischer Elemente gilt, in welchen nach Simondon der Kernmechanismus des technologischen Wandels liegt. Ungeachtet ihrer ganz besonderen Stellung ist die Aufmerksamkeit doch ein begrenztes kognitives Vermögen, deren Grenzen schwer zu erkennen sind, weil sie im Mittelpunkt des Bewusstseins steht, während unbewusste und nicht bewusste Vermögen in Teilen undurchschaubar bleiben, obgleich ihnen in der Interaktion mit technischen Umwelten eine gleich große (oder sogar größere) Rolle zukommt. Die menschliche Kognition als Ganzes (einschließlich Aufmerksamkeitsfokussierung, unbewusster Wahrnehmung und nicht bewusster mentaler Prozesse) befindet sich im dynamischen Zusammenspiel mit den Werkzeugen, die sie zugleich erst hervorzubringen hilft; diese Wechselwirkung vollzieht sich in einem Rückkopplungsprozess, den Andy Clark als »kontinuierliche wechselseitige Ursächlichkeit«[3] [*continuous reciprocal causation*] bezeichnet.

Zwar bietet die mechanologische Perspektive in Kombination mit der Theorie der Technogenese einen Erklärungsrahmen, der es erlaubt, komplexe Zeitstrukturen sowohl in lebenden wie in technischen Wesen zu erkennen, aber die durchdringende menschliche Zeiterfahrung als Erfahrung messbarer und verräumlichter Zeit kann doch nicht so ohne Weiteres außer Acht gelassen werden. Um genauer in den Blick zu bekommen, wie Dauer und verräumlichte Zeitlichkeit ein für die menschliche Kultur ganz entscheidendes Spannungsverhältnis erzeugen, werde ich mich mit Steve Tomasulas und Stephen Farrells multimodalem elektronischen Roman *TOC: A New Media Novel* (2009) beschäftigen. *TOC* zeichnet sich durch ästhetische Brüche, eine diskontinuierliche Erzählstruktur und unterschiedliche Medien wie Video, Textfragmente, bewegte Zeichnungen und Klänge aus und erzeugt auf diese Weise eine vielschichtige Montage, in der die Konflikte zwischen gemessener und erlebter Zeit bezogen werden auf die Erfindung, Entwicklung und Herrschaft der sogenannten »Einflussmaschine«, einer metaphorischen Anspielung auf die Computertechnologien. *TOC* ist

3 Andy Clark, *Supersizing the Mind. Embodiment, Action, and Cognitive Extension*, Oxford, New York u. a. 2008, S. 24 (Übers. R. A.).

auf Computern entstanden, wird auf Computern abgespielt und erforscht deren Möglichkeitsbedingungen auf Wegen, die die wechselseitige Durchdringung lebender und technischer Wesen, also Prozesse, für die komplexe Temporalitäten von zentraler Bedeutung sind, zugleich umsetzen und demonstrieren.

Technik und komplexe Zeitstrukturen

Technik umfasst nach Simondon das Studium der Herausbildung, Verfestigung, Zerlegung und Entwicklung technischer Objekte. Nach seinem Ansatz umfassen technische Objekte drei unterschiedliche Kategorien: technische *Elemente*, etwa die Schneide einer Steinaxt; technische *Individuen*, beispielsweise das aus Schneide, Bindung und Schaft zusammengesetzte Werkzeug; und technische *Ensembles*, in diesem Fall der Schärfstein, die Herstellung der Bindungen aus tierischen Materialien und die Werkzeuge zur Gestaltung des Schafts sowie der Werkzeugmacher selbst, der dieses zusammengesetzte Werkzeug fertigt. Das technische Ensemble verweist auf die umfassenderen sozialen und technischen Prozesse, in die die Herstellung eingebettet ist. So gehört der Werkzeugmacher zu einer Gesellschaft, die das Wissen um die Herstellung von Steinäxten bewahrt, weitergibt und fortentwickelt. Offensichtlich lassen sich kaum eindeutige Abgrenzungen zwischen einem technischen Ensemble und der Gesellschaft vornehmen, die dieses Ensemble erzeugt. Bruno Latour bringt das auf den Punkt, wenn er bemerkt, dass ein Werkzeug die »Ausdehnung sozialer Fertigkeiten auf nichtmenschliche Wesen« sei.[4] Während das technische Ensemble auf komplexe soziale Strukturen verweist, lässt sich am technischen Element ablesen, wie technischer Wandel durch Ablösung vom ursprünglichen Ensemble und Einbettung in ein anderes zustande kommt, etwa wenn die Axtschneide zur Inspiration und zum Ausgangspunkt für eine Pfeilspitze wird. Ein wesentlicher Faktor des technologischen Wandels besteht für Simondon in der Fähigkeit der technischen Elemente zu »wandern«.

Die treibende Kraft des technologischen Wandels ist die zunehmende Tendenz zur »Konkretisierung«, wie Simondon sagt,

4 Bruno Latour, *Die Hoffnung der Pandora. Untersuchungen zur Wirklichkeit der Wissenschaft*, aus dem Englischen von Gustav Roßler, Frankfurt/M. 2000, S. 258.

d.h. zu Innovationen, die gegensätzliche Erfordernisse des Milieus ausgleichen, in dem ein technisches Individuum operiert. Ich möchte das durch eine leichte Abwandlung von Simondons Beispiel verdeutlichen. Betrachten wir also statt der Stein- eine Metallaxt. Die Schneide muss hart genug sein, um beispielsweise einen Baumstamm spalten zu können, ohne zu zerbrechen. Die Öffnung für den Axtschaft muss zugleich flexibel genug sein, um die von der Schneide übertragene Kraft aufzunehmen, ohne zu zerbrechen. Die gegensätzlichen Erfordernisse der Rigidität und der Flexibilität werden durch den Härtungsprozess ausgeglichen, in dessen Verlauf die Schneide so bearbeitet wird, dass sich die Kristallstruktur verändert und sie die notwendige Stärke erhält, während der dickere Teil der Schneide zugleich seine ursprünglichen Eigenschaften bewahrt.

Im Frühstadium der Entwicklung eines technischen Individuums werden gegensätzliche Erfordernisse in der Regel *ad hoc* miteinander vermittelt, beispielsweise durch getrennte Systeme, wie sie ein Verbrennungsmotor mit Wasserkühlung benutzt: Wasserpumpe, Kühler, Schläuche usw. Werden Probleme *ad hoc* gelöst, gilt das technische Individuum als abstrakt in dem Sinn, dass es unterschiedliche Wissensbestände realisiert, ohne diese in eine einheitliche Operation zu integrieren. In einem Motor mit Luftkühlung ist die Kühlung immanenter Bestandteil des Motorbetriebs selbst; läuft der Motor, wird er notwendigerweise auch gekühlt. Als Beispiel für zunehmende Konkretisierung führt Simondon äußere Kühlerlamellen an, die sowohl den Zylinderkopf kühlen als auch stabilisierend wirken, so dass der Kühlerkopf während der wiederholten Explosionen und Stöße fest verankert bleibt. Konkretisierung stellt somit, in einem Spektrum gesehen, die Gegenseite zur Abstraktion dar, da sie gegensätzliche und miteinander konfligierende Erfordernisse in Mehrzwecklösungen integriert, die diese Erfordernisse in einem integralen und notwendigen Kausalkreislauf zusammenfasst. Simondon setzt das Maß der Konkretisierung eines technischen Individuums in Beziehung zu dessen Technizität: je höher der Grad der Konkretisierung, desto größer die Technizität.

Die widersprüchlichen Erfordernisse eines seinem Wesen nach abstrakten technischen Individuums bilden nach Simondons Auffassung ein Innovationspotential oder einen Virtualitätsspeicher, der zu Transformationen anregt. Wie Adrian Mackenzie betont, stellen technische Individuen Metastabilitäten dar, d.h. vorläufige Lösungen von Problemen, deren zugrunde liegende Dynamik das technische Objekt zur Fortentwicklung drängt.[5] Löst man ein technisches Element von einem technischen Individuum ab, beispielsweise einen Transistor von einem Computer, und integriert man es in ein neues technisches Ensemble oder Individuum, etwa in ein Radiogerät, ein Mobiltelefon oder eine Mikrowelle, erfordert dies Lösungen, die für das neue Milieu eine Bewegung hin zu mehr Konkretisierung mit sich bringen. Diese Lösungen haben manchmal auch Rückwirkungen auf das Ausgangsmilieu, etwa das des Computers, und verändern auch dessen Funktionsweise. In dieser Perspektive bewegen sich technische Objekte jederzeit in Richtung neuer Konfigurationen, neuer Milieus und neuer Arten technischer Ensembles. Zeitlichkeit vollzieht sich nicht nur in ihnen, sondern wird von ihnen auch in einem permanenten Tanz vorübergehender Stabilisierungen inmitten fortlaufender Neuerungen getragen.

Diese Dynamik hat Implikationen für die »Faltung der Zeit«,[6] wie Bruno Latour sagt, ein Phänomen, das für ihn ganz entscheidend für das Verständnis des technologischen Wandels ist. Technische Ensembles erzeugen, wie wir gesehen haben, technische Individuen; und sie werden zugleich durch technische Individuen erzeugt. So führte das Auto zur Schaffung eines nationalen Straßennetzes, während es selbst seine Entstehung der Konzentration der Fertigung in Fabriken verdankt und ebenso einer Rechtsprechung, die festlegt, dass Fabriken räumlich von Wohngebieten getrennt werden müssen. Auf diese Weise wird die Zukunft bereits in der Gegenwart vorweggenommen (künftige Straßen in den heutigen Autos), während die Gegenwart die Markierungen der Vergangenheit mit sich führt, wie beispielsweise die Metallschneide der Axt, die die Spur des technischen Ensembles ihrer Härtung trägt (zu dem in früheren Zeiten ein Schmied, eine Esse, Hammer, Amboss, Wassereimer usw. gehörten). In kleinerem Rahmen ist die Vergangenheit in Imitaten eingefaltet, in Details, die ehemals eine Funktion besaßen, diese aber in einem neuen technischen Ensem-

5 Vgl. Adrian Mackenzie, *Transductions. Bodies and Machines at Speed*, London 2002, S. 17 ff.

6 Bruno Latour, »Über technische Vermittlung: Philosophie, Soziologie und Genealogie«, in: Andréa Belliger, David J. Krieger (Hg.), *ANThology. Ein einführendes Handbuch zur Akteur-Netzwerk-Theorie*, Bielefeld 2006, S. 483-528, hier S. 502.

ble eingebüßt haben. Die »Nähte« (tatsächlich nur ein aufgedrucktes Muster) auf dem Kunststoff-Armaturenbrett meines Honda beispielsweise erinnern an die frühere, tatsächlich genähte Lederverkleidung. Imitate sind so allgegenwärtig, dass man sie überall entdeckt, wenn man erst einmal auf sie achtet – und aus welchem anderen Grund eigentlich als aus dem menschlichen Bedürfnis, die Vergangenheit in die Gegenwart mitzunehmen? Die Einfaltungen – das Vergangene, das sich im Gegenwärtigen einnistet, das Gegenwärtige, das den Keim der Zukunft in sich birgt – bilden die komplexen Zeitstrukturen, die der Technik innewohnen. Wo Geräte geschaffen werden, die diese Einfaltungen explizit machen, etwa in den Audio- und Videoaufnahmegeräten, über die Bernard Stiegler spricht, wird das biologische Erinnerungsvermögen (das sich als evolutionäre Anpassung zum Transport des Vergangenen ins Gegenwärtige begreifen lässt) exteriorisiert;[7] durch die Technik wird so die Möglichkeit geschaffen, über eine komplexe Zeitstruktur zu erfahren, was nie aus erster Hand erfahren wurde, eine Möglichkeit, die Stiegler als tertiäre Retention (tertiäres Gedächtnis) bezeichnet. Dieses Beispiel, das Stiegler ausführlich entwickelt und theoretisch vorrangig behandelt, sollte uns nicht die umfassendere These aus den Augen verlieren lassen, nach der alle Technik komplexe Temporalitäten impliziert und in sich verkörpert und nach der Technik sich durch komplexe Temporalitäten entfaltet.

Die Koevolution von Menschen und Werkzeugen

Simondon unterscheidet zwischen einem technischen Objekt und (bloßem) Werkzeug; technische Objekte sind für ihn stets in umfassendere Netzwerke technischer Ensembles eingebettet, u. a. in geographische, soziale, technologische, politische und wirtschaftliche Kraftfelder. Ich selbst finde es indes schwierig, mir ein Werkzeug, und sei es noch so einfach, vorzustellen, dem dieses Merkmal abgeht. Entsprechend betrachte ich, anders als Simondon, Werkzeuge als Teil der Technik, ja ich halte die Kategorie des Werkzeugs für

7 Vgl. Bernard Stiegler, *Technik und Zeit 1. Der Fehler des Epimetheus* (1994), aus dem Französischen von Gabriele Ricke und Ronald Voullié, Zürich, Berlin 2009, S. 229-238; Bernard Stiegler, *La technique et le temps 2. La désorientation*, Paris 1996, S. 96-99.

besonders wichtig, da Werkzeuge Katalysatoren für exponentielle Veränderungsprozesse sein können. Die Anthropologen definieren das Werkzeug ganz zweckmäßig als Artefakt zur Herstellung anderer Artefakte. Diese Definition verdeutlicht, dass nicht alles zum Werkzeug taugt: Häuser, Autos oder Kleidungsstücke werden in der Regel nicht zur Herstellung anderer Artefakte eingesetzt. Man könnte annehmen, die ersten Werkzeuge seien notwendigerweise sehr einfacher Art gewesen, da es ja *per definitionem* keine anderen Werkzeuge zu ihrer Herstellung gegeben hat. Im neuen Jahrtausend dagegen ist die technologische Infrastruktur von Werkzeugen zur Herstellung anderer Artefakte hoch entwickelt; man denke nur an Laserschneiden, 3-D-Drucker und Ähnliches oder an die Vielfalt der Gartengeräte in den Garagen amerikanischer Häuser, darunter Power-Sägen, Spezialhämmer, kabellose Bohrer usw. Die flexibelsten, am weitesten verbreiteten und nützlichsten Werkzeuge sind heutzutage wohl vernetzte und programmierbare Maschinen. Sie sind nicht nur Bestandteile einer enormen Bandbreite weiterer Werkzeuge, von computergesteuerten Nähmaschinen bis hin zu Baukränen, sondern produzieren darüber hinaus unterschiedlichste Informationsartefakte wie Datenbanken und Flash-Poems.

Die These, wonach der Mensch sich gleichzeitig mit der Entstehung und dem Transport von Werkzeugen entwickelt habe, dass Mensch und Werkzeug koevolutiv sind, ist unter Anthropologen nicht weiter umstritten. Die Ansicht etwa, dass sich der Gang auf zwei Beinen auf diese Weise herausgebildet hat, wird weitgehend geteilt. Der aufrechte Gang befreite die Hände, und aus der damit ermöglichten Werkzeugentwicklung ergab sich ein derart großer Lern- und Entwicklungsvorteil, dass der Bipedalismus sich seinerseits in einer Aufwärtsspirale wechselseitiger Verursachung festigte und weiterentwickelte. Das Gleiche gilt für den frei beweglichen Daumen, und zwar aus ganz ähnlichen Gründen: Die bessere Kontrolle der Feinmotorik war insbesondere für die Herstellung und den Einsatz von Artefakten nützlich, etwa für den Umgang mit Waffen wie Pfeil und Bogen oder Speer.

Zu den konstruktiven Wirkungen der Werkzeuge in der menschlichen Evolution gehören Veränderungen sowohl der Kognition wie der Muskulatur und des Knochenbaus. Stanley Ambrose beispielsweise bringt die Herstellung komplexerer zusammengesetzter Werkzeuge (Werkzeuge wie die Steinaxt mit mehr als einem Bestandteil) mit dem rapiden Wachstum des Broca-Areals im Gehirn und der damit möglich gewordenen Sprachentwicklung in Verbindung.[8] Die Herstellung komplexerer Werkzeuge, sagt er, beinhaltet spezifische Handlungssequenzen, einen Reflexionsprozess, der mit dem Broca-Areal zusammenhängt, das auch für den Sprachgebrauch entscheidend ist, und zwar nicht zuletzt für die Entwicklung von Sequenzen in Syntax und Grammatik. Aus dieser Sicht führte also die Werkzeugherstellung zu kognitiven Veränderungen, die die Sprachentwicklung förderten, welche ihrerseits den Katalysator für die Entwicklung weiterer und komplexerer Werkzeuge darstellte.

Solche Änderungen sind von den Paläoanthropologen gut dokumentiert; verwendet werden dabei lange entwicklungsgeschichtliche Zeitskalen über Hunderte von Generationen und Tausende von Jahren einer bestimmten Population. Aber was ist mit Veränderungen, die sich in viel kürzeren Zeitspannen vollzogen haben, beispielsweise in den sechs Jahrzehnten von 1950 bis heute? Um die Möglichkeit einer Technogenese innerhalb dieses Zeitrahmens zu untersuchen, muss man die Beziehung zwischen Technik und menschlicher Kognition auf der Grundlage neuer Begrifflichkeiten überdenken. Dabei lässt sich bei einem kognitiven Vermögen ansetzen, das in der Theorie der Technik bislang nicht ausreichend berücksichtigt wurde, nämlich bei der konstruktiven Rolle der Aufmerksamkeit für die Herstellung von Werkzeugen und für die Schaffung technischer Ensembles. Um diesen Gedanken zu vertiefen, möchte ich zwischen Materialität und Physikalität unterscheiden. Die physischen Attribute jedes Objekts sind im Wesen unendlich (und genau dieser Unerschöpflichkeit ist die Virtualität technischer Objekte zuzuschreiben). Wie ich an anderer Stelle dargelegt habe,[9] lässt sich ein Computer über eine beliebige Anzahl von Attributen analysieren, von den seltenen Metallen in seinem Bildschirm über die Kunststoffe im Gehäuse bis zu den Kupferdrähten im Stromkabel usw. Daher sind physische Attribute notwendig, aber nicht hinreichend zur Erklärung technischer Innovationen. Entscheidend ist vielmehr die *Materialität* des Objekts. Materiali-

8 Stanley Ambrose, »Paleolithic Technology and Human Evolution«, in: *Science* 291 (2001), S. 1748-1753.

9 N. Katherine Hayles, *My Mother was a Computer. Digital Subjects and Literary Texts*, Chicago, London 2005, S. 2 f. und S. 103 f.

tät, so möchte ich behaupten, entsteht, wenn Aufmerksamkeit sich mit Physikalität verbindet, um ganz bestimmte relevante Attribute zu identifizieren und zu isolieren.

Materialität ist also, anders als Physikalität, immer erst im Entstehen begriffen, eine emergente, keine vorhandene Eigenschaft. Sie lässt sich nicht im Vorhinein spezifizieren, als bestünde sie ontologisch als eigenständige Entität. Materialität hängt von der menschlichen Aufmerksamkeitsfokussierung auf physische Eigenschaften ab und ist damit ein menschlich-technisches Hybrid. Matthew Kirschenbaums Definitionen der Materialität[10] können diesen Punkt beispielhaft verdeutlichen. Kirschenbaum unterscheidet zwischen forensischer und formaler Materialität. Die forensische Materialität besteht, wie der Name schon sagt, in genauen Prüfungen physischer Belege, um die Informationsspuren in einem physischen Substrat zu ermitteln, indem etwa eine CD in ein nanotechnisches Labor gebracht wird, um dort (mit einem nichtoptischen Mikroskop) die Bit-Muster »sehen« zu können. Hier konzentriert sich die Aufmerksamkeit darauf, eine bestimmte Gruppe von Attributen zu ermitteln, und diese Verbindung ist es denn auch, die es Kirschenbaum ermöglicht, die Materialität des Bit-Musters zu entdecken (oder genauer: zu konstruieren). Kirschenbaums andere Kategorie, die formale Materialität, lässt sich am Beispiel der logischen Strukturen in einem Softwareprogramm verdeutlichen. Die formale Materialität muss, genau wie die forensische, in einem physischen Substrat verkörpert sein, um existieren zu können (als Flussdiagramm auf Papier, als einer Maschine binär eingeschriebene Hierarchie von Codierungsbefehlen oder als feuernde Neuronen im Gehirn), aber der Fokus liegt nun eher auf der Struktur als auf den physischen Attributen. In beiden Fällen, dem forensischen wie dem formalen, ist das Erscheinen von Materialität unlösbar an Aufmerksamkeitsakte gebunden. Die Aufmerksamkeit ist auch an der Identifikation, Isolierung und Modifizierung technischer Elemente beteiligt, die in der Evolution technischer Objekte eine zentrale Rolle spielen.

Zugleich sind noch weitere verkörperte [*embodied*] kognitive Vermögen an diesem Prozess beteiligt, wie Andrew Pickerings

10 Vgl. Matthew Kirschenbaum, *Mechanisms. New Media and Forensic Imagination*, Cambridge/Mass. 2008.

Beschreibung des »Mangels der Praxis«[11] verdeutlicht. Von meiner eigenen Erfahrung mit der Töpferei ausgehend, beginne ich in der Regel mit einer bewussten Vorstellung: die zu schaffende Form, die Größe, die Textur, die Lasur usw. Das Kneten des Tons spricht andere kognitive Vermögen an, während ich mit den Händen Informationen über die Körnigkeit, Feuchtigkeit, chemische Zusammensetzung usw. des Tons aufnehme, die mich vielleicht veranlassen, von meiner Ausgangsvorstellung abzurücken. Noch dynamischer ist die Bearbeitung des Tons auf der Töpferscheibe, ein komplexes Zusammenspiel zwischen meiner geistigen Vorstellung und dem tatsächlichen Verhalten der Tonmasse. Ein gelungenes Gefäß entsteht, wenn alle diese Interaktionen zu einem flüssigen Tanz werden, bei dem der Ton und meine Hände im selben Moment zur Ruhe kommen. An diesem Prozess sind verkörperte Kognitionen verschiedenster Art beteiligt, eingeschlossen unbewusste und nicht bewusste Kognitionen, die meinen Körper ebenso durchlaufen wie meinen rhythmisch tretenden, sich in die Drehscheibe hinein erweiternden Fuß. Antonio Damasio tritt lebhaft dafür ein, diese Vermögen als legitimen Bestandteil der Kognition zu behandeln; in dieselbe Richtung weist Oliver Sacks' Arbeit an Patienten mit neurologischen Schäden wie beispielsweise dem Verlust von Erinnerungsvermögen, Tiefenwahrnehmung oder Emotionen.[12] Wie diese Forscher zeigen, führt der Verlust der betreffenden Vermögen zu kognitiven Defiziten und Ausfällen, die so tiefgreifend sind, dass sie den Patienten jedes auch nur halbwegs normale Leben unmöglich machen. Im Gegenzug setzt ein normales Leben diese verkörperte Kognition voraus, die die Grenzen des Bewusstseins und des Körpers selbst überschreitet.

Die situativ eingebettete Kognition [*embedded cognition*] ist eng mit der extensiven Kognition verbunden, auch wenn sich die jeweiligen Schwerpunkte und Orientierungen erheblich voneinander unterscheiden. Die Arbeit des Anthropologen Edwin Hutchins, in der der Ansatz der eingebetteten Kognition paradigmatisch zum

11 Vgl. Andrew Pickering, *The Mangle of Practice. Time, Agency, and Science*, Chicago 1995.

12 Vgl. Antonio Damasio, *Descartes' Irrtum. Fühlen, Denken und das menschliche Gehirn*, aus dem Englischen von Hainer Kober, München 1998; Oliver Sacks, *Der Mann, der seine Frau mit einem Hut verwechselte*, aus dem Englischen von Dirk von Gunsteren, Reinbek bei Hamburg 1997.

Ausdruck kommt, betont die Rolle der Umwelt als entscheidendes Gerüst – man spricht hier von *Scaffolding* – der menschlichen Kognition. Hutchins untersuchte, was genau vor sich ging, als ein Kriegsschiff bei der Einfahrt in den Hafen von San Diego zunächst an Motorkraft verlor, woraufhin sodann der Strom an Bord ausfiel und schließlich die Navigationsfähigkeit verloren ging; dabei beobachtete er die Entstehung selbstorganisierender kognitiver Systeme, durch die die Besatzung nutzen konnte, was eben zur Hand war (z. B. Lineal, Papier und Winkelmesser), um den Kurs zu berechnen. Niemand hatte im Voraus geplant, wie diese Systeme funktionieren würden, dazu war gar keine Zeit; unter dem extremen Druck wurde vielmehr einfach das getan, was in der gegebenen Umwelt sinnvoll war, wobei man sich den jeweils gefällten Entscheidungen und den Gegebenheiten flexibel und koordiniert anpasste. In diesem Fall – und in zahlreichen weiteren, die Hutchins studierte – machen sich Menschen Objekte in der Umwelt zunutze, einschließlich deren räumlicher Anordnung, Farbe, Form und sonstiger Attribute, um ihr Gedächtnis zu unterstützen und zu erweitern, Ideen zu neuen Synthesen zusammenzufügen und ganz allgemein komplexere Gedanken entstehen zu lassen, als dies in anderen Fällen möglich gewesen wäre.

Andy Clark verdeutlicht dieses Potential mit einer Geschichte über Richard Feynman, den Physiknobelpreisträger, der mit dem Historiker Charles Weiner über seine Notizen sprach. Als Weiner bemerkt, dass Feynmans Papiere eine »Aufzeichnung seiner täglichen Arbeit« darstellten, widerspricht Feynman mit Nachdruck. »Die Arbeit«, so sagte er, »habe ich auf dem Papier gemacht.« »Nun«, entgegnete Weiner, »die Arbeit haben Sie im Kopf geleistet, aber deren Aufzeichnung besitzen wir noch.« »Nein«, insistiert Feynman, »das ist keine *Aufzeichnung*, jedenfalls nicht im strengen Sinn. Die Papiere *sind die Arbeit*. Man muss auf dem Papier arbeiten, und das hier ist das Papier. Okay?«[13]

Feynman stellt klar, dass er nicht zunächst Ideen hatte, die er anschließend nur niederschrieb. Der Prozess der Niederschrift war vielmehr als solcher integraler Teil seines Denkprozesses selbst, und Papier und Stift gehörten ebenso zu seinem kognitiven System wie

13 Vgl. Andy Clark, *Supersizing the Mind* (wie Anm. 3), S. XXV. Clark zitiert diese Episode aus James Gleick, *Genius. The Life and Time of Richard Feynman*, New York 1993, S. 409 (diese und alle folgenden Übers. R. A.).

die in seinem Gehirn feuernden Neuronen. Ausgehend von Fällen dieser Art entwickelt Clark Modelle der erweiterten Kognition (er nennt sie *extended*), die im Gegensatz zu jenem Modell stehen, dem gemäß sich Kognition nur im Gehirn vollzieht (er spricht hier von *brainbound*). Die Unterschiede zwischen *extended* und *brainbound* sind klar, wobei die Beweislage für ersteres Modell ungleich stärker ist.

Komplexer und subtiler sind die Unterschiede zwischen den Modellen der erweiterten und der situativ eingebetteten Kognition. Der Ansatz der *Embedded Cognition* sieht die menschliche Kognition im Mittelpunkt selbstorganisierender Systeme, die diese Kognition unterstützen, während im Modell der *Extended Cognition* eher die Tendenz besteht, das kognitive System als Ganzes und die menschliche Kognition lediglich als Teil dieses Ganzen und in dieses eingeschrieben zu betrachten. Achten wir z. B. auf die Rolle, die Clark der menschlichen Kognition zuweist, wenn er schreibt: »Wir sollten die Möglichkeit eines schier endlosen parallelen Zusammenwirkens mehr oder weniger maßgeblicher und einflussreicher Kräfte in Betracht ziehen, deren weitgehend selbstorganisierende Entfaltung aus jedem von uns ein denkendes Wesen macht.«[14] Der Mensch als Handlungsmacht – mit anderen Worten: *human agency* – tritt hier in den Hintergrund, während die Handlungsmacht »einflussreicher Kräfte« den Vorrang zu haben scheint. An anderen Stellen spielt die menschliche Handlungsmacht eine wichtigere Rolle, etwa wenn Clark schreibt: »Ziele werden dadurch erreicht, dass die körperliche und weltliche Umgebung der Kontrollinstanz zu einer möglichst verlässlichen Quelle von relevanter Ordnung wird.«[15] Alles in allem lässt sich indes sagen, dass menschliche Handlungsmacht in Clarks Modell der erweiterten Kognition weit weniger als »Kontrollinstanz« fungiert denn im Modell der verkörperten Kognition; hier wird es eher als ein Akteur unter vielen »einflussreichen Kräften« verstanden, die zusammen flexible, selbstorganisierende Systeme bilden, von denen die menschliche Handlungsmacht nur ein Teil ist.

Es überrascht kaum, dass Clarks Analysen nicht frei von Mehrdeutigkeit sind, geht es hier doch letztlich um die ausgesprochen komplexe Dynamik zwischen vielschichtig angelegten technolo-

14 Clark, *Supersizing the Mind* (wie Anm. 3), S. 131 f.

15 Ebd. S. 5 f.

gisch erschaffenen Umwelten und menschlicher Handlungsmacht sowohl in ihren bewussten wie in ihren unbewussten Manifestationen. Jüngere Untersuchungen in diesem Zusammenhang, beispielsweise in den Forschungsfeldern der Neurowissenschaften, Psychologie und Kognitionswissenschaften, weisen darauf hin, dass das Unbewusste bei der Festlegung von Zielen und Prioritäten und bei sonst gleichfalls eher mit dem Bewusstsein in Verbindung gebrachten Aktivitäten eine wesentlich wichtigere Rolle spielt, als man bisher angenommen hatte. Dieses »neue Unbewusste«, wie es genannt wird, reagiert flexibel und äußerst verwickelt auf die Umwelt und bleibt dabei dem Bewusstsein zugleich unzugänglich; dieses Ergebnis kann sich auf umfangreiche experimentelle und empirische Belege stützen.

John A. Bargh untersucht Ergebnisse von Verhaltensexperimenten im Bereich »Behavior-Concept Priming«.[16] In einer dieser Versuchsanordnungen wurde Studenten ein angeblicher »Sprachtest« vorgelegt; ohne deren Wissen war dabei eine der ihnen vorgelegten Wortlisten mit Synonymen für Grobheit, die andere mit Synonymen für Höflichkeit gespickt. Nach dem Test wurden die Teilnehmer mit einer gestellten Situation konfrontiert, auf die sie entweder grob oder höflich reagieren konnten. Die Mehrheit der Teilnehmer, die Listen mit Synonymen für Grobheit erhalten hatten, reagierte auch grob, während die andere Gruppe überwiegend höflich reagierte. Ein ähnlicher Effekt wurde bei der Aktivierung von Stereotypen festgestellt. Bargh schreibt: »[D]ie vorsichtige Aktivierung (Priming) des Professoren-Stereotyps in einem vorgegebenen Kontext veranlasst Teilnehmer zu höheren Punktebewertungen in einem Quiz, während das Priming des Stereotyps vom älteren Menschen die College-Studenten nicht nur veranlasst, langsamer zu gehen, sondern auch ihr Zufallsgedächtnis einschränkt.«[17] Diese Forschungen belegen »die Existenz komplexer nichtbewusster Überwachungs- und Kontrollsysteme, die unser Verhalten zum Erreichen bestimmter Ziele über längere Zeiträume in einer sich verändernden Umwelt leiten können«.[18] Für die Funktionsweise

16 John A. Bargh, »Bypassing the Will: Toward Demystifying the Nonconscious Control of Social Behavior«, in: John A. Bargh, Ran R. Hassin, James S. Uleman (Hg.), *The New Unconscious*, Oxford 2005, S. 37-60.

17 Ebd. S. 39 (diese und alle folgenden Übers. R. A.).

18 Ebd. S. 43.

des Gehirns bedeutet das, dass »bewusste Absichten und (motorische) Verhaltenssysteme im Gehirn im Kern voneinander getrennt sind. Anders gesagt kann als erwiesen gelten, dass ein großer, wenn nicht der überwiegende Teil der Arbeit der motorischen Systeme, die unser Handeln leiten, dem bewussten Zugang entzogen ist.«[19]

Um zu erklären, wie nichtbewusstes Handeln über längere Zeiträume hinweg komplexe Ziele verfolgen kann, zieht Bargh Untersuchungen heran, die zeigen, dass das Arbeitsgedächtnis bzw. der Arbeitsspeicher (also der Teil des Gedächtnisses, von dem angenommen wird, dass er dem Bewusstsein unmittelbar zugänglich ist und der oft auch als »Notizblock« des Gehirns bezeichnet wird) keine einzelne einheitliche Struktur bildet, sondern vielmehr aus multiplen Komponenten besteht. Bargh fasst zusammen: »[D]ie Feststellung, dass Repräsentationen der eigenen (dem Bewusstsein zugänglichen) Intentionen im Arbeitsgedächtnis an anderer Stelle und in anderen Strukturen abgespeichert werden als die handlungsleitenden (nicht zugänglichen) Repräsentationen, ist von entscheidender Bedeutung für das Verständnis der Mechanismen, die Priming-Effekten in der Sozialpsychologie zugrunde liegen«,[20] er verweist auf »die neuronale Basis der nichtbewussten Zielverfolgung und anderer Formen nichtintentionalen Verhaltens«.[21] Aus dieser Sicht erinnert sich das Gehirn zum Teil durch die Handlungsschaltkreise im Arbeitsgedächtnis, wobei diese Erinnerungen jedoch dem bewussten Zugriff entzogen bleiben.

Bedenkt man, welche komplexen Handlungen ohne bewussten Vollzug möglich sind, fragt es sich, welche Rolle das Bewusstsein eigentlich spielt, und insbesondere, welcher evolutionäre Antrieb Primatengehirne in Selbstbewusstsein überspringen ließ. Bargh vermutet, dass ein »metakognitives Gewahrsein« [*metacognitive awareness*], d. h. eine Bewusstheit sowohl dessen, was in der Umwelt, als auch, was im eigenen Denken geschieht, die Koordination der verschiedenen mentalen Zustände und Aktivitäten ermöglicht und für deren Zusammenspiel sorgt. »Metakognitives Bewusstsein ist der Arbeitsplatz, an dem sich die unterschiedlichen Komponenten komplexer sensomotorischer Fähigkeiten zusammenfügen und

19 Ebd.
20 Ebd. S. 47.
21 Ebd. S. 48.

kombinieren lassen.«[22] Mit Verweis auf Merlin Donald betont er den großen Vorteil, den Menschen dadurch gewinnen: »[W]ährend die meisten anderen Spezies auf ihre eingeborenen Geister angewiesen bleiben, die die mentale Arbeit für sie verrichten, *können wir uns unsere eigenen Geister erschaffen.*«[23]

Dennoch gibt es viel Widerspruch gegen die Auffassung, dass nichtbewusste und unbewusste Handlungen starke Quellen der Kognition sein könnten, einfach weil diese Auffassung die menschliche Handlungsmacht in Frage stellt. Ap Dijksterhuis, Henk Aarts und Pamela K. Smith halten genau dies jedoch für falsch.[24] In einer überraschenden Umkehrung Descartes' behaupten sie, das Denken selbst sei überwiegend unbewusst. »Das Nachdenken über den Artikel, den wir schreiben wollen, ist ein unbewusster Vorgang«, sagen sie. »Wir lesen und sprechen, jedoch nur zu dem Zweck, uns die erforderlichen Materialien zur Einspeisung in unsere unbewusst ablaufenden Mechanismen zu beschaffen, auf denen diese dann herumkauen. Wir sind uns einiger Gedankenerzeugnisse bewusst, die hier und da in unser Bewusstsein eindringen [...] nicht jedoch des Denkprozesses selbst, des Kauens gleichsam.«[25] Die Verfasser untermauern ihre Auffassung, wonach wir uns »glücklich schätzen [sollten], dass unser Denken unbewusst ist«, mit Statistiken zum menschlichen Verarbeitungsvermögen. Die Sinne können »mit ca. 11 Millionen Bits pro Sekunde umgehen«, wobei etwa 10 Millionen Bits aus dem visuellen System stammen. Das Bewusstsein kann aber nur dramatisch weniger Bits pro Sekunde verarbeiten. Bei stillem Lesen sind ca. 45 Bits pro Sekunde im Spiel, bei lautem Lesen sogar nur 30. Beim Multiplizieren werden ca. 12 Bits pro Sekunde prozessiert. Daher schätzen die Verfasser, dass »unsere gesamte Leistungsfähigkeit etwa 200 000 Mal höher liegt als die Verarbeitungskapazität unseres Bewusstseins. Anders gesagt: Das Bewusstsein kann nur einen außerordentlich kleinen Teil der eingehenden Informationen verarbeiten. Der gesamte Rest wird ohne Bewusstheit

22 Ebd. S. 53.

23 Ebd.; vgl. auch Merlin Donald, *Triumph des Bewusstseins. Die Evolution des menschlichen Geistes* (2002), Stuttgart 2008, S. 11.

24 Ap Dijksterhuis, Henk Aarts und Pamela K. Smith, »The Power of the Subliminal. On Subliminal Persuasion and Other Potential Applications«, in: Bargh, Hassin, Uleman (Hg.), *The New Unconscious* (wie Anm. 16), S. 77-106.

25 Ebd. S. 82 (Übers. R. A.).

prozessiert. Seien wir also dankbar, dass unbewusste Mechanismen überall da aushelfen, wo wirkliche Arbeit zu erledigen ist – zum Beispiel Denken.«[26]

Vor dem Hintergrund der erweiterten Rolle solcher unbewussten und nichtbewussten motorischen Abläufe können wir nun die Zyklen kontinuierlicher wechselseitiger Kausalität aufspüren, die die *Embodied Cognition* mit der technologischen Infrastruktur, d. h. mit der konstruierten Umwelt, verknüpft. Nigel Thrift[27] vertritt die These, dass die heutigen technischen Infrastrukturen, insbesondere vernetzte und programmierbare Maschinen, als Katalysatoren einer Veränderung des technologischen Unbewussten fungieren; im Zuge dieser Veränderungen werden demnach die in Gewohnheit übergegangenen Handlungen, Erwartungen und Vorwegnahmen »automatisiert« und sinken unter die Bewusstseinsschwelle, während sie zugleich in die körperlichen Routinen integriert bleiben, die wir ohne bewusstes Gewahrsein vollziehen. Hier ist vor allem an veränderte Konstruktionen des Raumes (und damit auch an geänderte zeitliche Sequenzen) auf der Grundlage sogenannter »Track-and-Trace«-Modelle zu denken. Mit Technologien wie Barcodes, SIM-Karten in Mobiltelefonen und RFID (*Radio Frequency Identification*) werden menschliche und nichtmenschliche Aktanten Gegenstand von Hyper- und Mikrokoordinationen.[28] Zeit und Raum werden in immer kleinere Intervalle unterteilt und mit Standorten und Mobiladressen von Produkten und Menschen koordiniert; das führt zu »einer neuen Art der Phänomenalität von Position und Juxtaposition«.[29] Das Ergebnis, so Thrift, ist »ein Hintergrundsinn hochkomplexer Leben simulierender Systeme, da hochkomplexe Systeme (der Kommunikation, Logistik usw.) in einer Art ›Self Fulfilling Prophecy‹ *tatsächlich* das Leben strukturieren, und das sogar

26 Ebd. (Übers. R. A.).

27 Nigel Thrift, »Remembering the Technological Unconscious by Foregrounding Knowledges of Position«, in: *Environment and Planning D. Society and Space* 22 (2004), S. 175-190 (der Text findet sich wiederabgedruckt in: ders., *Knowing Capitalism*, London 2005, S. 212-226).

28 Zur Frage der RFID-Technologie und ihren Implikationen für die menschliche Handlungsmacht vgl. N. Katherine Hayles, »RFID. Human Agency and Meaning in Information-Intensive-Environments«, in: *Theory, Culture and Society* 26 (2009), S. 1-24.

29 Vgl. Thrift, »Remembering the Technological Unconscious« (wie Anm. 27), S. 186 (diese und die folgenden Übers. R. A.).

zunehmend adaptiv«.[30] In der Folge sorgen Mobilität und universell koordinierte Zeit für eine allmähliche Verschiebung in der Auffassung dessen, was als menschlich gilt. »Die neue Phänomenalität strukturiert allmählich das Menschliche«, schreibt Thrift, »indem sie ›verkörperte‹ Vermögen der Kommunikation, des Gedächtnisses und der Zusammenarbeit freilegt, die eine umherschweifende und jederzeit gleichsam eingeschaltete Interaktion als spezifisch ›menschliche‹ Kognition privilegieren, und diese wiederum mit den uns umgebenden Informationsapparaturen und -umwelten rückkoppelt und in sie einliest.«[31]

Obgleich sich diese Veränderungen heute in bisher nicht da gewesenem Tempo beschleunigen, gibt es doch Vorläufer schon deutlich vor dem 20. Jahrhundert. Wolfgang Schivelbusch erörtert sie beispielsweise am Fall der Eisenbahnreise, als die Passagiere mit Landschaften konfrontiert wurden, die sich schneller zu bewegen schienen als in jeder vorherigen Wahrnehmung. Schivelbusch führt aus, dass die verbreitete Neigung zum Lesen beim Bahnfahren eine Strategie zur Bewältigung dieser desorientierenden Veränderung war, da das Lesen dem Passagier die Konzentration auf ein nahes, stabiles Objekt ermöglichte und so die Angst minderte, die mit dem Blick aus dem Fenster verbunden war. Im Lauf der Zeit gewöhnten sich die Passagiere an die schnell wechselnde Szenerie, ein Hinweis darauf, dass die Mechanismen der Aufmerksamkeit sich an schnellere Stimuli angepasst hatten.[32] Eine ähnliche Veränderung ist im Film zwischen etwa 1970 und heute zu beobachten. Die Regisseure gehen ganz selbstverständlich davon aus, dass die Zeit, die das Publikum zur Aufnahme und Verarbeitung eines Bildes braucht, sich dramatisch verkürzt hat, da abrupte Szenenwechsel und harte Schnitte, sogenannte *jump cuts*, kurz aufblitzende Bilder, *flashing images*, und höhere Projektionsgeschwindigkeiten das Publikum konditionierten und die Reaktionszeiten verkürzten. Meine Kollegin Rita Raley erzählte mir von einer Vorführung des Films Parallax View, den ihre Studenten unwillkürlich komisch fanden, da die unterschwelligen Bilder, die der Film einsetzt, für ihre Wahrnehmung so langsam abliefen, dass ihnen kaum vorstell-

30 Ebd.

31 Ebd.

32 Vgl. Wolfgang Schivelbusch, *Geschichte der Eisenbahnreise. Zur Industrialisierung von Raum und Zeit im 19. Jahrhundert*, München, Wien u. a. 1977.

bar war, wie man überhaupt jemals hatte annehmen können, diese Bilder seien an der Schwelle zum Bewusstsein angesiedelt. Steven Johnson weist in seinem 2006 erschienenen Buch *Everything Bad is Good for You* auf ein mit der schnelleren Bildverarbeitung vergleichbares Phänomen hin. Er analysiert die verwickelten Erzählstränge populärer Filme und Fernsehserien, um zu belegen, dass die narrative Entwicklung in diesen Genres der Populärkultur mit kürzeren Sequenzen und viel mehr Erzählsträngen im Verlauf der letzten vier Jahrzehnte deutlich komplexer geworden ist. Diese Entwicklungen belegen ein dynamisches Zusammenspiel zwischen den Arten von Umweltstimuli, wie sie in informationsintensiven Umgebungen erzeugt werden, und dem Anpassungspotential der entsprechenden kognitiven Vermögen. Darüber hinaus verlaufen die Veränderungen in Umwelt und Kognition in eine ähnliche Richtung, nämlich in Richtung zunehmender Schnelligkeit, zunehmender Komplexität und beschleunigten Zusammenspiels von selektiver Aufmerksamkeit, Unbewusstem und technologischer Infrastruktur.

An dieser Stelle mag es hilfreich sein, die Funktionsweise dieser Dynamik zu rekapitulieren. Das »neue Unbewusste« oder das »adaptive Unbewusste«, wie es Timothy Wilson meines Erachtens zutreffender nennt,[33] schafft den Hintergrund, der an der Leitung und Lenkung von selektiver Aufmerksamkeit beteiligt ist. Da das adaptive Unbewusste flexibel und dynamisch mit der Umgebung interagiert (und zwar über das technologische Unbewusste), besteht eine Vermittlungsbeziehung zwischen Aufmerksamkeit und Umgebung, die sehr viel umfassender und sehr viel einschließender ist als diejenige, die die fokussierte Aufmerksamkeit selbst zulässt. Eine Veränderung in der Umgebung führt zu einer Veränderung des technologischen Unbewussten und daher auch des Hintergrundes, den das adaptive Unbewusste bietet, und dies wiederum ermöglicht Änderungen im Gehalt der Aufmerksamkeit. Das Zusammenspiel reicht indes noch tiefer, denn die *Mechanismen der Aufmerksamkeit* selbst verändern sich in Reaktion auf die Umgebungsbedingungen. Sobald sich in der Umgebung dramatische und tiefgreifende Veränderungen vollziehen, beschreitet auch die Aufmerksamkeit neue Wege und beginnt sie auf neue Weise zu operieren.

33 Timothy Wilson, *Gestatten, mein Name ist Ich. Das adaptive Unbewusste – eine psychologische Entdeckungsreise* (2002), aus dem Amerikanischen von Hainer Kober, München, Zürich 2007, S. 34 f.

Andy Clark weist auf solche Veränderungen hin; mit Bezug auf Umgebungsveränderungen konzentriert er sich auf ganz bestimmte Arten der Interaktion, die er als »epistemische Aktionen« bezeichnet: »Aktionen, die den Input in das Informationsverarbeitungssystem eines Akteurs verändern sollen. Das sind Möglichkeiten des Akteurs, seine Umwelt zu modifizieren, um entscheidende Informationen genau dann zu erhalten, wenn sie am dringendsten benötigt werden.«[34] Ich wandle Clarks Formulierung etwas ab und verstehe epistemische Aktionen so, dass sie beides, *sowohl* die Umwelt *als auch* die kognitiv verkörperten Prozesse, modifizieren, die sich jeweils anpassen, um sich diese Veränderungen zunutze zu machen. In Industrieländern wie den Vereinigten Staaten gehören dramatische Zuwächse in der Nutzung und Geschwindigkeit der Medien, einschließlich Internet, Fernsehen und Filme, zu den grundlegenden epistemischen Veränderungen der letzten fünfzig Jahre; auch vernetzte und programmierbare Maschinen, die sich in die Umwelt hinein ausweiten, zählen dazu, unter ihnen PDAs, Mobiltelefone, GPS-Geräte und andere mobile Technologien; nicht zu vergessen die Verschaltung und Kopplung, das Data-Scraping und die Zugänglichkeit von Datenbanken über eine große Bandbreite immer leistungsstärkerer Rechner und schließlich allgegenwärtige Technologien wie RFID-Etiketten, die oft auch noch autonom mit Sensoren und Aktuatoren ausgerüstet sind. Kurz: Die Vielfalt, Verbreitung und Intensität der Informationsflüsse hat im vergangenen halben Jahrhundert zu bedeutenden Veränderungen der bebauten Umgebungen in den USA und in ähnlich weit entwickelten Gesellschaften geführt. Zu erwarten ist folglich, dass die bewussten Aufmerksamkeitsmechanismen und die dem adaptiven Unbewussten zugrunde liegenden Mechanismen sich gleichfalls verändert haben. Beschleunigt wurden diese Veränderungen durch neue Arten verkörperter Erfahrung (etwa virtuelle Realitäten und Mischrealitäten), durch neue Arten des kognitiven *Scaffolding* (Computertastaturen, Multitouch-Angebote in Windows 7) und durch neue Arten erweiterter kognitiver Systeme (wie Mobiltelefone, Videospiele, Multiplayer-Spiele, dauerhafte Realumwelten wie Second Life).

Wie ich an anderer Stelle dargelegt habe, haben diese Umgebungsveränderungen als Katalysator für Veränderungen in den

34 Clark, *Supersizing the Mind* (wie Anm. 3), S. 38 (Übers. R. A.).

Mechanismen der selektiven Aufmerksamkeit fungiert.[35] Kurz gesagt lassen sich diese Änderungen als Verschiebung im Aufmerksamkeitsspektrum weg von der stabilen Tiefenaufmerksamkeit hin zur unbeständigen Hyperaufmerksamkeit charakterisieren. Die Tiefenaufmerksamkeit ist durch die Konzentration auf einen einzigen Informationsfluss gekennzeichnet und lässt sich durch Umgebungseinflüsse nicht ablenken; charakteristisch für sie ist der Wunsch nach längerfristiger und anhaltender Versenkung in ein bestimmtes Objekt, z. B. in einen Roman von Thackeray. Die Hyperaufmerksamkeit bevorzugt hingegen multiple Informationsflüsse, Flexibilität beim raschen Wechsel zwischen Informationsströmen, Empfänglichkeit für Umweltstimuli, eine niedrige Schwelle zur Langeweile. Spieler von Videospielen verkörpern diesen Typus von Aufmerksamkeit. Ich habe ferner darauf hingewiesen, dass wir uns, was die Kognitionsweisen angeht, inmitten eines Generationenwechsels befinden; je jünger die untersuchte Gruppe, desto eher neigt sie zur Hyperaufmerksamkeit und nicht zur Tiefenaufmerksamkeit. Aus Platzgründen können die entsprechenden Belege an dieser Stelle nicht ausgebreitet werden. Nur so viel: Die Erfahrungen von Kollegen in zahlreichen großen und kleinen Colleges und Universitäten in den ganzen USA zeigen, dass dem Lehrpersonal diese Verschiebung bereits auffällt. »Ich kann meine Studenten nicht mehr dazu bringen, lange Romane zu lesen«, erklärte ein Kollege, »also bin ich zu Kurzgeschichten übergegangen.« Ein anderer berichtet: »Meine Studenten lesen keine ganzen Bücher, also lasse ich sie ausgewählte Kapitel lesen.«

Wenn wir nach den Gründen für diese Verschiebung suchen, scheinen die Medien eine Hauptrolle zu spielen. Empirische Untersuchungen wie der »Generation-M«-Bericht der Kaiser Family Foundation aus dem Jahre 2005 belegen, dass junge Menschen (im Alter von 8 bis 18 Jahren in der Studie) durchschnittlich erstaunliche sechs Stunden täglich mit Medienkonsum verbringen; oft sind sie dabei mit mehreren Medien gleichzeitig beschäftigt (sie surfen beispielsweise im Internet, während sie Musik von ihrem iPod hören oder über Instant Messaging mit Freunden chatten). Darüber hinaus hat sich der heimische Medienkonsum der jungen Leute vom Wohnzimmer in die eigenen Zimmer verlagert, was den

35 Vgl. N. Katherine Hayles, »Hyper and Deep Attention: The Generational Divide in Cognitive Modes«, in: *Profession* (2007), S. 187-199.

gleichzeitigen Konsum verschiedener Medien noch erleichtert. Mit dieser Veränderung geht ein Zuwachs an Informationsintensität einher; immer mehr Information ist immer müheloser zugänglich.

Die Tiefenaufmerksamkeit scheint zwar auf den ersten Blick den Vorzug zu verdienen (insbesondere bei Akademikern), aber in manchen Situationen ist die Hyperaufmerksamkeit anpassungsfähiger und besser anwendbar, beispielsweise bei Fluglotsen. Es wäre viel zu einfach, wollte man behaupten, Hyperaufmerksamkeit stelle ein kognitives Defizit oder einen Niedergang der kognitiven Fähigkeiten bei der heranwachsenden Generation dar.[36] Vielmehr lässt sich die Hyperaufmerksamkeit als positive Anpassung begreifen, die die jungen Menschen besser für das Leben in informationsintensiven Umgebungen rüstet, wie sie zunehmend den Alltag prägen. Dennoch halte ich die Tiefenaufmerksamkeit für eine kostbare soziale Errungenschaft, die über Jahrhunderte und sogar Jahrtausende hin kultiviert wurde, gefördert durch Bibliotheken, Grundschulen, durch breiteren Zugang zu Hochschulen und Universitäten usw. Komplexe Aufgaben wie die Durcharbeitung eines mathematischen Beweises, das Verstehen des Satzes eines Bach-Quartetts oder eines schwierigen Gedichts lassen sich tatsächlich nur mit Tiefenaufmerksamkeit bewältigen. Wir können uns nicht erlauben, dieses Erbe zu verlieren. Ich kann hier nicht weiter darauf eingehen, inwiefern die Verschiebung hin zur Hyperaufmerksamkeit für unsere Hochschulen und Universitäten eine Krisensituation bedeutet oder welche Strategien geeignet wären, die Tiefenaufmerksamkeit bei den jungen Menschen zu stärken, ohne die Vorteile der Hyperaufmerksamkeit aus dem Blick zu verlieren. Stattdessen möchte ich mich im Folgenden mit den Implikationen dieser Verschiebung für die heutige Technogenese beschäftigen.

Die Neurologen wissen schon länger, dass Neugeborene über mehr Synapsen (Verbindungen zwischen Neuronen) verfügen als irgendwann später in ihrem Leben.[37] Durch den als Synaptogenese bekannten Prozess werden Synapsen in Reaktion auf Umweltstimuli beschnitten, wobei die tatsächlich verwendeten Synapsen

36 Ein ungeheuerliches Beispiel dafür stellt zum Beispiel dar: Mark Bauerlein, *The Dumbest Generation. How the Digital Age Stupefies Young Americans and Jeopardizes Our Future*, New York 2009.

37 Vgl. Mark F. Bear, Barry Q. Connors, Michael A. Paradiso, *Neuroscience. Exploring the Brain*, Hagerstown/MD 2006.

und die neuronalen Cluster, zu denen sie gehören, gestärkt und erweitert werden, während die nichtaktiven Synapsen verkümmern und absterben. Die Synaptogenese ist kein Grund zur Beunruhigung, sondern ganz im Gegenteil eine bewundernswerte evolutionäre Anpassung, denn sie ermöglicht jedem menschlichen Gehirn die stetige Neuausrichtung von Geburt an, so dass es sich jederzeit in seine Umwelt einfügen kann. Dieser Prozess und die neuronale Plastizität des Gehirns generell sind in den beiden ersten Lebensjahren am ausgeprägtesten, bleiben jedoch in Kindheit und Erwachsenenalter erhalten. Daraus ist eindeutig ersichtlich, dass die Gehirne von Kindern, die in einer informationsintensiven Umgebung aufwachsen, buchstäblich anders verschaltet sind als die von Kindern, die in anderen kulturellen Umwelten und Situationen heranwachsen. Die Verschiebung hin zur Hyperaufmerksamkeit zeigt die Richtung an, in die sich die Neuroplastizität heute bewegt. Es dürfte nicht überraschen, dass dies besonders bei jungen Leuten festgestellt werden kann, wobei das Phänomen umso ausgeprägter scheint, je jünger ein Kind ist – zumindest bis zu einem Alter von drei oder vier Jahren, wenn die exekutive Funktion, die bestimmt, wie Aufmerksamkeit arbeitet, noch in Formierung begriffen ist.

Die evolutionäre Technogenese oder »originäre Technizität«, wie sie auch genannt wird, setzt, wie wir sahen, voraus, dass der Mensch als Spezies sich zusammen mit der Entstehung, der Weitergabe und dem Einsatz seiner Werkzeuge im Verlauf großer entwicklungsgeschichtlicher Zeiträume entwickelte. Die Synaptogenese wird indes nicht durch Änderungen der DNA weitergegeben, sondern vielmehr durch epigenetische Veränderungen (d. h. Umweltveränderungen). Die Beziehung zwischen epigenetischen und genetischen Veränderungen war in den vergangenen Jahrzehnten Gegenstand umfangreicher Forschungsarbeiten, die zu einem nuancierteren (und präziseren) Bild der biologischen Anpassung und zur Überwindung der früher vorherrschenden Auffassung geführt haben, der zufolge sämtliche Adaptionen über genetische Prozesse erfolgten. Ein Pionier der epigenetischen Forschung war Mark James Baldwin, der im späten 19. Jahrhundert eine wichtige Modifikation von Darwins Theorie der natürlichen Auslese vorschlug.[38] Baldwin nahm an, dass zwischen genetischem und epigenetischem Wandel

38 James Mark Baldwin, »A New Factor in Evolution«, in: *Science* 4, 83 (Juli 1896), S. 139.

eine Rückkopplungsschleife besteht: Populationen von Individuen, die eine genetische Mutation durchlaufen haben, modifizieren ihre Umwelt, um diese Anpassung zu begünstigen. Für diesen Effekt finden sich zahlreiche Beispiele in unterschiedlichen Arten.

Heute, wo epigenetische Veränderungen zur Verschiebung der Aufmerksamkeit bei der nachwachsenden Generation führen, lässt sich ein modifizierter Baldwin-Effekt beobachten (modifiziert, da die Rückkopplungsschleife hier nicht zwischen genetischer Mutation und Umweltmodifikation verläuft, wie Baldwin annahm, sondern vielmehr zwischen epigenetischen Veränderungen und weiteren Umweltmodifikationen, die zur fortgesetzten Ausbreitung dieser Veränderungen führen). Je schneller Menschen beispielsweise Bilder erfassen können, desto kürzer werden die Schnitte; die Grenzen der Wahrnehmung werden immer weiter verschoben und der Übergang zur unterschwelligen Wahrnehmung wird instabil. Das gleiche Szenario findet sich bei informationsintensiven Umgebungen: Je weiter sich die jungen Menschen in Richtung Hyperaufmerksamkeit bewegen, desto stärker modifizieren sie ihre Umwelten, so dass diese noch informationsintensiver werden, etwa indem sie gleichzeitig im Web surfen und eine Vorlesung hören oder chatten, während sie einen Film sehen.

Verknüpfen wir diese Gedanken nun mit der obigen Erörterung der Technizität und der technischen Wesen. Wir haben gesehen, dass technische Objekte nach Auffassung von Simondon und anderen ständig in Bewegung sind. Sie erreichen als vorübergehenden Ausgleich der in ihnen wirkenden gegensätzlichen Kräfte zwischenzeitlich eine Metastabilität. Dieser temporäre Ausgleich setzt voraus, dass sich technische Elemente aus gegebenen technischen Ensembles lösen und in neue technische Ensembles reintegriert werden, wo sie eine ähnliche oder auch eine andere Funktion erfüllen. Wie Simondon knapp bemerkt, können Menschen keine solchen Mutationen vollziehen. Organe (die für ihn mit technischen Elementen vergleichbar sind) können nicht aus unseren Körpern auswandern und in neue technische Ensembles eingehen (ausgenommen den seltenen Fall der Transplantation, einer Technologie, die zu seiner Zeit noch ein bloßer Traum war). Menschen verändern sich epigenetisch nicht durch wandernde technische Elemente, sondern durch Umwelt- bzw. Umgebungsveränderungen, die weitere Adaptionen des Milieus stimulieren, was wiederum zu neuen epigenetischen Veränderungen der menschlichen Biologie, insbesondere zu neuronalen Veränderungen im menschlichen Gehirn führt.

Wenn ich nun die verschiedenen Fäden meiner Argumentation zusammenführe, komme ich zu dem Ergebnis, dass Aufmerksamkeit eine wesentliche Komponente des technischen Wandels ist (obgleich Simondon ihr nicht genug Beachtung schenkte), da sie sich vor dem Hintergrund technischer Ensembles auf gewisse Aspekte von deren physischen Eigenschaften konzentriert, wodurch sie eine neue Materialität hervorbringt, die ihrerseits zum Kontext technologischer Innovation wird. Die Aufmerksamkeit ist jedoch keine Größe außerhalb der technologischen Veränderungen, die sie herbeiführt und die davon getrennt wäre. Vielmehr ist sie in eine Rückkopplungsschleife mit der technologischen Umwelt eingebunden, innerhalb deren sie durch unbewusste und nichtbewusste Prozesse operiert, die nicht nur den Hintergrund beeinflussen, aus dem die Aufmerksamkeit ihre Auswahl trifft, sondern auch die Auswahlmechanismen selbst. Technische Wesen und Lebewesen sind damit in eine kontinuierliche wechselseitige Verursachungsbeziehung eingebunden, in der beide Gruppen sich gegenseitig in verwandte, ja synergetische Richtungen verändern.

Wir haben festgestellt, dass technische Wesen komplexe Temporalitäten in sich enthalten. Ich möchte diese nun in Beziehung zu den komplexen Temporalitäten setzen, wie sie in Lebewesen verkörpert sind, wobei ich mich auf die Schnittstellen zwischen Menschen und vernetzten und programmierbaren Maschinen konzentrieren werde. In einem Computer fungiert die Prozessoruhr als Takt zur Messung der Verarbeitungszeiten innerhalb der Maschine; das ist die in Hertz (oder neuerdings Megahertz) gemessene CPU-Geschwindigkeit. Wegen der bestehenden Code-Hierarchien laufen viele informationsintensive Anwendungen jedoch viel langsamer; sie benötigen mehr Zeit zum Laden, Kompilieren und Speichern. Innerhalb des Computers gibt es somit multiple Temporalitäten mit unterschiedlichen Zeitskalen. Zudem beinhaltet ein Computercode, wie das bei vielen technischen Objekten der Fall ist, die Vergangenheit in Form niedrigrangiger Routinen, die von früheren Anwendungen auf Updates übertragen werden, ohne dass sich je irgendwer um deren Anpassung kümmert (genau das hat auch zum Millennium-Bug geführt). Zugleich werden

Codes ebenso, wie sie rück- oder abwärtskompatibel verfasst sind, auch schon im Hinblick auf die im Zuge des nächsten technischen Innovationszyklus erwarteten Veränderungen geschrieben, um sie vor vorschneller Überalterung zu sichern. Auch in diesem Sinn beinhaltet der Computer multiple, interaktive und komplexe Zeitstrukturen von Mikrosekundenprozessen bis hin zu wahrnehmbaren Verzögerungen.

Auch Menschen stellen in sich multiple Temporalitäten dar. Ein Neuron benötigt zum Feuern etwa 0,3 bis 0,5 Millisekunden. Bis ein Sinneseindruck im Gehirn registriert wird, vergehen nach einer niedrigen Schätzung[39] 80 Millisekunden, nach anderen Schätzungen[40] bis zu 500 Millisekunden oder das 150-Fache bis 1000-Fache der Zeit, die für das neuronale Feuern benötigt wird. Um eine höhere kognitive Leistung wie beispielsweise das Erkennen eines Wortes zu vollziehen, benötigt das Gehirn 200 bis 250 Millisekunden[41] oder sechsmal so viel wie nach der niedrigsten Schätzung für die Registrierung eines Sinneseindrucks. Eine Erzählung zu verstehen kann von einigen Minuten bis zu mehreren Stunden dauern. Diese Vollzüge lassen sich als lineare Sequenzen begreifen – Feuern, Sinneseindruck, Erkennen, Verstehen –, sie sind aber nicht immer wohlgeordnet, oft verlaufen sie simultan und in unterschiedlichen Geschwindigkeiten gleichzeitig. Im Verhältnis zu den schneller ablaufenden Prozessen ist das Gehirn immer verspätet, wenn es zu Einsichten gelangt, die sich über eingefasste Zeitskalen und an unterschiedlichen Stellen des Gehirns vollziehen. Für Daniel Dennett bedeutet das, dass die Vorstellung einer konsistenten und einheitlichen Struktur unseres Denkens, wie wir sie zu erfahren glauben, ins Reich der Fabel gehört und die unterschiedlichen Temporalitäten überdeckt, die sich in den neuronalen Prozessen verkörpern.[42] Daraus entwickelt er sein »Multiple-Drafts«-Modell, nach dem unter-

39 E. Pockett, »On Subjective Back-Referral and How Long It Takes to Become Conscious of a Stimulus. A Reinterpretation of Libet's Data«, in: *Consciousness and Cognition* 11 (2002), S. 144-161.

40 Benjamin Libet, E. W. Wright, B. Feinstein, D. Pearl, »Subjective Referral for the Timing for a Conscious Sensory Experience. A Functional Role for the Somatosensory Specific Projection System in Man«, in: *Brain* 102 (1979), S. 193-224.

41 Kevin Larson, »The Science of Word Recognition« (2004), ⟨http://www.microsoft.com/typography/ctfonts/WordRecognition.aspx⟩, letzter Zugriff 23. 03. 2011.

42 Vgl. Daniel C. Dennett, *Philosophie des menschlichen Bewußtseins* (1992), aus dem Amerikanischen von Franz Wuketits, Hamburg 1994.

schiedliche Prozesse zu unterschiedlichen Zeiten zu unterschiedlichen Schlüssen führen.

Nehmen wir nun an, dass die der menschlichen Kognition inhärenten komplexen Zeitstrukturen in eine kontinuierliche wechselseitige Kausalbeziehung mit Maschinen eingebunden würden, die ihrerseits komplexe Zeitstrukturen verkörpern. Was wäre das Resultat? Ebenso wie manche neuronalen Prozesse viel schneller ablaufen als die Wahrnehmung und sehr viel schneller als die bewusste Erfahrung, vollziehen sich Prozesse innerhalb komplexer Maschinen in noch viel kürzeren Zeitspannen als selbst neuronale Prozesse und weit jenseits der Schwelle der menschlichen Wahrnehmung. Andere, auf diesen aufbauende Prozesse jedoch sind möglicherweise nicht so schnell, so wie Prozesse auf der Basis feuernder Neuronensynapsen im menschlichen Körper viel langsamer sein können als das Feuern selbst. Der Punkt, an dem Computerprozesse wahrnehmbar werden, ist sicher nicht durch einen einzigen Wert bestimmt; unterschwellige Wahrnehmungen und das adaptive Unbewusste spielen in unserer Interaktion mit dem Computer neben der bewussten Erfahrung ebenfalls eine Rolle. Wir wissen, dass unsere Erfahrungen mit den verschiedenen Temporalitäten des Computers uns zu kürzeren Reaktionszeiten drängen, und ein Nebeneffekt davon ist unsere wachsende Ungeduld mit längeren Wartezeiten, während deren wir sehr wahrscheinlich zu anderen Computerprozessen umschalten werden, etwa zum Surfen, zum E-Mail-Check, zu einem Spiel etc. Wir alle bewegen uns mehr oder weniger – die einen schneller, andere langsamer – in Richtung Hyperaufmerksamkeit. Nicholas Carr dokumentiert in seinem Buch *Wie das Internet unser Denken verändert* zahlreiche empirische Untersuchungen, die die kognitiven Effekte dieser Veränderungen belegen; er zieht daraus den Schluss, dass wir positive Schritte unternehmen müssen, um unser kulturelles Erbe der (wie ich es genannt habe) Tiefenaufmerksamkeit zu bewahren.[43]

Mit den Rückkopplungsschleifen zwischen den einzelnen Nutzern und den vernetzten und programmierbaren Maschinen sind zyklische technische Innovationen verbunden. Die Nachfrage nach zunehmend informationsintensiven Umgebungen (im Verbund

43 Vgl. Nicholas Carr, *Wer bin ich, wenn ich online bin ...: und was macht mein Gehirn solange? – Wie das Internet unser Denken verändert*, aus dem Amerikanischen von Henning Dedekind, München 2010.

mit weiteren Marktkräften wie dem Wettbewerb der verschiedenen Anbieter) beschleunigt die technische Innovation immer mehr; im Vokabular Simondons lässt sich dieser Prozess als Schaffung eines Hintergrunds unrealisierter potenzieller Lösungen bezeichnen (unrealisiert wegen des niedrigen Technizitätsgrades, d. h. der ungelösten Konflikte und Spannungen verschiedener technischer Kräfte und Erfordernisse). Betaversionen sind heute oft schon Endversionen. Bevor Programme noch bis zur Reife ausgetestet werden, werfen die Anbieter sie auf den Markt und bauen zur Problemlösung auf Patches und Folgeversionen. Ebenso gehören die akribischen Programmdokumentationen der 1970er und 1980er Jahre der Vergangenheit an; heute wenden sich die Nutzer an Servicehotlines und konsultieren Listen mit bekannten Problemen und entsprechenden Lösungen. Der durch diese Praktiken geschaffene Hintergrund ungelöster Probleme und unerledigter, noch ausstehender Dinge lässt sich als technisches Äquivalent der Hyperaufmerksamkeit betrachten, die sowohl durch technische Innovationszyklen entsteht als auch ihrerseits zu technischen Innovationszyklen beiträgt, die zu immer schnelleren Entwicklungen in Richtung höherer Informationsdichte der Umwelt führen.

Das ist der Entstehungskontext von Steve Tomasulas elektronischem, multimodalem Roman *TOC*. *TOC: A New Media Novel* ist – mit einem Begriff bezeichnet, den ich andernorts entwickelt habe – ein Technotext, der in seiner Materialisierung die komplexen Zeitstrukturen verkörpert, die auch zu den Hauptthemen seiner Erzählstränge gehören.[44] In der Form heterogen, mit Brüchen, die durch das Kommen und Gehen von Projektmitarbeitern entstanden, erforscht *TOC* die Beziehung zwischen der Schaffung und Entwicklung vernetzter und programmierbarer Maschinen und menschlichen Körpern, wobei sowohl die Lebewesen wie die technischen Wesen komplexe Temporalitäten verkörpern, die sich nicht reibungslos in ein rationales und einheitliches Schema des regelmäßigen Tick-Tacks einer Uhr [*clock tic-tocing*] integrieren lassen.

44 Zum Begriff Technotext vgl. N. Katherine Hayles, *Writing Machines*, Cambridge/Mass. 2002.

Als multimodaler elektronischer Roman bietet *TOC* eine ganze Reihe von Schnittstellen mit je eigenem Tempo. Die Videosegmente mit Voice-over und animierter Graphik gestatten keine Interaktion mit dem Benutzer (er kann sie lediglich schließen) und behalten deshalb ihr vorgegebenes Tempo bei. Die Textfragmente, etwa die in der Glocken-Graphik, werden vom Benutzer kontrolliert, der sich durch Scrollen in ihnen bewegen kann; sie besitzen damit ein variables, vom Benutzer abhängiges Tempo. Der Zugang zu den Glocken-Fragmenten erfolgt über eine Spieler-Klavier-Schnittstelle, die vom Benutzer kontrollierte und vorgegebene Tempi kombiniert: Das Scrollen geht konstant voran, aber der Benutzer entscheidet, wann er das Fadenkreuz über einem »Loch« fokussiert und klickt, wodurch er den Link aktiviert, der Glocken-Textfragmente, Kurzvideos oder eine Art kosmischer, andere Sternensysteme betreffende Datumszeilen zum Vorschein bringt. Durch seine Schnittstellen bietet *TOC* eine Vielzahl von Zeitordnungen und ein Spektrum unterschiedlicher Realisierungsmöglichkeiten in seinen Inhalten.

Eines der Anfangskapitel, ein 33-Minuten-Video über ein *Vogue*-Model, enthält in sich widerstreitende und zusammenwirkende Temporalitäten innerhalb eines einzigen narrativen Rahmens. Die Narration beginnt und endet mit ein und demselben Satz, was der linearen Binnengeschichte eine zirkuläre Struktur verleiht: »Upon a time, a distance that marked the reader's comfortable distance from it, a calamity befell the good people of X.« Dieses Unglück besteht in nicht mehr (und nicht weniger) als darin, dass alle für einen Augenblick dieselbe Gegenwart teilen, bevor sie in verschiedene Zeitlichkeiten auseinanderdriften. Ihr Schicksal personifiziert sich im namenlos bleibenden Fotomodell; diese Frau wird aus ihrer Alltagsroutine gerissen, als ihr Mann sich an einem »Gelage« beteiligt, »das in einem schrecklichen Unfall endet«. Nach einem Autounfall muss er notoperiert werden, fällt ins Koma und wird durch den Anschluss an eine Herz-Lungen-Maschine am Leben erhalten, was ihn in eine »organische Maschine« transformiert. Die Frau gibt ihre hektischen Shootings und ihren adrenalingetriebenen Lebensstil auf und verbringt zahllose Stunden an seinem Bett, eine Lebensweise, die ihr die Willkür der Zeit bewusst macht, die

»bloß in verschiedenen Versionen existiert«. Nun erkennt sie die Unterteilung in Stunden, Minuten und Sekunden als künstliches Gitternetz, das einer ganzheitlichen Realität übergestülpt wird; die Graphik gleicht dieses Raster visuell dem Raumgitternetz an, mit dessen Hilfe Renaissancekünstler perspektivische Bilder malten.

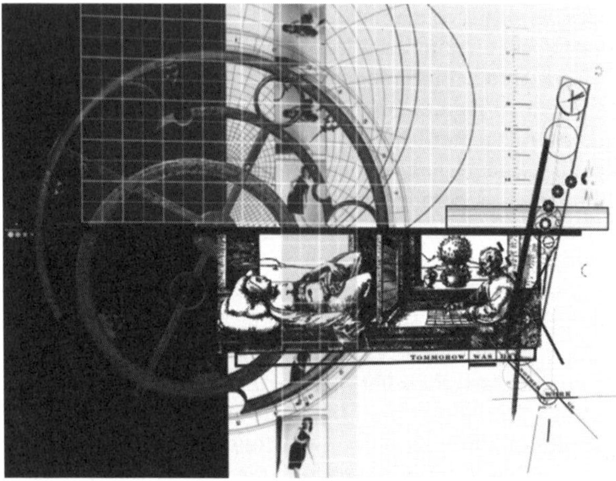

Abb. 1: Screenshot aus dem Video »*Vogue* model«, in: *TOC: A New Media Novel* ⟨http://www.tocthenovel.com/gallery.html⟩, letzter Zugriff 04. 05. 2011.

In diesem Bild besteht eine grundsätzliche Homologie zwischen der Uhrenzeit und der räumlichen Perspektive, eine Verräumlichung der Temporalität, die diese in etwas Messbares verwandelt, das sich in identischen, teilbaren und reproduzierbaren Einheiten quantifizieren lässt. Das Standbild verdeutlicht die Designästhetik des Videos. Das Malermodell, eine Synekdoche für die Protagonistin, ist einem Raumregime unterworfen, das jenem Zeitregime ähnelt, dem das *Vogue*-Model in ihren hektischen Tagen unterworfen war. Die großen konzentrischen Kreise auf der linken Seite erinnern an ein Uhrwerk und unterstreichen visuell in einer weiteren Raum-Zeit-Verknüpfung die Parallelisierung der 360 Sekunden der Stunde und der 360 Grad des Kreises. Diese Kreisformen, die sich in kleineren Formen rechts wiederholen, werden durch die starke horizontale Linie des Malers und seines Modells und den darunter sichtbaren Text durchschnitten, der eine Wendung aus dem Off wiederholt: »tomorrow was another day«, eine banale Bemerkung, die für das Model die Verräumlichung der Zeit ganz allgemein repräsentiert. Die kreisförmigen Wiederholungen in Kombination mit einer horizontalen Schnittlinie reproduzieren visuell die Sprachform der Narration, die sich als lineare Sequenz innerhalb der Anfangs- und Schlusswiederholungen vollzieht, und sie erscheinen auch inmitten der Narration selbst in verschiedenen syntaktischen Permutationen.

Als die Ärzte dem Model mitteilen, dass sie »entscheiden kann, ob sie ihren Mann [von den lebenserhaltenden Maschinen] abkoppeln will«, sucht sie nach einem »entscheidenden, klar umrissenen Moment im Bewusstsein«, der ihrem Leben eine bedeutsame Richtung und einen letzten Sinn verleihen würde. Sie (zusammen mit der animierten Graphik) visualisiert ihre sich anbahnende Entscheidung zunächst als Fotografie, auf der sie das Gesicht ihres Mannes »wie einen gefrorenen Moment« erblickt, ebenso unwandelbar und groß wie eine Aufnahme des Grand Canyon, und anschließend als zwei Filme mit unterschiedlichem Tempo: »seiner fest aufgespult auf dem Regal, ihrer noch durch einen Projektor laufend«. Ihr Entschluss wird noch schwieriger, als die Erzählung in einer folgenreichen Wendung festhält: »Die Schwangerschaft war nicht gewollt.«

In ihrer Verzweiflung über den unveränderten Zustand ihres Mannes hatte sie eine Affäre mit einem »Mann mit wissenschaftlicher Neigung« angefangen. Am Bett ihres Mannes fragt sie sich, was passieren wird, wenn sie wegen ihrer Schwangerschaft nicht mehr arbeiten und die »astronomischen Rechnungen ihres Mannes« nicht mehr bezahlen kann. War ihre Model-Karriere durch immer jüngere Konkurrentinnen ohnehin bereits bedroht, würde die Schwangerschaft sie endgültig beenden. Sie erwägt eine Abtreibung, und Graphik und Narration konstruieren eine weitere Homologie: Entweder sie zieht den Stecker bei ihrem Mann und/oder durchtrennt die Schnur zu dem Geschöpf in ihrem Inneren. Während der Zustand ihres Mannes unbegrenzt aufrechterhalten werden könnte, eine Situation, die sie aus der gemessenen Zeit herausreißen würde, wächst der Fötus nach einem biologischen Zeitplan mit vorhersagbaren Phasen und einem eindeutigen Endpunkt. Der Vergleich führt zu einer Metaphernverschiebung: Nun sieht sie ihre Lage nicht mehr als Eintritt eines »entscheidenden Moments«, sondern eher als »Reihe anderer Momente«, die »eine Narration andeuten«. Anders als ein Einzelmoment ist die Narration (ganz besonders in ihrem Fall) durch ihr Ende definiert, auf das die vorhergehenden Ereignisse immer deutlicher zulaufen: »Das Ende würde dem Ganzen Dauer und Sinn verleihen.«

Die ganze Schwierigkeit ihrer Lage wird deutlich, wo die Erzählung wie nebenbei preisgibt, dass ihr Liebhaber ihr Zwillingsbruder ist. Mit einem seltsamen logischen Sprung hat das Model entschieden: »Mit jemandem zu schlafen, der nominell die gleichen Chromosomen hat«, bedeute in Wahrheit bloß Masturbation und nicht Ehebruch. Sie räsoniert, dass sie schließlich keine olympische Gottheit, sondern bloß eine »Sterbliche« ist – d. h. in diesem Kontext: ein begehrendes Wesen –, und sie zieht folgenden Schluss: Wenn die Zeit nur in ihren verschiedenen Versionen existiert, »weshalb sollte sie dann die Zeit zwischen ihren Bruder und ihre Sterblichkeit treten lassen«. Ihre Schwangerschaft ist natürlich eine materielle Widerlegung dieser Fantasie. Nun, da sie vor der doppelten Entscheidung steht, den Stecker zu ziehen und/oder die (Nabel-)Schnur zu durchtrennen, betrachtet sie die Zeit als unerbittliches Fortschreiten in nur eine Richtung. Dieser Unerbittlichkeit widerspricht die Erzählung durch die perverse Verzerrung logischer Syllogismen, die sie der Ordnung, der sie idealiter folgen sollten, entreißt, als wende sie sich damit gegen die zeitliche Zwangsläufigkeit und Unabwendbarkeit in allen ihren Erscheinungen. Eine solche Verzerrung ereignet sich immer wieder, als wollte das Model der logischen Folge von B auf A partout widersprechen. Als sie beispielsweise ihren Liebhaber/Bruder fragt, weshalb die Zeit nur in eine Richtung verläuft, antwortet er (tautologisch), dass »die Unordnung in der Zeit zunimmt, weil wir die Zeit in der Richtung messen, in der die Unordnung zunimmt«. Daraufhin überlegt sie: »Das ermöglicht einer Schwester den Geschlechtsverkehr mit ihrem Bruder«, eine unlogische Folgerung, die die Logik der Tautologie einer unlogischen Abweichung unterwirft.

Sosehr sich das Model jedoch bemüht, die Zeit aus der Sequenzialität herauszulösen, kehrt diese doch unerbittlich wieder. Zur Verdeutlichung dieser Einsicht aus dem Zweiten Hauptsatz der Thermodynamik, der die Zeit zum Zeitpfeil macht, führt der Liebhaber/Bruder die temporale Ordnung mit dem Hinweis wieder ein, dass ein zerbrochenes Ei sich von sich aus niemals wieder zusammenfügt. Während die Graphik ein aufspringendes Ei zeigt – ein Bild, das an die Befruchtung des Eis erinnert, das zum inneren »Wachstum« geführt hat –, erläutert er, dass alles eine Frage der Wahrscheinlichkeit sei: In nur einer einzigen Anordnung ist das Ei ganz, in unendlich vielen anderen jedoch zersplittert es. Zudem weist er darauf hin, dass sich die Zeitlichkeit im wissenschaftlichen Sinn in drei komplementären Versionen manifestiert, nämlich in der thermodynamischen Version, die die Zeit zum Zeitpfeil macht, in der psychologischen Version, die sich in unserer Fähigkeit zeigt, uns an die Vergangenheit, nicht jedoch an die Zukunft zu erinnern, und schließlich in der kosmologischen Version, in der sich das Universum ausdehnt und dabei das Zeitregime erschafft, dem der Mensch unterworfen ist.

In Anbetracht dieser dreifachen Kalamität gibt die Frau ihren Widerstand gegen das Fortschreiten der Zeit auf und wendet sich wieder ihrer früheren Zeitauffassung als Sequenzialität einer Geschichte zu, wobei sie betont: »Man braucht das Ganze einer Narration«, um deren Sinn zu verstehen. Mit dem Ende, denkt sie, wird die Bedeutung der Geschichte deutlich, auch wenn ihr klar ist, dass diese Hoffnung »einen faulen Trick voraussetzt, der von einer Verschiebung der Zeitform abhängt«, d. h. von einer Verschiebung von der Gegenwart, in der alles undurchsichtig ist, hin zur Vergangenheit, in der die Geschichte ihr Ende findet und ihre ganze Gestalt offenbart. Die Graphik wechselt an diesem Punkt von den ikonischen und symbolischen Bildern der vorherigen Ästhetik zur indexikalischen Korrelation fallender Blätter, als würde ein Buch von Anfang bis Ende durchgeblättert. Die Bilder widersprechen jedoch der Hoffnung des Models auf eine definitive Endgestalt, denn mit dem Fallen der Blätter bemerken wir, dass sie aus ganz heterogenen Kontexten stammen: Manuskriptseiten, getippte Blätter, eine gedruckte Bibliographie mit handschriftlichen Durchstreichungen, ein Index, eine Mitteilung in Kinderschrift mit dem Anfang: »Liebe Mamie«, Seiten in Stenographie, in Bezug gesetzt zu gedruckten Sätzen. Als ob es eine Reaktion auf die Bilder wäre, hat das Model das Gefühl, dass sich »unter ihr ein Abgrund an Unabgeschlossenheit öffnet«. Ihr scheint klar zu werden, dass sie niemals zum »Gefühl für das Ganze« gelangen wird, »das in der Kunst viel leichter vorzutäuschen ist als im Leben«.

Die Narration verweigert ebendiese »Fälschung« und verlässt das Model am Abend, bevor die Frau sich so oder so entscheiden muss; die Erzählung schließt ihren Kreis, lässt aber alle wichtigen Fragen offen, wenn der Anfangssatz wiederholt wird: »Upon a time, a distance that marked the reader's comfortable distance from it, a calamity befell the good people of X.« Wir lesen denselben Satz, aber in einem anderen Sinn lesen wir auch einen ganz anderen Satz, denn die zeitliche Entfaltung der Narration hat uns gelehrt, diesen Satz ganz anders zu analysieren. »Upon a time« [Zu einer Zeit] unterscheidet sich wesentlich von der traditionellen Formel »Once upon a time« [Es war einmal] und verweist auf die Wiederholungen des Satzes, die die Strukturierung der Narration unterstützen. Die Nebeneinanderstellung von Zeit und Distanz (»zu einer Zeit, eine Distanz«) erinnert an die Verräumlichung der Zeit, die für das Model Voraussetzung der Anordnung der Zeit als vorhersagbarer Sequenz war. Die »komfortable Distanz«, die das Märchenmuster vorgeblich zwischen Leser und Narration legt, ist nicht mehr komfortabel, denn die Kluft, die sich unter dem Model aufgetan hat, gähnt nun unter uns, die wir zu ahnen beginnen, dass die »abschließende Gestalt« des Werks ein Scherz ist – eine Geste, die sich in *TOC* wiederholt findet –, dass sie unendlich aufgeschoben wird und uns gleichzeitig in ganz verschiedenen Zeitregimen gefangen sein lässt.

Das Unglück, das »über die guten Leute von X hereinbrach«, breitet sich, wie wir im Rückblick erkennen, über das gesamte Werk aus und verknüpft die Konstruktion der Zeit mit der Erfindung der »Differenz-Maschine« oder, wie sie auch bedeutungsvoll genannt wird, der »Einfluss-Maschine«. Die in der Videosequenz eingeführten Themen bleiben auch in den späteren Abschnitten virulent: der einsame Visionär, der die proteischen Zeitformen der Narration zu erfassen sucht; der Kontrast zwischen der Zeit als sequenzieller Uhrenzeit und als Tsunami, der die Grenzen einer geordneten Sequenz durchbricht; die Transformationen, die die Zeit durchläuft, wenn aus Körpern »organische Maschinen« werden; die Mechanisierung und Technisierung der Zeit, eine technologische Entwicklung, in der die Rhythmen lebendiger Körper mit denen technischer Wesen verschmelzen; die tiefe Wechselbeziehung zwischen der Konstruktion der Zeit und der Konstruktion des ›Sozius‹ in einer Kultur; und die epistemischen Brüche, die Gesellschaften durchziehen und spalten, wenn sie aus einem Zeitregime herausgerissen und in ein anderes getaucht werden. Während Simondons Theorie der Technik mehr über die technischen als über die lebendigen Wesen aussagt, weiß *TOC* mehr über menschliches Begehren, über Metaphern und den Sozius als über technische Objekte zu berichten. Da hier technische Objekte oft als Metaphern behandelt werden, braucht *TOC* eine Theorie der Technik als notwendiges Supplement, auch wenn hier zugleich Einsichten vermittelt werden, die uns die Kokonstitution von lebenden und technischen Wesen besser verstehen helfen.

Zum Schluss will ich kurz die Existenz von *TOC* selbst als technisches Objekt betrachten. Ein Aspekt, der den meisten Benutzern sofort ins Auge springen dürfte, ist die Heterogenität von *TOC*, d. h. nicht nur die multiplen Performance-Arten, sondern auch die vielfältigen Ästhetiken. Der Abspann, den der Benutzer nach Lektüre der Fragmente des Segments *The Island* zu sehen bekommt, zeigt, wie viele Mitarbeiter Steve Tomasula bei seinem Projekt hatte. Ohne den Etat auch nur eines kleinen Films und angesichts der Notwendigkeit der Einbeziehung von Fachkenntnissen aus ganz unterschiedlichen technischen Gebieten ist *TOC* eine Art Patchwork geworden, bei dem verschiedene Mitarbeiter zu verschiedenen Zeiten in unterschiedlichen Richtungen Einfluss auf das Werk ausgeübt haben. Seine ästhetische Heterogenität verweist auf die Schwierigkeiten, mit denen Autoren konfrontiert sind, wenn sie versuchen, sich vom Printmedium zu lösen, in dem sie als Alleinautor oder höchstens mit einem oder zwei engen Mitarbeitern operieren, um sich multimodalen Projekten zuzuwenden, für die unter anderem Kenntnisse in Programmierung, Musik und Sound, graphischer Gestaltung, Animation, visuellen Bildern und verbaler Narration erforderlich sind. Ohne umfängliche Finanzierung sind literarische Autoren gezwungen, die Umsetzung ihrer Projekte über Jahre auszudehnen – das gilt auch für die Gestaltung von *TOC* – und sich dabei auf die guten Dienste von Mitarbeitern zu verlassen, die, wann immer sie die Zeit finden, tun, was sie können.

TOC verweist auf eine neue Ordnung, in der sich der künstlerische Schaffensakt unter ganz anderen Bedingungen vollzieht als das Verfassen gedruckter Literatur. Man könnte sich dem Werk nähern, als sei es ein Stück nachrangiger, minderwertiger Printliteratur, beeinträchtigt durch mangelnde Einheitlichkeit und durch inkonsistente künstlerische Gestaltung. Ich möchte es stattdessen lieber in einem Kontext ansiedeln, den Simondon mit Virtualität assoziiert – ein Werk, das eher abstrakt als konkretisiert ist und das daher ein großes Reservoir an Möglichkeiten besitzt, die mit dem Fortschreiten des technischen Milieus und der Ausbreitung technischer Objekte aktualisiert und umgesetzt werden können und dabei Wege für eine umfassendere Integration ausloten. Vielleicht aber auch nicht. Die zunehmende Geschwindigkeit des technologischen Wandels mag zu erkennen geben, dass die herkömmlichen Kriterien für literarische Qualität sehr stark mit dem Printmedium als einer ausgereiften Technologie verbunden sind, die hochgradig konkretisierte Objekte hervorbringt. In neueren technischen Milieus, die sich so schnell verändern, dass eine Generation gerade einmal zwei oder drei Jahre dauern kann, wird die stets nur vorläufige Metastabilität technischer Individuen vielleicht noch unbeständiger und instabiler, so dass man hier besser von einer fortwährenden, beständigen Transformation und gar nicht mehr von Metastabilität sprechen kann. *TOC* antizipiert diese Entwicklung, indem die inhärente Instabilität temporaler Regime offengelegt wird und die katastrophischen Brüche zutage treten, die sich ereignen, wenn Gesellschaften aus einer Ordnung herausgerissen und in eine andere hineingeworfen werden; und indem deutlich wird, dass Narrationen keine temporale Ordnung erschaffen können, die sowohl dauerhaft wie umfassend ist. So gesehen lässt sich *TOC* zugleich auch als Kommentar zu seinen eigenen Möglichkeitsbedingungen verstehen. Die Zirkularität eines Werks, das seine ästhetischen Möglichkeiten sowohl hervorbringt als auch von ihnen hervorgebracht wird, ist möglicherweise ein besseres Kriterium zur Beurteilung seines Gelingens als die verhältnismäßig festgelegten Konventionen, die für Printerzeugnisse gelten. Wie das hier vorgestellte Modell der kognitiv-technischen Transformation ist auch *TOC* von komplexen Temporalitäten bewohnt, die nicht in eindeutig abgrenzbare Sequenzen aufzulösen sind und keine definitiven Grenzziehungen zwischen Lebewesen und technischen Wesen zulassen.

Aus dem Amerikanischen von Reiner Ansén

Nicole C. Karafyllis

Das technische Dasein

Eine phänomenologische Annäherung an technologische Welt- und Selbstverhältnisse in aufklärerischer Absicht

Das technische Dasein als Vergegenwärtigung der Mitte

Was genau bedeutet es, wenn wir etwas Technisches selbst herstellen? Richard Sennett schreibt in seinem jüngsten Buch *Handwerk*, dass der »Geist des Handwerks« ein »dauerhaftes menschliches Grundbestreben« sei: der »Wunsch, eine Arbeit um ihrer selbst willen gut zu machen«.[1] Aber den Menschen in (Post-)Industriegesellschaften sei der Geist des Handwerks abhandengekommen, so Sennett. Dies habe weitreichende Folgen für den Umgang mit Widerständen, mit Mehrdeutigkeiten sowie mit der eigenen Problemlösungskompetenz, die sich u. a. in veränderten sozialen Beziehungen und einem nichtnachhaltigen Umgang mit der Natur manifestierten.

Sein Befund, zunächst ungeachtet seiner Gültigkeit, dient hier als Einstieg in das komplexe Problemfeld der technologischen Bedingung, die sich zwischen Geist und Hand, zwischen Transzendentem und Immanentem, zwischen Zweck und Mittel, zwischen Theorie und Praxis erschließt. Dabei ist mir für die Gegenwartsdiagnose weniger die Marxsche Entfremdungsproblematik wichtig als vielmehr Sennetts Diktum, dass es sich beim Geist des Handwerks um einen historisch fortdauernden und fundamentalen menschlichen Impuls handelt, der der Selbstvergewisserung mit Hilfe von *Artefakten* dient.[2] Technisches Handeln wird in dieser Argumentationsfigur mit historischer Identitätsbildung verbunden.

1 Richard Sennett, *Handwerk*, aus dem Amerikanischen von Michael Bischoff, Berlin 2009, S. 19. Im englischen Original *The Craftsman* (New Haven, London 2008) liest sich das »menschliche Grundbestreben« als »basic human impulse«, womit die Instantanität des handwerklichen Handelns im Vergleich zu dessen Kontinuität stärker in den Vordergrund rückt.

2 Sennett selbst hat einen weiten Handwerksbegriff, der nicht nur das Herstellen, sondern auch die Fertigkeiten umfasst (etwa das Klavierspielen und Programmieren). Dadurch muss das gefertigte Werk nichts Materielles sein, wenngleich die Auseinandersetzung mit der materiellen Kultur bei Sennett im Vordergrund steht.

Bereits an dieser Stelle stellt sich die später zu beantwortende Frage, ob *Biofakte* – d.h. biotechnisch Erzeugtes, das aber in lebenden Körpern als technisierte Physis mitwächst und dem Menschen nicht mehr nur ein Gegenüber ist[3] – diesen grundlegenden Akt der Selbstvergewisserung beeinträchtigen könnten.[4] Der Handwerker war schon bei Aristoteles nicht nur der herstellende Zimmermann, sondern auch der pflanzende Landwirt, der wärmeregulierende Koch und der heilende Arzt. Sie alle handwerken bis heute mit einer eigendynamischen Natur, die nicht in der Materialität und Form des Technischen aufgeht und ferner kein Konkretum hinterlässt. Ein zentrales Ergebnis meiner Argumentation in diesem Beitrag wird sein: Durch die *Converging Technologies* (Nano-, Info-, Bio- und Kognitionstechniken), die in jüngster Zeit das Technische zu einem Prozess der Verinnerlichung statt einer Veräußerlichung von Zwecken transformieren und das zu Erzeugende bereits in seinem Anfang technisch normieren, wird der Geist des Handwerks – mit Marx – historisch gewendet: Das unbestimmbare Reproduktionsmittel, bislang aufgehoben in der Sphäre der Natur und ihrer Medialität, wird zum bestimmten Produktionsmittel gemacht. Dies gilt zumindest für aktuelle Forschungsvisionen. Sollten jene wahr werden, so geschähe der Akt der Selbstvergewisserung des technischen Daseins in Zukunft nicht mehr nur angesichts dauernder Gegenstände, mit denen man im handelnden Praxisbezug steht, sondern auch im Rahmen einer zweifelnden Selbstbeschau, die sich zunehmend auf den eigenen, vergänglichen Körper und Geist bezieht.[5] Dadurch verlöre die Technik die aufklärerische Möglichkeit,[6] ein *Geschichtszeichen* sein zu können, durch das man lernen kann.[7]

3 Nicole C. Karafyllis (Hg.), *Biofakte – Versuch über den Menschen zwischen Artefakt und Lebewesen*, Paderborn 2003.

4 Vgl. dazu den letzten Abschnitt dieses Textes: »Die Biologisierung der technologischen Bedingung als mittelfristiges Problem«.

5 »Da Kleidung, Töpfe, Werkzeuge und Maschinen feste Gegenstände sind, können wir in der Zeit immer wieder auf sie zurückkommen. [...] Auch folgt die materielle Kultur nicht den Rhythmen des biologischen Lebens. Objekte zerfallen nicht unausweichlich von innen her wie der menschliche Körper. Die Geschichte der Dinge nimmt einen anderen Verlauf« (Sennett, *Handwerk* [wie Anm. 1], S. 27).

6 Vgl. ebd., S. 321 und S. 385; Sennett verbindet den Geist des Handwerks mit aufklärerischem Denken.

7 Vgl. hier den Abschnitt »Technik als Geschichtszeichen im Aufklärungsprozess«.

Bevor wir aber dorthin gelangen, soll hier zunächst die hermeneutische Tiefenstruktur der technologischen Bedingung erläutert werden. In Weiterführung des Sennettschen Gedankens handelt es sich beim Geist des Handwerks um einen Impuls, der in der anthropologischen Figur des *Homo Faber* einen Sinn ergab und meines Erachtens immer noch ergeben kann. Denn im Menschenbild des Handwerkers liegt der aufklärerische Impuls verborgen, die Technik reflektierend in einen *logos* zu transformieren und die Relation von Selbst und Welt sinnstiftend zu gestalten: als technologische Bedingung des Daseins. Dabei dient »Technik« als Reflexionsbegriff für die Vergewisserung des Daseins in einem existentialen *Zwischenraum*, der sich zwischen den Polen Leben/Tod (subjektiv und synchron) und Vergangenheit/Zukunft (intersubjektiv und diachron) aufspannt. Erst das Reflektieren über »Technik« angesichts von Technik ermöglicht das übergeordnete Denken von Techno-*logie*, weil das Wissen um die Zweckhaftigkeit von Technik(en) von einem historisierbaren Subjekt selbst erschlossen werden muss, um einen sinnstiftenden Daseinsbezug zu erhalten.[8] Im Idealfall ist also bei der Vergewisserung der technologischen Bedingung die autonome Vernunft selbst am Werke, weil sie über das Wissen der technischen Bedingung hinausgeht und im subjektiven Sinne techno-*logisch* wird.[9] Jene Vernunft *weiß* dann um den Ermöglichungscharakter des Technischen, ohne sich ihm bedingungslos zu unterwerfen.[10]

8 Mit dieser auf das Subjekt fokussierenden Verwendung von »Technologie« unterscheide ich mich von der klassischen, aus der Kameralistik zum Ende des 18. Jahrhunderts (Johann Beckmann) stammenden Wortverwendungspraxis, in der die Technologie das systematisierende, übergreifende Wissen um die Ähnlichkeit der Zwecke in handwerklichen Verfahrensarten bildete. Jene Technologie versammelte ein Wissen, das Hegel als »formal äußerlich« bezeichnen würde und das u. a. für Marx' Kritik der Maschinerie erkenntnisleitend war. Vgl. zur kameralistischen Deutung Günter Ropohl, *Allgemeine Technologie*, Karlsruhe ³2009, S. 21 f.

9 Damit ist gemeint, dass aus den bisherigen Setzungen von Zwecken und deren Materialisierungen neue Hypothesen entstehen, von denen aus wiederum Neues erschlossen wird. Die Verbindung von *téchne* und *lógos* in Platons *Phaidon* untersucht Alfred Dunshirn, *Logos bei Platon als Spiel und Ereignis*, Würzburg 2010, S. 187.

10 Der Aspekt der bedingungslosen Unterwerfung unter die herrschende Macht der Technik wird gegenwärtig unter dem Stichwort »Gouvernementalität« verhandelt.

Ohne diesen hermeneutischen Zugriff wird das Technische entweder zum vergangenen Relikt (der Früheren) oder zur Utopie (für die Späteren). Wenn also, wie Sennett schreibt, der »Geist des Handwerks« verloren ist, so meint dieser Verlust nicht nur die äußerliche Seite – dass Menschen postindustrieller Gesellschaften nichts mehr selbst herstellen –, sondern auch, dass sie den subjektiven und sinnstiftenden Ermöglichungsgrund, eigene Zwecke materialiter zu veräußerlichen, verloren zu haben scheinen. Ich werde im Folgenden dieser Diagnose nachgehen und einige der Ursachen skizzieren, aus denen vielleicht Lösungen in den Blick geraten.

Im Vordergrund meines Beitrags steht demnach die auszuhandelnde Vermittlung von Technikphilosophie und Geschichtsphilosophie in der Figur des *Homo Faber*. Denn der Verlust des Handwerksgeistes ist auch ein Verlust an historischem Bewusstsein. Im Hintergrund beziehe ich mich auf die *Erfahrung* des Technischen, mit der ich mich einleitend auseinandersetze und sie als eine phänomenale *Mitte* der technologischen Bedingung herausstelle, aus der die Mittel erschlossen werden. Technik ist an verschiedene Modi der Zeit gebunden, in denen Technik subjektiv und intersubjektiv erfahren wird. Fundamental ist dabei der Modus der Gegenwart. Aus der praktischen Gegenwartserfahrung *mit* dem Technischen speisen sich theoretische Rückentwürfe und Vorentwürfe des Technischen, d. h. Technikgeschichte(n) und Technikvisionen. Sie reichen zurück zur Geschichte der Menschwerdung als Homo Faber, und sie reichen voraus zu dessen Aufhebungsfiguren in jüngeren transhumanistischen Strömungen, in denen Mensch und Technik bereits als identisch avisiert werden.[11]

Die unmittelbare Geworfenheit des Menschen in die praktische Gegenwartserfahrung mit dem Technischen nenne ich: *technisches Dasein*. Mit diesem Ausdruck zolle ich Heideggers Einsicht Rechnung, dass das Dasein »je schon in bestimmte Möglichkeiten hineingeraten« ist[12] und es der »Entwurf« ist, in dem das Dasein den Möglichkeiten, in die es geworfen wurde, Rede und Antwort steht. Vermutlich ist es eine Herausforderung für die rezente Technik-

11 Vgl. Christopher Coenen, »Der posthumanistische Technofuturismus in den Debatten über Nanotechnologie und Converging Technologies«, in: Alfred Nordmann, J. Schummer, A. Schwarz (Hg.), *Nanotechnologien im Kontext. Philosophische, ethische und gesellschaftliche Perspektiven*, Berlin 2006, S. 195-222.

12 Heidegger, *Sein und Zeit*, Tübingen [11]1967, § 31, S. 144.

philosophie, diesen Satz weder apokalyptisch noch als direkte Anleitung zur Lebensführung zu verstehen. Sondern es gilt, in einer gewissen Abkehr von Heideggers Ansatz der Technik als Seinsgeschick, die lebensweltlichen Fundierungsverhältnisse des Technischen neu zu bestimmen, *bevor* die Handlung in den Mittelpunkt rückt. Das Wort »Entwurf« hängt seinerseits am gewebten Faden der Technik- und Begriffsgeschichte, denn es entstammt der Webetechnik und bezeichnet das erste, provisorisch gewebte Teilstück, das dem eigentlichen Gewebe vorausgeht.

Ich widme mich damit den Bedingungen von Mittel-Zweck-Relationen[13] in einem historisierenden Zusammenhang, aber vom Standpunkt der Gegenwart, der Mitte, aus. Aus der Mitte heraus werden die Mittel in Form einer Vernunft erschlossen, die sich selbst reflektiert. Dinge werden zu Mitteln in varianten historischen Konstellationen, die jeweils Zwecke evozieren; reflexiv inspirieren die artikulierten Zwecke eine Suche nach geeigneten Mitteln zu ihrer Erfüllung. Im metaphorischen Sinne sind die Zwecke die in den Webstuhl eingespannten Kettfäden, die Mittel die Schussfäden, die Textur und Couleur des Gewebes bestimmen und es sinnlich erfahrbar machen. Jedwede Zwecke bleiben aber, zum Teil unbemerkt, an Ziele, d.h. normative Vorgaben höherer Ordnung, rückgebunden. In aufklärerischen Gesellschaften ist es das Ziel der Freiheit, das mittels der Selbstbewusstwerdung angestrebt wird. Wichtig ist, dass dieser Prozess stets auch vergegenständlichter Korrelate bedarf, auf die er sich (formal äußerlich) beziehen kann. In diesem Sinne ist die Technik ein Hort vergegenständlichter Begriffe, die als Mittel für die weitere Welt- und Selbsterschließung dienen oder dies auch verunmöglichen. Dabei ist Kants Einsicht wichtig, dass die Negation die Möglichkeit der Bejahung voraussetzt, d.h., dass eine Einsicht in den lebensweltlichen Verunmöglichungscharakter des Technischen (Technikpessimismus) seinem eigentlichen Charakter der Ermöglichung von Welt- und Selbstverhältnissen nur aufsitzt. Technik ist somit ein Ermöglichungsgrund im fundamentalen Sinne. Ebendeshalb ist »Technik« ein zentraler Reflexionsbegriff, der das Subjekt in die

13 Vgl. das Teleologiekapitel in G. W. F. Hegel, *Wissenschaft der Logik, 1.* Die objektive Logik, Erstes Buch, *Werke (1832-1845)*, Bd. 5, hg. von Eva Moldenhauer, Frankfurt/M. ^{4}2000. Siehe auch G. W. F. Hegel, *Phänomenologie des Geistes*, Frankfurt/M. 1970, S. 590. Vgl. auch Christoph Hubig, *Mittel*, Bielefeld 2002.

Mitte des technischen Daseins führt und diese Mitte – technologisch – im Werden hält.

In dem ontologischen Verhältnis von Zielen und Zwecken, die den Modalraum des Technischen bilden, verbirgt sich der metaphysische Überschuss der Technik auch noch in der als »offen« gedachten Moderne. »Die Mitte ist überall«, wie Nietzsche[14] sagte, um daran zu erinnern, dass Gott als fundamentales Zentrum allen Seins und als letztbegründendes Ziel tot ist und es die Mitte neu zu bestimmen gilt: nicht als *Conditio humana*, sondern als Ringen um Perspektiven, die jeweils einen Wert haben. Die Perspektive des Handwerkers ist eine dieser möglichen Perspektiven.

Als erste Ursache für den verlorenen Geist des Handwerks lässt sich bereits hier konstatieren, dass das moderne Subjekt die Angst vor der verlorenen Mitte oftmals nicht aushalten kann und, anstatt über die historischen Bedingungen des angeblichen Verlusts sinnstiftend zu reflektieren, die zerstreuende ›Flucht nach vorne‹ antritt – eine furchtgeleitete Flucht, die dann, und das ist kein Widerspruch, als kontinuierlicher Bruch mit der technologischen Bedingung im eigenen Leben erfahren wird. Diese Sichtweise korrespondiert mit dem empirischen Befund, dass in postindustriellen Gesellschaften der Widerstand gerade gegen technische Großprojekte wächst, weil der aufgeklärte Bürger in ihnen keinen daseinsbezogenen Sinn mehr sieht und quasi implizit gegen das Zukünftige daran protestiert. Derartige Proteste sind, subjektivistisch betrachtet, nicht nur Manifestation einer Ermüdungserscheinung aus der bequemen Position des Aufgeklärtseins heraus, die vermeintlich keiner prozessualen Selbstvergewisserung mehr bedarf, sondern, objektivistisch betrachtet, auch ein Aufbegehren gegen eine abstrakte, technologische Urteilskraft, deren Wissenskomponente von außen und rein theoretisch an das Subjekt herangetragen wird. Von daher liegt in diesem Aufbegehren ein für den wiederzuerlangenden Prozess der Aufklärung hoffnungsvoller Impuls verborgen, weil er die Sehnsucht nach einer sinnstiftenden, teilhabenden Praxis artikuliert. Dabei ist die gesellschaftsdurchdringende Praxis des Handwerks, auf die sich Sennett bezieht, eine der möglichen Komponenten, in der sich jene Sehnsucht manifestiert und die sich etwa

14 Friedrich Nietzsche, »Also sprach Zarathustra«, in: ders., *Kritische Gesamtausgabe der Werke*, hg. von Giorgio Colli, Mazzino Montinari, Berlin 1967, Bd. VI/1, S. 269.

in den jüngeren Trends zum Heimwerken, Basteln, Gärtnern und Kochen – zumeist in der Mittelschicht – wiederfinden lassen.

Für die technologische Bedingung bedeuten jene Einsichten, dass das moralisch Gesollte – das Bezweckte und zu Erzielende – überhaupt als realisierbar angesehen werden muss, bevor Motivationen zu seiner technischen Verwirklichung entstehen und letztlich Schritte der Herstellung unternommen werden. Die Vorstellung geht der Herstellung voraus, bildet sich aber nicht kontextfrei, sondern, mit Hegel, in einem reflektierenden Prozess der Selbstbewusstwerdung, der – an sich äußerlich – motiviert wird, aber – für sich innerlich – vollzogen werden muss. Dies ist die Fakten- und Normenebene, auf der das bereits Gemachte und Gesollte das zukünftig zu Denkende und Machende im Sinne eines Leitbilds vorentwirft. Auf dieser Ebene finden auch die ›Feststellungen‹ statt, die dem Bewusstsein als Differenz zwischen zwei Zuständen sowohl räumlich wie zeitlich in der Mitte erscheinen. Es wird festgestellt, was da ist und nicht da ist, was gewesen ist und nicht gewesen ist und was da sein soll und vielleicht in eine Innovation führen kann. Die Generierung dieser Fakten- und Normenebene, der wir uns in ihrer Vermitteltheit von Geschichts- und Technikphilosophie noch zuwenden werden, fußt aber auf einer phänomenologischen Ebene, die von der existenziellen Grundstimmung der *Angst* getragen wird. Sie ist immer auch eine Angst, die Mitte verloren zu haben und nie wiederzufinden. Die Technik dient daher als ein Mittel sowohl zur Überwindung der *Mittellosigkeit* als auch der *Unmittelbarkeit*. Ersteres betrifft vorwiegend die physische Existenz, Letzteres die psychische Existenz des Menschen. Beide weisen auf die Naturanteile der technologischen Bedingung hin.

Aus der ausgehaltenen Angst heraus motiviert sich das Subjekt, über die Bedingungen des Geworfenseins unter Einschluss des Technischen zu reflektieren. Hier findet die kreative Vorstellung statt, wenn die Angst als Angst ausgehalten wird. Sie kann dann in eine Reflexion möglicher Entwürfe führen, indem die Technik und das eigene Leben gestaltend zueinander in Bezug gesetzt werden und sich Mittel als solche erschließen.[15] Der Geist des Handwerks

15 Auf dieser Ebene wird auch das Verhältnis von Options- und Vermächtniswerten individuell und überindividuell ausgehandelt. Vgl. Christoph Hubig, *Technik- und Wissenschaftsethik. Ein Leitfaden*, Berlin ²1995, Kap. 8.2.3 sowie ders., *Die Kunst des Möglichen II*, Bielefeld 2007, S. 143 ff.

steht daher für eine praktisch zu erlangende *Kompetenz* im Aushalten der Angst, wenn noch keine Lösung existiert und womöglich nicht einmal das Problem klar fokussiert werden kann. Der Gegenpol zum Aushalten der Angst als Angst wäre die Zerstreuung. Die Grundstimmung der Angst und die Flucht in die Zerstreuung gehören notwendigerweise zur technologischen Bedingung und zeigen sich in zwei verschiedenen Subjekten des Technischen: dem *Homo Faber* und dem *Konsumenten*. Ersterer stellt her und gebraucht, Letzterer nutzt[16] und verbraucht. Nur in der ersten Figur, dem Homo Faber, kann aber Hegels Diktum aus der Rechtsphilosophie noch Gültigkeit beanspruchen, dass das technische Herstellen zu einer Bedürfnisbefriedigung und Erhöhung der »Geschicklichkeit« führe, welches höherstufig neue Bedürfnisse für die Gesellschaft erzeuge. Nur dem Homo Faber erschließen sich die Mittel als jeweils eigene – eine Einsicht, die eine Kritik an der Arbeitsteilung evoziert.

Es wäre aber zu kurz gegriffen, den Konsumenten oder (englisch) *User* nur als Verbraucher zu fassen. Moderne Ökonomien mit hohem Innovationsdruck beziehen den Nutzer in die Gestaltung des Produkts mit ein, weil das technische Erzeugnis oftmals zu früh auf den Markt kommt, in einem unfertigen oder nahezu prototypischen Zustand.[17] Was sich bei der Software als konstanter Zwang zum Update zeigt, offenbart sich beim Automobil mittlerweile in der Rückrufaktion, d. h. im Weg in die Werkstatt, wo technisch nachgebessert wird. Der heutige Nutzer ist also Teil der kontinuierlichen Zukünftigkeit des Technischen, die den existentiellen Zustand des technischen Daseins, d. h. des Geworfenseins in eine technische Welt, der subjektiven Erfahrung zunehmend entzieht. Denn das Technische erscheint dadurch, dass es unfertig und damit qualitativ *mittelmäßig* verteilt wird, als ein Mittel der stets nur *vorläufigen* Zuhandenheit: ein Mittel, auf das man sich nicht verlassen kann und mit dem man ergo nichts entwerfen kann. Diese zutiefst

16 Ich ordne auch den sogenannten *User* der IuK-Technologien unter den Konsumenten ein.

17 Sennett, *Handwerk* (wie Anm. 1), S. 66 f.; er unterscheidet in einem ähnlichen Zusammenhang zwei widerstreitende Maßstäbe für die Qualität handwerklichen Arbeitens: die *Korrektheit*, die die eigentliche, praktische Güte handwerklichen Arbeitens im Hinblick auf seine Vollkommenheit bestimmen sollte, und die *Funktionalität*, die marktorientiert ist und lediglich einen Gebrauchswert sicherstellt.

evolutionsbiologische Denkfigur, die suggeriert, dass der Nutzer selbst ein agierender Bestandteil des Prozesses hin zu einer immer besseren Angepasstheit des Technischen für ihn selbst sei, wird uns in der Auseinandersetzung mit der Biotechnik noch beschäftigen – einer Technik, die im Selbst verinnerlicht ist.

Das technische Dasein stellt sich uns somit als hermeneutische Aufgabe, aber auch als praktische Aufgabe des Herstellens eines Äußeren, das man sich gegenüberstellt. Verortet in der Gegenwart, besteht die technologische Bedingung im beständig zu reflektierenden Wechselspiel vom Entwurf einer technischen Welt und dem Geworfensein in eine technische Welt. Denn das faktisch als zuhanden Vorliegende muss erst sinnstiftend erschlossen werden, um sein weiteres Zuhandensein für die Zukunft entwerfen zu können. Typisch für die aufgeklärte Moderne ist, dass das Zuhandene stets als unzureichend erfahren wird und daher nicht ohne einen hermeneutischen Zugriff sinnstiftend sein kann. Erst im hermeneutischen Zugriff erhält die jeweils gewählte Perspektive einen eigenen Wert, weil sie dann die Ziel-Zweck-Modalität des Handelns vorgibt, in der Dinge nicht nur als Mittel für die Realisierung von Zwecken erscheinen, d.h. Mittel des *Bewirkens* sind, sondern auch als Mittel situativ Sinn ergeben und damit zu einem *Vollbringen* führen.[18] Dabei geht es nicht darum, sich erst aktiv Zwecke zu setzen und dann nach geeigneten Mitteln zur Realisierung Ausschau zu halten, wie gängige Interpretationen des Homo Faber nahelegen, in denen jede seiner Handlungen eine zweckrationale Handlung zu sein scheint.[19] Es geht ferner auch nicht darum, Mittel direkt und materialiter als zuhanden zu erfahren und aktiv in mögliche Sachverhalte der Zweckrealisierung zu verwandeln, wie Sennetts nahezu romantische Ausführungen zum Geist des Handwerks nahelegen.

18 Die Unterscheidung von einem kausalen Bewirken eines intendierten Sachverhalts qua Mittel und mittelhaftem Vollbringen des Seins entstammt Martin Heideggers »Brief über den Humanismus«, in: ders., *Wegmarken*, Frankfurt/M. 1967, S.145f. Zu dieser Unterscheidung vgl. auch Andreas Luckner, *Heidegger und das Denken der Technik*, Bielefeld 2008, S.125ff.

19 Ebd.; Luckner spricht hier zutreffenderweise von einem »technomorphen« Handlungsmodell, in dem jede Handlung als technische Handlung im Sinne eines Problemlösens beschrieben wird, wenngleich Handlungsintentionen auch nicht zweckrational, sondern z.B. kontemplativ oder reflektierend sein können. Jene Handlungen weisen dadurch eine personenbezogene Zweckmäßigkeit, aber keine kausal-instrumentelle Zweckrationalität auf.

Sondern es geht um die präreflexive Struktur des Handelns an sich, die Selbstvergewisserung des situativen Handelnkönnens, die – wie Andreas Luckner ausführt – passivisch zugelassen werden muss und nicht aktiv erzeugt werden kann. Die existentiellen Grundlagen der technologischen Bedingung sind nicht teleologisch strukturiert, womit eine Angsterfahrung einhergeht, die in dem Maße steigt, wie die Erwartung des sofortigen Planens und Handelns an sie herangetragen wird. Zur technologischen Bedingung gehört daher auch, erstens Situationen entstehen zu lassen, die noch handlungsanleitend werden könnten, und zweitens ausprobierend tätig zu sein, ohne einen vorher bestimmten Zweck zu verfolgen.

Damit gelangen wir zu einem zweiten Grund, warum der Geist des Handwerks verloren zu sein scheint: Der Handlungsbegriff der Gegenwart ist selbst technisch überformt und scheint sich allein auf das Lösen von Problemen zu beziehen, die das moderne Subjekt aber nur noch eingeschränkt als Probleme wahrnimmt und erlebt. Dabei wird das prozedurale Erlangen der Problemlösungskompetenz, die man auch als »Kreativität« bezeichnet, ausgeblendet. Man kann an diesem Punkt von Kindern lernen, die mit Bauklötzen spielen und sich ihrer Handlungsmöglichkeiten tätig vergewissern, ohne ein Artefakt herzustellen und einen Zweck zu realisieren. Sie trainieren damit, noch völlig angstfrei, das Zusammenspiel von Kopf und Händen, was den Erwerb einer eigenen Kompetenz darstellt, weil so Vermögen in Fähigkeiten transformiert werden, welche später wiederum die Ausbildung von handwerklichen Fertigkeiten ermöglichen.

In diesem perspektivischen Zugriff auf die technologische Bedingung wird das leibliche und materielle Dasein nicht etwa eliminiert, sondern konzeptionell um eine technische Außenhaut ergänzt. Diese technische Außenhaut zeigt die kulturellen Signaturen einer Distanzbeziehung zur Natur, welche es ebenfalls beständig zu verhandeln gilt und welche sich weder im Handeln noch im Arbeiten erschöpft. Vielmehr geht es um eine zu leistende Verknüpfung der Räumlichkeit (innen/außen) mit der Zeitlichkeit (früher/später) des Technischen – was sich insbesondere im Feld der Biotechniken als problematisch erweist, da bei Biofakten (natürlich-künstlichen Hybriden), anders als bei Artefakten, die technische Außenhaut quasi als Innenhaut modelliert wird und im Wachstum bleibt. Das Mittel ist nicht mehr als Äußerliches erkennbar, es zeigt keine Spur, sondern die Spur des technischen Eingriffs verwächst sich. Dadurch ist der Eingriff auch nicht mehr korrigierbar. Mit diesem zunehmenden Verlust an Äußerlichkeit des Technischen, der auf die mangelnde Möglichkeit der *Wahrnehmung* des Technischen Bezug nimmt und jene mit dem *Wissen* um den technischen Eingriff kontrastiert, ist eine dritte Ursache für den verlorenen »Geist des Handwerks« formuliert, die noch der Explikation bedarf. Denn in der Verinnerlichung des Technischen zeigt sich auch die Problematik, dass das Biotechnische zwei Erklärungsmuster von *Geschichte* vermengt, die sich im Subjekt gegenseitig blockieren: eine nichtteleologische Naturgeschichte Darwinscher Prägung, deren progressive Instanz der Zufall und deren Subjekt die Gattung ist, und eine teleologische Aufklärungsgeschichte, in der (mit Kant) der vergesellschaftete Mensch individuell und bewusst die Zwecke setzt und die Natur nur im Sinne eines regulativen Prinzips als zweckhaft angesehen wird.[20]

Deshalb liegt die vierte Ursache für den Verlust des Handwerksgeistes, der einst als Garant der Reflexion einer technologischen Bedingung fungierte, in der unklaren historischen Verfasstheit des modernen Subjekts, das sich mehr und mehr als Gattungswesen denn als Individuum versteht und für das Technik zu einem Überlebensvorteil führt, aber nicht mehr erlebt wird. Daran hat das Konzept vom Homo Faber einen nicht zu unterschätzenden Anteil, weil es mit dem Konzept des Homo sapiens konvergiert.[21]

Erst vor dem Erlebnishintergrund der Ubiquität der technischen Dinge, um deren Vorhandensein wir in jedem Augenblick wissen, wenngleich wir sie nicht unbedingt mehr als zuhanden erfahren, und ferner erst gekoppelt an das historische Bewusstsein, *jetzt* in einer industrialisierten Welt mit einer Vielzahl materieller Dinge zu leben, wird etwa der wehmütige Rückblick auf die ›alte Technik‹ der Renaissance entworfen: eine Handwerker-Technik, die scheinbar im Hinblick auf klar benennbare Zwecke und mit einem eindeutigen Nutzen entworfen wurde, deren Artefakte es noch manuell zu konstruieren galt, die die Möglichkeit des Zerlegens in Einzelteile bot und die, nicht zuletzt, stets ein dem Menschen Äußerliches war.

20 Vgl. dazu hier Abschnitt »Technik als Geschichtszeichen im Aufklärungsprozess«.

21 Vgl. hierzu den folgenden Abschnitt »Der Homo Faber als geschichtsloses Wesen«.

Allerdings ist dieser idealisierende Rückblick aus einer Verlusterfahrung der Gegenwart gespeist, in der das Technische allzu oft als industriell gefertigte Massenware, als Konsumgut zur kurzfristigen Bedarfsbefriedigung, als nicht mehr zerlegbarer und reparierbarer Aggregatkomplex und sogar als Teil der menschlichen Natur beschrieben, bisweilen sogar gefürchtet wird. Diese Interpretationen geben Aufschluss über aktuelle Befindlichkeiten zur technologischen Bedingung. Welches Geheimnis und welche Geltungskraft die ›alte Technik‹ den damaligen Zeitgenossen wirklich geboten hat, wissen wir trotz vieler verdienstvoller technikhistorischer Untersuchungen nicht wirklich, weil diese nur selten erfahrungsgeschichtlich argumentieren. Eine Klärung scheint für den Gegenwartszugriff auch nachrangig (nicht etwa unwichtig),[22] denn für identitätsstiftende Erzählungen einer technischen Progression, die in die Moderne führt, ist der Anachronismus ebenso notwendig wie hinderlich. Für diesen Zugriff kann exemplarisch Hannah Arendt stehen. Sie macht in *Vita activa* das Konzept vom Handwerkerdasein für die Seinsvergessenheit der modernen Menschen mit verantwortlich, weil der betrachtend-anschauende Blick des »handwerklich Schaffenden« seit dem Hochmittelalter das »sprachlose Staunen« der Antike zunehmend dominiert habe.[23] Dabei geht es um verlorene Weltbezüge, die vormals ein theoretisches Selbstverhältnis – einer geistigen Elite – konstituiert haben mögen, aber noch kein praktisches. Für die Gegenwart kann man in Weiterführung von Arendt fragen, ob nicht der betrachtend-anschauende Blick des Homo Faber schon durch das zerstreuende Tun des Konsumenten abgelöst wurde, der die Welt gar nicht mehr in den Blick nimmt, sondern sich in festen soziotechnischen Systemen[24] vermutet. Jener Konsument reagiert allenfalls noch auf technische Großprojekte, weil in jenen die Sinnfrage überdeutlich materialisiert und institutionalisiert ist.

Zu den etablierten Thesen und Beobachtungen der Technikphi-

22 Die Technikgeschichte ist gerade deshalb von besonderer Bedeutung für die Moderne, weil sie uns erkennen lässt, dass unser interpretierender Zugriff auf die Vergangenheit stets von einem hermeneutischen Interesse mit Gegenwartsbezug geprägt ist – und daher keine Naturgeschichte des Technischen sein kann.

23 Zu Arendts Unterscheidung zwischen *animal laborans* und *homo faber* siehe Sennett, *Handwerk* (wie Anm. 1), S. 16-18.

24 Vgl. Ropohl, *Allgemeine Technologie* (wie Anm. 8).

losophie, deren Kenntnis ich hier weitgehend voraussetzen muss, möchte ich nun zwei Befunde stellen, die mir für die evozierte Frage nach der technologischen Bedingung grundlegend erscheinen. Bisherige Weisen des Nachdenkens über Technik und Technologie oszillierten zwischen den Topoi Geist und Arbeit und warfen zwei dominante Forschungsdesiderata auf: die Überarbeitung des Konzepts des Homo Faber im biotechnischen Zeitalter und die theoretisch zu überdenkende Verbindung der Technikphilosophie mit der Geschichtsphilosophie.[25] Dass die Zweckmäßigkeit der Technik mit einer Zweckmäßigkeit der Geschichte in einer notwendigen Verbindung steht und inwieweit diese Verbindung durch eine Biologisierung transformiert wird, gilt es nachfolgend zu klären.

Der Homo Faber als geschichtsloses Wesen

Mein erster Befund widmet sich dem zentralen Konzept des Homo Faber. In diesem verbinden sich die Idealität und die Materialität der Technik in der Figur des Handwerkers. Ich stelle das Konzept skizzenhaft vor und reflektiere es im Hinblick auf die eingangs geschilderten Herausforderungen: den technomorphen Handlungsbegriff, der das technische Dasein und die gleichzeitig aufzugebende und zu erlangende Mitte durch die Abwesenheit des Ausprobierens verhüllt, die Biotechnisierung und ihre Interiorisierungsprozesse des Technischen sowie die neu auszuhandelnde Verbindung der Technik- mit der Geschichts-, zum Teil auch der Naturphilosophie. Seit der griechischen Antike fungiert zwar die *téchne* als Gegenbegriff zur *phýsis*, aber zu jener wurde antithetisch wiederum die *thésis* gestellt: die bewusste Setzung von Zielen, die normativ mehr bedeuten als nur Zwecke, weil sie auf ein gutes Leben in Vergemeinschaftung abheben. In der unterkomplexen Triangulation von Natur, Technik und bloßen Zwecken bleibt der Homo Faber als anthropologisches Konzept gleichsam in der vormodernen Sicht des »Werde der, der du bist!« gefangen, wenn er nicht historisiert und sozialisiert wird. Erst eingedenk seiner technologischen Bedingung

25 Zu letzterem Punkt siehe die hervorragende Studie von Johannes Rohbeck, *Technik – Kultur – Geschichte. Eine Rehabilitierung der Geschichtsphilosophie*, Frankfurt/M. 2000.

und reflektierend über sein technisches Dasein kann der Mensch zum modernen Diktum gelangen: »Gestalte dein Leben selbst!«

Der Ausdruck »Homo Faber« weist darauf hin, dass der Mensch seinem Wesen nach befähigt ist, künstliche Dinge und Sachen zu planen, herzustellen und zu gebrauchen. Mit dem »Homo Faber« betont man die Technik als eine menschliche Kulturleistung: Der Mensch kultiviert mit Hilfe von Technik(en) die Natur und verändert sie zu einer ›zweiten Natur‹. Die künstlich erzeugte Veränderung lässt sich meist gegenständlich fassen (»Technik« als hergestelltes Ding/als Zeug/als Werk/zusammengefasst: als Artefakt) und beruht idealtypisch auf der handelnden Verknüpfung von Wissen, Vorstellen, Wahrnehmen, Erkennen, Planen und Konstruieren (»Technik« als spezifische Weise des Hervorbringens oder Erzeugens). Dabei fließen Wertannahmen mit ein, nicht zuletzt bei der Setzung des Zweckes, dem die jeweilige Technik als Mittel dienen soll. Werden mehrere Techniken und Artefakte für das Herstellen benötigt bzw. sind Artefakte höherstufig Werkzeuge, Instrumente oder Bauteile für weitere technische Erzeugnisse (z. B. Maschinen), spricht man vom Prozess der »Technisierung« oder sogar »Hochtechnisierung«. Technisierungsprozesse lassen sich sowohl in synchroner als auch diachroner Perspektive ausmachen. Meist werden sie gesamten Gesellschaften zugeschrieben; sie garantieren die technische Bedingung in einer überindividuellen Perspektive. Weil an dieser Verhältnisbestimmung auch historische Epochen festgemacht werden, oft ausgedrückt als ›Revolutionen‹ (z. B. neolithische Revolution, industrielle Revolution, grüne Revolution), ist das Konzept des Homo Faber auch geschichtsphilosophisch bedeutsam.

Allerdings bleiben, wie ich bereits im ersten Abschnitt angedeutet habe, die existentiellen Bedingungen des Handelnkönnens, d. h. das Einnehmen einer wertgeleiteten Perspektive, in der Probleme als solche erst hypothetisch erscheinen und kreativ gelöst werden können, bislang ebenso unterbestimmt wie das historische Bewusstsein des Homo Faber als Subjekt. Für den Homo Faber scheint die Welt vielmehr aus unmittelbaren, meist naturgegebenen Problemen zu bestehen, die technisch gelöst werden müssen. Diese Weltsicht affiziert auch sein Selbstbild: das eines von Natur aus problematischen Menschen. Der Homo Faber kann daher allenfalls über seine technische Bedingung, aber noch nicht über seine technologische Bedingung reflektieren.

Es lassen sich eine enge und eine weite Bedeutung der Rede vom »Homo Faber« ausmachen. In einer engeren Bedeutung wird der Ausdruck verwendet, um auf gleichermaßen zweckinstrumentelles wie herstellendes Handeln hinzuweisen, das im anthropologischen Konzept des *animal rationale* nicht hinreichend eingelöst wird. Je nach zugrunde gelegtem Technikbegriff (Technik als Artefakt, Medium, Mittel, Handlung oder Wissen) und der normativen Entscheidung, ob die Technik, inklusive der mit ihr verfolgten Zwecke, als nutzen- oder schadenstiftend bewertet wird, spaltet sich das Konzept in verschiedene Bedeutungen auf. So evoziert es in normativer Hinsicht die Denkrichtungen des Technikpessimismus wie -optimismus. Beide nehmen zumeist auf das aufklärerische Ziel der Freiheit und die (sozialen, rechtsstaatlichen, subjektiven, natürlichen usw.) Bedingungen zum Erlangen derselben Bezug und fragen, ob Technik/Technologie einen behindernden oder ermöglichenden Einfluss ausübt. In einem weiten Sinne gebraucht, adressiert »Homo Faber« die Künstlichkeit des menschlichen Lebens insgesamt unter Einschluss der Gestaltung des Lebensraums. Der Ausdruck bezeichnet dann ein Menschenbild im umfassenden Sinne.

Der Homo Faber gilt heute als idealtypisches Individuum einer hochtechnisierten Gesellschaft, aber die Grundidee geht zurück bis hin zum Prometheus- und Pandora-Mythos. Dort werden bereits die normative Ambivalenz der Technik und ihre Nähe zum Göttlichen bzw. Ideellen geschildert – zwei Kennzeichen, die auch das moderne Konzept des Homo Faber bestimmen. Dabei ist nicht nur wichtig, *was* der Mensch herstellt, sondern auch, *wie* und *warum* er es tut und wie er sich mit dieser Schöpferkraft *selbst* gestaltet. Auffallend ist: Die Schöpferkraft selbst wird heute als bedingungslos vorhanden angenommen, wenngleich sie die Achillesferse in Modernisierungsprozessen bleibt. So ist die Rede von »Kreativität« und »Innovation« ein Relikt des Göttlichen auch in säkularen Gesellschaften. Dadurch konterkariert der Homo Faber gegenwärtige Studien, die in der (Post-)Moderne ein erschöpftes Selbst ausmachen, das sein Leben nicht mehr handelnd bewältigen kann.[26]

Vorbereitet wurde das Konzept des Homo Faber ab Mitte des 19. Jahrhunderts, in der Phase der Hochindustrialisierung. Karl

26 Vgl. z. B. Alain Ehrenberg, *Das erschöpfte Selbst*, aus dem Französischen von Manuela Lenzen und Martin Klaus, Frankfurt/M. 2004.

Marx zitiert die Wendung »a toolmaking animal, ein Werkzeuge fabrizierendes Tier« von Benjamin Franklin.[27] Die Abgrenzung vom tierischen Sein und vom biologischen Konzept des Homo sapiens (inklusive seiner evolutionsbiologischen Vorstufen) sind die primären Kontexte, die die Einführung des »Homo Faber« in die philosophische Anthropologie bestimmten. Entsprechend wird das Tier als das Andere des Menschen und der werkzeugherstellende Urmensch als das Eigene, aber Frühere des Menschen stilisiert. Bei genauerer Betrachtung erweisen sich die daraus entstehenden Abgrenzungen als nicht trennscharf, u. a. weil sowohl das Konzept des Homo sapiens wie das des Homo Faber einen Fokus auf die *Hand* (im Singular) vornehmen.

Die philosophische Begriffsgeschichte von »Homo Faber« beginnt in der Zeit des Interbellum, die wegen ihrer sozioökonomischen, technologischen und politischen Transformationen auch die Frage nach dem Menschen neu evozierte. Max Scheler und Henri Bergson haben den »Homo Faber« in die philosophische Anthropologie eingeführt.[28] Beide Autoren zeigen nicht zufällig eine Auseinandersetzung mit dem technischen Dasein des Menschen vor dem Hintergrund der neuen *Lebensphilosophie*. Das »Leben« sollte als Begriff zwischen subjekt- und objektbezogenen Prozessualitäten, z. B. zwischen Drang und Trieb, vermitteln. Aus der für den Menschen wesentlichen Subjektivität erst erwachse dem Menschen die Möglichkeit zur Technik, die bei Scheler immer auch eine Selbsttechnik meint. Zum Handwerkerdasein gehören nach Scheler[29] Sprache, Gewissen, Werkzeug, Waffe, Ideen von Recht und Unrecht, Staat, aber auch Wissenschaft und Religion. Der Mensch ist demnach etwas kategorial Anderes als das Tier, weil »Mensch« nicht nur die biologische Gattung *Homo* bezeichnet, sondern ein »Wesensbegriff« ist. Damit setzt er das Konzept »Mensch« sowohl vom Homo sapiens als auch vom Homo Faber ab, weil beide sich

27 Karl Marx, »Das Kapital«, Bd. I (1867), in: Karl Marx, Friedrich Engels, *Werke*, Bd. 23, Berlin 1959, S. 194.

28 Vgl. Joachim Ritter (Hg.), *Historisches Wörterbuch der Philosophie*, Bd. 3, Basel, Stuttgart 1974, S. 1173 f. Der Hinweis bezieht sich auf: Henri Bergson, *Die beiden Quellen der Moral und der Religion*, aus dem Französischen von Eugen Lerch, Jena 1933. Laut Sennett, *Handwerk* (wie Anm. 1), S. 16 kam der Ausdruck »Homo Faber« in der Renaissance bei Pico della Mirandola auf.

29 Max Scheler, *Die Stellung des Menschen im Kosmos* (1928), Köln ^{11}2002, S. 86.

letztlich auf das Tierisch-Physische im Menschen beziehen, unter Einschluss der »technischen Intelligenz« des Schimpansen.[30] Menschen setzen sich Ziele und verfolgen Zwecke unter Einsatz von Mitteln. Jene Möglichkeit zur Technik ist jedoch bei näherer Betrachtung eine Notwendigkeit. Denn der Mensch bekommt erst eine eigene Wirklichkeit durch eine subjektive Widerstandserfahrung, und zwar wenn er an der Widerständigkeit[31] der Umwelt für die Verfolgung seiner Zwecke zunächst scheitert – eine Erfahrung, die ihn zum individuellen Techniker und Gestalter seines Lebens werden lässt. Diese Wirklichkeit, die praktisch erfahren werden muss, unterscheidet sich hier von der Realität, die nur gedacht werden kann. Ebenso gilt, dass die *Umwelt*, die den Menschen umgibt und ihn vor Probleme stellt, sich hier von der *Natur*, die er auch selbst ist, konzeptionell unterscheidet.

Die auf das Weltverhältnis abhebende Antithetik von Natur/Technik, reduktionistisch gefasst als Antithetik von Umwelt/Technik, hat in theoretischer wie praktischer Hinsicht immensen Einfluss auch auf das Selbstverhältnis, das sich stets aktiv aus dem Gattungsgeschehen heraus lösen muss. Der Mensch als oberster Teil des »sukzessiven Aufbaus der menschlichen Natur aus den ihr untergeordneten Daseinsstufen« muss sich seiner eigenen Stellung in der Welt bewusst werden, d.h. selbstbewusst werden und sich fragen: »Wo stehe ich denn selbst?«[32] Die technische Verfügungsgewalt über Natur und Umwelt strukturiert diese metaphysische Frage nach der Stellung des Menschen im Kosmos bereits vor. Diesen Gedanken verfolgt auch Helmuth Plessner. Allerdings nimmt er eine Fokussierung auf die dem Menschen zur Verfügung stehenden (organischen, technischen und geistigen) Mittel vor, durch die zu setzende Ziele und Zwecke erst als mögliche erscheinen können. So löst sich der Mensch imaginativ und handelnd aus der Mitte, in

30 Max Scheler, »Mensch und Geschichte« (1926), in: ders., *Philosophische Weltanschauung*, Bern 1954, S. 62-88, hier S. 73.

31 Wie Sennett in *Handwerk* (wie Anm. 1), S. 21 und in Kapitel 8, zu Recht betont, führt auch die Widerständigkeit der Technik sowie ihre Vieldeutigkeit zu einer lehrreichen Erfahrung, die einen neuen Wirklichkeitsbezug schafft. Ebd., S. 226, konterkariert er die westlich verstandene Widerständigkeit des natürlichen Materials, welche technisch gebrochen werden muss, mit dem taoistischen Verständnis von Spannungerzeugen und Loslassen, um technisch ein Ziel zu erreichen.

32 Scheler, *Die Stellung des Menschen im Kosmos* (wie Anm. 29), S. 87 f.

die er geworfen wurde und die ihn existentiell durchs Leben trägt. Durch den Einsatz von Mitteln wird der Plessner'sche Mensch zu einem exzentrischen Wesen, das er konzeptionell immer schon ist, weil er einen handelnden Zugriff auf die Welt hat und über das Denken von Modalitäten verfügt, das zur Selbstreflexion führt. Der Mensch der unmittelbaren Mitte bleibt bei ihm ein Tier, denn nur dieses habe Zentralität, d. h., nur das Tier »lebt aus seiner Mitte heraus, in seine Mitte hinein, aber es lebt nicht als Mitte«.[33] Hingegen: »Der Mensch als das lebendige Ding, das in die Mitte seiner Existenz gestellt ist, weiß diese Mitte, erlebt sie und ist darum über sie hinaus.«[34] Der Mensch stellt sich also sekundär selbst, wie ein Ding, in die Mitte seiner Existenz und gelangt so reflektierend zum Vollzug einer natürlichen Künstlichkeit, die in der Philosophie oftmals mit dem technisch anmutenden Begriff der »Lebenskunst« umschrieben wird.

Für die Frage nach der techn*olog*ischen Bedingung, die eine Vergewisserung der Mitte meint, ist vor allem folgende Kritik Schelers am Homo Faber wichtig. Sie bezieht sich auf die naturalistische Weltsicht und die Einheit des Menschen und seiner Gattungsgeschichte in einem unterstellten Triebleben: »Einer Einheit des Logos, der die Welt selbst formiert und der zugleich in uns als ratio tätig ist, bedarf es [für den Homo Faber, N. C. K.] nicht – wenn man die menschliche Erkenntnis nicht metaphysisch mißversteht, d. h. sie als Erfassung und Abbildung des Seienden selbst nimmt.«[35] Vielmehr gälte es, »Geist« und »Leben« als zwei aufeinander angewiesene letzte Seinsprinzipien anzuerkennen und darin die Mitte zu finden. Das Leben und seine Triebe im Menschen sind die »Realisationsfaktoren der geistigen Ideen und Werte, der Geist im Menschen aber der richtungs- und zielgebende Ideationsfaktor des Lebens«.[36] Die Herausforderung ist, »Geist« und »Leben« nicht antagonistisch, sondern reflexiv zu denken. Beide sind stets im Werden und bedürfen einander. In diesem philosophischen Gerüst erst kann die Technik als etwas objektiv Fortschreitendes und subjektiv Ermöglichendes verstanden werden, weil sie – über das Handeln

33 Helmuth Plessner, *Die Stufen des Organischen und der Mensch*. Berlin, New York [3]1975, S. 288.

34 Ebd., S. 291.

35 Scheler, »Mensch und Geschichte« (wie Anm. 30), S. 73.

36 Ebd., S. 81.

und die stete Selbstvergewisserung des Handelnkönnens im Ausprobieren – das Medium zwischen »Geist« und »Leben« ist. Das Reflexionsverhältnis von »Geist« und »Leben« bestimmt die technologische Bedingung somit individuell. Dafür müssen »Geist« und »Leben« als unmittelbare Ideen erhalten bleiben und dürfen nicht auf den Begriff gebracht werden. In diesem Zusammenhang erweisen sich die Neuro-, Nano- und Biotechniken der Gegenwart als eine Bedrohung für die technologische Bedingung.

Diese Bedrohung ist allerdings durch die organismische Sicht auf die Technik ermöglicht worden. Jene geschah ihrerseits in aufklärerischer Absicht. In Ernst Kapps einflussreichem Buch *Grundlinien einer Philosophie der Technik* ist Technik als Organprojektion gefasst.[37] In Anlehnung an Hegel orientiert sich Kapp am Organismus, der sowohl eine Naturgeschichte hat als auch eine innere Zweckmäßigkeit aufweist, die es qua Geist in die Zukunft und in ein Außen zu projizieren gilt. Bei Kapp wird etwa die Axt als technische Verlängerung von Hand und Arm hervorgehoben – eine Organprojektion, die im eigentlichen Sinne eine Rückprojektion darstellt, weil man die Hand schon mit der Funktion der technischen Herstellung biologisch vorkonzipiert hat: als Greifhand mit opponierbarem Daumen. Jener epistemologische Zirkelschluss durchzieht den Diskurs zum Homo Faber und erweist sich als problematisch, wenn man jenes anthropologische Konzept nur biologisch zu begründen versucht und biologische Kategorien darüber hinaus mit »Natur« gleichsetzt. Denn die Biologie zeigt in vielen ihrer Konzepte bereits eine sog. *Technomorphie*, was bedeutet, dass sie biologische Kategorien mit Hilfe technischer Konzepte wie Funktion, Organismus und Information entwirft, die auf dem Prinzip der Zweckmäßigkeit beruhen und daher zweckinstrumentell modelliert und extrapoliert werden können.

Biotechnisches Handeln verknüpft daher ein technomorphes Naturmodell (Natur mit inhärenter Zweckmäßigkeit) mit einem technomorphen Handlungsmodell (Handlung mit inhärenter Zweckmäßigkeit). Dabei werden Organismen selbst zu Mitteln der Erzeugung gemacht. Man kann daher mit einiger Berechtigung sagen, daß der Homo Faber mit Hilfe der Biotechniken keine ›zweite Natur‹ herstellt, sondern eine ›zweite Technik‹, die nur als Natur

37 Ernst Kapp, *Grundlinien einer Philosophie der Technik* (1877), Düsseldorf 1978.

erscheint und in der die Mittel mitwachsen. Diese hybride Technonatur, die selbst, aber nicht *von* selbst wächst, fasse ich unter dem Begriff »Biofaktizität«. Dabei wird das Phänomen Wachstum von einem Medium der Natur, womit sich die Natur gemeinhin selbst in Erscheinung bringt, zu einem Mittel der Herstellung einer Technonatur transformiert. Es ist somit keine Artefaktgeschichte, die uns hier als etwas Äußerliches und Hergestelltes begegnet, sondern eine Biofaktgeschichte der Züchtung, die uns wesentlich betrifft. Denn Pflanze, Tier und Mensch sind über die unmittelbare Idee des Lebens (Hegel) ontologisch miteinander verbunden. In diesem Sinne hatte die Geschichte der Menschwerdung im produktiven Homo Faber, dem Nachfahren des einstigen Jägers mit hergestellten Waffen, stets ein reproduktives Gegenüber: den Landwirt und die Gärtnerin als Nachfahren der einstigen Sammler(innen), die sich ein Verfügungswissen über die Reproduktivkraft der Natur erwarben.

Im bisherigen Konzept des Homo Faber ist die Technik dem Menschen stets sowohl ein wahrnehmbares Äußeres (weil er sich etwas Geschaffenes gegenüberstellt) als auch ein Inneres (weil er sie selbst erfunden hat). Der Homo Faber zeigt damit eine räumliche *Dialektik der Technik* an, die sich mit einer zeitlichen verbinden kann. Sie ruht auf der Spannung von Natur und Geist, von Materialität und Idealität der Technik.

Kennzeichnend für den Menschen ist, dass ein Gegenstand nicht einfach gefunden und als Werkzeug eingesetzt wird (z. B. ein spitzer Stein), sondern dass ein natürlicher Gegenstand als Werkzeug konzipiert und entsprechend seiner geplanten Verwendung künstlich bearbeitet und spezifisch gestaltet wird (z. B. ein Schleifstein). Um den Menschen derart vom Tier abzugrenzen, müssen verschiedene Technikbegriffe miteinander kombiniert werden: Technik als Mittel (als Werkzeug), als Artefakt (als Zeug), als Handlung (als Machen) und, übergeordnet, als Wissen (als Technologie). Erst diese Kombination im Rahmen von zweckinstrumentellen, herstellenden und gelingenden Handlungen ist spezifisch für den Homo Faber. Sie beginnt gemeinhin mit der Problemerfassung und Planung, was eine Antizipation von Handlungen bedeutet.

Die systematische Lage verkompliziert sich dadurch, dass zu klären ist, erstens, von welchem spezifischen *Tier* (z. B. dem werkzeugnutzenden Affen, dem reißenden Raubtier, dem nestbauenden

Vogel, dem herdenbildenden Schaf oder dem staatenbildenden Insekt) man den Menschen abgrenzen möchte und, zweitens, welches Produkt seiner/ihrer Hände er hervorgebracht hat: Werkzeug, Spielzeug, Kunstwerk oder Waffe. Ein vor allem normatives Anliegen ist es, mit der Betonung des Technischen eine weitere Bestimmung des Menschen, die eines moralischen Wesens mit dem Willen zum *Guten*, nicht zu unterwandern. An diesem Angelpunkt setzt die Geschichtsphilosophie an.

Vor allem in den anthropologischen Ansätzen Oswald Spenglers und Arnold Gehlens lebt das Tier als Räuber in Form eines Löwen oder Bären. In Spenglers *Der Mensch und die Technik. Beitrag zu einer Philosophie des Lebens* wird der Mensch zu den ranghöchsten Tieren, den Raubtieren, gezählt, die mit Hilfe einer militärischen Diktion als einsame Krieger im Existenzkampf stilisiert werden: »Es gibt dem Typus Mensch einen hohen Rang, daß er ein Raubtier ist.«[38] Jene Bestialisierung des Humanen rührt daher, dass Spengler sich auf die *Waffe* anstatt auf das Werkzeug konzentriert. Was dem Tier als Waffe gewachsen ist, muss der Mensch erst herstellen.[39] Das Überleben des Einzelnen tritt hinter die Idee der Vergemeinschaftung zurück. In der biologischen Anthropologie wird der Mensch hingegen nicht zu den Raubtieren, sondern zu den Primaten gezählt.

Nach paläoanthropologischer Erklärung ermöglichte erst die *Bipedie* dem Menschen ein freies Gesichtsfeld und freie Vorderextremitäten, mit denen er sich die verschiedensten Lebensräume technisch erschließen konnte. So wird der Mensch auch biologisch von Anfang an als Homo sapiens *und* Homo Faber konzipiert. Diese Denktradition ist keineswegs neu. In der kulturellen Anatomie des mittelalterlichen Körpers sind der aufrechte Gang und das freie Gesichtsfeld schon ein wesentliches Merkmal des Menschen: weil der aufrechte Gang seine innere Aufrichtigkeit anzeigt und den Blick zum Himmel, zur Sphäre des Göttlichen, freigibt. Der Mensch wird im 13. Jahrhundert, also noch vor der Epoche des Humanismus, als Zwischenwesen zwischen Irdischem und Himmlischem erfasst, das

38 Oswald Spengler, *Der Mensch und die Technik. Beitrag zu einer Philosophie des Lebens*, München 1931, S. 17.

39 Jene normative Doppeldeutigkeit des Mediums Werkzeug, das Mittel sowohl zum Guten wie zum Bösen sein kann, wird in der Technikethik unter dem Stichwort ›*Dual-use*-Problematik‹ behandelt.

im *inter-esse* (lat. *inter* = zwischen und *esse* = sein) schwebt.[40] Die Technik gehört zu diesem utopischen Zwischendasein, weil mit ihr gegenständliche Produkte hervorgebracht werden, in denen sich Göttliches spiegelt. In Albertus Magnus' um 1242 entstandenen *De homine* ist der Mensch bereits ein Handwerker/Künstler (lat. *artifex*) und wird relational bestimmt: durch das Nachdenken über seine eigene schöpferische Tätigkeit.[41] Albert beobachtete, dass Menschen anatomisch keine perfekte Symmetrie zeigen, sondern dass die rechte Hand durch ihre Tätigkeit stärker ausgebildet ist als die linke. Seine Beobachtung weist auf die erstarkende gesellschaftliche Anerkennung des Handwerkers im Hochmittelalter hin, aber auch auf eine neue, elitäre Tätigkeit der bevorzugt rechten Hand, die man mit Max Scheler als »Kulturtechnik« bezeichnet: das Schreiben.[42]

Als Zwischenergebnis können wir festhalten: Dadurch, dass sich das Konzept des Homo Faber auf die organische Ausstattung des Menschen bezieht, bleibt der Mensch mit der Natur konzeptionell verbunden. Das anthropologische Verhältnis des Menschen zwischen Natur und Technik lässt sich demnach als ein dialektisches bezeichnen.[43] So ist es je nach Modellierung von Technik- und Naturbegriff legitim, von »Technik als Gegennatur« und auch von

40 Theodor W. Köhler, *Grundlagen des philosophisch-anthropologischen Diskurses im 13. Jahrhundert*, Leiden, u. a. 2000.

41 Albertus Magnus, *Über den Menschen/De homine* (lat./dt.), übers. und hg. von Henryk Anzulewicz und Joachim R. Söder, Hamburg 2004.

42 Ideengeschichtlich zeigt das Konzept des Homo Faber Überschneidungen mit dem des Homo ludens (vgl. Johan Huizinga, *Homo ludens. Vom Ursprung der Kultur im Spiel* [1938], Reinbek bei Hamburg 1997). Vgl. auch Sennett, *Handwerk* (wie Anm. 1), S. 357-363. Die Grenzen zwischen Technik und Spiel sind fluide und manifestieren sich in Abhängigkeit vom Handlungsbegriff: Technisches Handeln entwickelt Mittel unter vorgegebenen Werten für Zwecke. Spielerisches Handeln kann Werte und Zwecke unter vorgegebenen Mitteln veranschaulichen oder zweckfrei betrieben werden (als »Ausprobieren«). Als vorgegebenes Mittel demonstriert das Spielzeug sein eigenes Funktionieren und verkörpert damit primär einen Selbstzweck des Artefakts, sekundär ermöglicht es am miniaturisierten Modell den Gebrauch der ›echten‹ Technik des Erwachsenen und ein Training der Geschicklichkeit. In einem ähnlichen Wechselverhältnis steht das Kunstwerk als ein Artefakt, das ebenfalls bewusst geplant und gestaltet ist, aber weniger der Nutzung als vielmehr der Veranschaulichung von Werten und Zwecken dient.

43 Hans-Heinz Holz, *Mensch – Natur. Helmuth Plessner und das Konzept einer dialektischen Anthropologie*, Bielefeld 2003.

»Natur als Gegentechnik«[44] zu sprechen. Fragen wir zusammenfassend nach denjenigen Naturzuschreibungen, die für den Homo Faber bislang maßgeblich sind, so stechen zwei hervor: die *mittelbare Unmittelbarkeit* und die unterstellte *Widerständigkeit* der Natur. Beide gilt es angesichts der Biotechniken zu hinterfragen. Denn die biotechnisierte Natur zeigt sich dem gegenwärtigen Homo Faber vielmehr als eine *unmittelbare Mittelbarkeit*, in der und mit der das Technische realiter wächst wie Natur – eine Natur, die dem Wesen nach zweckinstrumentell geworden ist, dabei aber ein kreatives Potential (»Spontaneität«, »Mutabilität«, »Variabilität«) aufweisen muss, um generierend und reproduzierend wirksam zu sein.

Ein für die Analyse der technologischen Bedingung des Homo Faber hier noch zu nennender, kulturanthropologisch wichtiger Schritt ist derjenige vom Einsatz des körpergebundenen Werkzeugs hin zur frei stehenden *Maschine*. Er wird von Ernst Cassirer[45] aus kulturanthropologischer Sicht positiv konnotiert, weil er dem Menschen neue Freiräume ermögliche. Entsprechend ist der Techniker hier weniger ein selbst hervorbringender Handwerker als vielmehr ein Maschinist, der ein Artefakt bedient, welches seinerseits hervorbringend und/oder antreibend tätig ist (z. B. eine Werkzeugmaschine). Ebenjener technisierende Schritt wird von Kulturkritikern seit Längerem negativ bewertet, weil die Maschine(rie) dadurch eine Art Eigenleben führt und den Menschen durch ihre Rhythmik und Ruhelosigkeit bestimmt sowie weitere Zwänge auf das Leben des Arbeiters wie das gesellschaftliche Leben insgesamt ausübt (Technikdeterminismus/Technokratie). Durch fordistische Neuerungen wie das Fließband und die Stechuhr wurde das Leben des Arbeitnehmers zunehmend nach produktionstechnischen Vorgaben ›getaktet‹ (Rationalisierung).[46] Sennett betont darüber hinaus die moderne »Trennung von Kopf und Hand«; d. h., dass die Maschine den Handwerker und die Ingenieurin vom Üben

44 Siehe Nicole C. Karafyllis, »Natur als Gegentechnik«, in: dies., Tilmann Haar (Hg.), *Technikphilosophie im Aufbruch. Festschrift für Günter Ropohl*, Berlin 2004, S. 73-91.

45 Ernst Cassirer, »Form und Technik« (1930), in: ders., *Symbol, Technik, Sprache*, Hamburg ^{2}1995, S. 39-91.

46 Zum Kontext dieser ›feststellenden‹ Macht der Technik, die jedwede Natur in ihrer Dynamik kontrolliert, gehört auch Martin Heideggers Konzept von der Technik als »Ge-stell«. Vgl. Martin Heidegger, *Die Technik und die Kehre*, Pfullingen ^{9}1991.

und Wiederholen und damit von der vollen Erlangung der technischen Praxis abhalte, weil die moderne Maschine qua Software Rückkopplungsschleifen hat, mit denen sie sich selbst verbessert.[47] Die Automatisierung führt(e) ferner zur Freisetzung von vor allem manueller Arbeit. Das Aufwerfen der *sozialen Frage* begleitet das Menschenbild des Homo Faber seit der industriellen Revolution. Sie gehört ebenfalls zur technologischen Bedingung.

Die Cassirersche Konzeption vom Menschen als einem Maschinisten verändert auch den zugrunde gelegten Naturbegriff. Die Natur ist nicht mehr Resultat menschlicher Projektionen und damit auch kein genuin Bekanntes mehr, das man handwerklich imitieren und optimieren kann (wie noch für den Technikbegriff der Antike kennzeichnend). Sondern sie entfernt sich weiter vom Menschen, wodurch der Mensch letztlich auch von der Sphäre der Materialität, die notwendige Bedingung für eine manuelle Kultur ist, entfremdet wird.[48] So kann der Maschinismus mit dem Biologismus höherstufig zu einer Technonatur verbunden werden und dennoch scheinbar auf die konventionelle Natur verweisen. Der Mittelcharakter des Werkzeugs, der in die Natur projiziert wurde, tritt höherstufig vermittelt aus ihr als Maschine wieder heraus – das ist der Grundzug des Biotechnischen, wie er sich vor allem in den aktuellen Ansätzen der synthetischen Biologie und Systembiologie findet. Die von Kulturkritikern einst vorgebrachte ›Fremdtaktung‹ des Menschen durch Artefakte wie Fließband und Stechuhr kann somit nun auch in ihm selbst – organisch – stattfinden. Dann wäre eine Distanzbeziehung zum Technischen unmöglich geworden.

Es bleiben mindestens drei hier nur zu nennende, blinde Flecken des Homo Faber, die auf die durch die Maschine bedingte Arbeitsteilung Bezug nehmen. Der erste bezieht sich auf die Herstellung im Rahmen von *Hobbys*, z. B. beim Heimwerken. Hier ist die Tätigkeit selbst sinnstiftend, weil die Hobby-Handwerkerin alle Einzelschritte des Produkts ihrer Hände bestimmen kann und Kontrolle über den gesamten Herstellungsprozess hat. Der zweite blinde Fleck ist der ontische Status der *Erfindung* im Konzept des Homo Faber. Ihre Genese ist bislang unklar, selbst wenn man weiß, dass sie sich nur selten einem einzigen Einfall oder Geniestreich verdankt. Vielmehr beruht sie auf bekannten Konstellationen, die

47 Vgl. Sennett, *Handwerk* (wie Anm. 1), S. 57 f., S. 75 und öfter.

48 Friedrich Rapp, *Die Dynamik der modernen Welt*, Hamburg 1994.

als Leitbilder dienen, um Neues zunächst im Modell hervorzubringen. Drittens ist der Homo Faber als anthropologisches Konzept nur theoretisch geschlechtsneutral. Vor allem die Denkrichtung des *Technofeminismus* hat gezeigt, dass die Verbindung von Mann und Technik kulturhistorisch lange eingeübt wurde und auch heute noch wirkmächtig zu finden ist.[49] Die auf biologisch-anthropologischen Interpretationen fußende Geschichte der Arbeitsteilung zwischen den Geschlechtern (der Mann als Jäger, die Frau als Sammlerin und Hüterin des Feuers), die sich an der Differenz von Produktion und Reproduktion orientiert, ist auch aufgrund jüngerer paläoanthropologischer Erkenntnisse revisionsbedürftig.[50] Nicht zuletzt beeinflussen die modernen Reproduktionstechniken als Biotechniken nicht nur das Leben von Frauen, sondern verschieben die Geschlechterverhältnisse insgesamt im Hinblick auf eine Ökonomie des Erzeugens, in der die reflexive Mitte zwischen den Geschlechtern durch den biotechnisch handelnden Experten aufgehoben wird.

Technik als Geschichtszeichen im Aufklärungsprozess

Mein zweiter Befund gründet sich auf die Beobachtung, dass das jüngere Verhältnis von Technikphilosophie und Geschichtsphilosophie kaum grundlegend behandelt wird. Dieses Manko zeigt sich insbesondere, wenn es um die höherstufigen Ziele der Technik geht, welche in die technologische Bedingung eingebettet sind. Zur Debatte steht also in diesem Abschnitt die für aufklärerische Gesellschaften typische Triangulation von Moral, Geschichte und Technik.[51] Zahlreich sind die Veröffentlichungen des 20. Jahrhun-

49 Vgl. Judy Wajcman, *TechnoFeminism*, Cambridge 2004; vgl. auch Sennett, *Handwerk* (wie Anm. 1), S. 36 f.; auf S. 82 f. verweist Sennett darauf, dass das Webe- und Nadelhandwerk jahrhundertelang spezifisch den Frauen vorbehalten war: im christlichen Mittelalter u. a. mit der Begründung, dass man die – potentiell stets verführenden – Frauen beschäftigen müsse, damit sie den Mann nicht von der höherwertigen handwerklichen Arbeit abhielten.

50 Vgl. etwa Nancy M. Tanner, *Der Anteil der Frau an der Entstehung des Menschen. Eine neue Theorie der Evolution* (1982), aus dem Englischen von Susanne Höbel und Maja Ueberle-Pfaff, München 1997.

51 Es ist ebenjene Triangulation, die beim Export von Techniken in nichtsäkulare Gesellschaften zu dem Problem führt, wie man die aufklärerische Wertkompo-

derts, die implizit auf einem normativen Verhältnis von Technik und Geschichte fußen. Sei es das Konzept des »technischen Fortschritts«, das der »technischen Revolution« oder auch das des Technikpessimismus oder -optimismus: Stets geht es um den zugrunde gelegten Entwurf eines historisierbaren Subjekts, das eine bessere Zukunft entwirft, welche sich entweder durch Technik mit erfüllen kann oder durch Technik verunmöglicht wird.

Max Scheler hat zu Recht hervorgehoben, dass der Homo Faber bislang ausschließlich naturalistischen Geschichtsdeutungen aufsitzt. Hinzu kommt, dass ein Grund der oben markierten, blinden Flecken im Konzept des Homo Faber – der ontische Status der Erfindung, die Bedeutung des Heimwerkens – in der häufigen Verwechslung von »Technik« und »Technologie« (vor allem im Angelsächsischen) liegt, wobei Letztere als das zugrunde liegende Wissen von den Techniken und technischen Sachsystemen verstanden wird, das objektiv vorzuliegen scheint und nicht mehr subjektiv erschlossen werden muss; ein Wissen, das seit geraumer Zeit vorwiegend systemtheoretisch, aber kaum historisch analysiert wird. Technischen Fortschritt kann es aber ohne die Annahme eines geschichtlichen Fortschritts und eines historisierbaren Subjekts nicht geben, da der *logos* der Technologie eine historische Dynamik hat, die sich auch im Menschen als technologische Bedingung sinnstiftend wiederfinden muss.

Wir erinnern uns an den mittelalterlichen Begriff des *inter-esse*, dem anthropologischen Schwebezustand des Menschen zwischen den Sphären der Immanenz und Transzendenz, in dem auch das Technische angesiedelt war. Technik wies stets auch ein sakrales Element der Verherrlichung Gottes im Werk (lat. *opus*) auf. In der aufklärerischen Abkehr von sowohl Schöpfungs- als auch Heilsgeschichte wurde dieser Zustand neu bestimmt, wobei die Natur von etwas göttlich Gegebenem und Wundersamem zu etwas technisch Verstehbarem (Organismischem, Mechanistischem) wurde und womit die klare Antithetik von Natur/Technik verloren ging bzw. teilweise in die von Leben/Technik sowie Natur/Geist überführt wurde. In diese Konstellation fügt sich auch die aufklärerische Geschichtsphilosophie.

nente von der reinen Funktionalität des Artefakts trennen kann. Dieses Problemfeld manifestiert sich z. B. in den umfassenden Zensurbemühungen des Internets in China und den arabischen Golfstaaten.

Immanuel Kant ging davon aus, dass wir ein legitimes *Bedürfnis* danach haben, die Naturgesetzlichkeit mit der menschlichen Freiheit zu vereinen. Ich möchte es als ein »Interesse« bezeichnen. Vermittelt wird diese Vereinigung über die Kategorie der *Zweckmäßigkeit*, die ein begriffliches Prinzip der reflektierenden Urteilskraft ist. Letztere bezieht sich sowohl auf die Kausalität der theoretischen Vernunft (mit der Natur verhandelt wird) als auch auf die Sittengesetze der praktischen Vernunft (mit denen Moral verhandelt wird). Angewandt auf die Geschichte, ergibt sich daraus, wie Axel Honneth[52] prägnant ausführt, für Kant ein heuristischer Leitfaden, mit dessen Hilfe die Kontingenzen der Menschheitsgeschichte in Form einer Fortschrittsthese eingeebnet, geordnet und mit einer Richtung versehen werden. Jene in der *Kritik der Urteilskraft* (§ 83) vertretene These des Fortschreitens fußt auf einer Natur, die nicht nur (organismisch) im Hinblick auf Zwecke interpretiert werden kann, sondern die die menschlichen Zwecksetzungen ihrerseits *ermöglicht* – als Möglichkeiten der Bedürfnisdisziplinierung und als Möglichkeiten der Erweiterung der mentalen »Geschicklichkeiten«. Resultat ist eine Natur als Scheinsubjekt, die die übergeordnete Absicht hat, dem Menschen kontinuierlich die Möglichkeit zu geben, »sich selbst überhaupt Zwecke zu setzen«.[53] Es ist das Ziel der praktischen *Freiheit*, das die Natur letztlich mit dem Menschen anstrebt.[54] Dabei muss die Natur sowohl objektiv als widerständig als auch subjektiv als ermöglichend verstanden werden. Dies ist, wenn man so will, die *raumzeitliche Dialektik der Natur*, ohne die kein lernender und zivilisatorischer Fortschritt zu denken ist.

Extrapolieren wir diese Einsichten nun auf die Technik (als Artefakt), zu der sich Kant nicht explizit äußert,[55] so kann sie für

52 Axel Honneth, »Die Unhintergehbarkeit des Fortschritts«, in: ders., *Pathologien der Vernunft*, Frankfurt/M. 2007, S. 9-27.

53 Immanuel Kant, *Kritik der Urteilskraft*, Werkausgabe Bd. X, hg. von Wilhelm Weischedel, Frankfurt/M. 1968, S. 389 [B 391].

54 Verwirklichen kann sie sich nur in einer Rechtsordnung, die auf den Weltbürger abhebt. Vgl. Honneth, »Die Unhintergehbarkeit des Fortschritts« (wie Anm. 52), S. 13, mit Bezug auf Immanuel Kant, »Idee zu einer allgemeinen Geschichte in weltbürgerlicher Absicht«, in: ders., *Schriften zur Anthropologie, Geschichtsphilosophie und Pädagogik 1*, Werkausgabe Band XI, hg. von Wilhelm Weischedel, Frankfurt/M. 1964, S. 31-50; hier S. 39 ff. [A 395 ff.].

55 Allerdings erörtert Kant die Möglichkeit, ob es einen »künstlichen Naturbegriff«

diesen Fortschritt einerseits ein nur zweckinstrumentelles Mittel im geschichtlichen Verlauf sein (technischer Fortschritt) im Sinne einer vorläufigen Bedürfnisbefriedigung. Andererseits kann sie aber auch über die vermittelnde Kategorie der Zweckmäßigkeit als die eigentliche Kontinuitätsbedingung des Prozesses der Menschheitsgeschichte gesehen werden, die in der technomorphen Natur (*als ob* sie zweckmäßig strukturiert wäre) bereits eingeschrieben ist und nur noch entäußert zu werden braucht. In diesem Sinne wäre das Frühere das weniger Zweckmäßige und das Spätere dasjenige, in dem die Zweckmäßigkeit hin auf das Ziel der Freiheit immer mehr zunimmt. Nur in dieser rückwärtsgerichteten Fortschrittsperspektive ergibt es Sinn, entwerfend und gestaltend nach vorne zu sehen.[56] Das gegenwärtig Technische wäre dann stets nicht zweckmäßig genug für die Zukunft und das Ziel der Freiheit. Vor diesem geschichtsphilosophischen Hintergrund, der zum existentiellen Grundgefühl der Angst beiträgt,[57] wird das technische Dasein individuell verhandelbar.

In dieser Innovationsperspektive, wie ich sie nennen möchte, muss also die Natur stets als objektiv noch widerständiger (als Problematik) und subjektiv als noch ermöglichender (als Kreativität) verhandelt werden, damit der Aufklärungsgedanke weiterhin sinnvoll sein kann. Dieses immer stärkere Auseinanderklaffen ist die Krux der technologischen Bedingung der Gegenwart, in der die Natur im eigentlichen Sinne *unüberwindbar* bleiben muss. Denn die Natur ist als Grundlage einer historischen Verwirklichung der Vernunft konzipiert.

Die Vorgängigkeit und Unüberwindbarkeit der Natur wird vor allem in Kants *Idee zu einer allgemeinen Geschichte in weltbürgerlicher Absicht* deutlich, wo er die »ungesellige Geselligkeit« des Menschen zur »Triebfeder« des historischen Fortschritts macht:

> Der Mensch will Eintracht; aber die Natur weiß besser, was für seine Gattung gut ist: sie will Zwietracht. Er will gemächlich und vergnügt leben; die Natur will aber, er soll aus der Lässigkeit und untätigen Genügsamkeit

geben kann. Vgl. Pauline Kleingeld, *Fortschritt und Vernunft*, Würzburg 1995, S. 129-131.

56 Vgl. Honneth, »Die Unhintergehbarkeit des Fortschritts« (wie Anm. 52), S. 26 f.

57 Vgl. den ersten Abschnitt »Das technische Daseins als Vergegenwärtigung der Mitte«.

hinaus, sich in Arbeit und Mühseligkeiten stürzen, um dagegen auch Mittel auszufinden, sich klüglich wiederum aus den letztern heraus zu ziehen. Die natürlichen Triebfedern dazu, die Quellen der Ungeselligkeit und des durchgängigen Widerstandes, woraus so viele Übel entspringen, die aber doch auch wieder zur neuen Anspannung der Kräfte, mithin zu mehrerer Entwickelung der Naturanlagen antreiben, verraten also wohl die Anordnung eines weisen Schöpfers [...].[58]

Die »ungesellige Geselligkeit« des Menschen ist der Mechanismus des sozialen Konflikts, der der Menschheit die Rang- und Statuskämpfe innerhalb der Gesellschaft ermöglicht und sie zu Höherem antreibt. Metaphorisch keineswegs zufällig gefasst als »Triebfeder«, beinhaltet jene natürliche Kraft und Gesetzmäßigkeit wie auch technische Zweckmäßigkeit und den Status des Hergestelltseins.

Kant argumentiert hier auf der Gattungsebene und setzt die Menschen von den friedliebenden Schafen ab. Es ist aber genau jene Denkfigur der Abgrenzung vom Sozialleben des Tiers, die – später eingedenk des Darwinschen Gedankenguts – etwa in den Schriften von Spengler und Gehlen dazu führte, dass der Mensch ein instinktverarmtes, einsames Raubtier im Existenzkampf ist, das Waffen und Werkzeuge zum Überleben herstellen muss. Durch die so in den Vordergrund gerückten technischen Mittel und den Fokus auf ihre Zweckmäßigkeit für das reproduktive *Überleben* anstatt für das gedeihliche *Zusammenleben* treten die zu setzenden Zwecke des Technischen und die naturgegebene Möglichkeit zur Zwecksetzung im Dienste des übergeordneten Ziels der Freiheit in den Hintergrund.

Allerdings bleibt das Technische als ein *Geschichtszeichen*, das Auskunft über frühere Zwecke gibt, wenn man einen hermeneutischen Zugriff anwendet. Denn Kant benötigt für sein Fortschrittsmodell auch die Bedingung eines generationsübergreifenden Lernprozesses, der sich nach Kant über »Geschichtszeichen« entwickelt.[59] Geschichtszeichen haben eine Schwellenfunktion, da sie bezüglich moralischer Errungenschaften Spuren im sozialen Gedächtnis hinterlassen. Diese bilden für die Menschen der Gegen-

58 Kant, »Idee zu einer allgemeinen Geschichte in weltbürgerlicher Absicht« (wie Anm. 54), S. 38 f. [A 394 f.].

59 Immanuel Kant, »Der Streit der Fakultäten« (1798), in: ders., *Schriften zur Anthropologie, Geschichtsphilosophie und Pädagogik 1*, Werkausgabe Band XI, hg. von Wilhelm Weischedel, Frankfurt/M. 1964, S. 261-393, hier S. 357 [A 142].

wart eine Rechtfertigungsgrundlage dafür, weshalb man hinter diese Errungenschaften nicht zurückfallen darf.[60] Aus dieser wichtigen Einsicht erklären sich etwa die Zunahme von technischen Museen und die gesteigerte Wertschätzung von Antiquitäten in postindustriellen Gesellschaften. Erst angesichts des ›Alten‹ wird nicht nur das ›Neue‹ (die Innovation) als solches verstehbar, sondern auch die Kontinuität des technischen Fortschritts als ein wertgeleiteter Prozess, in den das Subjekt kulturell eingebettet ist.

Zu den kantischen Geschichtszeichen gehören demnach sowohl die vorliegenden Artefakte und Tatsachen, die als Leitbilder für Neuentwürfe dienen, als auch die Werte und Zwecke, die in sie eingeschrieben sind, und nicht zuletzt auch die Natur selbst, weil sie im umfassenden Sinne die Modellierungen des Technischen ermöglicht (als Material, als Form, als Struktur, als ermöglichendes Medium, als Reproduktionsmittel usw.). Erst aus dem historischen Bewusstsein des Homo Faber, in einer technisierten Welt zu leben, die seine Ahnen bereits gestaltet haben, erwächst die Gelassenheit, mit der etwas Neues ausprobiert werden kann, was sich nicht auf die Lösung unmittelbarer Probleme beziehen muss.

Deshalb übernimmt das eingangs geschilderte *Ausprobieren*, das passivische Auf-sich-zukommen-Lassen im manuellen Umgang mit den Dingen, eine wichtige Vermittlungsfunktion zwischen Vorstellung und Herstellung, zwischen deduktivem und induktivem Vorgehen beim technischen Handeln. Das aufmerksame Ausprobieren schult den *Scharfsinn*, mit dem man Merkmale einer Sache trennt und letztlich zu deutlicheren Begriffen gelangt. Sennetts »Geist des Handwerks« meint deshalb eine produktive Vorstellungskraft, die sich manuell ausprobiert und die Sinne schärft und die, was Sennett nicht hervorhebt, auf die Bedingungen des Herstellenkönnens reflektieren muss, um das gegebenenfalls Herzustellende nicht nur verstandesgemäß, sondern vernunftgemäß zu erfassen. Jene Bedingungen umfassen mehr als nur das Handelnkönnen, sie beinhalten auch die historischen Bedingungen des Herstellens und Hergestelltseins. Für die Technikphilosophie bedeutet dies als Konsequenz: Der Hinweis auf *Künstlichkeit* und *Herstellung* gehört zu

60 Jene Steigerung der Einsichtsfähigkeit ist, wie Kant in der »Idee zu einer allgemeinen Geschichte in weltbürgerlicher Absicht« (wie Anm. 54), S. 44 [A 403] schreibt, in Wirklichkeit ein zutiefst diskontinuierlicher Prozess (so auch Honneth, »Die Unhintergehbarkeit des Fortschritts« [wie Anm. 52], S. 26).

den notwendigen praktischen Bedingungen des Technischen, die argumentativ noch vor der Zweckinstrumentalität ansetzen und sich nicht nur von der *Vorstellung* realisierend abstoßen, sondern Vorstellungen auch ermöglichen. Diese Konstellation wird im mittelalterlichen Begriff des Handwerkers (lat. *artifex*) noch plastisch. Die Vorstellung markiert die theoretische, geistige Ideationsbedingung und kann sich sowohl im Wunsch wie auch im Willen zum Technischen zeigen. Es wäre allerdings falsch bzw. es offenbarte lediglich ein Relikt religiösen Denkens vom göttlich verursachten Einfall oder Witz (lat. *ingenium*), wenn wir die Technik rein idealistisch als Bewusstseinserweiterung fassten und die praktische Komponente daran ignorierten, wie der von (lat.) *ingenium* abgeleitete Begriff des »Ingenieurs« nahelegt. Dessen Fokus auf Einmaligkeit und Genialität kontrastiert den langsamen, sich durch stete Reflexion und soziale Praxis vergewissernden Geist des Handwerkers. Denn die jeweilige Vorstellung ist durch die gegenwärtigen, praktisch auszuprobierenden Möglichkeiten, die den Rahmen des Vorstellbaren[61] liefern und bis in die Geschichte zurückreichen, bestimmt. »Die Langsamkeit der Zeit im Handwerk ist eine Quelle der Befriedigung«, wie Sennett betont.[62] Kurz: Im Ausprobieren als Reflexion der technologischen Bedingung und Vergewisserung des technischen Daseins verschmelzen Hermeneutik und Heuristik (Findekunst) und erfinden gegebenenfalls etwas Vernünftiges, das Gegenstand der Herstellung sein kann.

Nähme man diese Einsicht ernst, so ließe sich eine technikidealistische Position (u. a. Ernst Kapp, Ernst Cassirer) mit einer technikmaterialistischen Position (u. a. Karl Marx) womöglich versöhnen. Allerdings ist in dieser etwaigen Aussöhnung noch kein Hinweis enthalten, ob die Gattungsgeschichte des Menschen als natürliche oder kultürliche interpretiert wird, d. h., ob der Mensch schon von Anfang an ein mehr oder weniger technisches Dasein hatte. Diese Leerstelle wird in anthropologischer Hinsicht bedeutsam, wenn der individuelle Techniker sich auch als Gattungswesen Mensch verstehen soll, das von Anfang an im Zwischenraum zwi-

61 Cassirer verwendet in diesem Zusammenhang den Ausdruck »Plastizität« als »innere Beweglichkeit« der Technik. Vgl. Ernst Cassirer, »Form und Technik« (wie Anm. 45), S. 60.

62 Sennett, *Handwerk* (wie Anm. 1), S. 391, Aus dieser Befriedigung entsteht auch der Stolz auf die eigene Arbeit.

schen Immanenz und Transzendenz des Technischen schwebt und Zwecke setzt.

Die Biologisierung der technologischen Bedingung als mittelfristiges Problem

Ich habe versucht, das Konzept des Homo faber dahingehend zu problematisieren, dass die Natur im Dienste der Aufklärung nie ganz als durch Technik überwindbar gedacht werden darf. Um sich selbst als Subjekt einer Aufklärung zu verstehen, darf weder die menschliche Natur vollständig auf die Tiernatur zurückgeführt noch die Natur in ihrer Gänze als bedingungslos zweckmäßig, d. h. als Maschine, verstanden werden. Die moderne Biotechnik, unterlegt mit einem evolutionsbiologischen Fortschrittsmodell, die genau diese zwei Tendenzen für sich verbürgt und die ermöglichenden Bedingungen der organismischen Natur, das Wachstum und Werden, ihrerseits technisch zu optimieren versucht, ist deshalb eine gewisse Bedrohung für das aufklärerische Verhältnis von Technik und Geschichte. Denn durch die Biofaktisierung schwebt der Mensch nicht mehr qua Technik im ortlosen *inter-esse*, in dem er seine Bedürfnisse und Gestaltungswünsche artikuliert und Zwecke sowie Ziele setzt, welche sich in den Artefakten als einem Gegenüber spiegeln und die Reflexion über Selbst- und Weltverhältnisse anleiten könnten.[63] In Biofakten sind die Zwecke nicht nur ideell, sondern materialiter verinnerlicht. Menschen könnten so langfristig zur biotechnisch festgestellten Tiermaschine gemacht werden, die keiner eigenen Reflexion von Zielen und Zwecken mehr bedarf. Denn das Biotechnische, das kein eindeutiges Werk hinterlässt, ist nicht im *inter-esse* angesiedelt, sondern erzwingt eine physisch strukturierte Mitte, die es nicht mehr subjektiv auszuhandeln gilt. In Heideggers Worten: »Die neuzeitliche Biologie und der Biologismus vollends sind die Wesensfolge der Technik als dem metaphysischen Grundgefüge des Seienden. Die wesentliche Zerstörung, die im Aufkommen des Biologismus liegt, sofern er jede Möglichkeit eines Erfahrens des Da-seins untergräbt.«[64]

63 Käthe Meyer-Drawe, *Menschen im Spiegel ihrer Maschinen*, München 1996, S. 154.

64 Martin Heidegger, *Leitgedanken zur Entstehung der Metaphysik, der neuzeitlichen Wissenschaft und der modernen Technik*, GA Bd. 76, Frankfurt/M. 2009, S. 305.

Wenn die Technik nicht mehr äußerlich ist und eine zweckhafte Natur entäußert, dann wird die Natur nicht mehr nur für sich, sondern auch *an sich* zweckmäßig konzipiert. Dadurch büßt auch die menschliche Natur das geistige Potential zur Freiheit ein, weil die Entgegensetzung Natur und Geist – bzw. (mit Scheler) Leben und Geist – aufgehoben wird: das naturgegebene Vermögen, individuell anders sein und anders handeln zu können. Das Technische wird dabei in den erzeugt-gezeugten Biofakten auf merkwürdige Weise unsichtbar. Gründe für das technische Handeln erscheinen in jenen wachsenden Semi-Artefakten lebensweltlich nur noch als biologische Ursachen, womit ein Verlust an Verantwortungszuschreibung einhergeht. Hinzu kommt, dass es seit der Verschmelzung der Konzepte Natur und Darwinismus keine ordnende Instanz mit (guten) Absichten mehr gibt, die die Zweckhaftigkeit der organismischen Natur als Identitätsbedingung eines historischen Fortschritts hin zum Guten in Anschlag bringen könnte und in der der Mensch das Maß aller Dinge sein kann. Im Darwinismus wird der Zweck der Anpassung ohne eigentliche Teleologie verfolgt; es könnte stets auch anders sein. Was früher für den Organismus zweckmäßig war, muss es heute nicht mehr sein.[65] Der Fortschritt evoziert sich nicht mehr aus dem menschlichen Begehren, sondern aus Kaskaden des Zufalls. In diesem Sinne arbeitet die Biotechnik zusammen mit der Nano- und Neurotechnik an einer biologischen Verinnerlichung der Zweckmäßigkeit an und für sich. Die entstehenden Biofakte, die ihre Technizität nicht zeigen, verunmöglichen somit die hermeneutische Komponente der technologischen Bedingung (die Selbstreflexion eingedenk des historisierenden *logos* der Technologie), wenngleich sie die heuristische Komponente (das Ausprobieren mit dem biologischen Material vor der Herstellung neuer Organismen) noch beinhalten – zumindest im Labor der Expertinnen und Experten.

So wird im biofaktischen Zugriff der Mensch überwiegend selbst zum Technischen und verinnerlicht auf physische Weise die Zwecke, die er und sie sich *nicht selbst* gesetzt haben, sondern ein Biotechniker oder -mediziner, der die Wissenskomponente des *logos* der technologischen Bedingung für sich beanspruchen kann. In lebensweltlicher Perspektive scheint sich dann die eige-

65 Vgl. Kleingeld, *Fortschritt und Vernunft* (wie Anm. 55), S. 129 ff.

ne Zweckhaftigkeit einem funktionalistischen Gattungsprozess zu verdanken, der das Ziel einer immer perfekteren Anpassung an die Umwelt verfolgt, aber kein eigenes Ziel mehr hat. Um in diesem technologisch geronnenen Verständnis noch technisch steuern zu können, müssen sowohl das Individuum als auch die Umwelt immer kontrollierbarer zugerichtet werden. In Konsequenz ist es immer weniger das Artefakt, das als ein zu reflektierendes Gegenüber für die Zwecksetzungen des eigenen Lebens dient, sondern die biotechnisierte Lebenswelt und der biotechnisierte Mitbürger, der kontinuierlich auf seine verbleibende Natürlichkeit und verborgene Technizität, also auf die ›Echtheit‹ seiner Existenz, befragt wird. Dieser übergreifende Zweifel beeinflusst auch das gemeinschaftliche Leben, weil das Individuum kontinuierlich im Hinblick auf seine zweckmäßige Angepasstheit für das Überleben der Gesellschaft exponiert wird. Menschen können sich dann eher als Teil einer Züchtungsgeschichte verstehen, in der die – nun metaphysisch aufgeladene – Natur selegierend mitgespielt hat, denn als Teil einer Artefaktgeschichte, die sie selbst gestaltet haben und in der etwas Äußeres aus guten Gründen kreativ hergestellt wurde.

Als Konsequenz gelangen die biologischen Grenzen des Individuums, unter Einschluss seiner Produktiv- und Reproduktivkraft, stärker in den Blick des technischen Zugriffs denn je: das Alter (*Anti-Aging*-Techniken), die Psyche (Psycho- und Neurotechniken), die individuelle Fortpflanzung (assistierte Zeugungstechniken), auf der Gattungsebene auch die Optimierung des Menschen (Eugenik/Euphänik).[66] Dieser Befund knüpft an eine jüngere Traditionslinie an, in der die Technik, mit Arnold Gehlen, eine Komplementarität, Steigerung oder gar Überwindung der Natur bewerkstelligen soll, wobei Natur praktisch doch das Primäre und auch das Finale bleibt. Die Versuche der Gegenwart, die Natur wieder mit dem Unkontrollierbaren (»Naturkatastrophe«), Risikobehafteten und Kreativen zu identifizieren, können auch als Versuche gelesen werden, das Konzept des Homo faber zu stabilisieren: die Betonung einer ambivalenten Auffassung von Natur als Widerständigem *und* Ermöglichendem.

Es ist der menschliche Spagat zwischen der biologischen Tiernatur und dem Geistig-Metaphysischen, den u. a. Jürgen Habermas

66 Vgl. Jürgen Habermas, *Die Zukunft der menschlichen Natur. Auf dem Weg zu einer liberalen Eugenik*, Frankfurt/M. 2001.

mit den zwei Polen »Naturalismus« und »Religion« verdeutlichte und als Befindlichkeit des gegenwärtigen Bürgers der (Post-)Industriegesellschaften diagnostizierte.[67] Dabei handelt es sich um einen Bürger, der zu müde für die hermeneutische Reflexion seiner Herkunft und Zukunft geworden ist. Man kann es als eine mittelalterliche Rekursivität sehen, das Technische einerseits auf eine – nun darwinistisch überformte – Schöpfungsgeschichte zurückzuwerfen, andererseits es als Teil einer Heilsgeschichte der *perfectio* zu überhöhen, womit die technologische Bedingung der Gegenwart und der eigene Standpunkt unreflektiert bleiben. Eine Chance sehe ich dennoch darin, den anthropologischen Schwebezustand des *inter-esse* nicht nur als Technik-ermöglichende Ortlosigkeit des Menschen wiederzuerinnern, sondern ihn als einen historisierbaren Modus der Zeitlichkeit für die Reflexion der technologischen Bedingung neu zu entdecken.

Für den Konnex von Geschichts- und Technikphilosophie ist es daher wichtig, die *Mitte*, d.h. die Gegenwart, nicht als einen Punkt zu begreifen, sondern ihrerseits als hermeneutisches *Mittel.* Es ist nicht so, wie Zygmunt Bauman mit Verweis auf Gillian Rose schreibt, dass in der Mitte »die Potentialität zurechtgeschnitten wird und gerinnt«.[68] Denn die Mitte ist im hermeneutisch-historischen Zugriff kein Punkt, sondern ein kontinuierlicher Zustand, in dem das Verhältnis von Potentialität und Aktualität des Technischen jeweils neu verhandelt wird, aber in Ansehung von bereits getroffenen Zwecksetzungen und hinterlassenen Wissensbeständen sowie deren Materialisierungen. Dabei werden Ursachen des technischen Zivilisationsprozesses, die vormals Gründe waren, mit neu zu verhandelnden Gründen in Bezug gesetzt. Diese Immanenz des Technischen wird als technische Erfahrung kontinuierlich vergegenwärtigt, und zwar ausprobierend und herstellend auch in praktischer Hinsicht, in der Mitte zwischen *beiden* Händen. Dabei ist die eine Hand meist herstellend, die andere aber haltend und

67 Jürgen Habermas, *Zwischen Naturalismus und Religion*, Frankfurt/M. 2004.

68 Zygmunt Bauman, »Zerbrochene Leben, zerschlagene Strategien«, in: ders., *Flaneure, Spieler und Touristen. Essays zu postmodernen Lebensformen*, Hamburg 1997, S. 119-169, hier S. 119. Mit Hinweis auf Gillian Rose, *The Broken Middle. Out of our Ancient Society*, Oxford 1992. Für die Diskussion dieser Texte danke ich Jörg Dürrschmidt, Kassel.

abstützend. Das koordinative Zusammenspiel beider Hände,[69] die für sich allein genommen jeweils prozessual nach vorne und nach hinten weisen, generiert die Mitte des technischen Handelns und damit dessen Gegenwärtigkeit.

Zusammenfassend lässt sich festhalten, dass die Mitte also nicht nur »mit dem Fluch eines niemals endenden Anfangs« kämpft,[70] sondern dass die Mitte auch die Feststellungen und Vorstellungen der Alten versammelt und sie zur Disputation stellt. Allerdings gelingt dies nur, wenn die Technik ein Äußerliches bleibt. Das Biotechnische hinterlässt, aufgehoben im Körper, kein äußeres Materialisat, das als Technisches noch erkennbar wäre. Es kann daher kein *Geschichtszeichen* mehr sein.

Allenfalls unter starken Zusatzannahmen kann der Charakter des Geschichtszeichens auch auf die Biotechnik angewandt werden: Angesichts einer lebendigen und eindeutig äußerlichen Natur, mit der wir uns zwar ontologisch noch verbunden fühlen, aber in der wir keine anthropomorphisierbare Tiernatur erkennen, wie im Falle von Pflanzen, kann das Biotechnische auch als Geschichtszeichen fungieren. Dies geschieht etwa, wenn wir alten Obstsorten den Vorzug geben, obgleich diese im Allgemeinen kleiner und schädlingsanfälliger sind als ihre biotechnisch hergestellten Nachfahren.[71]

Für alle den Menschen wesentlich betreffenden Biotechniken gilt aber: Die Gattung Mensch wird selbst zum Geschichtszeichen einer Naturgeschichte, die keinen Anlass mehr zum individuellen und gesellschaftlichen Lernen aus der Geschichte bietet, weil sie keinen Grund des Disponierens und Gestaltens mehr zu erkennen gibt. Verknüpft man ein biologisiertes-technisiertes Gattungswesen Mensch mit einem teleologischen Geschichtsverständnis, das unreflektiert auf der Kategorie einer zweckhaften »Natur« aufbaut, so wird der Möglichkeitsraum, in dem Menschen sich selbst und die Technik entwerfen könnten, als immer kleiner wahrgenommen. Die Hoffnung, dass überhaupt etwas der Möglichkeit nach *werden kann*, wird mit einer zweckgerichteten Finalität unterlegt: dass etwas generell zu *etwas Funktionalem* wird. Das Konzept des Homo

69 Vgl. Sennett, *Handwerk* (wie Anm. 1), S. 220 f. und S. 230.

70 Bauman, »Zerbrochene Leben, zerschlagene Strategien« (wie Anm. 68), S. 123.

71 Vgl. Sennett, *Handwerk* (wie Anm. 1), S. 188. Hier wird auch der identitätsstiftende Konnex von Lebensmittel und Heimat hervorgehoben.

Faber hat dem Vorschub geleistet, weil es Natur als einen organologischen Möglichkeitsraum interpretiert hat, in dem Zwecke bereits angelegt sind. Nun wird der Homo Faber durch die biotechnischen Resultate teilweise selbst aufgehoben. In einer biologistischen Lesart, die durchaus mit einer idealistischen Lesart verträglich ist, würde der Homo Faber nur dasjenige herstellend entäußern, was ihm schon organologisch vorgegeben ist. Dadurch werden auch die Zwecke des Technischen biologisiert und konterkarieren die übergeordneten Ziele (z. B. die Freiheit, die Gerechtigkeit), die kontextfrei im ortlosen Raum einer nicht näher spezifizierten Geschichte zu schweben scheinen. In diesem Kurzschluss liegt gegenwärtig das größte Hindernis für eine hermeneutische Herangehensweise, weil ein biologischer Funktionalismus den Möglichkeitsraum vorzugeben scheint, in den das biotechnisierte Individuum nicht geworfen, sondern hingestellt wurde.

Deshalb ist vom Individuum der biotechnischen Gegenwart einerseits eine konstante Zunahme an *Sinnlichkeit* gefordert, sich der Unverfügbarkeit und Nichttechnizität der Ermöglichungsbedingungen des Biotechnischen zu vergewissern, und andererseits eine Zunahme an *Urteilskraft*, die die scheinbar biologisch-natürlichen Ursachen in eine aus guten Gründen an die Natur herangetragene Zweckhaftigkeit zurücktransformiert. Dafür bedarf es wiederum einer gesellschaftlichen Kommunikation des Wissens über die technische Eingriffsmöglichkeit in Lebewesen und über die Wünschbarkeit der sich daraus ergebenden Anwendungen.

Ansonsten fragt sich das Individuum lediglich, ob es selbst die Potentiale für die extern vorgegebenen Zwecke innehat, deren übergeordnetes Ziel – die Freiheit – jedoch kaum mehr öffentlich artikuliert wird und daher aus dem Blick gerät. Dies geschieht vor dem Hintergrund eines prognostisch gefühlten Mangels, der zur Zeit mehr im Biologisch-Psychischen als im Materiellen geahnt wird, obgleich die mahnenden Stimmen zu den Grenzen des Wachstums im Hinblick auf materiale und energetische Ressourcen seit den 1970er Jahren in einem Crescendo anschwellen. Dass die Angst vor der eigenen Erschöpfbarkeit größer ist als die vor der äußeren Natur, ist bemerkenswert. Das »erschöpfte Selbst«[72] ist aber nicht nur wegen der zunehmenden Psychologisierung des

72 Vgl. Ehrenberg, *Das erschöpfte Selbst* (wie Anm. 26).

Selbst (Alain Ehrenberg), der Flexibilisierung der Arbeit und der Überforderung durch Institutionen (Richard Sennett) erschöpft, sondern auch, weil es sich selbst im evolutorischen Wettbewerb mit den Vertretern seiner Gattung wähnt und diesem Verlauf scheinbar nicht entrinnen kann. Nicht einmal mehr die Technik bietet Hilfe, weil die Technik bereits verinnerlicht ist oder zu sein scheint. Die Interpretation des Gattungsgeschehens greift so psychisch und physisch auf das Individuum über. Für die biologisch »Fitteren«, die mit den biologisch »Jüngeren« konvergieren, ist es subjektiv vielleicht sogar ein Trost, das eigene technische Dasein nicht mehr reflektierend verhandeln zu müssen – ein Trost, der mit zunehmendem Alter abnimmt und ein »ungelebtes Leben« hinterlassen kann.

Alexander R. Galloway
Black Box, Schwarzer Block

Unter allen Revivals der letzten Jahre – einer Zeit, in der das Revival als solches ausgeklügelt bis zur Parodie ist – ist das Comeback Hegels am merkwürdigsten, wenn auch nicht für diejenigen, die selbst zu ihm beigetragen haben. Hegelianismen jedweder Form und Größenordnung finden sich heute überall, von Catherine Malabous beflissener Rekonstruktion der »plastischen« dialektischen Umformungen bis zum hysterischen Antimaterialismus Slavoj Žižeks und seiner Beschwörung des unausweichlichen Bandes zwischen der »bestimmten Negation« und dem »ganz Anderen«, aus dem für ihn der Terror proletarischer Macht entspringt. Bietet nicht Woody Allens Figur Alvy Singer in *Annie Hall* die perfekte Zusammenfassung von Žižeks politischem Projekt: *Okay, ich bin ein Eiferer, aber für die Linke!* Oder der unbeirrbare Hegelianer Alain Badiou, der alles auf das Sein als reinen Formalismus setzt, der sich ausschließlich im Ereignis realisiert, in der absoluten Trennung vom Zustand der Situation.

Nur die Hegelsche, nicht die marxistische Dialektik ist in der Lage, so sauber an ihren Ursprung zurückzuschnellen, indem sie im Kern behauptet, die *Aufhebung** sei immer schon und für alle Zeit Spektralisierung und nicht Vermittlung im Allgemeinen gewesen oder, anders gesagt, die letzte Wahrheit der Hegelschen Dialektik sei Geist und nicht Negation oder Werden oder dergleichen praktisch Mechanisches. Die Negation wird also im Zuge der Synthese viel eher *widerrufen* als überwunden. Hier liegt *eine* Möglichkeit, die derzeitige geistige Landschaft mit ihren vielen widerrufenen Materialismen und ihren zahlreichen Konzepten zu verstehen, die vor der Sache zurückschrecken und deshalb nichts zur Sache tun.

So kehrt denn die Frage immer wieder: Ist die Dialektik Mittel und Medium oder beweist sie die absolute Unmöglichkeit jeder Art von Vermittlung? Welche Stellung nehmen das Undurchschaubare, die Negation, die dunklen Ecken des Seins ein, die kaum je in das

* Im Original Deutsch.

dialektische Werden aufgenommen, ja strategisch aus ihm ausgeschlossen werden?

Wo stehen wir jetzt? In einem Essay von 2001 spricht das französische Verfasserkollektiv Tiqqun von einer »kybernetischen Hypothese«. Dort heißt es, dass »das Bild des Steuerns, das heißt des Managements, am Ende des 20. Jahrhunderts zur Hauptmetapher geworden ist, um nicht nur die Politik, sondern jede menschliche Tätigkeit zu beschreiben«.[1] Nach Auffassung von Tiqqun stellt die kybernetische Hypothese ein riesiges Experiment dar, das nach dem Zweiten Weltkrieg in den überentwickelten Ländern begonnen hat und nun dabei ist, den ganzen Planeten in den Strudel einer undurchdringlichen Logik der Verwaltung und Verschaltung hineinzuziehen. »*Die kybernetische Hypothese* ist also eine politische Hypothese, eine neue Fabel [...]. [Als solche] schlägt sie vor, die biologischen, physischen und sozialen Verhaltensweisen als voll und ganz programmiert und neu programmierbar zu betrachten.«[2] Interessant ist dieser Essay weniger in seiner Beschreibung des ausgehenden 20. Jahrhunderts, der Beschreibung einer kybernetischen Gesellschaft, die immer mehr zum Normalfall geworden ist. Interessant ist vor allem, wie das Verfasserkollektiv die angemessene politische Antwort auf eine solche Hypothese beschreibt. Die Autoren sprechen von Dingen wie Panik, Rauschen und Interferenz. Sie schlagen Gegenstrategien wie Hypertrophie und Wiederholung vor, oder sie raten dazu, wie sie selbst sagen, »*andere* Protokolle auszuführen«.[3]

Diese Anweisungen enthalten indes immer eine strategische Unklarheit, die Tiqqun hier als »unsichtbare Revolte« bezeichnet. »Sie ist unsichtbar, weil sie aus Sicht des imperialen Systems unvorhersehbar ist«, schreiben sie und preisen die Tugenden von Dunst und Nebel: »*Nebel ist der bevorzugte Vektor der Revolte* [...] *Der Nebel macht die Revolte möglich.*«[4]

Unsichtbarkeit ist in der politischen Theorie kein neues Kon-

1 Tiqqun, *Kybernetik und Revolte* (2001), aus dem Französischen von Ronald Voullié, Zürich, Berlin 2007, S. 17 (Übers. verändert E. H.).

2 Ebd., S. 13 (Hervorh. i. O.).

3 Ebd., S. 83 (Hervorh. A. G.).

4 Ebd., S. 97, S. 114 f. (Hervorhebung i. O.); vgl. auch Tiqquns Konzept des »menschlichen Streiks« insbesondere im Text »Comment faire?«, *Tiqqun* 2, Paris 2001, S. 278-285.

zept. Mir geht es hier jedoch um eine ganz bestimmte Art von Unsichtbarkeit, um eine bestimmte Art der Schwärze, die begonnen hat, die kybernetischen Gesellschaften zu durchdringen; ferner möchte ich betonen, dass diese Schwärze nicht einfach ein Effekt kybernetischer Gesellschaften, sondern vielmehr eine ihrer notwendigen Voraussetzungen ist.

Die Black Box: ein undurchsichtiges technisches Gerät, für welches lediglich die Inputs und Outputs bekannt sind. Der Schwarze Block: eine Taktik der Anonymisierung und Massenbildung, oftmals dem militanten Flügel der Linken zugeschrieben. Irgendwie kommen diese beiden im ausgehenden 20. Jahrhundert zusammen. Gibt es dafür einen Grund?

Schließen Sie ihr Notebook – was sehen Sie? Eine glatte, undurchsichtige Außenhülle, unter der sich eine komplexe elektronische Maschine birgt und verbirgt. Ist der Deckel geschlossen, gibt es wenig zu interagieren. Öffnen Sie ihn, schließen Sie ihn, nichts weiter. Öffnen Sie ihn wieder und sehen Sie, wie sich die Situation umgekehrt hat: Nunmehr konkav, ist die äußere Oberfläche der Maschine nicht mehr undurchsichtig und glatt, sondern mit Tasten und Anschlussbuchsen gespickt, mit Lautsprechern und Rastern, Kasten und Fenstern, Reglern, Menüs, Clicks, Drags und Taps. Einmal geöffnet, verlangt der Kasten nach Berührung; er ist da, um manipuliert zu werden, um *Interfaces* herzustellen.

Es gibt zwei Arten von Black Box, die erste ist die *Chiffre* [*cypher*] und die zweite die *Funktion*. Mit geschlossenem Deckel ist das Notebook eine Black-Box-Chiffre, mit geöffnetem eine Black-Box-Funktion.

Die Black-Box-Chiffre war weit verbreitet in der Moderne. Marx hat ihre Logik im ersten Band des *Kapitals* in der Beschreibung der Ware sauber analysiert. Die Ware besitzt demnach sowohl einen »rationellen Kern« wie eine »mystische Hülle«. Für Marx ist sie eine nützliche Apparatur, ein Kunstgriff, mobil und immer einsetzbar, wenn die Dialektik in Gang gebracht werden soll. Die Ware ist damit eine Black-Box-Chiffre, aber das gilt auch für den Wert und für die Beziehung zwischen Tausch und Produktion, d. h. also für die Klassenbeziehungen usw., usw. Die Chiffre darüberlegen und dann decodieren: Das ist die Logik von »rationeller Kern, mystische Hülle« in ihrer reinsten Form – unangetastet sind die Erscheinungen der Welt lauter Chiffren und lauter mystische Black Boxes, die auf ihre Dechiffrierung warten, um die in ihnen enthaltene Vernunft (der Geschichte, der Totalität) an den Tag zu bringen.

Die Black-Box-Chiffre ähnelt Leibniz' Monade. Genau wie die Monade besitzt die Chiffre »keine Fenster«. Sie ist ein ummantelter Knotenpunkt und verfügt über keine Konnektivität nach außen. Denken wir noch einmal an das geschlossene Notebook. Die Hülle ist ein Schildkrötenpanzer, der draußen halten soll, was draußen, und drinnen halten soll, was drinnen ist. Ebendies gilt sicherlich auch für die Ware, aber es gilt auch für das Zeichen, das Spektakel und all die anderen Kulturphänomene, die sich nach der Warenlogik richten und nach ihr modelliert sind. Die Interiorität, die Innerlichkeit, der Innenraum ist alles, Schnittstellen nach außen sind nur beschönigende Köder, Schnörkel für die, die solche Tröstungen brauchen.

Das ist aber nur die eine Hälfte der Geschichte, die jahrzehntelang recht gut funktioniert hat, die aber ergänzt werden muss, und zwar ganz einfach weil die Produktionsweise selbst eine andere geworden ist, mit neue Anforderungen, neuen Systemen und tatsächlich auch ganz neuen Waren.

Könnte sie sprechen, würde die Black Box heute in etwa sagen: Schließen wir uns an die lärmige, verrauschte Sphäre an, in der sich alles auf der Oberfläche und für jedermann sichtbar abspielt, denn sie ist das Feld der Produktion, an deren Schwelle bereits unzählige Mantras der neuen Ökonomie enkodiert sind. »Tu das, was sich gut anfühlt«, »Geh, berühre jemanden«, »Zier dich ruhig«, »Sei nicht böse«.

Gerüstet mit einer breiten Palette an Fenstern und Tasten ist die Monade keine Monade mehr. Sie ist nach wie vor die alte Chiffre, nur besitzt sie nun ein Interface. Sie ist ein ummantelter Knotenpunkt, dessen externe Konnektivität einem strengen Management unterliegt. Denken wir daran, wie eine Funktion in einer Computersprache abläuft, oder an ein API (Application Programming Interface, eine Anwendungs-Programmierschnittstelle) oder an einen Netzwerkanschluss. All diesen Technologien ist die Vorstellung gemeinsam, dass es Sichtbarkeit geben soll, jedoch nur eingeschränkt und unter der Kontrolle spezifischer Handlungs- und Ausdrucksgrammatiken.

Die gedanklichen Ursprünge des Konzepts der Black Box gehen zwar auf Marx und das 19. Jahrhundert zurück, der Begriff selbst indes gelangt erst in den 1940er Jahren eigentlich in den Diskurs, und zwar über den militärischen Technikslang. Auf der Suche nach den Ursprüngen der Black Box erinnert Philipp von Hilgers an das Jahr 1940 und die Schlacht um England, insbesondere daran, wie seinerzeit im Rahmen der sogenannten *Tizard Mission* technische Geheimnisse außer Landes gebracht wurden. Als diplomatische Notfallmission im Krieg erreichte die *Tizard Mission* am 12. September 1940 Washington, D. C.; mit sich führten die Beteiligten in einer schwarzen Metallkiste ganz entscheidende Technik. Die Hoffnung war, amerikanische Wissenschaftler würden ihren britischen Verbündeten bei der Entwicklung neuer kriegsentscheidender Technologien unterstützen.[5] Innerhalb dieser Black Box befand sich eine weitere Black Box, das Magnetron, eine kleine Röhre zur Erzeugung elektromagnetischer Schwingungen im Mikrowellenbereich, die in Radaranlagen eingesetzt werden konnte und die in den zurückliegenden Jahren statt einer durchsichtigen Glasumhüllung eine undurchsichtige – daher Black Box – Kupferummantelung erhalten hatte.

Im kleinen Maßstab betrachtet, war das Magnetron eine Black Box, die das Radar der Alliierten flexibler machte; im größeren Maßstab gesehen, war jedoch die kriegerische Konfrontation selbst ein veritables Back-Box-Theater, in dem feindliche Objekte und Botschaften abgefangen wurden und zu decodieren waren. Die neuen Wissenschaften Behaviorismus, Spieltheorie, Operations Research und die schon bald so genannte Kybernetik schufen eine neue Black-Box-Epistemologie. Diese Epistemologie ersetzte die Jahrzehnte, wenn nicht Jahrhunderte zurückreichenden Traditionen der kritischen Analyse, in der Objekte isoliert oder von ihrer Umhüllung befreit wurden, um ihre innere Funktionsweise erkennen zu können, ein Vorgehen, das von Descartes' Methodentraktat über die Kritikkonzeptionen von Kant und Marx bis hin zu Freuds Ergründung des Ichs maßgeblich war. An ihre Stelle trat ein neuer

5 Philipp von Hilgers, »Ursprünge der Black Box«, in: Philipp von Hilgers, Ana Ofak (Hg.), *Rekursionen. Von Faltungen des Wissens*, Berlin 2009, S. 127-145. Eine detaillierte Untersuchung zu den Ursprüngen und Ergebnissen der Kybernetikforschung in Amerika bietet Peter Galison, »Die Ontologie des Feindes. Norbert Wiener und die Vision der Kybernetik«, aus dem Amerikanischen von Michael Hagner und Jean-Michel Brouhé, in: Hans-Jörg Rheinberger, Bettina Wahrig-Schmidt, Michael Hagner (Hg.), *Räume des Wissens. Repräsentation, Codierung, Spur*, Berlin 1997, S. 281-324.

Erkenntnisansatz, der kein Eindringen in das Objektinnere mehr verlangte, sondern vielmehr das Objekt in seiner Opakheit beließ und Urteile nur auf der Grundlage seines beobachtbaren Verhaltens fällte. Das Subjekt des Behaviorismus ist also, kurz gesagt, ein Black-Box-Subjekt. Der Knotenpunkt eines kybernetischen Systems ist ein Black-Box-Knoten. Der rationale Akteur eines spieltheoretischen Szenarios ist ein Black-Box-Akteur.

Warren McCulloch beschreibt bei einer Sitzung in Princeton im Winter 1943/44, an der unter anderem auch Norbert Wiener und Walter Pitts teilnahmen, die Black Box wie folgt:

> [Wir] sollten uns über die zweite von zwei hypothetischen Black Boxes Gedanken machen, die die Alliierten von den Deutschen erbeutet hatten. Keiner wusste, was er zu tun hatte oder wie er es tun sollte. Die erste Box war geöffnet worden und dabei explodiert. Beide Boxen besaßen bezeichnete Ein- und Ausgänge. Die unvergesslich formulierte Frage lautete nun: ›Das hier ist die Maschine des Feindes. Sie müssen immer herausfinden, was sie tut und wie sie das macht. Was sollen wir also tun?‹[6]

Kampfflugzeuge enthielten oft Technologien wie Radar, die dem Feind nicht in die Hände fallen sollten. Um das zu verhindern, wurden derartige Vorrichtungen oft mit Selbstzerstörungsmechanismen ausgestattet. Wenn also McCulloch in diesem theoretischen Szenario sagt, die erste Black Box sei explodiert, bezieht er sich auf die Auslösung dieses Selbstzerstörungsmechanismus. Die zweite Box war noch intakt, und es war absolut nicht absehbar, ob man in den Besitz weiterer Boxes gelangen würde, mit denen man würde experimentieren können. Man konnte also nicht versuchen, das Innere der zweiten Box zu untersuchen, da auch sie explodieren konnte. Alles, was man über diese zweite Box in Erfahrung bringen wollte, musste man demnach aus nichtinvasiver Beobachtung gewinnen. Die Selbstzerstörungsmechanismen verboten die Öffnung des feindlichen Objekts. Die Box musste geschlossen bleiben. Sie musste schwarz bleiben, eine Black Box. Man hatte sich ausschließlich auf die Oberfläche mit ihren Ein- und Ausgängen zu konzentrieren.

Das ist natürlich bloß eine von vielen historischen Vignetten. Im Laufe der Entwicklung dieses neuen epistemologischen Rahmens,

6 Warren McCulloch, »Recollections of the Many Sources of Cybernetics« (1969), in: *ASC Forum* 6, Nr. 2 (Sommer 1974), S. 5-16; hier S. 12 (Übers. R. A.).

den Peter Galison im Anschluss an Norbert Wiener als »manichäische Wissenschaften« und Tiqqun als »kybernetische Hypothese« bezeichnet (Kybernetik, Operations Research, Behaviorismus, neuronale Netzwerke, Systemtheorie, zelluläre Automaten, Spieltheorie und verwandte Disziplinen), wurde immer deutlicher, dass es sich bei der Black Box nicht bloß um eine vereinzelte Vorrichtung handelte. Die Black Box wurde zu einem konstitutiven Element dafür, wie Entitäten und Systeme von Entitäten vorgestellt und konzipiert wurden. »[D]ie kybernetische Philosophie [ist] auf die Undurchsichtigkeit des Anderen gebaut«, schreibt Galison. »In dieser Weltsicht sind wir tatsächlich wie eine Black Box mit Input und Output und ohne Zugang zum Innenleben – weder zu unserem noch zu dem der anderen.«[7]

Es handelt sich also heute nicht mehr nur um die Black Box des Feindes, sondern um das »Blackboxing« des Selbst und sämtlicher Knotenpunkte in einem Netzwerk der Interaktion. Die Maschine des Feindes ist mehr als eine Vorrichtung in einem deutschen Flugzeug. Wir selbst sind diese Maschine: der Angestellte eines Callcenters, ein Kartenlesegerät an einem Kontrollpunkt, eine Software, eine Gensequenz, ein Klinikpatient. Die Black Box ist keine Chiffre mehr, die ihrer Entschleierung und Decodierung harrt; sie ist eine Funktion, die voll und ganz durch ihre In- und Outputs definiert ist.

Bedeutet das den Tod von Freud und Marx, den Tod der Hermeneutik überhaupt? Zumindest kann man sagen, dass sich der Kreis des Marxschen Warencharakters inzwischen geschlossen hat. Wir haben es nicht mehr mit Marx' berühmtem rationellen Kern in mystischer Hülle zu tun, sondern mit einer ganz neuen Wirklichkeit: *einer rationellen Hülle und einem mystischen Kern*, denn unsere Haut ist schon tätowiert, unsere Hüllen sind Tastaturen, unsere Oberflächen sind interaktive Schnittstellen, die selektiv Durchgänge vom absolut sichtbaren Außen zum absolut undurchsichtigen Innen gestatten. Die Hülle ist rationell, auch wenn der Kern ganz und gar unlesbar bleibt. Diese neuen Black Boxes werden als *Funktionen* bezeichnet, da sie nichts weiter als ein Mittel zur Verbindung von Input und Output sind; sie artikulieren lediglich ihre äußere Grammatik und schließen ihr Inneres in eine Black Box

7 Galison, »Die Ontologie des Feindes« (wie Anm. 5), S. 311.

ein. Die Computerfachleute sprechen hier ebenso stolz wie korrekt von einer Technik der »Verdunkelung« [*obfuscation*].

Zu den als Funktion zu begreifenden Black Boxes gehören der Computer, das Protokoll-Interface, Datenobjekte und Code-Verzeichnisse. Der RFC-950-Standard zum Subnetting formuliert diesen Grundsatz recht gut: »[J]eder Host betrachtet sein Netzwerk als Einzelentität, d. h., das Netzwerk lässt sich als Black Box behandeln, mit der eine Gruppe von Hosts verbunden ist.«[8] Dieses neue industrielle Szenario legt größten Wert auf die Schnittstelle, während das Innere keine besondere Rolle spielt. Dabei geht man natürlich davon aus, dass sich alles an seinem Platz befindet und betriebsfähig ist. Diese Black Boxes besitzen ein rein funktionales Sein ohne Wesen oder transzendentalen Kern.

Darum muss die Logik von Marx' berühmter Anweisung, »in die verborgenen Stätten der Produktion« hinabzusteigen, genau umgekehrt werden. Noch einmal und etwas anders formuliert: Es geht nicht mehr darum, die Black Box durch Decodierung auszuleuchten, sondern vielmehr darum, sie durch Programmierung zu funktionalisieren. Um hier ganz klar zu sein: Die Existenz der neuen schwarzen Stätten der Produktion von den mittelamerikanischen Montagebetrieben bis hin zu den PC-Arbeitsplätzen soll nicht ignoriert werden. Vielmehr sind diese schwarzen Stätten integraler Bestandteil der neuen industriellen Infrastruktur. Es geht aber um die Beschreibung der qualitativen Verschiebung in der Natur der Produktion und, vielleicht noch wichtiger, in der Natur des Verbrauchers, denn erst die Beschreibung dieser neuen strukturellen Beziehung ermöglicht uns, überhaupt von der Struktur der Kritik zu sprechen. War Marx' Abstieg in die verborgenen Stätten der Produktion also eine Allegorie der Kritik als solcher, dann fragt sich, welche Allegorie für die Kritik unserer Gegenwart angemessen wäre. Wenn nicht der Abstieg in die Produktion und nicht die Aufklärung des Verborgenen – welche haltbaren Optionen bleiben uns?

Von den Hörsaalbesetzungen durch Studenten an der New School über die politischen Schriften, die an der University of California kursieren, bis hin zu Tiqqun, dem »Unsichtbaren Komitee«

8 J. Mogul, J. Postel, »Internet Standard Subnetting Procedure«, RFC 950, ⟨http://www.faqs.org/rfcs/rfc950.html⟩, letzter Zugriff 25. 11. 2010.

und vielen anderen Gruppen – überall ist eine neue politische Haltung, ein neuer politischer Block mit einem deutlichen Black-Box-Profil zu beobachten.

Das neue Mantra lautet: *Wir haben keine Forderungen.* Wir streben keine politische Repräsentation an. Wir wollen keine Tarifverhandlungen. Wir wollen keinen Platz am Tisch einnehmen. Wir wollen nicht *sein*, wir wollen raus aus dem *Sein*. Wir haben *keine* Forderungen.

Die Macht hinter dieser Haltung »keine Forderungen« liegt ebendarin, dass über die Macht gar nichts gesagt wird. Stattdessen wird eine vollständige Unterbrechung des Machtkreislaufs über die politische Nichtteilnahme angestrebt. Es wäre ein Fehler, diese Haltung mit den gebräuchlichen Etikettierungen als Zynismus oder Nihilismus abzutun oder sie mit Begriffen wie Staatsmacht versus Terrorismus wegzuerklären. Das ist, wie wir nicht vergessen sollten, die Sprache Lenins, ganz ebenso wie die von Bush, Obama, Sarkozy und all der anderen. Der Schlüssel zu dieser neuen politischen Haltung ist ihr Verzicht, ihr Subtraktivismus in Bezug auf die Dimensionen des Seins.

Stehen wir heute nicht am Ende einer langen Erzählung vom Niedergang, die vor über einem Jahrhundert eingesetzt hat und sich zunächst auf die Verschiebung von der Zeitlichkeit zur Räumlichkeit bezog und nun die Erscheinung bzw. das Erscheinen als solches betrifft? Stellen nicht das 19. und frühe 20. Jahrhundert den Moment dar, in dem die Zeit in das Denken des Westens eintrat, nur um nach dem Zweiten Weltkrieg vom Raum als neuem Gestaltungsprinzip ersetzt zu werden? Daher kann man zunächst von einer Politik und Ästhetik der Zeit sprechen, schon bei Hegel, Darwin und Marx; eine zentrale Stellung gewann sie dann bei Bergson und Heidegger, ja selbst bei Benjamin mit seinem Interesse an der nostalgischen Erinnerung und an der Reproduzierbarkeit; und zentrale Bedeutung genoss sie auch in der Wissenschaft bei Einstein und in den großen Medien um 1900 (wie Kittler sagt), dem Phonographen, dem Kino und all den anderen zeitlich seriell organisierten Aufnahmeapparaten empirischer Inputs. Der anschließende Durchbruch des Strukturalismus bestand dann weniger in der Rekonstruktion der Struktur der Sprache als vielmehr in der Ausarbeitung der Synchronizität als solcher, des Antitemporalen. Diese Entwicklung war so beunruhigend, dass sie nur durch ein gleichwertiges temporales Gegenstück im Diachronischen auszugleichen und wettzumachen war.

Können wir indes für die vorhergehende Phase von der Einführung einer Politik der Zeit sprechen, so leitete die Nachkriegszeit eine neue Politik des Raumes ein. In den 1970er und 1980er Jahren ist dann die Rede von »Situationen« und »Geographien«, von »Territorialisierung« und »Fluchtlinien«, von »Heterotopien« und »anderen Räumen«, von »nomadischen« Wanderungen und »provisorischen autonomen Zonen«, vor allem ausgehend von Henri Lefebvres bahnbrechender Arbeit *Die Produktion des Raumes* aus dem Jahre 1974. Und Jameson war es dann, der davon sprach, dass die Postmoderne keine schlicht historische Periodisierung, sondern buchstäblich die *Verräumlichung* der Kultur darstellt, woran auch seine kürzliche Aufforderung zur Neuerfindung der Dialektik selbst anschließt, der Dialektik nicht als sogenanntem Motor der Geschichte, sondern als Maschine der Räumlichkeit, als »Raumdialektik«.[9]

Dieser dimensionale Subtraktivismus – von der Zeit zum Raum – führt zu einem dritten Schritt: der Politik der singulären Dimension. Im Kern binär angelegt, führt sie die Politik auf die Ein-Aus-Logik von Erscheinen und Verschwinden zurück. Natürlich geht es in allen Periodisierungstheorien jeglicher Couleur ebendarum und nicht so sehr um die Behauptung, die Computer hätten die Macht übernommen. Schon gar nicht geht es hier um die altbekannte ökonomistische Binsenwahrheit, wonach die sogenannte Computerrevolution keinen Aufstieg der Rechenoperation als neuer Speerspitze der industriellen Entwicklung darstellt, sondern viel eher die umfassende Neuausrichtung *aller* Industriebranchen an den neuen digitalen Techniken, die gleichermaßen zur computergerechten Gestaltung von Landwirtschaft, Logistik, Medizin und was immer führt. Entscheidend ist hingegen, dass eine ganz bestimmte Art von Logik (Binarität, Supplementarität, Multiplizität usw.) mit einer bestimmten geschichtlichen Verkörperung der Produktionsweise in Verbindung gebracht wird. Die gleichsam perverse Ironie liegt nun darin, dass die heutige Binarität letzten Endes eine falsche ist. Denn anders als die Nullen und Einsen des Computers mit ihrer grundlegenden numerischen Symmetrie auf der

9 Fredric Jameson, *Valences of the Dialectic*, London, New York, u. a. 2009, S. 66-70.

Ebene der schlichten Arithmetik sind die Binaritäten von Online und Offline so radikal inkompatibel, dass sie sich kaum je überschneiden; ja die »Schnittstelle« zwischen ihnen ist ausschließlich durch die Unmöglichkeit der Koppelung definiert: Der positive Term beinhaltet eine übermäßige Menge an Macht, während dem negativen eine extreme Last der Unsichtbarkeit und Alterität auferlegt ist. Die heutige Politik stellt sich demnach als eine Art wilder »schwarzer Deleuzianismus« dar, in dem die Affirmation der reinen Positivität und die gleichzeitige Bejahung des Multiplen in all seinen Mischformen (Deleuze' univokes Sein als das absolut singuläre Eine, besiedelt von unendlichen Multiplizitäten) dennoch genau zu dem führt, was eigentlich ausgelöscht werden sollte: zu einem strikten Binarismus zwischen uns und denen, zwischen der verkabelten Welt und den dunklen Kontinenten, zwischen Staatsmacht und Terroristen. Die Haltung »keine Forderungen« schlägt all dem direkt ins Gesicht.

Noch einmal die These: Die Politik des neuen Jahrtausends formiert sich als Politik nicht der Zeit oder des Raumes, sondern als Politik der Erscheinung. Nach Debord, Jameson oder Lefebvre zeichnet sich damit eine von Grund auf neue Tagesordnung ab: Virilios *Ästhetik des Verschwindens*, Lyotards *Das Inhumane* oder Lévinas' *Ausweg aus dem Sein*. Statt einer Politisierung der Zeit oder des Raumes beobachten wir eine zunehmende Politisierung der Ab- und Anwesenheitsthematik, der Undurchsichtigkeit und Anonymität oder des Verhältnisses zwischen Identifikation und Lesbarkeit oder der Taktik des Nichtseins und des Verschwindens; wir beobachten neue Auseinandersetzungen um die Prävention, die Therapeutik des Körpers, Piraterie und Ansteckung, digitale Erfassung und die Vergegenwärtigung von Daten (mittels Datamining). Es ist kein Zufall, dass Gruppierungen wie Tiqqun Decknamen für ihre Aktivitäten verwenden. Hier das »Unsichtbare Komitee« zur Überlegenheit der Taktik der Undurchsichtigkeit gegenüber der Taktik des Raumes: »Die Frage des Territoriums stellt sich für uns nicht in gleicher Weise wie für den Staat. Es geht nicht darum, es zu *halten*. Es geht darum, auf lokaler Ebene die Kommunen, die Zirkulationsflüsse und die Solidaritäten lokal derart zu verdichten, dass das Territorium unlesbar und für jede Autorität undurchsichtig wird. Es ist nicht die Rede davon, das Territorium zu besetzen, sondern es zu *sein.*«[10] Ganz eindeutig geht es hier nicht um territoriale »Autonomie« (Hakim Bey) oder um eine Neukonzeption des Raumes (wie bei den Situationisten), sondern viel eher um Undurchsichtigkeit und Unlesbarkeit. Wie McKenzie Wark in seinem ausgezeichneten *Hacker Manifesto* schreibt: Es gibt »noch etwas anderes, etwas, das immer am Horizont des Repräsentierbaren schwebt. Das ist die Frage des Umgangs mit dem Nichtrepräsentierbaren, die Frage der Präsentation nicht verhandelbarer Forderungen. Dies ist Politik als Verweigerung von Repräsentation selbst [...].«[11] Streng und in der Sprache der Ontologie gesagt: Es wurde nicht einfach eine neue »kulturelle Logik« aus der Produktionsweise gewonnen, sondern es geht um die Logik selbst (um eine Logik der Logik), denn die Logik ist die Wissenschaft des Erscheinens, so wie die Ontologie die Wissenschaft vom Sein ist. Und um hier ganz klar und sauber zu formulieren, sollten wir uns von Anfang an vor Augen führen, dass diese neuen digitalen Apparaturen sämtlich nichts anderes als zuallererst Logik-Maschinen sind.

Indem ich von den höheren Attributen abwärts gehe, d. h. von der Zeit zur Ausdehnung (Raum) und von hier zur Ontik (Präsenz/Existenz), lasse ich mich auf die klägliche Wissenschaft der Vorhersage ein, natürlich auf eigene Gefahr. Nach der Ontik kommt folgerichtig die Ontologie. Demnach ist für die nähere oder fernere Zukunft eine neue Politik des Seins zu erwarten, d. h. eine Politik nicht lediglich der Authentizität qua Dauer oder der geschichtlichen Authentizität oder der territorialen Dominanz oder auch eine Politik der Identifikation und Erscheinung, sondern ganz buchstäblich ein neu entdeckter Kampf darum, was ist und was sein kann. Setzen wir an die Stelle des Vorgriffs oder der Vorbeugung [*prevention*] das Vorrecht [*preemption*]. Ersetzen wir das aktivistische Mantra »Keiner ist illegal« durch: »Kein *Sein* ist illegal.« Es geht nicht mehr um Gefechte um die Politik des Körpers (die sich in der überentwickelten Welt mit den windelweichen Affektionismen und ihren Körpermodifikationen und Designermedikamenten in Luft aufgelöst hat), sondern um Auseinandersetzungen über die Politik des Seins. Das wird nicht mehr vergleichbar sein mit

10 Unsichtbares Komitee, *Der kommende Aufstand*, aus dem Französischen von Elmar Schmeda, Hamburg 2010, S. 87.

11 McKenzie Wark, *Das Hacker Manifest* (2004), aus dem Englischen von Dietmar Zimmer, München 2005, S. 234 f.

den kritischen Debatten des 20. Jahrhunderts um die Frage nach Essentialismus und Antiessentialismus, denn der Postfordismus hat diese Debatten ein für alle Mal beendet und uns mit der Frage zurückgelassen, ob wir tatsächlich wollen, was wir herbeigewünscht haben. Es wird eine materialistische Politik geben, so viel ist sicher, aber zugleich werden wir einen immateriellen oder idealistischen Krieg erleben, in dem das alte Gespenst des »Gedankenverbrechens« ganz sicher sein hässliches Haupt wieder erheben wird und in dem wiederum Menschen für Ideen, Formen, Texte, Schriften ins Gefängnis geworfen werden. Ebendas geschieht bereits unter den neuen Regimes des digitalen Copyrights und der aggressiven Durchsetzung immaterieller Eigentumsrechte. Und vielleicht ist die Zukunft ja schon da, wo die »Quellen-Fetischisten« sich bereits überall breitmachen, egal, ob sie nun Verfechter der Open-Source-Bewegung sind oder, wie im Fall der Bioprospektion, tief in den Regenwäldern Amazoniens nach neuem genetischen Quellenmaterial suchen oder bei Amazon nach Konsumentenprofilen graben.

Eine ganz andere Frage ist, was das alles für die Kritik bedeutet. Der bestimmende Faktor der heutigen Dialektik ist weniger der Widerspruch als solcher, auch nicht die Synthese oder die Negation und nicht einmal die Gruppe von Termen, die sich auf das Werden, den Prozess oder die Geschichtlichkeit beziehen; entscheidend ist vielmehr der Aspekt der asymmetrischen Binarität, einer Binarität, die derart schief angelegt ist, dass sie in eine Art verwalteten, polizierten Monismus umschlägt; einer Binarität, die so einseitig ist, dass der unterlegene Term *praktisch gar nicht existiert* und die Synthese zum Trugbild wird, zur bloßen Pseudotechnik, lanciert in der Hoffnung auf spätere Entschädigung, lanciert wie ein kurzfristiges Investment an der Börse. Wie Godard einmal sagte: Das ist kein gerechtes Bild, es ist bloß ein Bild (»*Ce n'est pas une image juste, c'est juste une image*«). Wenn sich also aus der derzeitigen Lage überhaupt eine Lehre ziehen lässt, dann vielleicht diese: *Eine praktische Nichtexistenz* kann einem Sein entspringen, das praktisch nicht existent ist, und dieses subtraktive Sein (n – 1) ist vielleicht heute das Einzige, was der Kapitalismus nicht vereinnahmen kann.

Um zum Schluss zu kommen: Wir werden nicht von einer neuen Schwärze sprechen; wir werden nicht den Aufstieg des Obskuren und den Niedergang des Transparenten billigen. Aber auch das Umgekehrte verdient keine Herabsetzung. Man sollte hier gar keine Entscheidung treffen und stattdessen die Frage stellen: Was ist diese Ewigkeit? Was ist diese Black Box – dieser Schwarze Block –, die die Welt mit Nebel und Dunst, mit Täuschung und Verbrechen erfüllt? Ist sie unser Feind, oder sind wir auf ihrer Seite? Handelt es sich bloß um eine neue Spielart des Nihilismus? – Ganz und gar nicht; es ist die reinste Form der Liebe.

Aus dem Amerikanischen übersetzt von Reiner Ansén

Massimo De Carolis
Technowissenschaften und menschliche Kreativität

Die Technowissenschaften des Menschen

In der europäischen Philosophie fand die kritische Reflexion über die moderne Technik, ihre immer raschere Entwicklung und ihre Auswirkungen auf das menschliche Dasein ihren Höhepunkt um die Mitte des 20. Jahrhunderts, als die eindrucksvollsten Bilder der neuen technischen Errungenschaften deren Reize und Gefahren besonders deutlich veranschaulichten: zur Zeit der ersten Weltraumflüge und der Atombombe. Die neuen Entdeckungen und Erfindungen verkörperten damals, zumindest auf den ersten Blick, ein klassisches Ideal der Moderne: die Beherrschung der Natur durch die Vernunft – und somit durch den Menschen. Das epistemische Korrelat der technischen Entwicklung waren folglich die *Natur*wissenschaften, während die *Geistes*wissenschaften keine wesentliche Rolle spielten. Man sorgte sich zwar um die Auswirkungen der Technik auf das menschliche Leben; diese Ängste rührten jedoch in erster Linie daher, dass sich die neuen Wissensformen – zumindest auf der Ebene der Erkenntnis – auf *alles andere* eher als auf den Menschen richteten, der dadurch in eine fremde Dimension katapultiert zu werden drohte, »in deren Zeitraum allein die modernen Maschinen und Apparaturen sein können, was sie sind«.[1]

Dies hatte zur Folge, dass die kritische Debatte über die Technisierung des Lebens außerhalb jener Wissensbereiche stattfand, in denen die Technisierungsprozesse de facto erfolgten. Schließlich konnte man von der Atomphysik nicht verlangen, dass sie über eine Theorie des Menschen verfügte, oder von der Raumfahrttechnik, dass sie die Auswirkungen ihrer Anwendung auf den gesellschaftlichen Bereich diskutierte. Auf diese Weise bestätigte sich erneut das System von disziplinären Abgrenzungen und Unterscheidungen, das die modernen Wissenschaften von Anfang an charakterisiert hatte – die Unterscheidung zwischen Geistes- und Naturwissenschaften, zwischen der Philosophie und der Wissenschaft in ihrer

1 Martin Heidegger, »Das Wesen der Sprache« (1957), in: ders., *Unterwegs zur Sprache*, Pfullingen 1959, S. 157-216, hier S. 165.

Gesamtheit und sogar zwischen der reinen Wissenschaft und ihrer praktischen Anwendung. Dieses System etablierte sich erneut, obwohl allgemein bekannt war, dass die neuen Technologien Fragen aufwarfen, deren Beantwortung in einem derart schematischen System unmöglich war.

Will man heute diese Debatte wieder aufnehmen, könnte man von der Beobachtung ausgehen, dass sich schon in jenen Jahren die ersten Anzeichen eines neuen technologischen Paradigmas bemerkbar machten, das sich im Lauf der nachfolgenden Jahrzehnte entfalten sollte, während besagte Abgrenzungen und Unterscheidungen hingegen immer mehr an Bedeutung verloren. Das deutlichste Ergebnis dieses Paradigmenwechsels ist die Entstehung dessen, was ich als neue *Technowissenschaften des Menschen* bezeichnen möchte. Damit sind jene Disziplinen und Forschungsbereiche gemeint, die zwar einerseits die enge, für die Naturwissenschaften typische Verbindung von Wissenschaft und Technik aufrechterhalten, ja noch verstärken, sich jedoch zugleich mit einem Gegenstand beschäftigen, der früher den Geisteswissenschaften vorbehalten war, ja sogar deren eigentlichen Forschungsgegenstand darstellte: *die spezifischen Fähigkeiten und Möglichkeiten, die den Menschen als solchen ausmachen.*

Aus Gründen der Einfachheit kann man die neuen Forschungsrichtungen in zwei Pole einteilen, die der traditionellen Definition des Menschen als *animal rationale* entsprechen: die *biologische Technik*, die sich mit dem Menschen als Lebewesen der Art *Homo sapiens* befasst, und die *kognitive Technik*, die sich mit den Ausdrucksformen der menschlichen Rationalität – insbesondere dem Denk- und Sprachvermögen – beschäftigt. Eine solche Zweiteilung dient lediglich der Orientierung und ist aus vielerlei Gründen mit Vorsicht zu genießen. Zunächst darf man nicht vergessen, dass beide Pole jeweils eine Vielzahl von teils stark divergierenden Forschungen und Disziplinen umfassen (zur kognitiven Technik gehören beispielsweise die Künstliche Intelligenz, die kognitive Psychologie, der Großteil der Neurowissenschaften usw.). Zweitens häufen sich, wie zu erwarten, die anspruchsvollsten Innovationen und Projekte genau dort, wo es Berührungspunkte zwischen den Disziplinen aus den beiden Bereichen gibt (in den Neurowissenschaften etwa oder in den direkten Anwendungen der Künstlichen Intelligenz in der Medizin). Schließlich muss betont werden, dass diese Prozesse nicht nur neue Forschungsbereiche wie Informatik oder Genetik betreffen, sondern ebenso ältere, traditionelle Disziplinen und Wissensbereiche, deren Methodik und Zielsetzung sich durch die neuen epistemischen Parameter radikal verändert haben. Die *Medizin* stellt in diesem Zusammenhang das deutlichste Beispiel für eine solche Veränderung dar. Der in wissenschaftlicher Hinsicht vielleicht wichtigste Aspekt dieses Prozesses ist die *Genetisierung*, d. h. die Gleichsetzung der Humanbiologie mit der Genetik, was zur Folge hat, dass jeder bedeutende Unterschied zwischen zwei menschlichen Organismen grundsätzlich auf einen Unterschied der Gene reduziert wird. Eine weitere Abwandlung im medizinischen Bereich – die sich nicht so sehr auf die Qualität der Forschungsergebnisse als vielmehr auf die allgemeine Lebensqualität auswirkt – ist das, was wir als *performative Medizin* bezeichnen könnten. Damit meine ich eine Praktik, bei der die Medizin die traditionellen Grenzen zwischen normalen und pathologischen Zuständen hinter sich lässt und auch, ja sogar vorwiegend *in Normalfällen eingreift*, um präventiv möglichen Störungen vorzubeugen, um Zustände zu stabilisieren, kurz um Möglichkeiten und Leistung zu *optimieren*. Das eindrucksvollste Beispiel dafür finden wir in der Psychiatrie. Dank der neuen Generation der psychotropen Medikamente scheint diese nun überzeugt zu sein, dass »man auf die Natur selbst einwirken kann, hier auf die psychische, und nicht nur auf erbliche Krankheiten [...], die man so gut wie möglich aushalten muss«.[2] Prozac/Fluctin und im Allgemeinen alle Antidepressiva, die auf den Serotoninspiegel einwirken, haben den Weg für das gebahnt, was Peter Kramer provokativ als »kosmetische Psychopharmakologie« bezeichnet.[3] Um diesen Zweig weiter auszubauen, werden mittlerweile selbst ganz normale psychische Zustände wie etwa Schüchternheit umbenannt und als *Social Anxiety Disorder* betitelt. Es ist nur logisch, dass Kramer im Zuge eines allgemeinen Rechts »auf Lebensverbesserung« durch die Einnahme der neuen Medikamente eine Analogie zu anderen bereits weit verbreiteten Praktiken herstellt: der Schönheitschirurgie, der Behand-

2 Alain Ehrenberg, *Das erschöpfte Selbst. Depression und Gesellschaft in der Gegenwart* (1998), aus dem Französischen von Manuela Lenzen und Martin Klaus, Frankfurt/M. 2004, S. 249.

3 Peter Kramer, *Listening to Prozac*, New York ²1997.

lung von Haarausfall oder der hormonellen Substitutionstherapie.[4] In all diesen Fällen wird der medizinische Eingriff nicht durch die Identifizierung einer Pathologie ausgelöst, sondern durch die einfache und neutrale Unterscheidung zwischen mehreren möglichen Zuständen, die durch technisch reproduzierbare Faktoren bedingt sind und mehr oder weniger wünschenswert erscheinen können, ohne dass der eine »gesünder« oder »natürlicher« als der andere wäre. Es gäbe noch eine Menge anderer umstrittener, aber nicht weniger verbreiteter Beispiele (ich denke etwa an die systematischen Anwendung von Dopingmitteln im Sport oder generell von Aufputschmitteln und Drogen, um die Ausdrucks- und Kommunikationsfähigkeit sowie die sexuelle Leistung zu steigern), an denen wir deutlich die Grundzüge eines Programms erkennen, das allen neuen Technowissenschaften gemeinsam ist: Die technische Optimierung soll nicht mehr auf die Produkte menschlicher Tätigkeit oder Arbeit beschränkt sein, sondern direkt auf die menschlichen Fähigkeiten und Leistungen und *die menschliche Natur* im Allgemeinen einwirken.

Vormodern, postmodern

Während sich die wichtigsten Technisierungsprozesse des frühen 20. Jahrhunderts tendenziell noch auf das humanistische Ideal der Beherrschung und Domestizierung der Natur zurückführen lassen, bedeutet das darauffolgende Projekt einer *technischen Optimierung des Menschen* hingegen einen radikalen Bruch mit den Erkenntnis- und Fortschrittsmodellen, die die europäische Moderne bis dahin gekennzeichnet hatten. Dieser Bruch wird sehr gut veranschaulicht durch eine Stelle aus Francis Bacons Schrift *Nova Atlantis* – ein Werk, das sich des rhetorischen Mittels der Utopie bedient und vermutlich die erste Darstellung eines umfassenden technowissenschaftlichen Programms ist. Bacon beschreibt die raffinierten Erfindungen, mit denen Forschung und Technik uns dem *regnum hominis* Schritt für Schritt näherbringen sollen. Die enthusiastische Aufzählung solcher Wunderwerke gipfelt jedoch in der strikten Forderung nach einer Grenze, die in dem ausdrücklichen Verbot

4 Ebd.

besteht, die menschlichen Sinne und Fähigkeiten technischen Manipulationen zu unterwerfen. Ein künstlicher Eingriff in diesem Bereich wäre kein Fortschritt, sondern ein unzulässiges Abweichen vom rechten Weg der Erkenntnis und der moralischen Vervollkommnung.[5]

Die Vorstellung, die Menschheit bilde eine Herde, die man nach bestimmten Regeln und Methoden aufziehen, züchten und selektieren könne, weicht zwar von der humanistischen Einstellung der Moderne ab, ist jedoch in unserer Kultur stark verwurzelt und kann bis zu Platons Mythos vom »Hirtenkönig« zurückverfolgt werden. Michel Foucault widmete bekanntlich die letzten Jahre seiner philosophischen Arbeit jenen Techniken, die die »Menschenführung« zum Ziel hatten und die sich anfangs in der »pastoralen« Macht der Kirche äußerten, dann in verschiedene Phasen von Regierungstechniken übergingen und schließlich ihre natürliche Vollendung in der politischen Ökonomie erreichten.[6] Charakteristisch für diese Regierungstechniken ist nach Foucault ihre Tendenz, die klassischen Tätigkeits- und Anwendungsgebiete der *politischen* Macht zu umgehen. Ihr Ziel ist es zwar, *Menschen* zu regieren, doch betrachten sie die Menschen nicht als juristische Subjekte, sondern als einfache *Lebewesen*, deren biologische Funktionen im Mittelpunkt stehen: Gesundheit, Ernährung und Fortpflanzung. Gegenstand der neuen Technologien sind demzufolge nicht die Völker, sondern die *Bevölkerungen*, die es zu analysieren, zu vermessen und zu verwalten gilt, und zwar gemäß einer Kosten-Nutzen-Rechnung, deren Kriterien – Sicherheit, Wachstum, Wohlstand – eine grundsätzliche politische Neutralität beanspruchen.

Obwohl Foucaults Analyse die neueste technologische Entwicklung nicht mit einbezieht, ist es nützlich, uns an dieser Stelle einige ihrer wesentlichen Aspekte in Erinnerung zu rufen und uns auf diese Weise ein Bild von der Vorgeschichte und der langen Entste-

5 Vgl. Klaus Heinrich, »Mytheninterpretation bei Francis Bacon« (1961), in: ders., *Parmenides und Jona*, Basel, Frankfurt/M. 1982, S. 29-60.

6 Vgl. Michel Foucault, *Geschichte der Gouvernementalität I. Sicherheit, Territorium, Bevölkerung. Vorlesung am Collège de France 1977/1978* (1978), hg. von Michel Sennelart, aus dem Französischen von Claudia Brede-Konersmann und Jürgen Schröder, Frankfurt/M. 2004; sowie Michel Foucault, *Geschichte der Gouvernementalität II. Die Geburt der Biopolitik. Vorlesung am Collège de France 1978/1979* (1979), hg. von Michel Sennelart, aus dem Französischen von Jürgen Schröder, Frankfurt/M. 2004.

hungsgeschichte der aktuellen Technowissenschaften zu machen. Dadurch können wir uns unter anderem von dem Klischee verabschieden, dass sich der technische Fortschritt ohne Schwierigkeiten aus der inneren Logik der Modernisierung ergeben habe, als ein Erzeugnis der neuen Ideen der Philosophen und Wissenschaftler, und dass er reibungslos auf die großen gesellschaftlichen Prozesse übergegangen sei. In Foucaults Szenarium ist die moderne Gesellschaft vielmehr von Anfang an von einer starken Spannung gekennzeichnet: einerseits die *souveräne Macht*, die sich in den politischen Einrichtungen – und natürlich vor allem im Staat – konzentriert; andererseits eine gänzlich anders geartete *Biomacht*, die sich in den Regierungsapparaten niederschlägt und sich zunehmend spezifischer Steuerungstechnologien des Lebens bedient, die mit den souveränen politischen Instanzen zwar eng verflochten sind, deren Logik, Normen und Werte jedoch letztendlich oft umgehen oder neutralisieren. Die eigentliche Wende stellt in diesem geschichtlichen Zusammenhang der Neoliberalismus dar. Er tritt erstmals in der Zeit zwischen den Weltkriegen auf, als die politische Macht durch die bloße Wirksamkeit der Regierungsarbeit legitimiert wird, was die traditionelle Beziehung zwischen Politik und Wirtschaft, die die europäische Moderne von der Antike geerbt hatte, vollkommen umkehrt. Vor diesem Hintergrund entsteht die Idee einer »Politik des Lebens« oder *Biopolitik,* die in den darauffolgenden Jahrzehnten in allen politischen Experimenten der westlichen Welt eine zentrale Rolle spielen wird: von den totalitären Systemen bis zur Sozialdemokratie und den aktuellen Formen des Liberalismus.

In diesem Zusammenhang kann die Geschwindigkeit, mit der die Technowissenschaften des Menschen das heutige Leben verändern, als eine weitere Etappe dieses Evolutionsprozesses gesehen werden, die durch die zunehmende Anpassung der biopolitischen Machtstrukturen an einen neuen technologischen Standard erfolgt, welcher bis vor Kurzem mit einem Begriff – *Kybernetik* – bezeichnet wurde, der schon aufgrund seiner Etymologie auf Kontrolle und Regierung verweist.[7] Das Wort Kybernetik mag zwar außer

7 Bereits Heidegger ahnte in seinen späten Schriften die Wichtigkeit dieses Begriffs und die zentrale Rolle, die die Kybernetik im damals entstehenden Projekt einer *technisch* geleiteten Vereinigung der wissenschaftlichen Disziplinen spielen sollte (vgl. hierzu vor allem Martin Heidegger, »Zur Frage nach der Bestimmung der

Mode gekommen sein, doch tendiert das aktuelle technologische Paradigma nach wie vor dazu, Leben und Technik auf der Basis desselben Prinzips zu vereinen, mit dem Wiener 1948 die »Regelung und Nachrichtenübertragung im Lebewesen und in der Maschine« durch einen einzigen Parameter quantifizieren zu können glaubte.[8] Die Grundidee dabei ist, dass Leben und Technik dasselbe Idealziel verfolgen: die Optimierung der *Fitness*, die durch die Korrelation zwischen Organismus und Umwelt definiert wird. Auf diese spekulative Prämisse müssen wir uns konzentrieren, wenn wir ermessen wollen, wie stark dieses umfassende Eingreifen in die menschliche *Natur* unser *Dasein* als Menschen mittlerweile konditioniert. Die Perspektiven, die sich daraus ergeben, sind, wie ich im Folgenden zeigen möchte, zutiefst ambivalent, nicht immer vorhersehbar und alles andere als linear.

Die Ambivalenz der Technowissenschaften

Um die gesellschaftlichen Auswirkungen des neuen technologischen Paradigmas zu ermessen, sollten wir es in jener Dimension betrachten, die die Systemtheorie als *Interpenetration* der sozialen und der psychischen Ebene definiert: dort, wo die großen Systeme, die gesellschaftlichen Netze und Codes direkt mit den Trieben und psychischen Mechanismen des Einzelnen interagieren. Wenn auch auf unterschiedliche Art und Weise, so üben die neuen Technowissenschaften doch eine steigende Anziehungskraft auf die beiden Pole dieser Dialektik aus (die Individuen sowie die großen sozialen

Sache des Denkens« [1965], in: ders., *Reden und andere Zeugnisse eines Lebensweges*, Gesamtausgabe (GA) Bd. 16, Frankfurt/M. 2000, S. 620-633). Die Tatsache, dass er die »Kybernetik« – in ihrer weitesten Auffassung – als Vollendung der europäischen Philosophie präsentierte, widerspricht jedenfalls der verbreiteten Meinung, wonach Heidegger die Möglichkeit eines Dialogs und einer konstruktiven Auseinandersetzung mit den neuen Technowissenschaften prinzipiell ausschloss. Es bleibt dahingestellt, ob sein Denkansatz tatsächlich in der Lage war, eine solche Auseinandersetzung einzuleiten. Anderseits stellt sich aber die Frage, ob in den 1960er Jahren die Voraussetzungen für einen solchen Dialog überhaupt gegeben waren.

8 Norbert Wiener, *Kybernetik. Regelung und Nachrichtenübertragung im Lebewesen und in der Maschine* (1948), aus dem Amerikanischen von Egbert H. Serr, Düsseldorf, Wien 1963.

Systeme), was zur Folge hat, dass ihre Ambivalenz noch mehr akzentuiert wird.

Für die komplexen Netzwerke, die in der globalen Gesellschaft die Interaktion von politischer und ökonomischer Macht regeln, stellen die Technowissenschaften des Menschen eine konkrete Möglichkeit dar, nach und nach auf die ganze Bandbreite der menschlichen Fähigkeiten einzuwirken, indem sie auf einer elementaren Ebene operieren, auf der biologische, kognitive und kommunikative Fähigkeiten noch zu einem einzigen Strang gebündelt sind. Diese Fähigkeiten können so in *potentielle Ressourcen* verwandelt werden, deren *optimalen* Einsatz die Technik quantifiziert und programmiert, wobei sie ihn jeweils den Erfordernissen des Marktes und der Flexibilität der Produktionsformen anpasst. Es ist vielleicht kein Zufall, dass der Ausdruck »menschliche Ressourcen« in den letzten zwanzig Jahren so stark an Bedeutung gewonnen hat: Die neuen Technologien versprechen, die »menschlichen Ressourcen« so lange zu erweitern, bis sie sich mit der menschlichen Existenz in ihrer Gesamtheit decken. Es wäre jedoch naiv, bloß auf die »entmenschlichenden« Aspekte der Technik hinzuweisen, ohne zugleich ihr Faszinationspotential zu erkennen. Dem Individuum wird die Perspektive eröffnet, *unbeschränkt* auf sich selbst zugreifen zu können und so die eigene Identität völlig frei zu konstruieren und zu modifizieren. Das Thema der Transsexualität liefert das vielleicht augenfälligste Beispiel für dieses unerwartete Zusammenspiel von technischen Möglichkeiten und individuellem Freiheitswunsch, doch die postmoderne Gesellschaft bietet eine reiche Auswahl an raffinierten, auch weniger extremen Varianten dieser neuen biopolitischen Allianz. Man denke nur an den Sport, wo der Wunsch nach Verbesserung der eigenen Leistung den einzelnen Athleten in ein lebendiges Laboratorium verwandelt, in dem die verschiedensten Technologien ausprobiert werden. Der jüngste Fall von Oscar Pistorius, dem körperlich behinderten Leichtathleten, der mit Hilfe von zwei Prothesen aus Titan sprintet, veranschaulicht diese Thematik besonders gut.

Wie man sieht, sind sowohl der Anspruch der gesellschaftlichen Apparate auf Steuerung als auch der Wunsch der Individuen, kreativ zu handeln, gleichermaßen – wenn auch auf unterschiedliche Art und Weise – an der technologischen Innovation interessiert. Obwohl sie nach rein logischen Gesichtspunkten antithetisch sind, treten diese Pole nicht nur selten in Konflikt, sondern verflechten und überschneiden sich stattdessen meist, was zu überraschenden Ergebnissen führen kann. In Jonathan Franzens Roman *Die Korrekturen* – um ein Beispiel aus der Literatur heranzuziehen – wird einer der Protagonisten von seiner jungen Geliebten in den Konsum einer stark aphrodisierenden Droge eingeweiht. Später entdeckt er, dass dieselbe Substanz seiner Mutter seit Monaten als Antidepressivum verschrieben wird. Oder denken wir an Ritalin, ein Medikament, das in den 1990er Jahren großzügig hyperaktiven Kindern und Jugendlichen verschrieben wurde, bis man anhand von Studien feststellte, dass das gleiche Medikament unter Jugendlichen als Droge konsumiert wurde. Generell muss dieser Aspekt sehr ernst genommen werden, weil die Überschneidung zwischen den Interessen der großen biopolitischen Netze und den intimsten Passionen der Individuen für das kritische Denken, das stets von einem Interessenkonflikt der beiden Pole ausgegangen war, etwas vollkommen Neues und Unerwartetes war. Der Niedergang der Protestbewegung, der Ende der 1980er Jahre einsetzte, könnte seine Gründe nicht zuletzt auch darin haben, dass die Verflechtung zwischen sozialen Systemen, technowissenschaftlicher Entwicklung und den Illusionen und Träumen von Millionen von Menschen, die sich nach einer Neuerfindung ihrer individuellen Identität sehnen, falsch eingeschätzt wurde.

Trotz der vielen Veränderungen, die in der Zwischenzeit stattgefunden haben, könnte man deshalb sagen, dass das aktuelle Szenario denselben Grundzug aufweist, der bereits vor Jahrzehnten die Aufmerksamkeit der schärfsten und unbestechlichsten Beobachter auf sich gezogen hatte: Damit meine ich die tief verwurzelte *Zweideutigkeit* der von der technologischen Entwicklung ausgelösten Prozesse, auf die sich auch Heidegger in seinem berühmten Aufsatz aus dem Jahr 1953 bezieht, in dem er die Hölderlin-Verse zitiert: »Wo aber Gefahr ist, wächst / Das Rettende auch«.[9] Gerade diese Zweideutigkeit der laufenden Prozesse hat zur Folge, dass sich alle prinzipiellen und moralischen Urteile über die neuen Technowissenschaften als dem Verständnis der Dinge unangemessen und auf der praktischen Ebene als unwirksam erweisen. Sinnvoller wäre es deshalb, das neue technowissenschaftliche Paradigma gleichsam

9 Martin Heidegger, »Die Frage nach der Technik« (1953), in: ders., *Vorträge und Aufsätze*, Stuttgart [11]1994, S. 9-40, hier S. 39.

von innen her zu untersuchen, um eventuelle Schwachstellen aufzuspüren und auf diese Weise die Zweideutigkeit zumindest teilweise zu überwinden.

Bisher habe ich mich ausschließlich auf gängige wissenschaftliche Praktiken bezogen, einen Bereich, in dem jede erfolgreiche Erfindung darauf abzielt, einen einzelnen Aspekt der menschlichen Natur auf ein Modell der Interaktion zwischen System und Umwelt zu beziehen, das es erlaubt, ›optimale‹ Varianten auszuwählen, zu reproduzieren und zu verstärken. Wenn wir aber von diesen Optimierungsprozessen, die sich meist auf unwesentliche Aspekte beziehen, absehen und unsere Blicke auf grundsätzliche anthropologische Probleme richten, wird die Sache schon wesentlich komplizierter. Obwohl es im Laufe der letzten Jahrzehnte zahlreiche Ansätze gab, die Phänomene, die traditionell von den Geisteswissenschaften behandelt wurden (etwa kulturelle und politische Prozesse, religiöse Riten, Kunstformen), einem naturalistischen Paradigma zu unterwerfen, und obwohl Qualität und Komplexität dieser Ansätze sich durchaus gesteigert haben (wie z. B. im Fall der früheren Soziobiologie, die durch die Impulse der Entwicklungspsychologie und der Kognitionswissenschaft grundlegend erneuert wurde), ist die Forschung auf diesem Gebiet nie wirklich über die guten Absichten hinausgekommen: Es gibt bis heute kein einziges kulturelles Phänomen, das durch die Anwendung naturalistischer Parameter tatsächlich verständlicher geworden wäre.

Natürlich kann man für diese lange Verzögerung kontingente Ursachen finden, die mit der Zeit gelöst werden können. Mindestens ebenso wahrscheinlich ist es jedoch, dass wir es hier mit einem *grundsätzlichen* Problem zu tun haben. Es ist nämlich denkbar, dass die für das menschliche Lebewesen spezifische Beziehung zur Welt eine Komplexität aufweist, die die aktuellen Theorien und Techniken aus *logischen* Gründen nicht erfassen können und die mit dem ›kybernetischen‹ Paradigma in all seinen Varianten unvereinbar ist. Wenn wir uns dieser Hypothese anschließen, kommen wir zu dem Schluss, dass die Technowissenschaften bald vor einem Dilemma stehen werden: Entweder sie leugnen oder umgehen diese Komplexität, um ihr Paradigma aufrechtzuerhalten, oder aber sie erkennen gerade in diesem problematischen Knoten ihr eigentliches Forschungsthema, was jedoch bedingen würde, dass sie ihren theoretischen Ansatz so lange justieren, bis er dem Gegenstand tatsächlich gerecht wird. Von der Entscheidung, welche dieser Alternativen gewählt wird, könnte es abhängen, ob die neuen Wissensformen sich in Zukunft in den Dienst einer angemessenen, nicht reduktiven Konzeption des spezifisch Menschlichen zu stellen vermögen, und dadurch könnte nicht zuletzt auch die Ambivalenz, die die technische Entwicklung bisher geprägt hat, langsam eingedämmt werden.

Im nächsten Abschnitt werde ich versuchen, diese Lesart zu vertiefen, insbesondere durch die Hypothese, dass der Knotenpunkt, um den es hier geht und bei dem die historische Definition der Technowissenschaften des Menschen in Frage gestellt wird, ganz wesentlich mit einem Thema verknüpft ist, das auch in der Politik eine ausschlaggebende Rolle spielt, und zwar mit der *Kreativität*, die dem Handeln und der Sprache des Menschen innewohnt.

Von der Freiheit zur Kreativität

Das Thema *Kreativität als Grundzug der menschlichen Natur* wurde im Lauf der letzten Jahrzehnte insbesondere von Noam Chomsky aufgenommen, der sich dabei explizit auf das bezieht, was in der modernen Philosophie normalerweise als das Problem der *menschlichen Freiheit* bezeichnet wird.[10]

Im Folgenden werde ich zeigen, dass die lexikalische Verschiebung von *Freiheit* zu *Kreativität* tiefer gehende Konsequenzen hat, als es auf den ersten Blick scheinen mag. Beginnen wir mit der Überlegung, dass nach dem klassischen Ansatz der Moderne, wie er in der *Kritik der praktischen Vernunft* sein Paradigma findet, zwischen der *Kausalität*, die die natürlichen Prozesse kennzeichnet, und der *Freiheit*, die den Bereich des Geistes bestimmt, eine klare ontologische Trennungslinie gezogen war. Die Freiheit des Menschen musste deshalb jeder empirischen Forschung prinzipiell fremd und »völlig unbegreiflich« erscheinen.[11] Der Begriff »Kreativität« hingegen soll nun einen *empirischen* Tatbestand darstellen, der im sprachlichen und praktischen Verhalten der Menschen

10 Vgl. Noam Chomsky, »Language and Freedom« (1970), in: James Peck (Hg.), *The Chomsky Reader*, New York 1987, S. 139-156.

11 Vgl. Immanuel Kant, *Kritik der praktischen Vernunft*, hg. von Karl Vorländer, Hamburg 1990, S. 8 [A 13]. Kant spricht wörtlich von der »völlige[n] Unbegreiflichkeit« des Begriffs der Freiheit.

objektiv feststellbar ist und mit dem sich jede ernst zu nehmende Theorie des Menschlichen auseinandersetzen muss, selbst wenn sie rein naturalistische Kriterien verwendet – und sei es nur, um die eigene Unzulänglichkeit gegenüber diesem Gegenstand festzustellen. Dasselbe Argument, das seinerzeit zur Spaltung von Natur- und Geisteswissenschaften geführt hatte, würde somit innerhalb des neuen Paradigmas jene »Naturalisierung des Geistes« rechtfertigen, an dem sich die gesamte heutige Forschung orientiert. Es ist nun unumgänglich, diese empirische Evidenz sorgfältig zu definieren und auf diese Weise zu vermeiden, dass sie bei einem unergiebigen Prinzipienstreit in den Hintergrund gerät.

Der springende Punkt des Problems scheint zu sein, dass die spezifisch menschlichen Fähigkeiten, die mit Sprechen und Handeln verbunden sind, über die kontingente Situation *prinzipiell* hinausgehen, wobei »Situation« hier die Gesamtheit der inneren und äußeren Faktoren meint, die als *Ursachen* betrachtet werden können. In Anlehnung an Descartes beschreibt Chomsky die empirische Evidenz in dem Sinne, dass die Menschen »angeregt«, aber nicht *gezwungen* werden können, etwas zu tun.[12] Die gleiche Evidenz lässt sich – etwas vorsichtiger – auch folgendermaßen formulieren: Die Tatsache, dass ich etwas Bestimmtes sage oder tue, beruht immer auf der Voraussetzung, dass ich auch *etwas anderes hätte tun können*. Diese Voraussetzung spielt eine entscheidende Rolle, wenn es darum geht, den *Sinn* meiner Handlungen und Aussagen zu bestimmen, und zwar sowohl innerhalb meiner subjektiven Erlebnisse als auch im Rahmen der gesellschaftlichen Kommunikation. Eine Aussage oder eine Handlung als *Sinneinheit* zu behandeln bedeutet also, sie stillschweigend in den Kreis der anderen Möglichkeiten zu stellen, die an ihrer Stelle hätten stehen können. Bei allen spezifisch menschlichen Äußerungen besteht das Problem darin, dass die Anzahl dieser Möglichkeiten unweigerlich unbestimmt und virtuell *unbegrenzt* ist. Darin liegt nach Chomsky das Spezifische an der menschlichen Sprache, was sie von jedem anderen in der Natur existierenden Zeichensystem unterscheidet: die in ihr angelegte Fähigkeit, eine unbegrenzte Anzahl an Aussagen zu generieren, die dazu führt, dass wir auf jede neue Situation auf unvorhersehbare und kreative Weise reagieren können.

12 Vgl. Chomsky, »Language and Freedom« (wie Anm. 10).

An dieser Stelle möchte ich anmerken, dass diese Beziehung zwischen dem menschlichen Dasein und der Öffnung zu einer unbegrenzten Anzahl von Möglichkeiten bereits Anfang des 20. Jahrhunderts – wenn auch in einem anderen Zusammenhang und mit anderen Begriffen – von der deutschen philosophischen Anthropologie auf eine Weise thematisiert wurde, die besonders gut verdeutlicht, warum die Technowissenschaften des Menschen nicht umhin können, sich mit dem Problem der Kreativität auseinanderzusetzen. Den Anfang bildete dabei die biologische Forschungsarbeit Jakob von Uexkülls, nach der jede Tierart mit ihrer *Umwelt* genetisch verbunden ist, wobei die jeweilige Umwelt wiederum von einigen wenigen biologisch relevanten Signalen definiert wird, auf die jeder Organismus nach bestimmten instinktiven, biologisch gesteuerten Mustern reagiert: der Schatten eines Raubtiers, ein besonderes Muster auf dem Fell eines andersgeschlechtlichen Artgenossen usw. Solche Signale variieren natürlich je nach Tierart, weshalb Uexküll 1934 die Vorstellung, alle Tiere würden den gleichen Raum teilen, als Illusion bezeichnete und vielmehr betonte, dass jede Tierart in ihrer eigenen ökologischen »Nische« eingeschlossen sei, ohne Empfang für jene Signale und Reize, die für andere Tiere lebenswichtig sein können, von ihr jedoch lediglich als bedeutungsloses *Rauschen* abgetan werden.[13] Das einzige allen Nischen gemeinsame Merkmal ist nach Uexküll die *deutliche Unterscheidung zwischen Signal und Rauschen*, d. h. zwischen dem, was biologisch relevant ist und ein instinktives Korrelat hat, und allem anderen.[14] Speziell dieser Aspekt von Uexkülls Theorie – die Begrenztheit des biologischen Lebensraums – wurde seinerzeit von der europäischen philosophischen Anthropologie dazu verwendet, die Einzigartigkeit der menschlichen Daseinsweise hervorzuheben. Bei Autoren wie Arnold Gehlen wird die dem Menschen eigene Weltoffenheit *durch das Fehlen genau dieser angeborenen Begrenztheit* definiert.[15] Der Mensch sei als einziges Lebewesen einer »biologisch unzweckmäßigen Reizüberflutung« ausgesetzt,[16] was ihn dazu zwinge, sich eine

13 Vgl. Jakob von Uexküll, *Streifzüge durch die Umwelten von Tieren und Menschen* (1934), Hamburg 1956.

14 Vgl. ebd.

15 Vgl. Arnold Gehlen, *Der Mensch. Seine Natur und seine Stellung in der Welt* (1940), Wiesbaden 1986.

16 Ebd., S. 25.

maßgeschneiderte Welt zu *schaffen*, indem er mit Hilfe der Kultur jene Unterscheidung zwischen Signal und Rauschen vornimmt, die bei den anderen Tierarten genetisch vorgegeben und nicht modifizierbar ist.

Es ist hier nicht der Ort, auf die zahlreichen fragwürdigen Aspekte dieser Theorie hinzuweisen, die ganz offen eine ontologische Spaltung zwischen dem Menschen und allen anderen Lebewesen postuliert. Uns interessiert hier nur die grundlegende Intuition: die Vorstellung, dass beim Lebewesen Mensch die allgemeine biologische Aufgabe, die Grundlagen für das eigene Überleben zu schaffen, die Öffnung zu einer *virtuell unbegrenzten Kontingenz* bedeutet. *Nichts* ist prinzipiell relevant, aber *alles* kann relevant werden, so dass die Unterscheidung zwischen Signal und Rauschen hier paradoxerweise jedes Mal aufs Neue vorgenommen werden muss, ausgehend von einer anfänglichen Gleichwertigkeit. Welches auch immer die Vorurteile gewesen sein mögen, mit denen diese Theorien damals befrachtet waren, so lässt es sich nicht leugnen, dass – sofern diese Intuition begründet ist – die menschliche Welt prinzipiell nicht auf den Gegensatz System/Umwelt reduziert werden kann, woraus wiederum folgt, dass sich das kybernetische Modell in keiner seiner Varianten erfolgreich auf die menschliche Dimension anwenden lässt.[17]

Unter dieser Prämisse könnte man glauben, das Thema der Kreativität müsse im Zentrum jedes ernst gemeinten Versuchs stehen, »den Geist zu naturalisieren«; umso mehr, als Chomskys generative Linguistik eine wesentliche Rolle in der Entwicklung der Kognitionswissenschaften spielte und einen mehr oder weniger direkten Einfluss auf alle Technowissenschaften des Geistes ausübte. Die

17 Ich habe mich ausdrücklich auf Gehlen bezogen, da die Entgegensetzung von menschlicher *Welt* und tierischer *Umwelt* in seinem Werk besonders eindeutig ausfällt (vgl. ebd., S. 79 f.). Bei anderen Autoren – beispielsweise bei Heidegger (Martin Heidegger, *Die Grundbegriffe der Metaphysik* [1930], GA Bd. 29 f., Frankfurt/M. 1983) – war die Dialektik zwischen Welt und Umwelt schwächer ausgeprägt, so dass sich die Auffassung des Menschen von der traditionellen humanistischen Anschauung lösen konnte. Allen Autoren aus diesem kulturellen Umkreis ist jedoch das Bedürfnis gemein, die Technisierung des Menschen, die damals bereits als epochales Problem empfunden wurde, mit allen Mitteln zu bekämpfen. Es mag heute überraschend klingen, aber gerade die Absicht, den »Geist« und die »Freiheit« des Menschen zu verteidigen, brachte viele wichtige Vertreter dieser Denkrichtung in die Nähe des Nationalsozialismus.

Realität belehrt uns jedoch eines Besseren. Es lassen sich kaum Forschungsprogramme finden, die sich an naturalistischen Ansätzen orientieren und gleichzeitig der sprachlichen Kreativität die gebührende Aufmerksamkeit schenken. Dieses Thema wird meist eher als *Geheimnis* angesehen denn als der Wissenschaft zugängliches Problem.[18] Ein solches Ergebnis erscheint in gewisser Weise paradox, wenn man bedenkt, dass die *technische Innovation* durch die ihr innewohnende Fähigkeit, die Spielregeln völlig unerwartet zu verändern, selbst das vielleicht beste Beispiel eines kreativen Umgangs mit Kontingenz darstellt.

Um übereilte Schlussfolgerungen zu vermeiden, kann man sich jetzt fragen: Was passiert mit der Kreativität in den technowissenschaftlichen Praktiken und in dem Projekt der Optimierung des Menschen, das unterschwellig in ihnen mitschwingt?

Die Ausnahme und die Regel

In der Geschichte der *kognitiven* Technik hat das Thema der Kreativität in der Tat schon immer als Anreiz zur Innovation gedient und war zugleich auch eine Art Stachel im Fleisch. Der Traum von einer denkenden Maschine musste sich von Anfang an dem Einwand stellen, eine Maschine sei unweigerlich durch ein »mechanisches«, das heißt, im Kern ihres Wesens dummes – da nicht kreatives – Verhalten gekennzeichnet. Diesem Einwand begegnete man mit der Feststellung, dass die menschliche Intelligenz zwar kreativ, aber alles andere als unlogisch oder willkürlich sei, da sie also letztlich – wie jeder andere natürliche Prozess auch – Gesetzen gehorchen *müsse*, so flexibel und komplex deren Mechanismen auch sein mögen.

18 Diese Einstellung ist in Chomskys Theorie selbst zumindest im Keim enthalten. An mehreren Stellen unterscheidet Chomsky zwischen der der Syntax eigenen Kreativität, die es den Sprechenden ermöglicht, eine Vielzahl an grammatikalisch korrekten Sätzen zu bilden, und der Kreativität, die aus dem Sprachgebrauch hervorgeht (auch als »Kreativität im engsten Sinne des Wortes« bezeichnet). Bloß die erste Form von Kreativität lasse sich wissenschaftlich untersuchen, während die zweite ein Rätsel bleiben müsse (vgl. Noam Chomsky, *Language and Problems of Knowledge. The Managua Lectures*, London, Cambridge 1988). Darüber hinaus bietet Chomskys Theorie keine Hinweise auf das *Verhältnis* zwischen diesen beiden Formen von Kreativität.

Der sogenannte »Turing-Test« war im Wesentlichen der Versuch, diese Debatte auf eine weniger abstrakte Ebene zu verlegen. Und tatsächlich führte etwa zwanzig Jahre später ebendieser Traum von einer Maschine, die imstande wäre, »originelle Ideen zu haben«,[19] zu den ersten Entwürfen neuronaler Netze. Dieses Projekt rief einen Konflikt zwischen dem »symbolischen« und dem »konnexionistischen« Paradigma hervor, der das ganze 20. Jahrhundert hindurch ein Thema bleiben sollte. Der Kern dieser Dichotomie besteht darin, dass ein »symbolisches« System (z. B. der klassische Computer) an einen vorbestimmten Rahmen von Programmen gebunden ist, während eine konnexionistische Maschine streng genommen keinen Regeln gehorcht, sondern die Anordnung ihrer internen Gewichtungen und Verbindungen entsprechend einem Lern-Algorithmus verändert, so lange, bis sie ein stabiles Gleichgewicht mit der Umgebung erreicht hat. Der Konflikt zwischen den beiden Modellen hat heute seinen Reiz weitgehend verloren, und die Forschung orientiert sich nun vielmehr an »gemischten« Systemen, die die Vorteile beider Ansätze zu nutzen versuchen. Eine solche Synthese scheint derzeit das beste Modell für die menschliche Intelligenz darzustellen, da sie beides enthält: ein Ich, das sich nach Regeln verhält, und ein flexibles, komplexes und anpassungsfähiges Labyrinth von Reizen. Dennoch ist auch diese Synthese weit davon entfernt, eine »kreative« Praxis im engeren Sinne zu begründen, wie einige wenige, einfache Überlegungen zum Begriff der *Regel* zeigen – jenem Begriff, dem Wittgenstein eine tiefgründige Analyse in den *Philosophischen Untersuchungen* widmete.

Gewöhnlich schreiben wir jemandem die Fähigkeit zu, *eine Regel zu befolgen*, weil wir stillschweigend davon ausgehen, er *könnte diese Regel ebenso gut nicht befolgen*. Gerade darin liegt der Unterschied zwischen dem menschlichen Handeln und der scheinbaren Freiheit des berühmten kantischen Bratwenders, der – einmal in Gang gesetzt – nicht aufhören kann, sich um sich selbst zu drehen. Durch ihre negative Potenzialität wohnt jeder Anwendung einer Regel der Grundzug der Kreativität inne, das heißt die Möglichkeit, innerhalb des Spiels Spielregeln *aufzustellen*. Wenn wir davon ausgehen, dass Spielregeln dazu da sind, zu bestimmen, was

19 Frank Rosenblatt, *Mechanisation of Thought Processes. Proceedings of a Symposium Held at the National Physical Laboratory on 24th, 25th, 26th and 27th November 1958*, London 1959, hier S. 449.

innerhalb eines Spiels von Bedeutung ist, und sich dadurch von den unendlich vielen anderen bedeutungslosen Kontingenzen abzugrenzen, dann stehen wir wieder vor einem Kreis: Die Grenze, die Signal und Rauschen voneinander trennt, kann nur *ausgehend von* einer unendlichen Kontingenz gezogen werden und muss diese Kontingenz *in ihrem Inneren offenhalten*. Genau diesen Kreis kann die kognitive Technik bis heute nicht thematisieren. Herkömmliche Maschinen sind nur innerhalb einer *Mikrowelt* funktionsfähig, d. h. innerhalb eines Programmrasters, dessen Kontingenz prinzipiell limitiert ist. Auch die fortschrittlicheren Anwendungen des Konnexionismus auf das sogenannte Künstliche Leben (KL bzw. AL) beruhen auf einem Verhaltensmuster, dem die adaptative Korrelation von Organismus und Umwelt zugrunde liegt, und genau darin besteht, wie wir bisher gesehen haben, der biologische Unterschied der menschlichen Welt.[20]

Diese kurze Begriffsklärung kann uns vermutlich dabei helfen zu erkennen, was die tieferen Gründe dafür sind, dass die Informatisierung der Praxis notwendigerweise einen ambivalenten Einfluss auf das kreative Verhalten der Einzelnen ausübt. Erstens verlangt – wie jeder weiß, der an einem produktiven Prozess teilnimmt – die Informatisierung eines Bereichs, dass jede relevante Handlung innerhalb eines stark eingeschränkten Rahmens von Regeln und Optionen erfolgt. Die als produktiv geltenden Tätigkeiten werden

20 Der Begriff der Mikrowelt wurde von Autoren wie Marvin Minsky und Terry Winograd verwendet, um einen logischen Raum zu bezeichnen, in dem eine begrenzte, vom jeweiligen Programm vorbestimmte Anzahl von Varianten die Antwort auf jeden möglichen Input bestimmt. Ursprüngliches Ziel war die Erweiterung und Hierarchisierung der Mikrowelten, um diesen eine Komplexität zu verleihen, die derjenigen der menschlichen Erfahrung nahekommen sollte. Den illusorischen Charakter solcher Erwartungen, denen heute niemand mehr sein Vertrauen schenkt, wurde von Dreyfus bereits 1981 sehr deutlich dargelegt (Hubert L. Dreyfus, »From Micro-Worlds to Knowledge Representation: AI at an Impasse«, in: John Haugeland [Hg.], *Mind Design. Philosophy, Psychology, Artificial Intelligence*, Cambridge/Mass. 1981, S. 161-204). Dreyfus beweist, dass in der menschlichen Welt auch die scheinbar einfachsten Situationen von Anfang an eine virtuell unbegrenzte Kontingenz einschließen. Dreyfus' Argumente – besonders sein Verweis auf das Heideggersche »In-der-Welt-sein« – wurden später von Rodney Brooks für sein Modell der »situierten Robotik« wieder aufgenommen. Während Brooks jedoch die *Welt* mit der tierischen Umwelt gleichsetzt, ging es Heidegger beim gleichen Begriff umgekehrt darum, eine Spaltung zwischen dem »Menschlichen« und dem »Tierischen« einzuführen.

dadurch *ausnahmslos* mit dem formalen Modell eines Spiels mit Regeln gleichgesetzt: Egal, ob es darum geht, Aktien zu kaufen, zu einer Finanzierung beizutragen oder Bomben auf Zivilisten zu werfen, man wird stets Symbole auf einer Tastatur zusammensetzen und sich einem konventionellen Regelsystem unterordnen. Die Praxis wird in jedem Fall in ihre eigene Mikrowelt zurückgedrängt, denn das System verbucht all das, was nicht dazugehört, als Rauschen, wodurch die Möglichkeit einer tatsächlich kreativen Handlung von Anfang an verhindert wird.

Dies ist jedoch nur *eine Seite* der Angelegenheit. Ein wie auch immer geartetes Informationssystem ist nur dann funktionsfähig, wenn es von qualifizierten Experten als *Instrument* in der Praxis eingesetzt wird. Ungeachtet dessen, ob das System als Instrument mehr oder weniger strenge Einschränkungen mit sich bringt, stellt sein Gebrauch immer eine praktische Anwendung dar und teilt mit ihr folglich eine uneingeschränkte Kontingenz. Konkreter formuliert: Nichts kann mich daran hindern, ein Videospiel in ein neuartiges Musikinstrument zu verwandeln oder das Informationssystem einer Bank zu benutzen, um deren Konten illegal zu leeren. Dieselben sozialen Netzwerke, die gewöhnlich strenge, restriktive Bedingungen diktieren, investieren bekanntlich beträchtliche Mittel in innovative Forschungsprojekte dieser Art, weil sich in diesen der jeweils neue »optimale« Standard manifestiert. In diesem Sinne ist der hohe Stellenwert, den die Kreativität in der heutigen Welt genießt, nicht einfach als Propaganda oder als Illusion abzutun. Der Punkt ist hier vielmehr, dass die Auswahl der Forschungsprojekte rein adaptiven Kriterien folgt, also das prämiert, was in der Lage ist, sich zu verbreiten und durchzusetzen, ohne Rücksicht auf rationale Parameter. Die Kontingenz agiert folglich *blind*; wobei sie nicht selten eine Art von Innovation fördert, die das System in seiner Gesamtheit bedroht, sein Gleichgewicht stört und es auf eine potentielle Katastrophe hinsteuert.

So ambivalent dieses Szenario auch sein mag, so gibt es doch etwas, was *beiden* Seiten fehlt, und das ist die Fähigkeit, die unbeschränkte Kontingenz in eine *paradigmatische* Handlung zu verwandeln – eine Handlung, die *eine neue Regel* enthüllt oder aufstellt, indem sie ohne Vorurteile auf einen einzigartigen Ausnahmefall reagiert. Gerade dieser Kurzschluss zwischen Regel und Ausnahme ist jedoch das, was das Wesen der kreativen Praxis schon immer ausmachte. Die Griechen nannten es *phronesis* und verwendeten dabei einen Begriff, der – wohl nicht zufällig – in unserer aktuellen Sprache keine Entsprechung findet. Es ist natürlich nicht ausgeschlossen, dass die kognitive Technik diese Grenze in der nahen Zukunft überschreitet. Vermutlich wird dies jedoch nur nach einer grundlegenden Revision der aktuellen Forschungsprogramme möglich sein, die die kreativen Aspekte der Rationalität entweder als Grenzfall betrachten – und als solchen ignorieren – oder mit den Anpassungsstrategien der nichtmenschlichen Tiere gleichsetzen. Tatsächlich könnte eine solche theoretische Wende die Technowissenschaften zu einem wesentlich konstruktiveren Dialog mit dem Diskurs der anthropologischen Philosophie führen als der, auf den sich die *Kritik der Technisierung* – zumindest in Europa – bisher beschränkt hat. Die Frage ist allerdings, ob und inwiefern eine solche Entwicklung den Interessen und Plänen jener großen sozialen Netze entsprechen würde, die diese Forschung fördern.

Eines möchte ich an dieser Stelle betonen: Die *spekulative* Analyse der Theorien und die *empirische* Analyse der Auswirkung ebendieser Theorien auf die bestehenden Lebensformen sind, zumindest was unsere Themen hier angeht, Artikulierungen ein und desselben Themas, die parallel zueinander verlaufen und sich gegenseitig ergänzen. Dies ist eine sehr wichtige methodologische Bemerkung, die auch auf dem Gebiet der biotechnischen Forschung zum Tragen kommt, selbst wenn diese auf den ersten Blick weniger Kontakte mit der Kreativitätsthematik zu haben scheint, schon weil die Vorgehensweise der Forschung in diesem Bereich denselben strengen Regeln für Gegenstände aus der menschlichen, tierischen oder pflanzlichen Welt folgt.

Wichtig ist, dass der Forschungsgegenstand in jedem Fall eine *Potenzialität* des Organismus ist, beispielsweise die Fähigkeit, Milch oder Eier zu produzieren, sich bestimmte Erkrankungen zuzuziehen oder mathematische Probleme zu lösen. Die Potenzialität an sich stellt jedoch immer etwas Abstraktes und Flüchtiges dar, das erst dann an Konturen und Messbarkeit gewinnt, wenn es mit einem Netz aus zufälligen, schwer zu wiederholenden Faktoren interagiert. Der erste Schritt jeder biotechnischen Forschung muss deshalb mit einer *logischen* Operation beginnen, die darin besteht, die organischen und die umweltbedingten Faktoren voneinander zu trennen, indem die Potentialität des untersuchten Organismus als *Veranlagung* neu definiert wird. Mit Veranlagung ist hier eine *reale* Eigenschaft des Organismus gemeint, die noch vor ihrer konkreten Erscheinung bestimmt und gemessen wird. Ein Beispiel: Obwohl Depression durch individuelle Erlebnisse ausgelöst wird, bei denen verschiedene äußere Faktoren eine Rolle spielen, kann die *Veranlagung* zu depressiven Zuständen durch eine Abweichung im Serotonin-System gemessen werden. Nicht viel anders verhält es sich mit der Intelligenz. Obwohl sie einen unscharf konturierten Begriff darstellt, der in unterschiedlichen Zusammenhängen unterschiedliche Bedeutung hat, stellen IQ-Tests die Intelligenz als eine unveränderliche, vermutlich angeborene Begabung dar, die faktisch mit der Annahme einer erfolgreichen Schullaufbahn gleichgesetzt wird.

Die Genetik präsentiert sich als die Vollendung dieser »*Wissenschaft der Veranlagungen*«, die sich sowohl mit dem Menschen als auch mit allen anderen Lebensformen befasst. Während allein schon die Übersetzung von »Potentialität« mit »Veranlagung« Probleme logischer Art verursacht, entstehen aber sehr viel deutlichere empirische Schwierigkeiten durch die Komplexität und die Natur der biochemischen Prozesse. Wie jeder erfahrene Biologe weiß, können »genetisch bedingte und umweltbedingte Faktoren nur innerhalb einer bestimmten Bevölkerung, in einem bestimmten Augenblick und in Bezug auf eine bestimmte Anzahl von möglichen Umwelten voneinander statistisch getrennt werden. Sobald sich die Umwelt verändert, ist die Sache gelaufen.«[21] Der gleiche Genotyp *Achillea millefolium* entwickelt sich auf sehr unterschiedliche Weise, je nachdem, auf welcher Höhe er angebaut wird; die gleiche genetische Veränderung führt bei der Fruchtfliege zu stark unterschiedlichen somatischen Ausprägungen, sobald Feuchtigkeit und Temperatur des Kulturbodens sich verändern. Allgemeiner gesagt verhält es sich so, dass »ein Genotyp also nicht eine einzig mögliche Entwicklung hat, sondern vielmehr eine Reaktionsnorm, ein Schema für verschiedene Entwicklungsformen, die von den Umweltbedingungen abhängen«.[22] Je empfindlicher ein Organismus auf die Umwelt reagiert und je intensiver er mit ihren vielen Facetten interagiert, desto komplexer ist sein Schema und desto

21 Richard Lewontin, *Biology as Ideology*, Ontario 1991, S. 30.

22 Richard Lewontin, *Die Dreifachhelix. Gen, Organismus und Umwelt* (1994), aus dem Amerikanischen von Andrea Pillmann, Berlin, Heidelberg, u. a. 2002, S. 20.

willkürlicher wird es sein, seinen »idealen« Genotyp festzulegen. Die biotechnologischen Optimierungsprozesse beruhen folglich fast ausschließlich auf Standardwerten, die im künstlichen Kontext eines Labors festgelegt werden und deren Wirksamkeit in einer ungeschützten Umgebung oft gar nicht erforscht wird. Aus demselben Grund werden im Allgemeinen Organismen bevorzugt, die auf Umweltbedingungen nur schwach reagieren.[23]

Man kann sich vorstellen, wie sehr solche Umstände die Anwendung der Biotechnik auf die Dimension des Menschen beeinflussen, in der wir davon ausgehen, dass Kontingenz und Variabilität der Lebensformen praktisch unbegrenzt sind. Doch hier gesellt sich eine weitere Schwierigkeit hinzu, die erneut auf das Thema der Kreativität verweist. Auch die menschlichen Lebenspraktiken erfordern ja an sich schon eine Einschränkung der Kontingenz durch Bedingungen und Regeln. Diese Einschränkungen sind zwar ein kulturelles Produkt und als solches von Gesellschaft zu Gesellschaft verschieden, sie alle prämieren jedoch systematisch die – im weitesten Sinne – *geeignetsten* Subjekte, wobei sie sich im Wesentlichen nicht viel anders verhalten als die natürliche Auslese. Das Besondere an dieser Situation ist jedoch, dass das Individuum nicht einfach eine passive Anpassung vollzieht, sondern auf kreative Weise dazu beitragen kann, die Spielregeln neu zu bestimmen. Gerade dieser Faktor – wie groß oder klein er auch immer sein mag – entzieht sich prinzipiell jeder Optimierungstheorie. Um das zu veranschaulichen, nehmen wir an, dass gemäß einer statistischen Berechnung eine geringe Körpergröße, kurze Beine und die Tendenz, Körperfett zu speichern, keine optimalen, ja nicht einmal geeignete Voraussetzungen dafür sind, ein erfolgreicher Fußballspieler zu werden. Eine solche Annahme ist an sich durchaus plausibel. Dies schließt jedoch nicht aus, dass ein besonders kreativer und talentierter Fußballspieler wie Diego Armando Maradona eine neue Spieltechnik erfinden und dadurch – entgegen jeder statistischen Berechnung – die Spielregeln zu seinen Gunsten umschreiben konnte.

Auch wenn es sich bei dem Beispiel nur um ein Gedankenspiel

23 Eine Studie über die Maishybriden, die in den USA im Laufe der letzten zwanzig Jahre vermarktet wurden, hat ergeben, dass die neuen Hybriden in manchen Fällen gegenüber ergiebigeren Sorten bevorzugt wurden, da Letztere angesichts von Umweltveränderungen empfindlicher reagierten und sich deshalb als weniger zuverlässig »in jeder möglichen Welt« erwiesen.

handelt, ist das reale Phänomen, um das es hier geht, umso wahrscheinlicher, je schneller die Innovation voranschreitet, und damit sind wir wieder bei dem anfangs erwähnten Paradox angelangt: Der Technik gelingt es nicht, jene kreative Innovation zu erfassen, deren augenfälligster Ausdruck sie selbst ist.

Zwischen Entscheidung und Steuerung

Gehen wir von der Hypothese aus, dass Freiheit und Kreativität Grundzüge der menschlichen Natur sind, so werden wir zu dem Schluss kommen, dass die *Politik* aufgrund ihres Wesens in diesem Bereich einen ambivalenten Einfluss ausübt. Mit einer *Instanz der Entscheidung*, die darauf basiert, dass nur der ständige Bezug auf die Kreativität die politische Einheit zu sichern vermag, kollidiert eine *Instanz der Regierung im Sinne von Steuerung*, die wiederum die Unvorhersehbarkeit und Beliebigkeit von Sprache und Praxis als ein Hindernis betrachtet, das es zu beseitigen gilt.

Wie es scheint, hat die technische Entwicklung spätestens seit Mitte des 19. Jahrhunderts diese Ambivalenz immer mehr zugespitzt, indem sie die Instrumente der Macht über alle Maßen potenzierte und auf diese Weise ein Risiko immer mehr vergrößerte, das später für die gesamte europäische Philosophie des 20. Jahrhunderts ein zentrales Thema mit vielerlei Formen und Ausprägungen werden sollte: das Risiko, dass aufgrund der technologischen Entwicklung die das Leben steuernden Instanzen die politische Kreativität *vollständig* absorbieren und neutralisieren.[24] Die radikalsten Ausprägungen des kritischen Denkens setzen die Entwicklung mit einer historischen Parabel gleich, die mit der Aufklärung beginnt

24 Die deutlichste Darlegung dieser Bedrohung ist vielleicht in Hannah Arendts Fragmenten enthalten, die 1993 veröffentlicht wurden (Hannah Arendt, *Was ist Politik?*, München 1993). Darin wird die Möglichkeit, dass die im engsten Sinne des Wortes »politische« Dimension abhandenkommt, als ein Grundzug unserer Epoche interpretiert. Es sei hier angemerkt, dass Carl Schmitt bereits 1932 – wenn auch aus einem ganz anderen Gesichtspunkt – auf den »Entpolitisierungseffekt« der modernen Technik hingewiesen hatte (Carl Schmitt, »Das Zeitalter der Neutralisierungen und Entpolitisierungen«, in: ders., *Der Begriff des Politischen*, Berlin 1932, S. 66-81). Der ungewöhnliche Parallelismus zwischen derart unterschiedlichen Denkern soll hier lediglich dazu dienen, die Zentralität dieses Themas in der europäischen Philosophie des 20. Jahrhunderts zu unterstreichen.

und sich nach und nach in ein Herrschaftssystem verwandelt. Es ist nicht verwunderlich, dass bei einer solchen Rekonstruktion selbst der klassische Begriff der *Freiheit* als stark kompromittiert erscheint. In der Tat setzte die Idee der Freiheit – zumindest in der kantischen Interpretation – eine deutliche ontologische Trennung von Natur und Geist sowie die vollkommene Unterordnung der Natur unter den Geist voraus, woraus die bedingungslose Macht des Gesetzes resultiert. Es ist nicht zu leugnen, dass ein solcher begrifflicher Horizont sich gut dazu eignet, ein totalitäres System zu rechtfertigen, oder zumindest in jene »komfortable, reibungslose, vernünftige, demokratische Unfreiheit«[25] führen kann, die nach Marcuse unweigerlich mit dem technischen Fortschritt einhergeht. Vor diesem Hintergrund wird auch verständlich, warum eine Verschiebung der Betonung von der Freiheit zur Kreativität stattfand. Eine solche Verschiebung ist nicht nur epistemisch relevant, sondern wirkt sich – wie jede wichtige Innovation im Bild des Menschen – ganz konkret auf die politische Dynamik, die Machtkonflikte und die Entstehung kollektiver Subjekte aus.

In diesem Fall richtet sich das neue begriffliche Paradigma in erster Linie auf die radikalen Formen der demokratischen Tradition, wie sie heute von einem Netz von Widerstandsbewegungen und Organisationen verkörpert wird, die im Namen der Freiheit den Globalisierungsprozess bekämpfen. In gewisser Weise ist vielleicht auch die Tatsache, dass Chomsky selbst seit Jahrzehnten zu den führenden Vertretern dieser Bewegung zählt, eine Bestätigung für diese unterirdische Verbindung zwischen Theorie und Praxis. Eine sehr viel deutlichere Bestätigung liefert jedoch die Feststellung, dass diese Tradition politischer Theorie seit jeher das Ziel verfolgt, die durch die technische Entwicklung gefährdeten Steuerungsinstanzen und Entscheidungsprozesse wieder in ein stabiles Gleichgewicht zu bringen. Ein Beispiel dafür ist John Deweys Essay über »Kreative Demokratie«[26] aus dem Jahre 1939, in dem sehr klar dargestellt wird, dass das Schicksal einer wirklich demokratischen Regierung gänzlich von ihrer Fähigkeit abhängt, die kollektive Kre-

25 Herbert Marcuse, *Der eindimensionale Mensch. Studien zur Ideologie der fortgeschrittenen Industriegesellschaft* (1964), aus dem Englischen von Alfred Schmidt, München ^{5}2005, S. 21.

26 John Dewey, »Creative Democracy. The Task Before Us« (1939), in: ders., *The Later Works, 1925-1953*, Bd. 14, Carbondale 1988, S. 224-230.

ativität ständig wachzuhalten und auf diese Weise zu verhindern, dass ihre Institutionen zu bloßen Machtapparaten degenerieren.

Es dürfte schwer sein zu leugnen, dass ein solcher Ansatz sowohl das geeignete Korrektiv für das politisch-anthropologische Modell wäre, das die europäische Moderne geprägt hat, als auch für die bekanntesten Formen seiner kritischen Demontage, die angesichts biopolitischer Risiken und totalitärer Auswüchse großteils versagt haben. Die bisherige Analyse legt jedoch die Hypothese nahe, dass die Ambivalenz der technischen Entwicklung derart tief verwurzelt ist, dass sich ihre politischen Folgen nicht so leicht eindämmen lassen. Nicht nur lässt sich die Befreiung der individuellen Kreativität sehr gut für Produktionszwecke nutzen – wie man in allen fortgeschrittenen Gesellschaften sehen kann –, sondern die technische Potenzierung kreativer Prozesse bewirkt aktuell auch, dass die lebenssteuernden Mechanismen viel tiefer in Körper und Geist der Individuen eindringen als früher. Man kann daraus den Schluss ziehen, dass während das moderne Ideal der Freiheit unbewusst Gefahr lief, in die eindimensionale Gesellschaft zu münden, wie sie Marcuse beschreibt, die postmoderne Kreativität ihrerseits der nicht geringeren Gefahr ausgesetzt ist, zu jener »Gesellschaft des Spektakels« zu degenerieren, die Guy Debord 1967 ankündigte.[27]

Die Tatsache, dass diese Gefahr eng mit der Logik der neuen Technowissenschaften verknüpft ist, so eng, dass sie bei jedem Fortschritt in der technischen Manipulierung des Menschen erneut thematisiert wird, könnte mit ein Grund sein, warum – mehr als achtzig Jahre nach Deweys Essay – noch immer ungeklärt ist, welche institutionelle Architektur tatsächlich zu einer kreativen Demokratie führen kann. Sollte dem so sein, dürfte die Lösung dieses Problems nicht so sehr in der politischen Theorie als vielmehr in ihren anthropologischen Voraussetzungen zu suchen sein. Umso überraschender ist deshalb, dass die eigentliche Natur der menschlichen Kreativität für die Wissenschaft so fremd bleibt, dass sie nicht einmal als Forschungsgegenstand betrachtet wird. Die orthodoxe Kognitionswissenschaft liquidiert diese Frage normalerweise mit zwei miteinander verwandten Thesen: erstens, dass die vermeintliche Kreativität von Sprache und Handeln reine *Illusion* sei, zweitens, dass es zwar prinzipielle Ursachen für das mensch-

27 Guy Debord, *Die Gesellschaft des Spektakels* (1967), aus dem Französischen von Jean-Jacques Raspaud, Berlin 1996.

liche Verhalten *gebe*, diese sich jedoch aufgrund ihrer Komplexität wissenschaftlich nicht erforschen ließen. Auf diese Weise hört die Frage auf, ein Problem zu sein, und wird zum *Geheimnis*. Die traditionelle Spaltung von Natur- und Geisteswissenschaften wird dadurch wiederhergestellt, mit einem Unterschied: Die Geisteswissenschaften werden nun deklassiert, indem man ihnen den einstigen »wissenschaftlichen« Status abspricht und sie nurmehr als »Literatur« betrachtet.

Unter diesen Bedingungen ist es unmöglich, die innovativen Impulse aufzugreifen, die *innerhalb* der Technowissenschaften heranreifen, und erst recht, den ethischen und politischen Herausforderungen gerecht zu werden, die sich *außerhalb* ihres Radius abzeichnen. Die Frage lautet nun, ob die stärksten Kräfte innerhalb der philosophischen und der wissenschaftlichen Forschung in der Lage sind, das gegenseitige Misstrauen und die traditionellen disziplinären Schranken zu überwinden und gemeinsam eine neue Konzeption der *Natur des Geistes* zu erarbeiten, die eine weniger reduktive Darstellung des spezifisch Menschlichen zu leisten vermag. Gewiss, ein solches rein spekulatives Projekt würde das von mir umrissene biopolitische Szenario allein nicht verändern. Es könnte jedoch dazu beitragen, dessen Unklarheit und Ambivalenz zu reduzieren, und auf diese Weise einen Anhaltspunkt für politisch bedingtes Handeln darstellen.

Aus dem Italienischen von
Viktoria von Schirach

Eugene Thacker
Vermittlung und Antivermittlung

Unsere modernen Vorstellungen von den Medien sind wesentlich von Kybernetik und Informationstheorie geprägt. Nach dem bekannten Kommunikationsmodell von Claude Shannon und Warren Weaver sind ein Sender und ein Empfänger über einen Kanal miteinander verbunden, der aus Informationen bestehende Nachrichten überträgt. Der Kommunikationskanal ist ein Medium, das als solches zwei physikalisch oder geographisch voneinander getrennte Punkte sowohl verbindet wie trennt. Der Kanal bekräftigt den Unterschied zwischen Sender und Empfänger und sorgt zugleich für deren Verknüpfung. Selbst wenn der Kommunikationskanal von einem »Rauschen« beeinträchtigt und gestört sein kann, bleibt doch das Ziel der Vermittlung die Bereitstellung einer möglichst nahtlosen und transparenten Verbindung, so »als ob« Sender und Empfänger physisch an ein und demselben Ort präsent, also kopräsent wären.

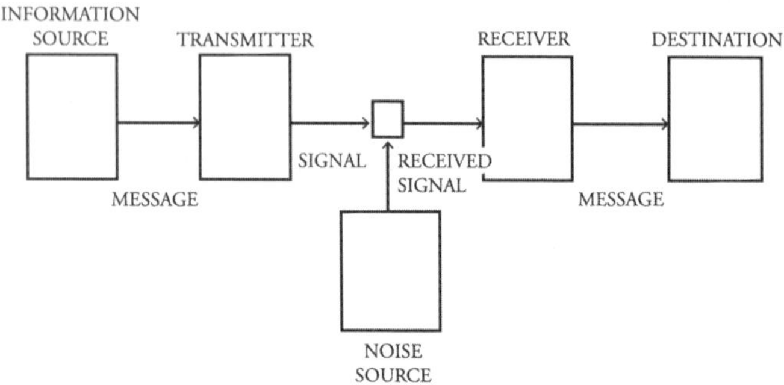

Abb. 2: Das Kommunikationsmodell aus Claude Shannon und Warren Weaver, *The Mathematical Theory of Communication* (1949), Urbana/IL 1998.

Shannons Diagramm ist tief in unsere heute geläufige Auffassung von Medien eingegangen. Es übersetzt in eine formale Sprache, was wir für selbstverständlich halten, nämlich dass ein Medium eine

Vorrichtung X ist, die zwei getrennte Punkte A und B miteinander verbindet. Was zuvor wegen der Kontingenzen von Zeit und Raum unzugänglich war, wird durch Medien und den medialen Vermittlungsprozess zugänglich.

Was geschieht aber, wenn Medien nicht mehr vermitteln, jedenfalls nicht mehr im konventionellen Sinn des kybernetischen Diagramms? Wir wissen, dass im 19. Jahrhundert zahlreiche mediale Apparaturen unorthodox gebraucht wurden, von der Geisterfotografie bis zur Phantasmagorie. Dieser Moment ist einzigartig, weist jedoch auch auf vergleichbare Anwendungen von Video und digitalen Medien von heute voraus und knüpft zugleich auch an ein vormodernes Verständnis von Magie, Mantik und Okkultismus an. Wie haben wir vor diesem Hintergrund die zahllosen Beispiele für Videokameras zu verstehen, die die Existenz von Geistern beweisen sollen, oder den Einsatz digitaler Audiogeräte, die die Stimmen von Toten aufzeichnen sollen, oder den Einsatz der Fotografie zur Erfassung von Geistern oder der Aura eines Menschen? In unserer Skepsis tun wir derartige Grenzgebräuche von Medien gern als bloße Spielerei ab; eher schon trauen wir den Medien zu, uns zum Glauben an Geister, Dämonen und das Übernatürliche überlisten zu wollen und uns zu täuschen. Zugleich scheint es uns zu gefallen, uns Medien vorzustellen, die sich unorthodox verhalten. Am deutlichsten werden diese Skepsis und diese Faszination in der Populärkultur. Von *Poltergeist* bis zu *Ghost Hunters* erleben wir, wie eine ganze Bandbreite von Medien in Kontakt mit dem Übernatürlichen dargestellt werden. Im heutigen Horrorfilm werden Videobänder, Digitalkameras, Mobiltelefone und Webcams zur Kontaktaufnahme mit dem »kosmischen Draußen« (H. P. Lovecraft) eingesetzt.

All das sind Beispiele dafür, wie neue Medien unsere Vorstellungen davon verändern, was Medien eigentlich sind und was mediale Vermittlung jeweils genau heißen könnte. In unserer postsäkularen Zeit werden wir immer wieder an den radikal nichtmenschlichen Aspekt der Welt gemahnt, in der wir uns befinden. Kein großes Jenseits mehr, weder in der Topographie eines Lebens nach dem Tode noch in der der Seelenwanderung. Stattdessen ist das Übernatürliche hier und jetzt in die Welt eingelassen und Teil der Welt geworden, manifest in einer paradoxen Unmittelbarkeit, die sich permanent entzieht und selbst negiert. Die Funktion der Medien besteht nicht mehr darin, das Unzugängliche zugänglich zu machen oder Getrenntes miteinander zu verbinden. Vielmehr enthüllen die Medien nun die Unzugänglichkeit an und für sich – sie machen das Unzugängliche eben in seiner Unzugänglichkeit zugänglich. Die Manifestation des Nichtexistenten zu enthüllen, das ist nicht bloß eine Frage der Visualisierung, computergestützten Berechnung oder Konstruktion alternativer oder erweiterter Wirklichkeiten. Es handelt sich dabei vielmehr um einen religiösen Impuls, und zwar, um den Mystiker Dionysius Areopagita aus dem 5. Jahrhundert zu zitieren, um den Weg der Negation (*via negativa*), der zu einer paradoxen »Verneinung jenseits jeder Bejahung« führt. Dionysius spricht natürlich davon, wie sich das Göttliche dem Menschen als solchem auf rätselhafte Weise entzieht und für ihn unzugänglich ist. Aber er spricht auch über mediale Vermittlung und ihre Möglichkeit oder Unmöglichkeit. Wir machen heute zwar einen alltäglichen Gebrauch von Medien, aber zugleich scheint uns der Gedanke anzusprechen, dass Medien auf irgendeine außerordentliche Weise zwischen der Welt hier und jetzt und einer Welt vermitteln können, die uns ohne Medien auf rätselhafte Art unzugänglich bliebe. Daraus ergibt sich eine ebenso schlichte wie weitreichende Konsequenz: *Medien sind nichts Menschliches*. Genau hierin liegt vielleicht auch die merkwürdige Anziehungskraft von Medien, die uns eine Welt vor Augen führen, die sich unmittelbar in Obskurität, Nebel und Dunkelheit zurückzieht.

Ich denke, man muss über die traditionellen Felder der Medienwissenschaft hinausgehen, um auf diese Weise über Medien nachzudenken. Was nun folgt, ist ein Experiment im Nachdenken über Medien und Mediation, das weniger auf technische Artefakte und technische Abläufe abhebt als sich vielmehr auf die Fähigkeit von Medien konzentriert, zwischen zwei Punkten zu vermitteln (wie in Shannons Diagramm) und zugleich sämtliche Formen der Vermittlung und der Kommunikation zu negieren. Ich möchte diese Momente aus Gründen, die später noch klarer werden sollen, als *Antivermittlung* bezeichnen. Wir sollten Medien und die mediale Vermittlung nicht in einfachen Begriffen von Ein/Aus und auch nicht als bloße Leiter vitalistischer Flüsse oder Ströme begreifen. Medien verkörpern vielmehr in sich ein grundlegendes Paradox: Medien und mediale Vermittlungen sind jene Momente, in denen mit dem kommuniziert oder Kontakt aufgenommen wird, was *per definitionem* absolut unzugänglich ist.

Um einen Eindruck davon zu bekommen, was ein Antimedium ist, werfen wir einen Blick auf die Kurzgeschichte »Der schwarze Gondoliere« von Fritz Leiber. In dieser Geschichte berichtet ein namenloser Erzähler vom mysteriösen Verschwinden seines Freundes Daloway, eines zurückgezogen lebenden, besessenen Autodidakten. Daloway, der lange Jahre in der Nähe eines Ölfeldes in Südkalifornien gelebt hatte, entwickelte eine ganz unnatürliche Faszination für das Öl, und zwar für dessen düstere Aspekte, nicht für das Öl als bloßen Energieträger und als Medium von Hochtechnologie. In einem Gespräch beschreibt er dem Erzähler seine Eindrücke:

> [...] diese schwarze, schändliche Substanz allen Lebens, das je gewesen ist, in Wahrheit nichts als eine riesige tiefschwarze Leichengrube der fernsten, unheimlichsten Vergangenheit mit ihren dunkelsten Geistern – das Öl hat Hunderte Millionen Jahre gelauert, seinen schwärzesten Träumen nachgehangen, schwerfällig unter der steinernen Haut der Erde pulsiert, in lichtlosen Tümpeln unter Sumpfgras und in vollen Felsentanks und durch zahllose Kanäle gebebt [...].[1]

In hyperbolischer Prosa, die eines H. P. Lovecraft würdig wäre, stellt Leiber den modernen Industriekapitalismus als zähflüssiges Netz von Lagerstätten und Kanälen dar, das sich in verschiedenartigste Objekte einspeist, nicht zuletzt in den Wagen, mit dem Daloway in die Stadt fährt. In »Der schwarze Gondoliere« stellt sich indes heraus, dass Daloways Vorstellungen mehr als bloß delirierendes Gerede sind. Wie sich zeigt, hat er recht. Der Erzähler fährt fort:

> Daloways Theorie, basierend auf seinen umfangreichen Studien zu Weltgeschichte, Geologie und Okkultismus, besagte, dass Erdöl oder Rohöl nicht nur bildlich gesprochen der Lebenssaft der Industrie und der modernen Welt und des Blitzkrieges ist, sondern dass es wirklich und wahrhaftig ein trübes Eigenleben führt und über seine eigene dunkle Willenskraft verfügt – ein anorganisches Bewusstsein oder Unterbewusstsein, dessen Marionetten oder Geschöpfe wir sind und dessen chemischer Geist die Entstehung und Entwicklung der modernen technischen Zivilisation geleitet, ja erzwungen hat [...]. Kurz gesagt lief Daloways Theorie darauf hinaus, dass

1 Fritz Leiber, »Black Gondolier«, in: ders., *Night Monsters*, New York 1969, S. 14 (Übers. R. A.).

nicht der Mensch das Öl entdeckt, sondern das Öl den Menschen gefunden hat.[2]

Diese Vorstellung eines formlosen Wesens ist an sich schon bemerkenswert, weil sie entgegen der Aristotelischen Tradition von einem erst durch die Form definierten Prinzip des Lebendigseins ausgeht.[3] Vor diesem Hintergrund wäre auch an die zahllosen Geschichten von »formlosen Ungeheuern« zu denken, von den Storys Algernon Blackwoods bis hin zu Filmen wie X: THE UNKNOWN (1956), THE BLOB (1988) und in jüngerer Zeit THE MIST (2007). Hier indes geht es um das Öl als unvordenkliches, lebendiges, bösartiges, schleichendes »Ding«. Es ist mehr als ein namenloser Schrecken, es ist die vollkommene Verknüpfung von Leben und Medium in einer Form jenseits aller Form, eine Art formlose Vermittlung. In der Erzählung »Der schwarze Gondoliere« ist das Öl kein träges Objekt, das auf seine Nutzbarmachung durch uns, die Subjekte, wartet. Es ist vielmehr ein kosmisches Medium der Hervorbringung der »modernen technologischen Zivilisation« und ihrer dunklen, unheimlichen Verkörperungen.

Diese Art von Umkehrung ist im Horrorgenre weit verbreitet. Schon ein flüchtiger Blick auf dieses Genre in unseren Tagen findet eine ganze Reihe von Beispielen dafür, wie ganz alltägliche Gegenstände, insbesondere Medienobjekte, auf irgendeine Weise übernatürliche Einflüsse, Paranormales und Unerklärliches in sich aufnehmen. In diesen Geschichten driftet die harmlose, ja banale Allgegenwart von medialen Objekten wie Mobiltelefonen oder Webcams in einen Schwellenraum ab, in dem Objekte dieser Art unvermittelt die ambivalente Grenzziehung zwischen Natürlichem und Übernatürlichem, Unheimlichem und Wunderbarem, Irdischem und Göttlichem zum Vorschein bringen. Und auch die Darstellung solcher Medien des Übernatürlichen selbst, das sollten wir nicht vergessen, bedient sich in unserer heutigen Grenzüberschreitungskultur medialer Formen – Romane, Filme, Fernsehsendun-

2 Ebd., S. 14 f. (Übers. R. A.).

3 Zu denken ist hier auch an Batailles Texte zum Formlosen: »So ist formlos nicht nur ein Adjektiv, das einen Sinn hat, sondern auch ein Ausdruck, der der Deklassierung dient und im allgemeinen erfordert, daß jedes Dinge seine Form hat« (in: Rainer Maria Kiesow, Henning Schmidgen (Hg.), *Kritisches Wörterbuch*, aus dem Französischen von Rainer Maria Kiesow und Henning Schmidgen, Berlin 2005, S. 44).

gen, Comics, Videospiele usw. Wir erleben hier nicht ein einzelnes Master-Medium, das sämtliche möglichen Fälle der Heimsuchung oder des Übernatürlichen darstellt, sondern gleich eine ganze Reihe von Medien, die andere Medien medial vermitteln: Romane über verfluchte Videoaufnahmen, Filme über spukende Webcams, Videospiele mit einer paranormalen Kamera.

Werfen wir einen Blick auf das Horrorgenre im heutigen Japan (den sogenannten »J-Horror«). In einigen Geschichten werden hier Medien als normale Technologien dargestellt, die sich abnorm verhalten, indem sie zwischen Lebenden und Toten oder Natürlichem und Übernatürlichem vermitteln. Der Bestseller *Ring* und die auf den Büchern basierenden Filme verwenden das Videoband und das Videobild als Vermittlungspunkt zwischen Natürlichem und Übernatürlichem. Kiyoshi Kurosawas atmosphärisch dichter Film KAIRO (PULS) geht noch einen Schritt weiter; er führt Webcams und Chatrooms als Türen zu den Toten vor. Diese Motive finden sich auch im Videospiel *Fatal Frame*, in dem der Spieler sich auf der Suche nach Hinweisen in einer unheimlichen Landschaft bewegt und die bedrohlichen Kreaturen, auf die er dort trifft, »töten« muss, und zwar, indem er sie fotografiert. In diesen und anderen Beispielen tauchen ganz gewöhnliche Medienobjekte wie Videobänder, Webcams, Computer oder Kameras auf, die zwar weiterhin medientechnologisch eingesetzt werden und funktionieren, zugleich aber auf einer ganz anderen Ebene agieren.

Andere J-Horror-Werke gehen über die Beschäftigung mit technologischen Apparaturen hinaus und führen vor, wie der menschliche Körper als Medium fungieren kann. Damit wird nicht nur an eine frühere Vorstellung des »Mediums« aus dem 19. Jahrhundert angeknüpft; diese Werke gehen zugleich weiter zurück in die Kulturgeschichte der Bestattungszeremonien und der Leichenpräparation. Die Fortsetzung von *Ring* mit dem Titel *Spiral* zeigt uns den Leichnam als Medium, aus dessen Organen auf unheimliche Weise DNA und sonstige Informationscodes emergieren. Ein anderer Film Kurosawas – SÉANCE – spielt noch direkter mit dem Doppelsinn des Mediums, und die Manga-Serie *Der Kurosagi Leichenlieferservice* kombiniert Krimigenre und Galgenhumor in der Geschichte einer Gruppe von College-Studenten in einem buddhistischen Kloster, die sich nebenbei mit Exorzismus und Geisterjagd ihr Geld verdienen. Immer wieder werden der Raum und der faktische Ort selbst im J-Horror als Mediationspunkte oder -knoten begriffen. Hier entfernen wir uns vom Medienartefakt und vom menschlichen Körper und geraten in abstrakteres Gebiet. Raum und Ort fungieren hier als Mediationsstandorte – vom eigenen Heim über Wohnhäuser bis hin zum dunklen Untergrund der Stadt. Das bekannteste Beispiel hierfür ist natürlich das Spukhaus, wie es im Horrorgenre oft vorkommt. Der Film Ju-on (Der Fluch) ist ein klassisches Beispiel dafür; in Dark Water ist dann ein Apartmentgebäude und in Marebito schließlich eine ganze Stadt heimgesucht.

Abb. 3: Das japanische Filmplakat für Kairo (Puls), Regie: Kiyoshi Kurosawa (Magnolia Pictures, 1999).

J-Horror ist insofern ein interessanter Fall, als der Gedanke des Mediums und der Vermittlung hier nach außen getragen und sozusagen entäußert wird, von alltäglichen Medienapparaturen über den Körper oder die Leiche bis hin zu Ort und Raum. In einer weiteren Schleife wird dann der Gedanke selbst zum Vermittlungspunkt zwischen Natürlichem und Übernatürlichem. Junji Itos metaphysische Mangaserie *Uzumaki* bietet die vielleicht merkwürdigste aller Medientheorien. Ein kleiner Küstenort lässt sich vollkommen von der abstrakten geometrischen Form der Spirale faszinieren. Es dauert nicht lange, und Spiralen erscheinen auf entsetzliche Weise überall, in bedrohlichen Wolkenformationen am Himmel, in der eigenartigen Wuchsform des Grases auf den Abhängen, in den Nudeln einer Nudelsuppe, in den verdrehten Körperteilen der Figuren des Manga selbst. Der Low-Budget-Film LONG DREAM nimmt dieses Motiv auf, versetzt es jedoch von der Raum- in die Zeitebene. Die Hauptfigur kann nicht aufhören zu träumen; sie ist das Gegenbild zum Schlaflosen. Die Figur verliert nach und nach jedes (wache) Zeitgefühl, und ihr Körper beginnt sich zu verändern und sich diesem Zustand auf groteske Weise anzupassen.

In diesen und anderen Fällen ist nicht nur ein Nebeneinander von Medien und Übernatürlichem zu beobachten, sondern eine plastische Konzeption des Übernatürlichen als seinerseits je schon medial Vermitteltes, und zwar vermittelt oft durch Objekte, die zugleich vertraut und hochtechnisiert, alltäglich und undurchsichtig sind. Die Vermittlung des Übernatürlichen stellt uns im weitesten Sinne vor die Frage, ob das Übernatürliche nicht immer schon *per definitionem* medial vermittelt und niemals unvermittelt und unbedingt ist.

Was ist indes gerade aus solchen Geschichten über Medien und Vermittlung zu lernen? Was macht sie zu so privilegierten Orten für das Nachdenken über Medien und Vermittlung? Gehen wir von folgender Unterscheidung aus: Im alltäglichen Medienkontext handelt es sich bei der Vermittlung um einen epistemologischen Prozess, während die mediale Vermittlung im übernatürlichen Horror eine ontologische ist. Im ersteren Fall setzen wir bestimmte praktische Kenntnisse über Funktionsweisen und Einsatzmöglichkeiten von Medien voraus. Die Fragen, die sich hier stellen, betreffen Kenntnisse, die bereits einen bestimmten ontologischen Rahmen voraussetzen: Wie lautet deine Nummer?, Wer ruft an?, Hörst du mich? usw. Im übernatürlichen Horror geht man zwar immer noch von gewissen für den alltäglichen Gebrauch ausreichenden Medienkenntnissen aus, aber etwas stimmt nicht mehr, stimmt ganz und gar nicht mehr. Nicht dass die fraglichen Medien nicht mehr funktionierten, im Gegenteil, sie funktionieren eher *zu gut* – wir kriegen mehr, als wir wollten, wenn in unseren Fotos Gespenster erscheinen, wenn sich die Toten auf unseren

Computerbildschirmen zeigen und wenn man dieses Video, naja … besser nicht angeschaut hätte. Man kann hier nicht von einer gemeinsamen und üblichen ontologischen Basis ausgehen, da die Vermittlung ganz verschiedene ontologische Sphären oder, wenn man will, Gebiete zusammenbringt – das Natürliche und das Übernatürliche, das Normale und das Paranormale, das Leben vor und das Leben nach dem Tod.

In dieser Dreieckskonstellation von Medien, Horror und Philosophie finden wir eine Konzeption des Übernatürlichen, die zugleich unmittelbar und vermittelt ist: Das Übernatürliche scheint den Bereich der rein affektiven Erfahrung außerhalb und jenseits des Zugriffs von Wörtern oder Bildern zu besiedeln, obgleich es in den angeführten Beispielen doch immer nur in der einen oder anderen Form der medialen Vermittlung erscheint. Damit stehen wir vor folgendem Dilemma: Wenn das Übernatürliche existiert, inwieweit ist es *erfahrbar*? Wenn es nicht erfahrbar ist, wie sollen wir es dann von bloßem Subjektivismus, vom Trugbild, vom Traum, vom visuellen Trick unterscheiden?

Der Literaturtheoretiker Tzvetan Todorov bezeichnet dieses Dilemma mit dem Begriff des »Fantastischen«, den er wie folgt definiert: »Das Fantastische ist die Unschlüssigkeit, die ein Mensch empfindet, der nur die natürlichen Gesetze kennt und sich einem Ereignis gegenübersieht, das den Anschein des Übernatürlichen hat.«[4] Todorov geht dann auf die eigenartige Logik des Phantastischen näher ein und schreibt:

> In einer Welt, die durchaus die unsere ist, die, die wir kennen, eine Welt ohne Teufel, Sylphiden oder Vampire, geschieht ein Ereignis, das sich aus den Gesetzen ebendieser vertrauten Welt nicht erklären läßt. Der, der das Ereignis wahrnimmt, muß sich für eine der zwei möglichen Lösungen entscheiden: Entweder handelt es sich um eine Sinnestäuschung, ein Produkt der Einbildungskraft, und die Gesetze der Welt bleiben, was sie sind, oder das Ereignis hat wirklich stattgefunden, ist integrierter Bestandteil der Realität. Dann aber wird diese Realität von Gesetzen beherrscht, die uns unbekannt sind. […] Das Fantastische liegt im Moment dieser Ungewissheit […].[5]

4 Tzvetan Todorov, *Einführung in die fantastische Literatur*, aus dem Französischen von Karin Kersten, München 1972, S. 26.

5 Ebd., S. 25 f.

Todorov äußert sich jedoch kaum zur Rolle der Medien in dieser Vermittlung des Übernatürlichen. Er scheint es für ganz selbstverständlich zu halten, dass das Übernatürliche im konkreten Fall und *per definitionem* medial vermittelt ist. Andererseits erfahren in den oben genannten Beispielen die Figuren, die dem Phantastischen begegnen, fast immer Momente von Sprachlosigkeit, Beschreibungsunfähigkeit und der Unbenennbarkeit der Dinge. Diese verquere Situation ähnelt in mancher Hinsicht den klassischen Beschreibungen der mystischen Ekstase. Die Figuren begegnen einem Etwas, das, da es absolut unzugänglich bleibt, nur zu einer Sprache der Verneinung und zum Schweigen führen kann. Was bleibt, ist nur diese bloße Vermittlungsaktivität, eine Vermittlung, die sich sofort selbst negiert: eine Antivermittlung.

Das dunkle Objekt

Wie kann Vermittlung jedoch zugleich die Negation von Vermittlung sein? Um sich mit diesem Dilemma auseinandersetzen zu können, sollte man daran denken, dass es in Fällen übernatürlichen Schreckens nicht einfach um eine schlicht unvordenkliche und unbeschreibliche Erfahrung geht, sondern um die Frage, wie die bloße Möglichkeit dieser Erfahrung von der einen oder anderen Form der Vermittlung abhängt. In vielen Fällen ist diese Vermittlungsform buchstäblich in Medienobjekten wie Videobändern, Kameras, Mobiltelefonen etc. verkörpert. Auf diese Medienobjekte müssen wir also genauer achten.

Die Anfangsfolgen der amerikanischen Kultserie TWILIGHT ZONE sind in dieser Hinsicht exemplarisch. In vielen dieser Filme werden ganz banale Alltagsgegenstände so eingesetzt, dass sie über den Status des bloßen Objekts hinausgelangen. So macht ein frisch verheiratetes junges Paar in NICK OF TIME (1960) auf seiner Hochzeitsreise in einem kleinen Ort halt. Im örtlichen Imbiss gerät der Ehemann Don (gespielt vom unvergleichlichen William Shatner) ganz und gar in den Bann eines harmlosen Serviettenhalters, auf dem unter dem Kopf eines Spielzeugteufels »Mystic Seer« steht. Gegen Einwurf eines Pennys erfährt man seine Zukunft – ein Spiel, das schnell zur Neurose und dann, wie in vielen Folgen von TWILIGHT ZONE, zu etwas ganz anderem wird.

Abb. 4: Don (William Shatner) vor dem »Mystischen Seher« in der Twilight-Zone-Folge Nick of Time, Regie: Richard Bare (MGM Studios, 1960).

In der Folge Nick of Time sehen wir, wie ein simpler Serviettenhalter nach und nach eine Reihe von Transformationen durchläuft: Gebrauchsgegenstand (Serviettenhalter), Unterhaltungsgegenstand (Wahrsage-Spiel), Neurose (Angst und Beklemmung, Zweifel, Furcht) und schließlich das, was Todorov das Phantastische nennt (die Möglichkeit einer ganz und gar andersartigen Wirklichkeit). Diese letzte Phase ist in einer der zunehmend panischen Bemerkungen der Ehefrau sehr gut festgehalten: »Soll denn dieses ... dieses *Ding* dein Leben beherrschen?«

Der Moment, in dem das Objekt zugleich präsent ist und sich in ein Niemandsland merkwürdigster Eigenschaften (der »qualitas occulta«, wie Schopenhauer sagt) zurückzieht, findet sich in vielen Folgen von Twilight Zone. Wir finden hier Kinderpuppen, die in böser Absicht zum Leben erwachen, Telefone, die direkt mit den Stimmen der Toten verbinden, und automatische Klaviere, die uns dazu bringen, unsere tiefsten und dunkelsten Geheimnisse preiszugeben.

Wir dürfen also, kurz gesagt, nicht vergessen, dass es in all diesen Geschichten nicht bloß um die Erfahrung eines Subjekts geht, sondern vielmehr um die Vermittlung eines Objekts und durch ein Objekt. Der Begriff des Übernatürlichen ist hier nicht einfach auf ein Subjekt als Instanz unvermittelter, authentischer Erfahrung ausgerichtet. Er umfasst auch die zahlreichen Objekte, die selbst schon das Übernatürliche verkörpern oder vermitteln, Objekte, die unfassbar zwischen Alltäglichem und Außerordentlichem, zwischen künstlicher, sprich artefaktischer Transparenz und unheimlicher Undurchschaubarkeit hin und her gleiten. Demnach stellt sich die Frage, ob diese Vermittlung des Übernatürlichen nicht weniger in Begriffen eines subjektorientierten als vielmehr eines objektorientierten Ansatzes gedacht werden sollte, und es stellt sich dann auch die Frage, was ein solcher objektorientierter Ansatz für uns als Subjekte bedeuten könnte.

Natürlich gibt es in Geschichte und Gegenwart schon zahlreiche Beispiele dafür. Im modernen Kontext haben wir etwa den späten Heidegger, der sich ausführlich über »das Ding« als ontologische Kategorie Gedanken macht und von der »Dingheit des Dings« spricht.[6] Heideggers »Ding« definiert sich schon durch Eigenschaften wie »Selb-Ständigkeit«, »Herstand«, »Ent-stehen« und vor allem als dynamisch-aktiver Prozess der »Versammlung«. Das Ding ist für Heidegger weniger Werkzeug oder Erkenntnisgegenstand als vielmehr die Schnittstelle oder die Zusammenkunft von Stoff, Herstellungsprozess und Ideologien, wie sie in seiner eigenen Wendung vom dingenden Ding und den versammelnden Dingen enthalten sind.[7]

Bruno Latour befasst sich bereits seit längerer Zeit mit der Schnittstelle zwischen Menschen und Objekten, insbesondere was die Geschichte des wissenschaftlichen Experiments angeht, in der ein ganzes Spektrum von Gerätschaften und Dingen einen komplexen Apparat zur Produktion von Wissen bildet. Objekte wirken ebenso auf uns und unsere Handlungen ein wie wir auf sie. Latour spricht von »nichtmenschlichen Aktanten«, um das Einwirken von Objekten auf uns als Subjekte zu beschreiben:

Jeder Gegenstand versammelt eine andere Versammlung relevanter Parteien um sich. Jeder Gegenstand bietet neue Gelegenheiten für leidenschaft-

6 »Wenn wir das Ding in seinem Dingen aus der weltenden Welt wesen lassen, denken wir an das Ding als das Ding« (Martin Heidegger, »Das Ding« [1950/51], in: ders., *Vorträge und Aufsätze* [1954], Pfullingen 1985, S. 173).

7 Vgl. ebd., S. 166.

liche Differenz und Diskussion. [...] Mit anderen Worten, Gegenstände – verstanden als ebenso viele Streitfragen – halten uns alle auf verschiedene Weise in Schranken, und diese verschiedenen Weisen markieren einen öffentlichen Raum, der sich grundlegend von dem unterscheidet, was üblicherweise unter dieser Bezeichnung des »Politischen« verstanden wird.[8]

Latour plädiert für eine Wiederaufnahme von Heideggers Begriff des »Dings«, wobei der Schwerpunkt nunmehr auf den politischen Aspekten der »Versammlung« liegen sollte. »Wenn *Ding* gleichzeitig jene bezeichnet, die sich versammeln, weil etwas anliegt, wie auch die Ursachen ihrer Anliegen und Differenzen, sollte es ins Zentrum unserer Aufmerksamkeit rücken: *Zurück zu den Dingen!* Ist das nicht ein stärker engagierender politischer Slogan?«[9]

Der jüngste Anlauf, um Objekte philosophisch auf diese Weise zu denken, ist die sogenannte »Objektorientierte Ontologie« (OOO). Exemplarisch für diesen objektorientierten Ansatz ist die Arbeit von Graham Harman. Unter dem Einfluss der von ihm so bezeichneten »fleischlichen Phänomenologie« [*carnal phenomenology*] von Maurice Merleau-Ponty, Emmanuel Lévinas und Alphonso Lingis vertritt Harman die Auffassung, die Geschichte des westlichen Denkens habe uns nur das halbe Bild geliefert: Die Philosophie hat sich beinahe ausschließlich – und zwar zugunsten des Subjekts – auf die Subjekt-Objekt-Beziehung konzentriert; damit ist ihr die ebenso wichtige »Perspektive« der Beziehung von Objekten untereinander entgangen. In seinem Buch *Guerilla Metaphysics* schreibt er hierzu:

Die objektorientierte Philosophie folgt einem einzigen zentralen Grundsatz: der Herauslösung der Objekte aus sämtlichen Wahrnehmungs- und Kausalbeziehungen. Damit ergibt sich ein einziges Grundsatzproblem: Wie entstehen überhaupt Beziehungen? [...] Diese Beziehungen sind das Gerüst der Dinge [*the carpentry of things*], die Verbindungen und der Kitt, die das Universum zusammenhalten.[10]

Statt über Subjekte und Objekte sollten wir nach Harman über Objekt-Objekt-Beziehungen nachdenken. In diesem Kontext skizziert er eine innovative philosophische Problematik:

8 Bruno Latour, *Von der* Realpolitik *zur* Dingpolitik *oder Wie man Dinge öffentlich macht*, aus dem Englischen von Gustav Roßler, Berlin 2005, S. 11 f.

9 Ebd., S. 32.

10 Graham Harman, *Guerilla Metaphysics*, Chicago 2005, S. 20 (Übers. R. A.).

> [K]eine zwei Objekte können einander direkt begegnen. Wenn ein Objekt jederzeit Distanz zu seinen Bezügen und seinem Verkehr mit der Welt hält, kann die Kausalität nur eine *indirekte* sein; sie benötigt ein anderes Medium als die Dinge selbst, da diese sich von sich aus jeder Art von Beziehung entziehen. Es muss ganz konkret gezeigt werden, wie zwei Objekte einander vollkommen verborgen und dennoch in der Lage sein können, aufeinander einzuwirken.[11]

Gegen den objektorientierten Ansatz wurden bereits etliche Einwände erhoben. So wird im Kontext der Objektorientierten Ontologie die Frage aufgeworfen, ob eine systematische und umfassende Philosophie der reinen Objekt-Objekt-Beziehungen überhaupt möglich ist, ohne in den Kantischen Double-Bind des Dings an sich zurückzufallen. Für unsere Zwecke ist es wichtig zu beachten, wie Objekte in diesem widersprüchlichen Zugleich von Gegebenheit und Entzug zu existieren scheinen: Noch in ihren intimsten phänomenalen Interaktionen mit uns als Subjekten bewahren sich die Objekte eine gewisse Sphäre der Unzugänglichkeit – für jedes Objekt gibt es ein unzugängliches Mehr-als-Objekt. Damit scheinen all die Objekte des übernatürlichen Horrors ziemlich perfekt beschrieben zu sein.

Um hier genauer zu sehen, müssen wir einen Schritt zurückgehen. Natürlich unterscheiden sich Objekte von Dingen, und nichts hindert uns an der Feststellung, dass nicht alle Medien Objekte oder Dinge sind. Zur Klärung der Begrifflichkeit können wir hier an Kants Unterscheidung zwischen Objekten und Dingen anschließen, zumal etliche Kernthesen Kants auch in den unterschiedlichen Richtungen der heutigen nachkantianischen Philosophie – auch im objektorientierten Ansatz – präsent sind.

In Kants kritischer Philosophie sind Objekte niemals einfach Objekte. Kant verwendet eine ganze Reihe verschiedener Begriffe für das, was wir »Objekt« nennen. Dazu gehört der Begriff des **Objekts* selbst, der Gegenstände der Erfahrung bezeichnet, die durch die Einheit der Apperzeption zu Gegenständen der Erkenntnis werden; dazu gehört der Begriff des **Gegenstandes*, der Gegenstände der Erfahrung bezeichnet, sofern sie den Strukturen der Anschauung und/oder des Verstandes entsprechen; und schließlich der Begriff des **Dings*, der den Gegenstand an sich selbst jenseits

11 Ebd., S. 19 (Übers. R. A.).

jeder gegebenen Erfahrung des Gegenstandes bezeichnet. Mit diesem letztgenannten Begriff des **Dings* gelangen wir zu einer Größe, die bei Kant einem philosophischen Zweck dient, nämlich dem logischen Erfordernis, dass etwas und nicht nichts sei, von dem wir weiter nichts wissen können und das die Seinsgrundlage des **Gegenstandes* bildet und diesem wiederum ermöglicht, **Objekt* für ein Subjekt zu werden.

> Daß unseren äußeren Wahrnehmungen etwas Wirkliches außer uns, nicht bloß korrespondiere, sondern auch korrespondieren müsse, kann gleichfalls niemals als Verknüpfung der Dinge an sich selbst, wohl aber zum Behuf der Erfahrung bewiesen werden [...] denn mit andern Gegenständen, als denen, die zu einer möglichen Erfahrung gehören, haben wir es nicht zu tun, eben darum, weil sie uns in keiner Erfahrung gegeben werden können, und also vor uns nichts sind.[12]

Alle diese Begriffe lassen sich zwar mit dem Begriff des »Objekts« fassen, aber mit **Ding* bezeichnet Kant dann auch das »Ding an sich«. Das Ding an sich oder auch schlicht »das Ding« ist ein Grenzbegriff, der eine transzendentale Funktion erfüllt, indem er gewährleistet, dass es außerhalb unserer selbst als wahrnehmender Subjekte noch etwas anderes gibt, auch wenn wir es niemals an sich selbst kennen können.[13]

Fassen wir hier, um die Sache abzukürzen, ein wenig zusammen. Für Kant besteht ein grundlegender Unterschied zwischen »Objekten« und »Dingen«, eine Unterscheidung, die recht gut dem Rahmen des kritischen Ansatzes entspricht. Objekte lassen sich sinnlich erfahren und anschauen, und auf dieser anschaulichen Grundlage können wir Kenntnisse von ihnen erlangen; Dinge hingegen entziehen sich dem menschlichen Verständnis auf ewig. Objekte sind

12 Immanuel Kant, »Prolegomena zu einer künftigen Metaphysik, die als Wissenschaft wird auftreten können« (1783), in: ders., *Schriften zur Metaphysik und Logik 1*, Werkausgabe Bd. V, hg. von Wilhelm Weischedel, Frankfurt/M. 1977, S. 113-264; hier S. 207 (§ 49).

13 »[...] daß uns die Gegenstände an sich gar nicht bekannt seien, und, was wir äußere Gegenstände nennen, nichts anders als bloße Vorstellungen unserer Sinnlichkeit seien [...] deren wahres Correlatum aber, d. i. das Ding an sich selbst, dadurch gar nicht erkannt wird, noch erkannt werden kann, nach welchem aber auch in der Erfahrung niemals gefragt wird« (Kant, *Kritik der reinen Vernunft*, Werkausgabe Bd. III, hg. von Wilhelm Weischedel, Frankfurt/M. 1974, S. 78 [A 31]).

Objekte immer nur, sofern sie uns als Subjekten erscheinen, während Dinge in eine dunkle, nebulöse Zone ganz und gar außerhalb der Subjekt-Objekt-Beziehung gehören. Objekte sind immer Objekte für ein Subjekt; Dinge hingegen sind wie unzugängliche, besser noch: *dunkle Objekte*.[14]

Trotz dieser Unterscheidungen muss Kant auf einen grundlegenden Widerspruch hinweisen, nämlich dass (unzugängliche und der Erkenntnis entzogene) Dinge dennoch von uns als denkenden Subjekten postuliert werden. Daher kann es sich immer nur um negative Begriffe handeln. Alles, was wir Kant zufolge tun können, ist, die logische Notwendigkeit des Dings an sich festzustellen. Der Rest ist Schweigen …

Oder doch nicht? Merkwürdigerweise haben Objekt und Ding für Kant gerade dies gemein, dass sie beide zumindest einen Minimalbezug zu einem Subjekt unterhalten. Der Unterschied liegt nur darin, dass dieser Bezug im ersten Fall positiv und im zweiten negativ ist. Während nun heutige Theoretiker wie Harman unsere Aufmerksamkeit von der Subjekt-Objekt-Beziehung auf die Objekt-Objekt-Beziehung lenken wollen, können wir feststellen, dass Kants Kritische Philosophie ihre eigene Form objektorientierten Denkens beinhaltet, nämlich die *Beziehung zwischen Objekten und Dingen*, die Beziehung zwischen dem, was für uns als Subjekte existiert, und dem, was außerhalb jeder Subjekt-Objekt-Beziehung liegt. Diese verschiedenen Ansätze lassen sich in aller Kürze wie folgt charakterisieren:

- Subjekt-Objekt-Beziehung (Cartesianismus, Kantianismus, Phänomenologie);
- Objekt-Objekt-Beziehung (Akteur-Netzwerk-Theorie, objektorientierte Ontologie);
- Objekt-Ding-Beziehung (dunkle Objekte, *Weird Realism*[15]).

In der Objekt-Ding-Beziehung geht es nicht um herkömmliche

14 »[…] daß die Reinigkeit der Kategorien von aller Beimischung sinnlicher Bestimmungen die Vernunft verleiten könne, ihren Gebrauch gänzlich, über alle Erfahrung hinaus, auf Dinge an sich selbst auszudehnen. […] Dergleichen hyperbolische Objekte sind nun die, so man *Noumena* oder reine Verstandeswesen (besser Gedankenwesen) nennt […]« (Kant, »Prolegomena zu einer künftigen Metaphysik« [wie Anm. 12], S. 203 [§ 45]).

15 (*A. d. Ü.: Weird Realism* hat hier etwa die Bedeutung »sonderbarer Realismus« i. S. von Lovecrafts »weird fiction«.)

Subjekt-Objekt-Beziehungen, und es geht hier auch nicht um unheimliche Objekt-Objekt-Beziehungen. Unser Augenmerk gilt vielmehr den möglichen Übergängen zwischen Objekten und Dingen, zwischen dem, was uns als menschlichen Subjekten leicht zugänglich ist, und dem, was sich auf rätselhafte Weise in eine Region zurückzieht, die wir nur als »Ding an sich« beschreiben können.

Hier liegt einer der Hauptgründe für das Nachdenken über übernatürlichen Horror. Zwischen dem Objekt »für uns« und dem Ding »an sich« liegt zugleich die größte Nähe und der größte Abgrund. Wie bereits festgestellt, sind die Medienobjekte, die das Genre des übernatürlichen Horrors bevölkern, durchaus intakt, sie funktionieren ziemlich gut, und sie funktionieren vielleicht sogar zu gut. Wenn aus gewöhnlichen Objekten außergewöhnliche werden – werden wir dann merkwürdige Zeugen des geheimen Übergangs vom Objekt zum Ding? Im übernatürlichen Horror sind die Beziehungen Subjekt-Objekt und Objekt-Objekt nur Nebenprodukte einer grundlegenderen Beziehung zwischen Objekt und Ding. Formulieren wir vor diesem Hintergrund eine Hypothese: Im übernatürlichen Horror *ereignet sich die Vermittlung oder Mediation des Übernatürlichen über diesen ambivalenten Übergang vom Objekt zum Ding.*

Über Weird Realism

An dieser Stelle möchte ich auf der Grundlage der Unterscheidung zwischen Objekten und Dingen eine Typologie der Medien vorschlagen, die das Motiv der Vermittlung des Übernatürlichen mit einbezieht.

Zunächst einmal können wir »tote Medien« von »heimgesuchten Medien« unterscheiden. Bei toten Medien ist das Objekt nicht mehr in Gebrauch, die Form des Objekts ist jedoch noch wirksam und aktiv. So verwenden wir beispielsweise in der Regel keine *Laterna magica* mehr, aber die Idee der Bildprojektion ist heute nach wie vor sehr lebendig, etwa durch die Verwendung von digitalen Projektoren und Ähnlichem. Bei heimgesuchten Medien hingegen ist das Objekt noch in Gebrauch, allerdings in einer nichtnormativen, nicht standardgemäßen Weise. Ein Beispiel hierfür ist die komplexe Wechselbeziehung zwischen der Fotokamera und der

Geisterfotografie im Europa des späten 19. Jahrhunderts. Die Kamera, die in der Regel Aufnahmen von Menschen oder Orten machen soll, war zugleich das privilegierte Medium, um die Geister der Toten sichtbar zu machen und erscheinen zu lassen. Sowohl die toten wie die heimgesuchten Medien arbeiten mit einer, wenn auch je eigenen, zeitlichen Spaltung: Bei den toten Medien verläuft die Kluft zwischen einem überholten, veralteten Artefakt und seinem weiterhin wirksamen technischen Funktionsprinzip; bei den heimgesuchten Medien beobachten wir eine Disjunktion zwischen dem zeitgenössischen Artefakt und seiner Verbindung zu denen, die nicht mehr am Leben sind. Ähnlich verhält es sich hinsichtlich ihrer funktionellen Unterschiede: Im Fall von toten Medien oszillieren die Objekte zwischen An- und Abschaltung, während das Objekt im Fall von heimgesuchten Medien zu mehr als einem Objekt wird und mit beinahe göttlichen (oder hellseherischen) Kräften begabt so etwas wie ein *göttliches oder überirdisches Objekt* darstellt.

Unsere Kultur verfügt über zahlreiche Beispiele heimgesuchter Medien, aber einmal mehr verdeutlicht uns das Horrorgenre am besten die Unterschiede zwischen ihnen. Betrachten wir das Genre der okkulten Detektivgeschichte, das im späten 19. und frühen 20. Jahrhundert so populär war und für das exemplarisch Bücher stehen wie Sheridan Le Fanus *In a Glass Darkly* (1872), Algernon Blackwoods *John Silence, Physician Extraordinary* (1908) und William Hope Hodgsons *Carnacki the Ghost-Finder* (1913). In diesen und ähnlichen Geschichten begegnet man häufig einem Protagonisten, der sowohl in den modernen Wissenschaften wie in den alten okkulten Künsten bewandert ist. Der okkulte Detektiv muss sich einer Kombination wissenschaftlich-rationaler Schlussfolgerungen und praktischer Magie bedienen, um ein bestimmtes Rätsel zu lösen. In manchen Fällen erweist sich das Rätsel als übler Streich, und die angeblich übernatürlichen Phänomene entpuppen sich als bloßer Betrug und Schwindel. In anderen Fällen jedoch erleben wir eine Bestätigung des Übernatürlichen, ironischerweise eben durch die wissenschaftliche Rationalität (bzw. deren Versagen) noch bekräftigt.

Abb. 5: Buchdeckel der Neuauflage von *Carnacki the Ghost-Finder* (Sauk City 1947).

Abb. 6: Buchdeckel der Neuauflage von Lovecrafts *From Beyond* (in: *The Lurking Fear and Other Stories*, New York 1971).

Im Genre der okkulten Detektivgeschichte ist das Übernatürliche immer vermittelt – und tatsächlich kann es überhaupt nur vermittelt sein. In Hodgsons Geschichten, die unter dem Titel *Carnacki the Ghost-Finder* veröffentlicht wurden, werden wir Zeuge, wie Thomas Carnacki eine ganze Reihe von Mitteln einsetzt, um eine Vermittlung des Übernatürlichen zu bewirken. In manchen Fällen verwendet Carnacki Medien zur Dokumentation, etwa eine Kamera, um einen Schnappschuss von einem Spukzimmer zu machen, Tonaufzeichnungsgeräte zur Aufzeichnung der merkwürdigen Geräusche eines Spukhauses oder auch Wachssiegel an Fenstern und Türschwellen, um ein Eindringen zu belegen. In anderen Fällen muss Carnacki sogar seine eigenen Medien konstruieren, um die Ermittlungen fortsetzen zu können. Ein besonders eindrückliches Beispiel hierfür ist das »elektrische Pentagramm«, eine Vakuumröhre – eine Steampunk-Variante des Zauberkreises –, die Carnacki sowohl als Schutzvorrichtung wie als elektrischen Leiter einsetzt.

In anderen Fällen verlassen wir sogar die Welt der Medienartefakte und gelangen in eine ganz andere Dimension, die Carnacki nur als »Äußere Monstrositäten« [*Outer Monstrosities*] beschreiben kann: Ein Spukzimmer wird zum riesigen fleischigen Maul, das einen schauerlichen Pfeiflaut ausstößt; ein Mann ist von einer Herde kosmischer Schweine besessen, die aus einem schwarzen Loch auftauchen; ein heruntergekommenes Schiff trifft auf bedrohliche, empfindungsfähige Nebelschwaden.

Das Genre der okkulten Detektivgeschichte führt uns zwei Arten heimgesuchter Medien vor. Die erste ist das *Artefakt*, in dem ein Medienobjekt selbst heimgesucht oder mit übernatürlichen Kräften begabt ist. Hier werden wir Zeuge einer seltsamen Belebung unbelebter Objekte: Puppen fangen an zu sprechen, Spukhäuser scheinen einen Eigenwillen zu haben, und ein altes archäologisches Fundstück an einer weit entlegenen Ausgrabungsstätte ruft die bösen »Alten« herauf.

Neben dem Artefakt selbst findet sich auch noch die geheime *Pforte*, die nicht selbst heimgesuchte Medienobjekte zur Schwelle, zum Durchgang oder zum Kanal zwischen Natürlichem und Übernatürlichem macht. Hier ist nicht das Objekt als solches heimgesucht, sondern der Akt der Mediation. Das spirituelle Medium, die Séance und die Totenbeschwörung gehören in diese Kategorie. In manchen Fällen kann die Vermittlung durch Medienobjekte ganz normal ablaufen (wenn etwa das Rauschen des Fernsehers tatsächlich Botschaften der Toten überträgt), während die Vermittlung in anderen Fällen über alte Mittel und vormoderne Wege (wie beispielsweise den Zauberkreis auf dem Fußboden) vollzogen wird.

Heimgesuchte Medien können also als Artefakte oder als Zugangswege auftreten, womit wir bei einem Kernmerkmal dieser Medien sind: Mittels Spukmedien stellt das »überirdische Objekt« eine Verbindung zwischen unterschiedlichen ontologischen Ordnungen her (natürlich/übernatürlich, irdisch/überirdisch, Diesseits/Jenseits). Das ist etwas grundsätzlich anderes als die herkömmliche Sicht der Vermittlung, wie sie der Kybernetik und der Informationstheorie eigen ist. Diese gehen von einer Vermittlung zwischen zwei Punkten innerhalb ein und derselben gemeinsamen Realität aus. Wenn es auch hier Botschaften, Kanäle, Sender und Empfänger geben mag, so zeichnet die heimgesuchten Medien etwas anderes aus: Die Vermittlung findet hier nicht zwischen zwei

Punkten ein und derselben Realität, sondern zwischen zwei verschiedenen Wirklichkeiten statt.

Spukmedien vermitteln in den meisten Fällen das Übernatürliche durchaus im positiven Sinne; der Vermittlungsprozess bringt das an und für sich Unverständliche in den Umkreis der menschlichen Wahrnehmungs- und Auffassungsgabe: Kameras enthüllen Bilder von Geistern, Aufnahmegeräte zeichnen deren Geräusche auf und Videos halten die unsichtbare Anwesenheit der Toten fest. In Kantischen Begriffen bewirken heimgesuchte Medien den Übergang von Dingen in Objekte (genauer vom **Ding* zum **Gegenstand* zum **Objekt*).

Das Genre übernatürlicher Horror kennt aber auch Geschichten, die noch über dieses Paradigma hinausgehen. Das Subgenre der *Weird Fiction* in den Pulp-Magazinen des frühen 20. Jahrhunderts (wie *Weird Tales* oder *Amazing Stories*) ist in dieser Hinsicht exemplarisch. In einer bestimmten Art dieser Geschichten kommen Wesen aus anderen Dimensionen vor, beispielsweise in H. P. Lovecrafts *From Beyond* (1920), Frank Belknap Longs *The Hounds of Tindalos* (1929) oder Clark Ashton Smiths *Ubbo-Sathla* (1933).[16] In Lovecrafts Geschichte hat ein verrückter Wissenschaftler ein Gerät erfunden, mit dem ganz normale Menschen die unsichtbaren, bedrohlichen Amphibienwesen sehen können, die uns tagtäglich umgeben. In Longs Geschichte führt eine gehörige Portion Drogen in Kombination mit der Quantenphysik zur Entdeckung einer Pforte in den merkwürdigen Verwinkelungen eines Zimmers, durch die räuberische körperlose Wesen eindringen. Und in Smiths' Geschichte stellt ein moderner Hexenmeister mit Hilfe eines Kristalls – vielleicht das Medium aller Medien – eine Verbindung zum allerersten Schlamm des Lebens auf dem Planeten her.

In Storys wie diesen begegnet man noch immer der medialen Vermittlung des Übernatürlichen, das seinen positiven Ausdruck in Geschichten von heimgesuchten Medien findet, allerdings mit einem entscheidenden Unterschied: Die Vermittlung führt in diesen Fällen in eine absolute Sackgasse, in das seltsame Nichtwissen über die Unmöglichkeit von Vermittlung. Man kann hier von *Weird Me-*

16 Dieses Motiv findet sich auch in Geschichten aus dem 19. Jahrhundert, etwa in Ambrose Bierces' »The Damned Thing« (1893); und Fitz-James O'Briens »What Was It?« (1859), u. a. in Various Authors, *Famous Modern Ghost Stories*, Fairfield/Iowa 2006, S. 217-231.

dia sprechen. Die Spukmedien führten die Vermittlung von Natürlichem und Übernatürlichem in positiven Begriffen vor, während das Objekt in diesen bizarren Medien bloß auf eine Kluft oder eine Lücke zwischen zwei ontologischen Ordnungen verweist. In manchen Fällen ist das Übernatürliche präsent, erscheint aber nicht (es ist z. B. eine unsichtbare Kreatur, die dennoch mit uns in unserer Wirklichkeit existiert, jedoch außerhalb des Spektrums der Sichtbarkeit). In anderen Fällen erscheint das Übernatürliche durchaus, ist aber zugleich nicht präsent (es ist z. B. eine namenlose Entität aus anderen Dimensionen). Bei den *Weird Media* ziehen sich sämtliche Objekte unvermeidlich in Dinge zurück. Daraus ergibt sich eine negative Vermittlung, eine paradoxe Behauptung und manchmal auch Verifizierung der Kluft zwischen zwei ontologischen Ordnungen. Die nachfolgende Tabelle bietet einen Vergleich:

Heimgesuchte Medien	*Weird Media*
Verbindung	Trennung
Kommunikation	Schweigen
Kontinuum	Abgrund
Welt der Erscheinungen	Noumenales an sich
Transzendenz	Immanenz
Wiederholt das Menschliche	Grenze des Menschlichen
Wechselseitigkeit	Indifferenz

Tab. 1: Vergleich *Heimgesuchte Medien/Weird Media.*

Medien sind »heimgesucht« und Spukmedien, wenn sie positiv zwischen zwei verschiedenen ontologischen Ordnungen vermitteln und das Objekt in ein übernatürliches Objekt (Artefakt oder Pforte) verwandeln. Dagegen sind Medien »sonderbar« oder *weird*, wenn sie negativ zwischen zwei ontologischen Ordnungen vermitteln und sich das Objekt in ein Ding zurückzieht.

Die politische Theologie der Dinge (Medientheorie)

Ich möchte mit einer Frage schließen. Wenn wir bereit sind, die Medien in erweiterter Perspektive zu betrachten und nicht bloß als Geräte, Werkzeuge und Hilfsmittel oder auch als Objekte; wenn wir bereit sind, sie als Vermittlungsform zu begreifen, die beim Übergang zwischen Objekten und Dingen operativ ist, dann stellt sich folgende Frage: An welchem Punkt beginnen Medien und mediale Vermittlung, sich selbst zu verneinen und in eine Art reines Kontinuum oder »Kommunikation« zu münden oder gar in etwas, das man früher einmal mystische Erfahrung nannte? Diese Frage wirft Georges Bataille auf, der sich in seiner eigenen Kritik und Reformulierung mystischer Theologie häufig der Begriffe »Kommunikation« und »Vermittlung« bedient.

In der mystischen Erfahrung, bemerkt Bataille, »ist die Erkenntnis noch Vermittlung – zwischen mir und der Welt –, jedoch eine negative: die Verwerfung der Erkenntnis, die Nacht, die Vernichtung jedes vermittelten Begriffs konstituieren diese negative Vermittlung [*médiation négative*]«.[17] Die negative Vermittlung bezeichnet diese paradoxe Vermittlung der Nichtvermittlung. Wo immer Bataille von Kommunikation oder Vermittlung spricht, bezieht er sich auf die Tradition dunkler Mystik; für ihn gehen Vermittlung und Kommunikation immer mit der Auflösung von Sender und Empfänger und mit einer Botschaft einher, die Abgrund ist: »Die Bewegungen strömen in eine äußere Existenz, da verlieren sie sich, sie ›kommunizieren‹, wie es scheint, mit dem Außen [*le dehors*], ohne dass dieses eine bestimmte Gestalt annähme und als solche wahrgenommen würde.«[18]

Die negative Vermittlung impliziert für Bataille einen dreifachen Prozess: erstens eine minimale Verbindung zweier getrennter und unvereinbarer Ordnungen; zweitens die Hervorbringung eines absoluten Abgrundes zwischen diesen beiden Ordnungen; und schließlich drittens die Auslöschung von Vermittlung überhaupt, die zum Teil auf diese Kluft oder diesen Abgrund zurückzuführen

17 Georges Bataille, *Das theoretische Werk in Einzelbänden*, Teil 1: *Atheologische Summe, 1. Die innere Erfahrung. Nebst Methode der Mediation und Postskriptum 1953*, aus dem Französischen von Gerd Bergfleth, München 1999, S. 161.

18 Ebd., S. 163.

ist. Diese Verschmelzung, sagt Bataille, »ist die Vernichtung alles dessen, was nicht das letzte ›Unbekannte‹ ist, der Abgrund, in den man versunken ist«. Und er ergänzt: »So verstanden, ist die volle Kommunikation, die die zum ›Extrem‹ tendierende Erfahrung ist, in dem Maße zugänglich, in dem die Existenz sich nacheinander von ihren Mittelbegriffen entblößt [...].«[19]

Batailles Anmerkungen führen uns zu folgender Frage: Ginge man in Anbetracht der Art und Weise, in der sowohl heimgesuchte Medien wie *Weird Media* zwischen Natürlichem und Übernatürlichem vermitteln, zu weit, wenn man den vormodernen Fall der göttlichen Ekstase und der dämonischen Besessenheit als Vermittlungsvorgänge begriffe? Und wenn dem so wäre, ließe sich dann die Regulierung der Grenze zwischen göttlicher Ekstase einerseits und dämonischer Besessenheit andererseits als Akt politischer Theologie begreifen? Der Diskurs um die Teufelsbesessenheit im frühmodernen Christentum ist in dieser Hinsicht besonders aufschlussreich. Das Übernatürliche (göttlich und dämonisch) befand sich *per definitionem* absolut jenseits des Irdischen und Menschlichen. Durch welche lebendigen Zeichen oder Werke (*opera vitae*) konnte diese unzugängliche Sphäre zugänglich werden?

Im theologischen Diskurs setzt das Konzept des besessenen Körpers den Begriff des Lebens und der menschlichen Person voraus und widerspricht ihm zugleich. Die Scholastiker hatten diese Unterscheidung zwischen dem besessenen Körper und dem lebendigen Körper in einer Reihe von *quaestiones* verfeinert und verdeutlicht, die den Handlungen der Engel und Dämonen im Moment ihres Erscheinens galten. Sie fragten sich, in welchem Maße Engel und Dämonen sich des besessenen Körpers bedienen können. Konnten sie fühlen, sich bewegen, sprechen, essen oder am Ende sogar Leben zeugen? Konnten sie, nach der Formulierung Thomas von Aquins, die *opera vitae* vollbringen?[20]

Der menschliche Körper ist das ursprüngliche Medium und der ursprüngliche Kanal der Erscheinung der Zeichen des Dämonischen, und zwar ihrer Erscheinung als negativer Zeichen, als Verirrungen und Abirrungen, als Irrtum des Körpers:

19 Ebd., S. 161.
20 Maaike van der Lugt, *Le ver, le démon et la vierge*, Paris 2004, S. 238 (Übers. R. A.).

Durch das Lesen natürlicher Zeichen (Winde, Wolken, Tierlaute) können Dämonen Stürme, Seuchen und Fluten herbeiführen. Indem sie die Gesten eines Menschen lesen, seinen Gesichtsausdruck, seinen Tonfall, können Teufel darüber hinaus einen »Diskurs« erzeugen, der die Seele und den Körper dieses Menschen auslöschen kann [...]. Der Dämon konstruiert seine Nichtsprache, indem er die Zeichen der Natur und des Menschen deutet und sie gegen die Schöpfung selbst wendet.[21]

Natürlich besteht die Möglichkeit, dass die Sache damit zu weit getrieben und die Begriffe »Medium« und »Vermittlung« überspannt werden und jeden verlässlichen Sinn einbüßen. Es lässt sich aber auch die Auffassung vertreten, dass die Welt, in der wir leben, andauernd unsere herkömmlichen Vorstellungen von dem, was Medien sind und was Vermittlung heißt, über den Haufen wirft. Inmitten von menschengemachten und alles betreffenden Katastrophen planetarischen Ausmaßes sehen wir uns in der Lage, Ereignisse aufzuzeichnen und zu dokumentieren, die sich zunehmend unserem Fassungsvermögen entziehen, Ereignisse, die wir nur noch mit umfassenden Formulierungen wie »globaler Klimawandel« oder »planetarische Auslöschung« charakterisieren können. Wir leben bereits in der Welt, von der wir getrennt sind, so dass wir die Welt aufzuzeichnen, zu dokumentieren und medial zu vermitteln vermögen. Unsere Vorstellungen von Medien und Vermittlung sind vielleicht allzu menschliche.

Auf den ersten Seiten seines Buches *Zur Archäologie der Medien* schreibt Siegfried Zielinski in Hinblick auf die Notwendigkeit einer erweiterten Sicht von Medien und Medienwissenschaft heute:

Mediengeschichte ist nicht der Ausdruck einer allmächtigen Tendenz vom Primitiven zum komplexer Zusammengesetzten. [...] Es sollte möglich sein, individuelle Variationen herauszufinden, anstatt auf verbindliche Trends, Führungsmedien und zwingende Fluchtpunkte zu insistieren. Oder in historischen Meisterplänen Wendungen und Brüche zu entdecken, die für die Bewegung im Labyrinth des Etablierten nützliche Anregungen werden könnten.[22]

Es geht weniger um die Begründung neuer Forschungsfelder als vielmehr um die Variationen, die Bewegungen über Felder ermög-

21 Armando Maggi, *Satan's Rhetoric*, Chicago 2001, S. 41 und S. 54 (Übers. R. A.).

22 Siegfried Zielinski, *Archäologie der Medien. Zur Tiefenzeit des technischen Hörens und Sehens*, Hamburg 2002, S. 16 f.

lichen oder uns helfen, diese ganz und gar hinter uns zu lassen. Das bezeichnet Zielinski als »Variantologie«. Zielinski bedient sich des geologischen Konzepts der Tiefenzeit mit all seinen Konnotationen nichtmenschlicher materieller Flüsse und Strömungen und wirft die Frage auf, wie eine Tiefenzeit der Medien aussehen könnte. Der Gestus der Öffnung der möglichen Bedeutungsfelder von Medien und medialer Vermittlung ist für Zielinski notwendigerweise ein experimenteller. Das bedeutet, dass man in manchen Fällen nicht weit genug geht und eventuell ein ganz neuartiges Artefakt oder Ereignis in die eingefahrene, fest verwurzelte Technologiegeschichte einschreibt – eine Geschichte, die von Menschen für Menschen geschrieben wurde und wird. In anderen Fällen geht man vielleicht zu weit und öffnet die Begriffe »Medien« und »Vermittlung« so weit, dass man am Ende schlicht über das Sein selbst redet. Zielinski scheint sich dessen bewusst zu sein; aber er weiß ebenso um die Notwendigkeit, sich nicht mit institutionell festgefahrenen Grenzziehungen abzufinden: »Wir hoffen, dass Medienwissenschafter ihre Forschungsgebiete künftig in einem weiteren Kontext sehen und dass Disziplinen, die sich bislang nicht an diesen Diskursen beteiligt haben (etwa die Theologie, die Altertumswissenschaft, viele Bereiche der Wissenschafts- und Technikgeschichte), sich dem Nachdenken über die Medien öffnen.«[23]

Die hier entwickelten Konzeptionen von Medien und Vermittlung sind nur ein Beispiel dafür, wie Ansätze aus der Philosophie, dem Horrorgenre und sogar der Mystik zu einer Art okkulter Geschichte der Medien zusammengebracht werden können. Zauberkreise, schwarze Magie, Wünschelruten und Pendel, Geisterfotografie, ektoplasmische Bilder, gespenstische atmosphärische Störungen im Radio, besessene Fernsehapparate, verfluchte Videobänder und die Webcam der Toten – im übernatürlichen Horror existiert das alles »wirklich« und nicht nur als Hirngespinst, Symptom einer Geisteskrankheit oder Nebenwirkung von Drogenmissbrauch. Die Künstlichkeit, die Artefaktualität dieser Objekte kommt in ihrem ganz pragmatischen und materialen Gebrauch als Medienobjekte zum Ausdruck. Zugleich ermöglicht die Vermittlung des Übernatürlichen solchen Objekten, sich aus dem Vertrauten und Alltäglichen zurückzuziehen, manchmal bis zu dem Punkt, an dem das

23 Siegfried Zielinski, Silvia Wagnermaier (Hg.), *Variantology 1. On Deep Time. Relations of Arts, Sciences, and Technologies*, Köln 2007, S. 11 (Übers. R. A.).

Objekt selbst etwas Vitalistisches und Lebendiges annimmt. Das seltsame Leben der Medien entspräche dann ihrem Hinübergleiten vom Objekt zum Ding. In gewisser Weise sind Medien eben dann am lebendigsten, wenn sie am wenigsten zugänglich sind …

Aus dem Amerikanischen von Reiner Ansén

Scott Lash

Technik und Erfahrung

*Vom Kantischen Subjekt zum Zeitsystem**

> »Folglich liefern uns die Kategorien vermittelst der Anschauung auch keine Erkenntnis von Dingen, als nur durch ihre mögliche Anwendung auf empirische Anschauung, d.i. sie dienen nur zur Möglichkeit empirischer Erkenntnis. Diese aber heißt Erfahrung. Folglich haben die Kategorien keinen anderen Gebrauch zum Erkenntnisse der Dinge, als nur so fern diese als Gegenstände möglicher Erfahrung angenommen werden« (Immanuel Kant).[1]

Was können wir unter *Erfahrung* im Zeitalter technischer Medien verstehen?[2] Wie verändert sich Erfahrung in unserem globalen technologischen Zeitalter? – Die Soziologie scheint sich nachdrücklich mit dieser Frage befasst zu haben. So brachte sie Anfang der 1990er Jahre die *Erlebnisgesellschaft* hervor.[3] Gerhard Schulzes Gesellschaft der unmittelbaren, gelebten Erfahrung war die *Risi-*

* Für die anregenden Gespräche über dieses Thema bin ich Yuk Hui zu großem Dank verpflichtet. Verschiedene Fassungen des Texts wurden am Institut für Soziologie der Universität Jena und an der Lancaster University vorgetragen.

1 Immanuel Kant, *Kritik der reinen Vernunft*, Werkausgabe Bd. III, hg. von Wilhelm Weischedel, Frankfurt/M. 1974, S. 146 [B 147 f.].

2 (*A. d. Hg.:* Lash spricht hier wörtlich vom »age of technological media« und hat als Fluchtpunkt der Entwicklung, die ihn hier interessiert, ohne Zweifel die sogenannten neuen Medien im Sinn. Der Begriff »technische Medien«, den die Übersetzung wählt und der im Text oft wiederkehrt, schließt direkt an Friedrich Kittlers Begriffsbestimmung an, der darunter alle Medien versteht, die nicht auf dem Code einer Alltagssprache operieren, die die menschliche Wahrnehmung unterlaufen und deren genaue Verfahrensweisen überhaupt nur im Code neuzeitlicher Mathematik notierbar sind. Auch Lash kommt es in der Folge genau auf den mathematischen, genauer: algorithmischen Untergrund der technologischen Lebensform an. Vgl. Friedrich Kittler, »Geschichte der Kommunikationsmedien«, in: Jörg Huber, Alois Martin Müller [Hg.], *Raum und Verfahren*, Basel, Frankfurt/M. 1993, S. 169-188, hier S. 180).

3 Gerhard Schulze, *Die Erlebnisgesellschaft: Kultursoziologie der Gegenwart*, Frankfurt/M. 1992.

kogesellschaft Ulrich Becks vorausgegangen.[4] Wie die Risikogesellschaft, so zeichnete sich auch die Erlebnisgesellschaft durch die Unberechenbarkeit und Unbestimmbarkeit von Erfahrung aus. Die Erlebnisgesellschaft griff die der Risikogesellschaft eigene Individualisierung auf und fing zugleich das Ethos des Spektakulären ein. Doch stand in diesem Konzept eben das *Erlebnis*, d.h. die gelebte Erfahrung, im Fokus. Die kognitive Dimension der Erfahrung – also die Dimension des Wissens, der historischen oder dokumentierten Erfahrung und des Experiments –, das also, was seit Kant im starken Sinn Erfahrung heißt, wurde nicht thematisiert. Wenn uns die 1980er Jahre Becks Risiko und die 1990er Schulzes Erlebnis bescherten, so brachten die 2000er schließlich Hartmut Rosas Beschleunigung hervor, die *Beschleunigungsgesellschaft* also, die sich durch Zeit-Raum-Kompression, Raum-Zeit-Ausdehnung sowie durch Geschwindigkeit auszeichnet.[5] Doch auch hierbei handelt es sich recht besehen um einen erlebnisorientierten Begriff, der ebenso wenig wie die zuvor erwähnten Konzeptualisierungen auf technische Medien als Rahmenbedingungen zeitgenössischer Erfahrungsbildung abhebt. Entsprechend ist die Frage nach dem Erfahrungsgrund hochtechnisierter zeitgenössischer Gesellschaften in der Soziologie trotz oder vermutlich gerade wegen all ihrer Erlebnisorientiertheit bislang weitgehend unbearbeitet geblieben.

Das Zeitalter der technischen Medien beschert uns eine Gesellschaft des Bildes, der Schnittstelle und der Oberflächen, in denen die raumgreifende Wirkung klassischer und neoklassischer Säulen eingeebnet und verflacht erscheint wie in Robert Venturis »dekoriertem Schuppen«[6] oder den Bildern von Downtown Los Angeles und seinen in die Höhe wachsenden Baustellen. Wir sind umgeben von Bildschirmen, die nicht nur im privaten, sondern auch im öffentlichen Raum wuchern: die riesigen öffentlichen Leinwände anlässlich der Fußballweltmeisterschaft in Hunderten von Stadtzentren,

4 Ulrich Beck, *Risikogesellschaft. Auf dem Weg in eine andere Moderne*, Frankfurt/M. 1986.

5 Hartmut Rosa, *Beschleunigung. Die Veränderung der Zeitstrukturen in der Moderne*, Frankfurt/M. 2005.

6 Zu Venturis Konzept des »decorated shed« vgl. das Manifest: Robert Venturi, Denise Scott Brown, Steven Izenour, *Lernen von Las Vegas. Zur Ikonographie und Architektursymbolik der Geschäftsstadt*, aus dem Amerikanischen von Heinz Schollwöck, Braunschweig, Wiesbaden 1979.

die elektronischen Werbungen und die von Smartphone-Bildschirmen, iPads, Kindles und MacBookAirs übersäten U-Bahnen. Es ist die Interface-Gesellschaft von Google Maps, von satellitengesteuerter Navigation und von GPS-Apps. Mehr denn je erleben wir Bilder und Schnittstellen – und somit eigentlich Information. Die Allgegenwärtigkeit technischer Medien ist dazu bestimmt, dem Zeitalter des Lesens ein Ende zu bereiten und das gesellschaftliche Imaginäre auf Kosten des Symbolischen aufzublähen. Wie Walter Benjamin in seinem Essay »Der Erzähler« ausführt, birgt das Buch in Form des Romans eine bestimmte Zeitlichkeit der Erfahrung in sich.[7] Benjamins Roman verkörpert die Endlichkeit eines Lebens – das bevorstehende Ende oder den Tod des Erzählens, des Protagonisten, des Autors und des Lesers: die Endlichkeit des Autors also, der gegen seinen Tod anschreibt. Die Bilder und Informationen unserer technischen Medien sind hingegen räumlich allgegenwärtig und zeitlich – anders als die Endlichkeit des Romans – anscheinend unendlich: Online zu sterben bedeutet zugleich, in gewisser Weise nicht zu sterben. Während der Tod in eine endlose Zukunft aufgeschoben wird, entweicht die in Software, Hardware und Shareware aufgehobene Erinnerung in eine unendliche Vergangenheit. Auch auf die Erkenntnis, die doch eine so wesentliche Rolle in jedem echten Nachdenken über Erfahrung spielt – auch auf Erkenntnis wirkt sich diese temporale Rahmenbedingung aus. So werden die Macht des Wissens und die Fähigkeit zu erkennen zu einer Frage des »Random-Access-Memorys«, des Zugriffs auf den Arbeitsspeicher. Aufgrund eines Nichtvergessens, das in unzähligen Speichergeräten eingelagert ist, erfährt das Wissen im Sinne der platonischen Anamnesis eine Wiedergeburt. Das Zeitalter der technischen Medien lässt sich, in einer ersten Annäherung, durch die Überantwortung der Erfahrung an unendliche systemische Zeit und räumliche Allgegenwart charakterisieren.

In der virtuellen Gesellschaft technischer Medien scheinen wir sogar – und das bestätigt uns in dem Verdacht, dass wir uns insgesamt auf eine andere Erfahrungskondition zubewegen – virtuell zu *erfahren*, was, genauer besehen, in sich widersprüchlich ist, da wir definitionsgemäß nur dasjenige erfahren können, was aktuell, was

7 Walter Benjamin, »Der Erzähler. Betrachtungen zum Werk Nikolai Lesskows«, in: ders., *Gesammelte Schriften*, Bd. II.2, hg. von Rolf Tiedemann und Hermann Schweppenhäuser, Frankfurt/M. 1977, S. 438-465.

wirklich ist. Und dennoch sind wir, scheinbar chronisch, einer Dimension jenseits des Aktuellen ausgesetzt, jenseits der gegenständlichen Erscheinungen, und verwickeln uns darin. Für Immanuel Kant, den wohl systematischsten Denker der Erfahrung, erzeugt Erfahrung Gegenstände, vielmehr noch: Sie konstituiert, begründet diese erst. Demnach gibt es keine Erfahrung ohne Gegenstand. Doch wird unser Wahrnehmungsvermögen in der Gegenwartskunst und durch den ihr eigenen »Schock des Neuen« überwältigt, was Jean-François Lyotard mal das »Postmoderne«, mal das »Technisch-Erhabene« nennt.[8] Bekanntlich ist Gegenwartskunst – handelt es sich nun um Performance, um Multimedia-Installation oder um ortsbezogene Interventionen – gegenstandslose Kunst, mithin »Post-Objekt-Kunst«. So spricht die Konzeptkunst im Grunde genommen nicht das Empfindungsvermögen an, sie wirkt nicht durch die Materialität der Wahrnehmung, sondern bringt uns direkt mit dem Reich der Begriffe und Konzepte in Berührung. Das künstlerische Experiment hat hier nichts mit Sinnesdaten zu tun und ist demnach jenseits der Erfahrung angesiedelt. Desgleichen führt uns auch die Schlüsselrolle von Algorithmen für die neuen Medien an einen Ort jenseits der Erfahrung: Wir stoßen auf eine Schnittstelle, aber wir erfahren, wir stoßen niemals auf einen Algorithmus. Städte und Stadtplaner denken zunehmend in Fraktalen und in fraktaler Geographie. Obwohl wir diese Fraktale niemals sehen, sind sie dennoch am Werk und liegen der urbanen Erfahrung zugrunde.

Im Folgenden soll Erfahrung, vor dem Hintergrund der umrissenen medientechnischen Lage, entsprechend als Zeitlichkeit gedacht und damit einhergehend die Unmöglichkeit dieser Erfahrung bearbeitet und durchdacht werden. Und weil Erfahrung zum Thema zu machen stets bedeutet, auch Position zu Kant zu beziehen, möchte ich zunächst auf Kants Erfahrungsbegriff näher eingehen, um in Absetzung davon herauszuarbeiten, was technische Erfahrung, genauer: Erfahrung unter fortgeschrittenen technologischen Bedingungen heißt. Kants *Kritik der reinen Vernunft* handelt bekanntlich von der Bedingung der Möglichkeit von Erfahrung und definiert diese als synthetische Urteile *a priori*. Doch geht es dabei um weitaus mehr als nur um Erfahrung, schließlich

8 Jean-François Lyotard, *Das Inhumane. Plaudereien über die Zeit*, aus dem Französischen von Christine Pries, Wien 1989.

ist die grundlegende Bedingung der Möglichkeit von Erfahrung das moderne Subjekt selbst. So finden wir in der ersten Kritik neben den klassischen Konstitutionsbedingungen von Erfahrung auch die analytisch prägnanteste Konzeptualisierung des modernen Subjekts. Ernsthaft die Frage nach der Begründungsleistung technischer Erfahrung zu stellen bedeutet deshalb, wie wir sehen werden, sich zugleich auch Rechenschaft über die gegenwärtige technische, ja nachgerade *technologische* Subjektivität abzulegen. Kant jedenfalls definiert das moderne Subjekt noch fern von dem, was wir als technische Subjektivität beschreiben wollen, als »Einheit der Apperzeption«. Diese Einheit der Apperzeption ist die Grundlage des modernen Subjekts, das später bei Hegel, aber auch in den Arbeiten von Marx und Weber weiter Gestalt annimmt. Und es ist nun die Frage, was unter technologischen Bedingungen mit dieser Einheit der Apperzeption und der tradierten transzendentalphilosophischen Konzeptualisierung von Subjektivität geschieht.

Um das weiter klären zu können, möchte ich nach Kant im nächsten Schritt direkt zur Frage der technischen Erfahrung übergehen und zunächst einen Blick auf die Phänomenologie werfen, insbesondere auf das von Heidegger beeinflusste Werk Bernard Stieglers über *Technik und Zeit*. Zeit wird in diesem Zusammenhang für uns ebenso bedeutend wie Technik: Technische Erfahrung und technische Subjektivität sind hier – anders als die klassische Erfahrung und das kantische Subjekt – in einem fundamentalen Sinne zeitlich verfasst. Erfahrung und Subjekt zeichnen sich bei Kant durch eine ausgesprochene Konstanz und Beständigkeit aus, die darin besteht, dass die Partikularien der Mannigfaltigkeit der Erfahrung, die aus der Außenwelt aufgenommenen werden, durch die Universalien der Einheit der Apperzeption und der logischen Kategorien festgelegt werden. Die Aufnahme der Partikularien geschieht dabei kraft der Anschauungsformen Zeit und Raum. Daher unterscheidet Kant die von ihm so genannte transzendentale Logik von der transzendentalen Ästhetik: Durch die Universalien der transzendentalen Logik wird der Mannigfaltigkeit von Partikularien, die durch die raumzeitlichen Formen der transzendentalen Ästhetik angeschaut wird, eine festgelegte, bestimmte Einheit auferlegt. Erst im Auferlegen dieser Einheit konstituiert das Subjekt den Gegenstand der Erfahrung. Heidegger und die phänomenologische Tradition werden dann sowohl die Erfahrung als auch die Subjektivität aus dem Bereich der transzendentalen Logik in den der transzendentalen Ästhetik verlegen – weg also von den logischen Kategorien und hin zur ästhetischen Anschauungsform der Zeit. Auf diese Weise geht die Erfahrung ihrer Beständigkeit verlustig und wird stattdessen in ein Register des Werdens überführt. Stiegler erweitert und radikalisiert seinerseits noch die Zeitlichkeit von Erfahrung und begreift die Sedimentierung in zukünftigen und vergangenen Zeitsystemen als Technik. Dementsprechend sind technische Erfahrung und Subjektivität notwendigerweise zeitlich.

Technik und technische Erfahrung sind nun aber nicht nur in ihrer phänomenalen Endlichkeit, sondern auch in ihrer konstitutiven Unendlichkeit zeitlich. Und das zu untersuchen wird unser dritter Schritt sein. Wir können in diesem Zusammenhang auf Alain Badious Kant-Kritik verweisen: Wenn Kant sich mit den Anschauungsformen befasst, beschreibt er den Raum mit Bezug auf die geometrische Figur und die Zeit wiederum mit Bezug auf die mathematische Zahl. Für ihn sind sowohl Figur als auch Zahl Gegenstände; schließlich gibt es keine Erfahrung ohne Gegenstand der Erfahrung. Badiou weist die Beständigkeit der kantischen Zahl zurück, er verwirft die durch ein einheitliches, mit sich selbst identisches Subjekt vorgenommene gegenständliche Fixierung der Zahl. Stattdessen ist Subjektivität für Badiou nicht von einer Einheit, sondern vielmehr von einer Vielheit durchsetzt, und die Zahl entzieht sich den Begrenzungen des Gegenstandes zugunsten einer Ontologie der Unendlichkeit. Diese durchbricht die endliche Zeitlichkeit des kantischen Zahl-Gegenstandes genauso, wie sie die Möglichkeit von Erfahrung zersetzt. Wenn also bereits in der Phänomenologie mit der Beständigkeit und dem klassischen Subjekt-Objekt-Charakter der kantischen Erfahrung zugunsten einer Verzeitlichung von Erfahrung gebrochen wird, dann wird dies von Badiou zugunsten einer unendlichen Verzeitlichung, die jenseits von Erfahrung liegt, weiter fortgeführt. Und wenn die Natur bei Kant aus endlichen Gegenständen besteht, dann verlagert Badiou das Unendliche von Gott in die Natur. Er greift dabei auf den Unendlichkeitsbegriff der Mengenlehre von Cantor und Gödel zurück, ähnlich wie einst Alan Turing, der die Gödelsche natürliche Unendlichkeit aufnimmt und sie in den Algorithmus, ins Herz der Technologie selbst verlegt.

Schließlich soll im Anschluss an Badious gegenkantianische

philosophische Politik der Unendlichkeit, die im Grunde nur eine konsequente Reaktionsbildung auf die Technisierung darstellt und den allgemeinen Eintritt ins Jenseits endlicher Erfahrung beschreibt, der Frage nach der konstitutiven Unendlichkeit technischer Systeme bei Turing und besonders in Philip K. Dicks späten Romanen nachgegangen werden. In beiden Fällen werden wir sehen, dass in den entsprechenden technischen Systemen und, allgemeiner, in technischen, genauerhin technologischen Lebensformen überhaupt Erfahrung trotz ihrer konstitutiven Zeitlichkeit sowohl endlich als auch unendlich ist.[9]

Kant: Von der Erfahrung zum Subjekt

Kants erste Kritik setzt sich in besonderem Maße mit dem britischen Empirismus auseinander und unternimmt über weite Strecken den Versuch, die Erkenntnis vor Humes Skeptizismus zu retten. Für Hume stellt das Empirische eine Abfolge sinnlicher Vorstellungen dar, die nicht mehr als Assoziationen sind, wodurch letztlich die Möglichkeit kausaler Erkenntnis angefochten wird. Für Kant wiederum existieren das Empirische und Erfahrung überhaupt nur dann, wenn die Verstandesbegriffe dieser Abfolge von Vorstellungen beispielsweise den Grundsatz der Kausalität auferlegen. Ein »innerer Sinn«[10] liefert uns das »Aufeinanderfolgen«[11] von Vorstellungen; Zeit selbst ist eine Vorstellung, die den Rahmen für »das Verhältnis der Vorstellungen in unserm innern Zustand«[12] zur Verfügung stellt. Erfahrung und apodiktische Erkenntnis gründen bei Kant auf regelgebundenen Bestimmungen der *Mannigfaltigkeit* von Erscheinungen oder Vorstellungen.[13] Das »Mannigfaltige« besteht aus einer Abfolge von »Erscheinungen«, doch werden diese allein dann zu »empirischen« Erscheinungen, d. h. zu Gegenständen,

9 Zum Begriff der technologischen Lebensform vgl. Scott Lash, »Technological Forms of Life«, in: *Theory, Culture & Society* 18 (2001), S. 105-120.

10 Immanuel Kant, *Kritik der reinen Vernunft*, Werkausgabe Bd. III, hg. von Wilhelm Weischedel, Frankfurt/M. 1974, S. 80 [A 33].

11 Ebd., S. 78 [A 30].

12 Ebd., S. 81 [A 33].

13 »Das Mannigfaltige der Vorstellungen kann in einer Anschauung gegeben werden [...]« (Kant, *Kritik der reinen Vernunft* [wie Anm. 10], S. 134 [B 129]).

wenn wir sie mittels Verstandesbegriffen bestimmen können. Somit besteht das Kantische Mannigfaltige aus den noch unbestimmten Vorstellungen der Anschauung, die nur dann empirisch bzw. Erfahrung werden, sofern sie durch den Verstand bestimmt werden. Kant insistiert nicht nur auf synthetischer Erkenntnis, sondern auf in synthetischen *Urteilen* verkörperter Erkenntnis. Erkenntnis und Erfahrung bestehen aus »synthetischen Urteilen a priori«.

Wenn für Kant das Empirische eine Frage des Urteils darstellt, eine Frage der Synthese mittels Verstandesbegriffen, so wäre im Gegensatz dazu der Empirismus dem Verstand vorgelagert, mithin eine Frage der bloßen Assoziation von Vorstellungen, und zwar nicht im Verstand, sondern in der Einbildungskraft. So sagt Kant im Abschnitt zur transzendentalen Deduktion der reinen Verstandesbegriffe in der ersten Auflage der *Kritik der reinen Vernunft*: »Der Sinn stellt die Erscheinungen empirisch in der Wahrnehmung vor, die Einbildungskraft in der Assoziation.«[14] Eine Vorstellung vergangener Wahrnehmung wird in der Einbildungskraft mit einer Vorstellung gegenwärtiger Wahrnehmung zusammengeführt. Dies bedeutet mithin, dass die Einbildungskraft die vergangene Vorstellung »reproduziert«, um sie mit der gegenwärtigen zu assoziieren. Die Einbildungskraft hat es also mit einem Reproduktionsprozess zu tun. Schließlich hebt Kant auf die »Apperzeption«, d. h. das Selbstbewusstsein, ab, das das grundlegende Prinzip des Verstandes darstellt. Die Apperzeption vereint die Verstandesbegriffe oder -kategorien in ihrer synthetischen Anwendung auf die Vorstellungen der Sinnlichkeit – sei es in der Wahrnehmung, sei es in der Einbildung. Die Apperzeption im empirischen Bewusstsein, so Kant weiter, erlaube die Identität der reproduzierten Vorstellungen mit den Erscheinungen, durch die sie gegeben werden, und zwar in der Rekognition.[15] So fasst Kant die apriorischen Gründe der Möglichkeit von Erfahrung als »Synthesis der Apprehension in der Anschauung«, »Synthesis der Reproduktion in Einbildung« und »Synthesis der Rekognition im Begriffe« auf.[16] In der Synthese der Apprehension stellt die Anschauung das Rohmaterial der Wahrnehmung mittels der Formen von Raum und Zeit vor. Doch wie steht es um die Einbildungskraft, die, wie

14 Ebd., S. 173 [A 115].

15 Ebd.

16 Ebd., S. 162-165 [A 99-103].

er sagt, durch eine Synthese von Assoziation und Reproduktion operiert?

Mit der »Reproduktion in der Einbildung« bezeichnet Kant den Sachverhalt, dass eine Vorstellung der Vergangenheit in »Verknüpfung«[17] mit einer aktuellen Vorstellung vergegenwärtigt wird. Dies steht im Einklang mit der aristotelischen Ansicht, wonach die Einbildung *qua definitionem* die Einbildung von etwas ist, was einem Individuum nicht präsent ist: Habe ich es vor mir, kann ich es mir nicht einbilden; wenn du dir etwas nicht ausdenken kannst, was nicht vor dir steht, dann hast du keine Einbildungskraft. Kant merkt an, dass diese Verknüpfung in der Sphäre der Sinnlichkeit und nicht des Denkens stattfindet.

Obwohl er darüber hinaus der Einbildungskraft nicht besonders viel abgewinnt, bleibt die Einbildung aufgrund ihrer Verwendung in der modernen und zeitgenössischen Kulturtheorie für uns von Bedeutung. Der durch seine logischen Begriffe charakterisierte Kantische Verstand und das durch die Einheit der Apperzeption konstituierte einheitliche Subjekt sind dem Verständnis des Symbols bzw. des Symbolischen bei Lacan, Durkheim und Benjamin ähnlich.[18] Die Einbildungskraft kontrastiert mit dem Verstand und dem Symbolischen; sie ist empirisch und operiert *a posteriori* allein aufgrund von Assoziationen, wohingegen das Symbolische apriorisch ist.[19] Entsprechend unterwirft Durkheim in seinen *Elementaren Formen des religiösen Lebens* die britische empiristische Anthropologie einer schonungslosen Kritik, weil sie Vorstellungen wie Bilder und nicht wie Symbole behandle.

Symbole legen fest und Bilder nicht. Alle Tiere bewegen sich im Reich der Bilder, nur vergesellschaftete Menschen im Reich der Symbole. Durkheim ordnet Bilder den individuellen Vorstellungen und Symbole den gesellschaftlichen bzw. kollektiven Vor-

17 Ebd., S. 163 [A 100].

18 Jacques Lacan, »Funktion und Feld des Sprechens und der Sprache in der Psychoanalyse«, in: ders., *Schriften I*, aus dem Französischen von Rodolphe Gasché, Weinheim, Berlin [4]1996, S. 71-170; Émile Durkheim, *Die elementaren Formen des religiösen Lebens*, aus dem Französischen von Ludwig Schmidts, Frankfurt/M. 1981; Walter Benjamin, »Über Sprache überhaupt und über die Sprache des Menschen«, in: ders., *Gesammelte Schriften*, Bd. II.1, hg. von Rolf Tiedemann und Hermann Schweppenhäuser, Frankfurt/M. 1977, S. 140-157.

19 Vgl. dazu Scott Lash, »In Praise of the A Posteriori. Sociology and the Empirical«, in: *European Journal of Social Theory* 12 (2009), S. 175-187.

stellungen zu.[20] Gegenwärtige Gesellschaften sind aber wohl eher Gesellschaften des Bildes und mindestens so stark – wenn nicht sogar stärker – durch ein gesellschaftliches Imaginäres wie durch ein gesellschaftliches Symbolisches konstituiert. Dies würde auch der gegenwärtigen Schwäche sozialer Bindungen und der zunehmenden Individualisierung entsprechen. Für Durkheim und Benjamin verfügen Tiere zwar über Einbildung, jedoch über nichts, was dem Symbolischen vergleichbar wäre. So passt die neue Prominenz des Imaginären durchaus auch zur gegenwärtigen Hinterfragung der Unterscheidung von Mensch und Tier, wie sie unter posthumanistischen Vorzeichen stattfindet.

Kants logische Verstandesbegriffe, um noch einmal darauf zurückzukommen, funktionieren als *Verbindungen*, die wie alle kommunikativen Verbindungen unter Bedingungen sozialer Desorganisation zusammenbrechen können. Wenn Begriffe bei Kant wie Verbindungen funktionieren, dann bestimmen und legen sie Vorstellungen fest; sie verknüpfen Wahrnehmungen mit den eingebildeten Vorstellungen der Erinnerung. Was aber geschieht, wenn Begriffe diese Vorstellungen der Einbildungskraft nicht oder nicht vollständig determinieren? Was passiert, wenn sie teilweise unbestimmt bleiben oder aber überdeterminiert wie in einem unbewussten Traumzustand? Was, wenn die Synthese der Rekognition nicht stattfindet – oder schiefgeht? Was geschieht, wenn sich eine Fehlrekognition vollzieht oder Verschleierung und Verstellung stattfinden? Was geschieht dann mit solchen begrifflichen und mithin sozialen Verbindungen? Wenn das gesellschaftliche Symbolische festgelegt und bestimmt ist, dann ist das gesellschaftliche Imaginäre flüssiger, proteischer, uneindeutiger und weniger determiniert. Was passiert, wenn die Erfahrung sich weigert, sich dem Urteil zu unterwerfen, und vielmehr auf dem Baconschen Experiment besteht, das im Unterschied zu einer bloß begegnenden Erfahrung eine gesuchte Erfahrung darstellt?[21] Ist dies die Rich-

20 Scott Lash, *Intensive Culture. Social Theory, Religion and Contemporary Capitalism*, London 2010, S. 155-184.

21 Francis Bacon hat in seinem 1620 veröffentlichten *Novum Organon* zwei Modi der Erfahrung unterschieden, Zufall und Experiment, »begegnende« und »gesuchte« Erfahrung. Beide Modi der Erfahrung finden ohne Urteil statt. Vgl. Francis Bacon, *Neues Organon (Novum Organon)*, Lateinisch/Deutsch, Bd. 1, hg. von Wolfgang Krohn, Hamburg 2000, S. 177.

tung, in die Technologie und Globalisierung die Erfahrung führen? Außerdem verfügt das Imaginäre auch nicht über die Einheit des Symbolischen. Es ist daher alles in allem kein Wunder, wenn die Postmoderne in vielerlei Hinsicht so wirkt, als ob sie eine Frage von Bildern und der Einbildungskraft wäre. In der Semiotik kann das Bild in Abwesenheit eines Systems ikonisch funktionieren; das Symbolische, das Sprachsystem (»langue«) und insbesondere der Verstand erfordern hingegen ein System.

In der zweiten Auflage der *Kritik der reinen Vernunft* definiert Kant im Kontext der Einheit der Apperzeption die Erfahrung ausdrücklich als »empirische Erkenntnis«, und er betont, dass eine derartige Erfahrung konstitutiv für den Gegenstand ist. Das Herzstück stellt hierbei die Deduktion der reinen Verstandesbegriffe dar, der am stärksten umgeschriebene Abschnitt der zweiten Auflage der Kritik. Im Mittelpunkt der Ausführungen stehen tatsächlich weniger die Kategorien des Verstandes als vielmehr die Einheit der Apperzeption – in der ersten Auflage noch hauptsächlich »transzendentale Einheit der Apperzeption« genannt. Kant unterscheidet in diesem Zusammenhang zwischen dem transzendentalen und dem empirischen »Bewusstsein seiner selbst«, wobei Letzteres »den Bestimmungen unseres Zustandes, bei der inneren Wahrnehmung« entspreche und daher »jederzeit wandelbar«[22] sei. Dementsprechend müsse, so wird betont, die Einheit der Apperzeption transzendental und apriorisch sein, um die notwendige Stabilität und »notwendige Einheit der Synthesis aller Erscheinungen nach Begriffen, d. i. nach Regeln«[23] gewährleisten zu können. In der zweiten Auflage der Kritik ist daher hauptsächlich von der »synthetischen Einheit der Apperzeption« die Rede. Die Einheit der Apperzeption ist insofern synthetisch, als sie die Mannigfaltigkeit der Vorstellungen synthetisiert: Die Mannigfaltigkeit der in der Anschauung gegebenen Vorstellungen wird durch den Verstand synthetisiert, und zwar in erster Linie auf der Grundlage der Einheit der Apperzeption. Diese ist der Grund für die Verknüpfungsleistung der Kategorien und für die Einheit der Erfahrung. Im Deduktions-Abschnitt der zweiten Auflage der Kritik scheint jedenfalls die Einheit der Apperzeption sowohl die Verbindung, d. i. die Synthetisierung, als auch die Einheit zu gewährleisten. Sie ist

22 Kant, *Kritik der reinen Vernunft* (wie Anm. 10), S. 67 [A 107].
23 Ebd., S. 168 [A 108].

also – weit mehr als nur eine Möglichkeitsbedingung – das eigentliche dynamische Prinzip der aktiven Bearbeitung der Passivität der Anschauung durch den Verstand. Die Anschauung stellt bloß passiv vor, der Verstand hingegen synthetisiert – wiederum mittels Vorstellungen – aktiv.

Kants Einheit der Apperzeption bietet uns ein weitaus konsistenteres Verständnis des modernen Subjekts als das Cartesische Ego. Während Descartes noch einen Restbestand der antiken Auffassung vom Subjekt als denkender Substanz beibehält, entsubstanzialisiert Kant das Subjekt. Kant ist weniger darum besorgt, was das Subjekt ist, als darum, was es tut. So können wir Wissen durch Erscheinungen, durch Erfahrung erwerben. Moderne Subjektivität scheint recht unvollständig ohne eine solche Erfahrung, und gerade darauf kommt es in der *synthetischen* Dimension der Einheit der Apperzeption an. Zwar finden wir auch bei Descartes eine Einheit vor, sogar eine transzendentale Einheit der Apperzeption, doch kann sie sich nur dann auf Erfahrung schlechthin beziehen, wenn sie synthetisch ist. Im Grunde genommen ist Einheit bereits durch die apriorische Apperzeption vorausgesetzt, denn Apperzeption ist Selbstbewusstsein *a priori*, das im Gegensatz zum empirischen Selbstbewusstsein das Selbstbewusstsein eines einheitlichen Selbst ist. Kant hebt in der *Kritik der praktischen Vernunft* hervor, dass das Subjekt der ersten Kritik, ins Reich der Praxis transponiert, ein Subjekt von ausgesprochen *instrumenteller* Vernunft darstellt. Genau darauf hebt Max Weber in seiner Auseinandersetzung mit dem zweckrationalen Akteur in *Wirtschaft und Gesellschaft* ab, wenn er diesen als zugleich praktisches und rational kalkulierendes Subjekt der Grenznutzenökonomie darstellt. Auch das Hegelsche und Marxsche Subjekt rücken aus der Sphäre der Erkenntnis in die äußerst praktische, durch und durch handlungsorientierte Sphäre der Produktion, dorthin, wo Synthesen nicht das Erkennen, sondern das Produzieren von Objekten mit sich bringen: In der Dialektik von Herr und Knecht *erkennt* der Knecht das Objekt nicht – eigentlich *synthetisiert* er es. Anders als die Kantische Rekognition, die die Form der Erscheinung durch den Begriff inhaltlich bestimmt und dem Objekt vor dem impliziten Hintergrund der selbstbewussten Identität der Einheit der Apperzeption Identität verleiht, bedeutet bei Hegel Rekognition die Anerkennung seines eigenen

Selbstbewusstseins und mithin seiner Würde durch den Knecht.[24] Durch seine Vernunft und seine Arbeit synthetisiert und erzeugt der Knecht zuerst das Objekt, um dann seine eigene Identität und sich selbst als Einheit der Apperzeption in dem von ihm gemachten Objekt zu erkennen bzw. anzuerkennen. Daraufhin muss der Herr die Identität des Knechts ebenso (an)erkennen. Genauso erscheint auch das Marxsche Subjekt als »Synthetisierer«, nämlich als »Synthetisierer« von Gebrauchswert und Tauschwert, das dabei unablässig in Politiken der Anerkennung involviert ist.

Die Anschauungsformen von Raum und Zeit sind bei Kant parallel zur Einheit der Apperzeption des Verstandes gebaut. Sowohl in der Sinnlichkeit der Anschauung als auch in der intellektuellen Tätigkeit des Verstandes sind zwei Prinzipien am Werk: In der Anschauung handelt es sich dabei einerseits um Raum und Zeit und andererseits um den Prozess des phänomenalen Anschauens, im Verstand wiederum um die Einheit der Apperzeption und den Synthetisierungsprozess der logischen Kategorien, der logische mit angeschauten Vorstellungen verknüpft. Letzteren nähert sich die Einheit der Apperzeption gewissermaßen als Richter, dessen Synthesen Urteile wie unumstößliche Wahrheiten erzeugen. Zeit und Raum sind Vorstellungen, die es der Sinnlichkeit überhaupt ermöglichen, die Mannigfaltigkeit als Vorstellungen anzuschauen. Sie selbst sind undeterminierte Vorstellungen, leere Formen, die ihre Bestimmungen und Inhalte erst durch die »spontane« Tätigkeit des Verstandes erhalten, während in der Synthese – d. h. in den synthetischen Urteilen *a priori*[25] – diese aktiven Bestimmungen der Anschauungen geleistet werden. Kant bezeichnet die zugrunde liegende Einheit mal als »Ich«, mal als »Ich denke«, mal als »Ich bin«. Wir mögen zwar, so Kant, unserer Identität als einheitliches Ich nicht gewahr sein – dennoch muss es neben der Vorstellung solcher Begriffe wie Kausalität eine apriorische Vorstellung des Ichs geben, damit Erkenntnis überhaupt stattfinden kann. Im besagten Abschnitt der revidierten *Kritik*, die die Einheit als Prinzip einführt, erläutert Kant, dass die Synthesen der Verstandesbegriffe zugleich die Synthesen der Einheit selbst sind, nämlich der Einheit des »Ich

24 Georg Friedrich Wilhelm Hegel, *Phänomenologie des Geistes*, hg. von Hans-Friedrich Wessels und Heinrich Clairmont, Hamburg 1988, S. 132 f.

25 Gottlob Frege spricht vom Gedanken anstatt vom Urteil.

denke«, worin sich das Ich sich selbst gegenüber darstellt. Es stellt sich selbst nicht als empirisches, sondern als apriorisches Ich dar, das jeder empirischen Erfahrung vorausgeht.

Phänomenologie: Die Verzeitlichung der Erfahrung

Die Phänomenologie stellt die Zeitlichkeit in den Mittelpunkt der Erfahrung. Husserl bricht mit der Newtonschen Zeit und ihren diskreten Momenten, die in einem wesentlichen Sinn räumlich als »Punkte« in der Zeit gedacht werden. Sobald wir nach Husserls Auffassung ein Ding oder ein Ereignis wahrnehmen, birgt der Moment der Wahrnehmung nicht nur ein Gegenwärtiges, sondern auch ein unmittelbar Vergangenes und ein Zukünftiges in sich – eine »Retention« und eine »Protention« also. Anders als Kants Einheit der Apperzeption (das Selbstbewusstsein) ist Husserls Bewusstsein *intentional* und somit gleichsam an seine Gegenstände »gekoppelt«.[26] Diese Gegenstände werden dann als *Erlebnisse* registriert. Für Ernst Tugendhat sind Husserls Erlebnisse intentionale *Akte*: Das Bewusstsein ist intentional auf seine Gegenstände ausgerichtet, es bezieht sich auf sie in intentionalen Akten, und diese Erlebnisse sind für die Gegenstände wiederum konstitutiv.[27] Husserls Begriff der Intentionalität entstammt der Psychologie Franz Brentanos, für den das psychologische Bewusstsein sich in vielfacher Weise intentional auf seine Gegenstände beziehen kann, etwa durch Vorstellung, Urteil, Liebe oder Hass. Tugendhat betont, dass Bewusstsein nur zusammen mit einer »intentionalen Gegenständlichkeit« intentional ist, was besagen will, dass Gegenstände selbst, sofern sie Gegenstände des Bewusstseins sind, eine gewisse Intentionalität annehmen müssen, dass mithin Intentionalität gewissermaßen auf sie abfärbt. Der Unterschied zur Passivität des kantischen Gegenstandes erscheint hier in aller Deutlichkeit.

Anders als Kant möchte Husserl von den unmittelbaren Gegebenheiten der Erfahrung ausgehen. Er setzt nicht die Kategorien

26 Es handelt sich hierbei weder um ein empirisches Objekt noch um ein empirisches Bewusstsein wie in der Psychologie. Denn anders als diese nimmt die Phänomenologie an, dass das reine Bewusstsein intentional auf Gedankenobjekte gerichtet ist.

27 Ernst Tugendhat, *Der Wahrheitsbegriff bei Husserl und Heidegger*, Berlin 1970.

des Verstandes an den Anfang, sondern begründet Erkenntnis vielmehr durch Zeitlichkeit neu. Er stellt das zeitliche Moment der Retention, genauer: der ursprünglichen Retention, die schließlich zur Frage der Erinnerung wird, in den Vordergrund. Husserl liefert uns ein ontologisches und nicht nur ein epistemologisches Wissen von Dingen, d. h., er liefert uns Wissen von den Dingen selbst und nicht nur davon, wie sie für uns sind. Allerdings kommt dies nicht durch unmittelbare Erfahrung oder primäre Retention zustande, sondern kraft sekundärer Retention, was erst die phänomenologische Reduktion ermöglicht.[28] Die sekundäre Retention gewährleistet, dass die Erinnerung einer früheren Erfahrung auf den gerade erfahrenen Gegenstand übergreift.[29] Mehr als eine bloß gespeicherte Erinnerung gleicht die sekundäre Retention der Einbildungskraft. Gerade durch Erinnerung, d. h. durch die Anamnesis der sekundären Retention, kommt phänomenologische Erkenntnis zustande. Einen ähnlichen Zugang wählt auch Heidegger, wenn er in *Kant und das Problem der Metaphysik*, das in etwa zur gleichen Zeit wie *Sein und Zeit* entstand, weitgehend mit den logischen Verstandeskategorien bricht und das Problem der Zeit aus der Kantischen Anschauung in das Schema der Einbildungskraft verlagert.[30] Heidegger zufolge tritt in der Begegnung des Daseins mit den Seienden sowie in der ontologischen Struktur des Daseins vor allem die Protention auf den Plan. Dementsprechend rückt *Sein und Zeit* mit der Antizipation die primäre Protention in den Vordergrund, während der Horizont des Daseins, der in seinem je eigenen Tod besteht, in etwa der sekundären Protention entspricht.

An dieser Stelle führt Bernard Stiegler über die sekundäre Retention und Protention im Husserlschen wie Heideggerschen Sinne hinaus eine dritte Größe ein – nämlich die Technologie, verstanden als Frage einer weiteren, nämlich einer *dritten* Retention. Wenn die sekundäre Retention das Wiedererinnern durch Einbildung umfasst, dann setzt die »tertiäre Retention« die Archivierung der Erinnerung in Form eines exteriorisierten Gedächt-

28 Ich möchte Gallina Tasheva für die wichtigen Anregungen zu diesem Thema danken.

29 Bernard Stiegler, »Persephone, Oedipus, Epimetheus«, in: *Tekhnema* 3 (1996), S. 69-112.

30 Vgl. Yuk Hui, *On the Existence of Digital Objects*, unveröffentlichte Dissertation, Goldsmiths, University of London 2011.

nisses voraus. Erinnerung muss sedimentiert vorliegen, und zwar nicht als flüchtige und trügerische Einbildung, sondern in mehr oder weniger materiellen Substraten, die von den Signifikanten der menschlichen Sprache bis zu einem Vorrat an Werkzeugen zur Herstellung von Tellern und Tassen reichen. Die tertiäre Retention speichert Erinnerung in einem Apparat, in so etwas wie einem System. Wenn das Imaginäre in der sekundären Retention angesiedelt ist, dann bringt die tertiäre Retention das Symbolische hervor. Nach Lacan gibt es ein zweifaches Verständnis des Symbolischen: zum einen dasjenige, das der Konstanz und Einheit des Kantischen Subjekts entspricht und das das Symbolische der Ware und der kapitalistischen Ideologie wäre; zum anderen ein viel radikaler verzeitlichtes und weniger determiniertes Symbolisches. In dieser zweiten Form des Symbolischen trifft Technik auf Zeit. Eine solche tertiäre Retention ist für Derrida die Schrift [*écriture*], ist diese doch weniger determiniert als die Sprache und aufgrund ihres permanenten Aufschiebens der Bedeutung gleichsam das Symbolische in seiner Verzeitlichung. Derridas Dekonstruktion stellt uns darüber hinaus noch eine unbestimmte dritte Protention in Aussicht: das Versprechen der Gerechtigkeit – ein tertiärer Aufschub der Bedeutung, weniger in Richtung einer Ethik als vielmehr in Richtung eines Kantischen, messianischen »Was darf ich hoffen?«.[31]

Um zu einem grundsätzlichen Verständnis von tertiärer Protention und Technik zu gelangen, greift Stiegler den Mythos von Prometheus und dessen Bruder Epimetheus auf.[32] Epimetheus

31 Die Frage der tertiären Protention stellt im Übrigen bereits Benjamins »Erzähler«-Essay, bezieht doch der Roman bereits den zukünftigen Tod von Autor und Erzähler mit ein.

32 Bernard Stiegler, *Technik und Zeit I. Der Fehler des Epimetheus* (1994), aus dem Französischen von Gabriele Ricke und Ronald Voullié, Berlin 2009, S. 239-266 (*A. d. Hg.:* Begriff und Problem der tertiären Retention werden erst im zweiten Band von *Technik und Zeit* eingeführt, der insgesamt der Exposition der sog. retentionellen Endlichkeit gewidmet ist und Husserls Phänomenologie des Zeitbewusstseins mit der technologischen Frage verknüpft. Die tertiäre Retention und mit ihr Technik wird dabei als ursprünglich und konstitutiv für das Bewusstsein angesetzt, Stiegler nennt sie auch »die technologische *différance*«, und dies ist letztlich nur die radikale Konsequenz des Denkens des Ursprungsfehls, wie sie der erste Band von *Technik und Zeit* auf der Basis der Lektüre des Mythos entwickelt. Vgl. ders., *La technique et le temps 2. La désorientation*, Paris 1996).

bedeutet auf Griechisch so viel wie der Unbedachte, der erst im Nachhinein denkt, während Prometheus der Vorausschauende und Vorsichtige heißt, der, der antizipiert. Auf diesen Mythos der beiden Titanen und Söhne des Kronos bezieht sich Platon im *Protagoras*. Epimetheus war damit betraut, die neu erschaffenen Tiere mit Eigenschaften auszustatten. Als nun das letzte Tier, der Mensch, an die Reihe kam, waren Epimetheus, dem es an Voraussicht fehlte, die Eigenschaften ausgegangen. Daraufhin stahl Prometheus das Feuer und die Kulturtechniken von den Göttern, um sie den Menschen zur Kompensation zu übergeben. Prometheus und seine Leber zahlten schließlich den Preis dafür, dem Menschen jedoch wurde das Geschenk der tertiären Retention (und Protention) gegeben: die Technik. So entstammt nach Stiegler die Technik in ihrer grundlegend zeitlichen Verfasstheit dem *Fehler des Epimetheus*. Dessen Fehler bedeutet zugleich einen konstitutiven Fehl des Menschen, und Prometheus besetzte dieses Fehlen mit Technik. Auf ähnliche Weise ist dem Menschen in der philosophischen Anthropologie, so etwa bei Arnold Gehlen, *Instinktarmut* bescheinigt worden. Diese Armut an Instinkten lässt eine Fehlstelle, eine Lücke, ein Loch aufklaffen, die für die äußerste Verletzlichkeit des Menschen verantwortlich ist, die aber auch die faustische Unendlichkeit seiner Möglichkeiten hervorbringt. Bei eher kulturkonservativen Denkern wie Peter Berger und Mary Douglas findet sich der Mensch in Anbetracht eines konstitutiven Mangels unter dem »heiligen Schutzdach« der Religion ein. Für Stiegler wiederum wird diese Fehlstelle, die er explizit Fehl [*défaut*] und nicht Mangel [*manque*] nennt, durch Technik ausgefüllt – eine Technik, die sowohl im Sinne von Husserls Bewusstsein als auch im Sinne von Freuds Unbewusstem ein anamnestisches Archiv darstellt. Die Bewegung vom reinen Bewusstsein Husserls hin zum empirischen und sehr unreinen Unbewussten Freuds und implizit auch hin zum überaus immanenten konstitutiven Mangel der philosophischen Anthropologie – all dies ist ein weiterer Schritt auf dem Weg zur Auflösung der Kantischen Einheit der Apperzeption und des modernen Subjekts, den ich hier nur andeuten kann und der jedenfalls insgesamt der Bewegung in die technologische Gesellschaft und Lebensform hinein entspricht.

Technik als tertiäre Protention stellt letztlich eine Verzeitlichung des neuen dynamischen Symbolischen kapitalistischer Herrschaft dar. Es handelt sich um ein Symbolisches als Werden,[33] durch das wir Aktienderivate und andere komplizierte Finanzprodukte als systematisierte Wetten auf die Zukunft begreifen können und das seine systematische Darstellung in einer angewandten Mathematik findet, für die Robert C. Merton und Myron Scholes 1997 mit dem Wirtschaftsnobelpreis ausgezeichnet wurden. In der technologisch verfassten Gesellschaft akkumuliert das Kapital in ebendiesem Sinne auf die Zukunft hin bzw. in der Zukunft. Technik als tertiäre Protention und Retention ist hierbei nicht nur koextensiv mit dem Symbolischen, sie bildet vielmehr auch den Kern des Realen. Durch ihre Neukonzeption des Husserlschen Bewusstseins unter Rückgriff auf Gilbert Simondons soziotechnisches System vollziehen Stieglers Arbeiten auch den letzten Schritt zur Demontage kantischer Subjektivität und Erfahrung. Weiter unten werden wir, wenngleich in deutlich abweichender Weise, die gleiche Richtung einschlagen.

Mathematik und Unendlichkeit: Verzeitlichung jenseits von Erfahrung

In Alain Badious Ontologie der Unendlichkeit werden sowohl die Erfahrung als auch das Subjekt demontiert. Es handelt sich um eine mathematikbasierte Ontologie, die wohl am besten verständlich wird im Vergleich mit dem Ort der Mathematik in der Kantischen Erfahrung.[34] Wenn Kant zu Beginn der »Transzendentalen Ästhetik« Zeit und Raum thematisiert, beruft er sich entgegen unseren Erwartungen zunächst nicht auf die Newtonsche Zeit und

33 Zum Kapitalismus als Produktionssystem von Protentionen als Grundzug, der im zeitgenössischen, zunehmend technologisch geprägten Dispositiv des Kapitalismus immer stärker hervortritt, vgl. Bernard Stiegler, *Pour une nouvelle critique de l'économie politique*, Paris 2009, insb. S. 92-97.

34 An dieser Stelle gibt es zwischen Badiou und Lacan eine Reihe von Gemeinsamkeiten. Zu Lacans Verständnis von Mathem und Typologie insbesondere im Buch zum Seminar XX, *Encore*, vgl. Andrew Cutrofello, »The Ontological Status of Lacan's Mathematical Paradigms«, in: Suzanne Barnard, Bruce Fink (Hg.), *Reading Seminar XX. Lacan's Major Work on Love, Knowledge, and Feminine Sexuality*, Albany 2002, S. 141-170. Die Matheme und das Reale sind bei Lacan eher geometrisch und typologisch, bei Badiou hingegen eher algebraisch und mengentheoretisch konzipiert.

den Cartesischen Raum, sondern begreift Raum und Zeit im mathematischen Sinne. So wird Raum nach dem Vorbild der Figur in der euklidischen Geometrie und Zeit im Sinne der Zahlenabfolge der Arithmetik aufgefasst, wobei für Kant – und dies ist entscheidend – mathematische Zahlen und Figuren *Objekte* sind; und zwar genauso wie physikalische Körper *Objekte* sind. Mathematische Erkenntnis ist nach Kant grundsätzlich synthetische Erkenntnis von Zahlen und Figuren, d. h. Erkenntnis mathematischer Objekte, wie aus der Vorrede zur zweiten Auflage der *Kritik der reinen Vernunft* zu ersehen ist.[35] Kant unterstreicht, dass Erfahrung notwendig sei für eine gewisse oder apodiktische Erkenntnis. Er bewahrt die Erfahrung vor dem Skeptizismus Humes, indem er zunächst dem empiristischen Diktum beipflichtet, dass alle Erkenntnis sinnlich und folglich von der Erfahrung abhängig sei. Worum es also geht, ist niemals die analytische Erkenntnis der Rationalisten, sondern stets die *synthetische* Erkenntnis. Analytische Erkenntnis gründet nicht auf Erfahrung, sondern allein auf Axiomen und ihren Ableitungen, wohingegen synthetische Erkenntnis der Erfahrung der *Objekte* der Erfahrung bedarf. Kant ist sich sicher, dass wir in der Mathematik und der Physik über zwei Arten gewisser und apodiktischer Erkenntnis verfügen. Sich der Tatsache sehr wohl bewusst, dass die meisten seiner Zeitgenossen mathematisches Wissen als analytisches Wissen erachten, besteht Kant dennoch darauf, dass Mathematik synthetische Erkenntnis umfasst. Denn mathematische Erkenntnis gründet auf zwei Arten von Objekten unserer Erfahrung, nämlich Zahlen und Figuren. Und Kantische Anschauung operiert auf der Ebene des Sinnlichen mit Hilfe von Figuren und Zahlen: Der »äußere Sinn« der Anschauung schaut die Welt räumlich mittels geometrischer Figuren an; ihr »innerer Sinn« tut dies zeitlich mittels arithmetischer Zahlenfolgen.

Damit besteht gemäß Kant die Logik aus analytischen und aus synthetischen Urteilen. Sowohl Lacan als auch Badiou sagen sich nun von seiner Mathematik der Erfahrung los. Weiter oben wurde bereits auf Ähnlichkeiten zwischen Durkheims Verständnis des Symbols und Kants logischen Verstandeskategorien hingewiesen. In der Schrift über primitive Klassifikationen, die Durkheim zusammen mit Marcel Mauss verfasst hat, tritt der Kantische Cha-

35 Kant, *Kritik der reinen Vernunft* (wie Anm. 10), S. 21 [B 10].

rakter der Formulierungen des Soziologen explizit zutage.[36] Durkheims Ausführungen in den *Elementaren Formen des religiösen Lebens* teilen ebenfalls die Subjekt-Prädikat-Logik des Kantischen Verstandes. Gleiches gilt auch für die linguistischen Subjekt-Prädikat-Formulierungen des Symbolischen in Lacans *Funktion und Feld des Sprechens*. Dieses von Subjekt-Prädikat-Verhältnissen gezeichnete Symbolische bezeichnet nach Lacan genau die Weise, in der der Kapitalismus seine Subjekte konstituiert.[37] Lacan möchte die metaphysischen Überreste im Denken und die kapitalistische Herrschaft durch eine multiple Verankerung des Subjekts im Realen auseinandernehmen – einem Realen, das er mit Hilfe des Begriffs des Mathems begreift. Badious Denken ist diesbezüglich vollständig im Einklang mit Lacans Programm, so dass sich beide – und dies ist der entscheidende Punkt – von der Erfahrung lossagen müssen. Sie müssen die Subjektivität von der Erfahrung ›abziehen‹, und folglich verstehen beide Erkenntnis und Wahrheit als einen ›Abzug‹, eine ›Subtraktion‹ von Erfahrung. Dies würde nach Badiou nicht nur die Wahrheiten der Wissenschaften, sondern auch die Wahrheiten des Begehrens, der Kunst und der Politik betreffen. Lacan desubstanzialisiert und zieht seinerseits das Subjekt aus dem Kantischen Raum der euklidischen Geometrie ab, um es in die nichtfigurale topologische Geometrie des Realen zu verlagern. Mittels der Topologie des Borromäischen Knotens erledigt er noch das letzte bisschen Metaphysik im Freudschen Subjekt, indem er dessen Topographie der Erfahrung in eine der Erfahrung entzogene, eine von aller Erfahrung subtrahierte Topologie verlegt.[38] Badiou wiederum nimmt sich seinerseits der endlichen Zahl der Kantischen Zeit an und verlegt sie in die *Unendlichkeit*. Zugleich wird das Subjekt von der Einheit des Einen subtrahiert und in die

36 Émile Durkheim, Marcel Mauss, »Über einige primitive Formen von Klassifikation. Ein Beitrag zur Erforschung der kollektiven Vorstellungen«, in: Émile Durkheim, *Schriften zur Soziologie der Erkenntnis*, aus dem Französischen von Michael Bischoff, hg. von Hans Joas, Frankfurt/M. 1987, S. 171-256.

37 Vgl. Louis Althusser, »Ideologie und ideologische Staatsapparate«, in: ders., *Ideologie und ideologische Staatsapparate. Aufsätze zur marxistischen Staatstheorie*, aus dem Französischen von Rolf Löper, Klaus Riepe und Peter Schöttler, Hamburg, Berlin 1977, S. 100-153.

38 Jacques Lacan, *Das Seminar. Buch XX (1972-73). Encore*, aus dem Französischen von Norbert Haas, Vreni Haas und Hans-Joachim Metzger, Weinheim, Berlin 1991.

Vielheit einer Unendlichkeit von Unendlichkeiten platziert. Mit Badiou lassen wir uns damit auf eine weitere Verzeitlichung von Vernunft und Ontologie ein, die, wie bereits erwähnt, von der Phänomenologie angestoßen wurde.

Um zu zeigen, dass wir ein Wissen vom Unendlichen besitzen, greift Badiou auf die moderne Mengenlehre zurück.[39] Es handelt sich dabei nicht mehr um synthetisches Wissen, denn während wir die Zahlen und Figuren des Kantischen Zeit-Raums vorfinden, können wir der Unendlichkeit niemals begegnen. Im Vergleich dazu treffen wir noch bei Deleuze und Heidegger auf synthetisches Wissen: Bei Deleuze haben wir Erkenntnis des Virtuellen durch das Aktuelle, bei Heidegger Erkenntnis des Seins durch Seiendes. In beiden Fällen handelt es sich um ontologisches Wissen, um eine Erkenntnis des Dings an sich, deren Möglichkeit uns Kant absprach. Ein Kantisches Schibboleth ist damit beseitigt. Was Phänomenologie und Vitalismus mit dem Ding an sich tun, das unternimmt Badiou nun mit der Unendlichkeit – beides Instanzen, die nach Kant zu den der Erkenntnis nicht zugänglichen Vernunftideen gehören. Vielmehr als nur eine Kantische »regulative Idee« ist die Unendlichkeit, so zeigt Badiou auf, unserem Wissen durchaus zugänglich. Wie die Mengenlehre beweist, gibt es eine Unendlichkeit von Unendlichkeiten, und einige davon sind größer als andere: So ist etwa die Menge der rationalen Zahlen größer als die der natürlichen Zahlen, obwohl beide unendlich sind. Cantors algebraische Mengenlehre liefert uns ebenso wie die Geometrie und Topologie Riemanns ein Wissen jenseits von Erfahrung.

Auf diese Weise bricht Badiou mit der Aristotelischen Erfahrung (und Sprache) zugunsten eines Realen, das im Sinne des Platonischen Lobs der »Geometer« konzipiert wird.[40] Badiou treibt

39 Vgl. Peter Hallward, *Badiou. A Subject to Truth*, Minneapolis 2003.

40 Mit Kant gesprochen, handelt es sich um eine Bewegung vom synthetischen zum analytischen Urteil oder, besser noch mit Frege: von einem synthetischen zu einem analytischen Gedanken. Bereits oben wurde auf die platonische Anamnesis, die Wiedererinnerung, eingegangen, und in gewisser Hinsicht gab es für das antike Denken zwei Wahlmöglichkeiten: Entweder konnte man, wie bei Aristoteles, durch begriffsgeleitete Beobachtung zur Erkenntnis gelangen oder aber durch Wiederabrufen des schon Gewussten analytische Erkenntnis anstreben. Dieses Bereits-Gewusste und daher Anamnetische erstreckt sich jenseits des Individuellen, wie im berühmten Beispiel Platons von einem jungen Mann gezeigt wird, der von Sokrates durch Dialektik dazu gebracht werden konnte, sich

diesen Platonismus durch ein Misstrauen gegenüber Sprache und Recht voran. Für ihn als einen Lacanianer setzen sich Sprache und Recht wechselseitig voraus, sofern bei der Auflösung des Ödipus-Komplexes der Eintritt in die Sprache des Symbolischen und die Anerkennung des Gesetzes des Vaters zusammenfallen. Sein Platonismus erstreckt sich auf die Ablehnung der Sprache und des Sprachdenkens, wie es Aristoteles von den Sophisten übernahm. Für Badiou bleibt die Sprache der Sophist,[41] was den eigentlichen Grund seines Bruchs mit Kants kategorialer Logik darstellt. Seit Gottlob Freges grundlegendem Einwurf Ende des 19. Jahrhunderts ist die moderne Logik mathematisch verfasst.[42] Badiou weitet zudem seine Kritik auf Heidegger aus und weist dessen sprachliche und poetische Öffnung zur Ontologie zurück.

Badious Programm besteht darin, das Eine der westlichen Metaphysik, sei es der antiken oder modernen, durch die Vielheit zu ersetzen und eine Ontologie der Vielheit zu entwickeln. Für ihn gehen – und hierin folgt er Louis Althusser – wissenschaftliche Revolutionen philosophischen voraus und begründen diese weitestgehend. Die bahnbrechende wissenschaftliche Revolution der späteren Moderne stellt in der Nachfolge von Newtons Physik und Darwins Biologie Cantors Mathematik dar. Wenn Kant in der Nachfolge Newtons philosophiert, dann Badiou im Gefolge von Cantor und Frege. Wenn Kant Newton benutzte, um einen Raum zu entwickeln, in dem Metaphysik oder Philosophie den Weg zur *Wissenschaft* einschlagen können, dann benutzt Badiou Cantor, um die Ontologie insgesamt zu revolutionieren. Die Existenz einer Unendlichkeit von Unendlichkeiten lässt keine Variante des Prinzips des Einen zu: Weder Substanz noch Subjekt, weder Sein noch Dasein können länger den Kern der Ontologie bilden. Wenn es eine Unendlichkeit von Unendlichkeiten gibt, dann muss das Sein vielfältig sein und die Subjektivität von dieser Vielheit durchquert werden.[43] Wenn wir es uns als Subjekte gemütlich gemacht haben

geometrische Prinzipien ins Gedächtnis zu rufen, die er niemals gelernt hat. Vgl. dazu Stiegler, »Persephone, Oedipus, Epimetheus« (wie Anm. 29).

41 Alain Badiou, »Mathematics and Philosophy. The Grand Style and the Little Style«, in: ders., *Theoretical Writings*, London, New York 2004, S. 3-21, hier S. 15.

42 Die Frage der Erfahrung (und der Anschauung) bleibt in der Mathematik bestehen.

43 Alain Badiou, »Die heutige Frage nach dem Sein«, in: ders., *Gott ist tot. Kurze*

in Raum und Zeit der Erfahrung – ob philosophischer, politischer, religiöser, ästhetischer oder amouröser Natur –, dann sind diese Subjekte, so Badiou, Sklaven der Logik des Einen. Stattdessen sollten sie sich von solchen Erfahrungen subtrahieren, um sich auf Wahrheit und nicht auf die sophistische Sprache all dieser Sphären einzulassen.

Der Zurückweisung des Einen der griechischen Metaphysik entspricht nach Badiou die Zurückweisung des Einen des jüdisch-christlichen Gottes. Keines von beiden lasse sich mit der natürlichen Unendlichkeit der modernen Mathematik vereinbaren. In gleicher Weise muss sich Badiou von der Phänomenologie vollständig lossagen, begegnet er doch Objekten und Seienden vom Standpunkt der Subtraktion. Ihn interessiert nicht apodiktische Erkenntnis, schließlich beziehen sich Philosophie und Ontologie nach Badiou nicht auf Erkenntnis, sondern auf Wahrheit. Das Sein ist vielfach, und die mathematische Wahrheit handelt weniger von exakter Erkenntnis als vielmehr von der Gödelschen Unvollständigkeit. Während die Kantische Erkenntnis mittels Regeln verfährt, die den Verstand mit den Erscheinungen in der Anschauung verknüpfen, setzt die Wahrheit im Sinne Badious demgegenüber Verfahren voraus, die von den Erscheinungen und den Erfahrungen *abziehen*. So sind diese Verfahren letztlich auf überhaupt nichts anwendbar. Die Absage an die Erfahrung nach Kantischem Verständnis und an das Symbolische befeuert die Kritik am (pharisäischen) Gesetz, die Badiou in seinem Buch über den heiligen Paulus vorbringt.[44] Paulus, einst der Pharisäer Saulus, überschreitet Gesetz und Vorschriften, um in direkte Beziehung zu Gott und zum Glauben zu gelangen. Das Gesetz der Pharisäer abzulehnen bedeutet, die Christologie zu befürworten und damit auch die Überlegenheit des Glaubens im Johannesevangelium gegenüber desjenigen der eher vorschriftsgebundenen synoptischen Evangelien des Matthäus, Markus und Lukas zu bejahen. Die Synoptiker fundieren das Heilige in Erscheinungen wie etwa Wundern; anders als beim Johannesevangelium handelt es sich hierbei um »Erfahrungs«-Evangelien. Für Badiou steht Paulus hingegen auf der Seite der Unendlichkeit. Wenn das

Abhandlung über eine Ontologie des Übergangs, aus dem Französischen von Jürgen Brankel, Wien 2002, S. 23-36, hier S. 25-27.

44 Alain Badiou, *Paulus. Die Begründung des Universalismus*, aus dem Französischen von Heinz Jatho, München 2002.

Judentum mit einem vollends transzendenten Gott und daher nur mit der Möglichkeit von Unendlichkeit als Horizont aufwartet, dann errichten Paulus und Christus eine Unendlichkeit, die das Hier und Jetzt durchquert, die die »Situationen«, in die wir eingebunden sind, durchwaltet. Paulus bejaht demnach diese Unendlichkeit, anders als die pharisäischen Vorschriften dies tun. Im Gegensatz zum Aufschub der Unendlichkeit in der jüdischen Endzeitvorstellung bringt das Christentum das Unendliche ins Hier und Jetzt. Jedoch erfolgt die Erlösung nicht durch das Befolgen der Vorschriften nach Art von Max Webers protestantischem Unternehmer, sondern durch den Glauben, durch ein Sich-Einlassen auf das Unendliche jenseits von Erfahrung.

Unendlichkeit als Technik

Badiou ist Platoniker, und dennoch hat seine Idee des Vielfältigen und Unendlichen zugleich materiell zu sein. Für ihn schält sich »die Situation«, die materielle Konkretion »der Situation«, in irgendeiner Form aus dieser unendlichen Vielfalt heraus. Auffällig sind hier die ausgeprägten gedanklichen Parallelen zu Philip K. Dicks letzten Romanen, *Die Wiedergeburt des Timothy Archer* und *Valis*:[45] Wie Badiou identifiziert sich auch Dick mit dem Heiligen Paulus gegen das pharisäische und römische Gesetz. Wie bei Badiou dienen ihm Christus und Paulus als Marker der Unendlichkeit. Wie bei Stiegler und Badiou scheint ein gewisser Platonismus durch, wenngleich dieser Stieglers Anamnesis näher steht als Badious völligem Erfahrungsabzug. Die apriorischen Ideen haben bei Platon die Anamnesis zur Voraussetzung. Nach Sokrates wird Erkenntnis entweder in etwas *vorgefunden* und damit aposteriorisch, oder aber Erkenntnis ist etwas, das wir bereits hatten und uns lediglich *ins Gedächtnis rufen* müssen. In diesem Sinne ist apriorische Erkenntnis anamnestisch. Des Weiteren hat dieses anamnestische Apriori, wie wir schon am Beispiel des jungen Mannes in Platons *Menon* ausgeführt haben, am Unendlichen teil.[46] Auf diese Weise hat auch Horselover Fat, der Protagonist aus Dicks Roman *Valis*, eine Art

45 Vgl. James Burton, »Machines Making Gods: Philip K. Dick, Henri Bergson and Saint Paul«, in: *Theory, Culture & Society* 25 (2008), S. 262-284.

46 Siehe Anm. 40.

Damaskuserlebnis, in dessen Folge er in Sprachen reden kann, die er nie erlernt hat.

Im technologischen Zeitalter ist eine solche unendliche Erinnerung materialisiert. Das Ideenwissen ist materialisiert im Genpool, in Information, in Hardware und in Laserstrahlen, die wie in Dicks Romanen materialbasierte Information übertragen. Horselover Fat geht davon aus, dass die Heilung der Seele zugleich die Heilung des Körpers bedeutet. Sowohl in *Valis* als auch in *Die Wiedergeburt des Timothy Archer* erfahren die Hauptfiguren *ihre* Verkündigung durch die Materie: Horselover Fat durch einen Laserstrahl von einem entfernten und zukünftigen Planeten, Timothy Archer durch einen göttlich erfüllten Psilocybin-artigen Pilz. Für beide ist das Heil körperlicher Natur. In diesem Sinne bietet Dick anders als Badiou eine Rückkehr zur Erfahrung, allerdings zu einer sehr unkantischen Erfahrung, die sich nicht etwa qua begrifflicher Synthesis des Materiellen vollzieht, sondern in der Fusion des Begrifflich-Geistigen und des Materiellen. Nicht zuletzt war Dicks eigene Existenz von religiösen Erfahrungen durchdrungen. Jede Medien- und Technikontologie muss anamnestisch sein, das ist die Pointe, um ein Maschinengedächtnis umfassen zu können – sie muss unendlich sein. Christus ist bei Dick – wie im Grunde genommen auch bei Hegel – die Vereinigung des Materiellen mit dem Immateriellen: Anders als Gott der Vater, der ausschließlich transzendent ist, ist Christus eine transzendental-materielle Doublette. Bevor es noch in einem Menschensohn seinen Wirt auf Erden fand, war Dicks Heiliges bereits materiell – es war Information. Christus steht lediglich irgendwo inmitten einer langen Reihe solcher Wirte, deren letzter Horselover Fat bzw. Dick selbst ist. Gott ist bei Dick VALIS – ein voluminöses, aktives, lebendes Intelligenzsystem [*Vast Active Living Intelligence System*]. Gott, nichts anderes heißt das, ist ein nichtlineares und stets prozessierendes Informationssystem. Dicks Gnostizismus geht von einem blinden, mechanischen Schöpfergott aus. Doch erfolgt die gnostische Erlösung nicht nur durch eine Hingabe an Gott, den Glauben an ihn und die Liebe zu ihm – die Erlösung erfolgt durch die *Erkenntnis* seiner. So wie im Mythos des Handwerkers Daedalus in Joyces' *Porträt des Künstlers als junger Mann*, der die Flügel fertigt, die seinen Sohn zu nah an die Sonne bringen, erleiden auch Dicks Charaktere schwere Verbrennungen bei ihren Anstrengungen oder Erfolgen, Gott zu erkennen und ihn sogar (wie einen Pilz) zu verspeisen. All dies stellt einen letzten Schritt in der Anfechtung der Kantischen Unerkennbarkeit dar: Mit Husserl und Heidegger gelangen wir zur Erkenntnis des Dings an sich, mit Badiou zur Erkenntnis des Unendlichen, mit Dick zur Erkenntnis Gottes. Doch geschieht dies nun wiederum kraft Erfahrung, genauer: der religiösen Erfahrung und durch synthetisch-apriorisches Denken, das freilich nicht mit dem Urteil zu verwechseln ist. Anstatt das Objekt zu synthetisieren, werden wir nun vielmehr selbst durch einen zutiefst materiellen Gott synthetisiert, so wie Horselover Fat vom Laserstrahl durchbohrt und synthetisiert wird. In ihren Versuchen, Gott zu erkennen, werden Dicks Charaktere vom Schicksal eingeholt: Wir brechen mit den Vorschriften des Gesetzes, um Christus-an-sich, ihn als transzendental-materielle Doublette zu erkennen. Dieser Christus aus Information und Materie findet seinen Widerhall in Rudolf Bultmanns Christologie, deren gnostische Untertöne Joseph Ratzinger in Unruhe versetzen.[47] Als Christ sollte man sich vom protestantischen Ethos besser fernhalten: sowohl vom regelgebundenen Unternehmergeist im Sinne Webers als auch vom schrillen Auflicht seines transzendenten Gottes! Stattdessen sollte man ein vollkommen immanenter und innerweltlicher Katholik sein, so wie Marshall McLuhan, für den die barocke Lichtdurchlässigkeit mittelalterlicher Buntglasfenster die Energetik moderner Medien präfigurierte.

Ein voluminöses, aktives, lebendes Intelligenzsystem also, das gilt es zu denken. Bernard Stiegler setzt beim völlig Immateriellen an, bei einer Phänomenologie, in der das Bewusstsein es mit Gedankenobjekten (genau genommen mit sogenannten Zeitobjekten) zu tun hat, um dann das Register zu wechseln und zu einer effektiven, auf Gilbert Simondon gestützten Maschinenphänomenologie überzugehen. Eine solche nichtlineare Systemphänomenologie liegt auch in Francisco Varelas Neurophänomenologie sowie in Niklas Luhmanns Phänomenologie der Kommunikationssysteme vor. Bei Varela wird das Bewusstsein zu einem neuronalen, Geist und Gehirn vereinenden System, das trotz seiner Materialität von der buddhistischen Spiritualität seines Autors Varela erfüllt ist. Mit Luhmann wiederum ist es nur ein Schritt von Dicks »voluminösem aktivem lebendem Intelligenzsystem« zur Ersetzung des Bewusst-

47 Joseph Ratzinger, *Jesus von Nazareth*, Erster Teil: *Von der Taufe im Jordan bis zur Verklärung*, Freiburg 2007.

seins durch ein soziotechnisches System. Bewusstsein ist für ihn ein nichtlineares soziotechnisches System. Dieses System verrichtet – gleichsam als Verkörperung eines inneren Zeitbewusstseins – phänomenologische Reduktionen, die zugleich Kommunikationen darstellen. Es handelt sich dabei um produktive Kommunikationen, und in diesem Sinne ist Erfahrung zugleich Produktion: Produktion der Medien, Produktion des urbanen Raums. Daher ist Entwicklung im Raum des epimetheischen Fehls, d. h. der Instinktarmut, Technik. Sei es als *poiesis* oder als *techne* – es handelt sich um eine Technik des informationellen und doch materiellen Realen, um ein wirksames technisches Supplement, das sich im Inneren der menschlichen Mangelhaftigkeit entwickelt, bis es den Menschen schließlich überholt und hinter sich lässt. Kraft seines technologisch verfassten Selbstbewusstseins werden das Supplement und schließlich der Mensch selbst systemisch. Nunmehr vollzieht das soziotechnische System seine phänomenologische Reduktion in Bezug auf etwas, das weder Objekt noch Lebewesen ist, sondern vielmehr seine Umwelt. Zeitliche Reduktion findet jetzt durch Informationsaustausch mit der Umwelt statt. Das System operiert mit anderen Systemen in seiner Umwelt durch eine Art von Koevolution, wobei der Austausch von Informationen eine strukturelle Kopplung solcher koevolutionären Systeme voraussetzt. Diese Kopplung ist auf der Ebene der Struktur, der Ebene des Nichterfahrenen und Unerfahrbaren angesiedelt, wobei die Strukturen in räumlicher Hinsicht topologisch und in zeitlicher Hinsicht unendlich sind. Wie andernorts gezeigt, funktionieren die globalen Kulturindustrien durch solche strukturellen Kopplungen mit dem sozialen Imaginären.[48] Die Kopplung findet nicht nur auf der Ebene des Intelligiblen, sondern auch auf der Ebene der Wahrnehmung, des Imaginären eines metastabilen Gedächtnisses statt. Dieses Imaginäre funktioniert durch die Verknüpfung von Phänomenen; es ist damit auch in ganz grundlegender Weise empirisch und folglich durch und durch erfahrungsbezogen. Obwohl ontologisch, operiert es weniger auf der Ebene des Intelligiblen als auf der Ebene des Sinnlichen. In dieser Weise gestaltet sich Erfahrung im Zeitalter technischer Medien, so dass wir, bei allem Respekt gegenüber Heidegger, nicht Ontologie gegen Technik in Anschlag

48 Vgl. Scott Lash, Celia Lury, *Global Culture Industry*, Cambridge 2007, insb. S. 181-207.

zu bringen haben, sondern von *technologischer Ontologie*, um nicht zu sagen: von *Ontotechnologie* ausgehen müssen.

Sobald das Dasein und die Phänomenologie technologisch werden, löst sich die Unterscheidung zwischen Erfahrung und Nichterfahrung auf. Dann gerät nicht nur das Ontische, sondern auch das Ontologische in den Bann der Technik. Nicht nur Badious Mathematik übernimmt den Raum der Seinslücke, den Raum der Leerstelle, der Fehlstelle im Sein – die Technik tut dies selbst. Sowohl Heidegger als auch Badiou ersetzen in ihren Kommentaren zur *Kritik der reinen Vernunft* (wie implizit schon Kant selbst) die Bedeutung der zwölf neoaristotelischen Verstandeskategorien durch ein allgemeines Verständnis von »Regeln«, die Subjekt und Objekt verknüpfen. Nachfolgende Analytiker haben in diesem Zusammenhang die Unterscheidung zwischen konstitutiven und regulativen Regeln getroffen. Wenn wir das Kantische und sogar das Heideggersche humanistische Subjekt durch technische Subjektivität ersetzen, werden sowohl Subjekt als auch Objekt zu soziotechnischen Systemen. Wenn wir das Objekt als ein technisches System begreifen, dann bilden weder konstitutive noch regulative Regeln, sondern *generative* Regeln seinen Kern. Damit betrachten wir mit Alan Turing das Objekt als ein technisches System auf der Basis der generativen Regeln, d. h. der Algorithmen, die das System steuern. Der Algorithmus im Herzen des Systems ist sozusagen das Sein des Systems. Daher entstammt die Informatik nicht dem Studium der Literatur oder Sprache, sondern der Mathematik. Der Raum unserer konstitutiven Mangelhaftigkeit und des Fehls wird nicht von der Sprache, sondern vom Mathematischen ausgefüllt. Es handelt sich hierbei aber nicht um reine Mathematik, die für Badiou eine Naturwissenschaft darstellt, sondern um eine angewandte Mathematik des Wie, der Rezeptur, des Algorithmus. In der Tat dreht sich eine ganze Reihe von Auseinandersetzungen im zeitgenössischen Kapitalismus mindestens so intensiv um den Code (den Algorithmus) wie um die Ware, denn schließlich ist der (soziotechnische und biotechnische) Code ein Warengenerator. Daher haben diese Konflikte das mathematisch Unendliche jenseits der Erfahrung zum Gegenstand.

Die technologisch bedingte Auflösung der Unterscheidung zwischen Erfahrung und Nichterfahrung steht auch im Mittelpunkt der Konflikte um Open Source. Wir können die durch genetische

Algorithmen geschaffenen Formen sehen; vielmehr noch können wir aber die Algorithmen schreiben und so Objekte selbst erschaffen. Dementsprechend ist eine Konvergenz der Open-Source-Politik und einer postkeynesianischen Politik öffentlicher Güter zu beobachten. Öffentliche Güter waren ursprünglich gesellschaftliche Güter, dazu geschaffen, den negativen Externalitäten, also den negativen externen Effekten oder Kosten des Kapitalismus, entgegenzusteuern. Heute fassen wir die Produktion öffentlicher Güter als Informationsgüter und als positive externe Effekte auf.[49] Anders als der Liberalismus basiert der Neoliberalismus auf dem Wettbewerb unter Monopolen. Worum es hier jedoch im Kern geht, ist weniger das Monopol auf produktives als auf geistiges Eigentum. Man könnte mit Proudhon behaupten, dass geistiges Eigentum Diebstahl sei, der Diebstahl des Algorithmus aus dem öffentlichen Bereich. Im heutigen kognitiven Kapitalismus bedeutet Kognition etwas ganz anderes als in der Kantischen Galaxie: Kognition wird durch vernetzte technologische Subjektivität ausgeführt und kann die Produktion öffentlicher Güter zur Folge haben. Im technologischen Zeitalter trifft eine vernetzte selbstorganisierende Subjektivität auf eine informationelle selbstorganisierende Objektivität. Es ist das Recht auf den Algorithmus, das hierbei von zentraler Bedeutung ist. So kündigten Wettbewerbsbehörden im Dezember 2010 eine vollständige Untersuchung der Vorwürfe an, denen zufolge Google seine dominierende Stellung auf dem Internetsuchmarkt missbrauche und so gegen die europäischen Wettbewerbsregeln verstoße. »Die beteiligten Anwälte sind der Auffassung«, so berichtete die *Financial Times*, »dass die an Googles Suchsystem gerichteten Vorwürfe äußerst schädlich sind.« Es geht hier um die Frage, »wie Online-Suche durchgeführt wird«. Zur Debatte stehen »Googles Suchergebnisse auf der Grundlage von firmeneignen Algorithmen«, zumal die Frage, »wie sein Suchranking funktioniert, immer noch weitgehend ein Geheimnis ist«.[50] Der Gegenstand der Auseinandersetzung ist also nicht das Was des vormaligen produzierenden Kapitalismus, sondern das Wie und insbesondere die Algorithmen des Wie des heutigen kognitiven Kapitalismus.

49 Yochaï Benkler, »Coase's Penguin, or, Linux and *The Nature of the Firm*«, in: *The Yale Law Journal* 112 (2002), S. 369-446; Yann Moulier Boutang, *Le capitalisme cognitif. La nouvelle grande transformation*, Paris 2007, S. 43-56.

50 *Financial Times* (1. Dezember 2010).

Obwohl der späte Heidegger aus der Zeit der »Frage nach der Technik« der Kybernetik gegenüber durchaus feindlich gesonnen war, formulierte er in seinen frühen Jahren beinahe zeitgleich mit Alan Turing ebenfalls eine Einmischung, die auf die Verzeitlichung von Erfahrung hinauslief. Der frühe Heidegger erschütterte die Konstanz kategorialer Bestimmungen zugunsten eines Werdens in der Zeit. Nur ein Jahrzehnt später veröffentlichte Turing seinen Aufsatz »On Computable Numbers, with an Application to the *Entscheidungsproblem*«,[51] worin er den Gödelschen Arbeiten über die Grenzen der Beweis- und der Berechenbarkeit eine Art von Lösung lieferte. Gödel ist ein fester Bestandteil von Badious Post-Objekt-Mathematik, während seine erfahrungsüberschreitende Unendlichkeit zugleich die ontologische Struktur von Turings Universalmaschine bildet. Auf diese Weise, so könnte man sagen, radikalisiert Turing Heideggers Zeitkritik. Doch während Badiou seine zeitliche Unendlichkeit in der Natur vorfindet, findet Turing sie in der Technologie.

Turing bewerkstelligt dies dadurch, dass er die nachcantorsche Mathematik in sein Verständnis des Algorithmus und der Universalmaschine einbaut. Problematisch ist einzig, dass er in seiner Universalmaschine ein unendlich langes Band annimmt, obgleich dieses, empirisch gesehen, schlichtweg in keiner einzigen intelligenten Maschine vorkommt.[52] Im Kern des Algorithmus stehen daher Unendlichkeit und Endlichkeit zugleich. In technologischen Lebensformen ist Erfahrung zugleich endlich und unendlich, eine Unterscheidung, die folglich von soziotechnischen Lebensformen überhaupt unterlaufen wird. Für das klassisch-moderne Subjekt war Gott unendlich, das Objekt endlich und der Mensch – wie Michel Foucault feststellt – gleichzeitig unendlich und endlich: eine transzendental-empirische Doublette.[53]

Die gegenwärtige Kulturtheorie, der Autor dieser Zeilen mit eingeschlossen, scheint besessen zu sein vom Religiösen. Das Auf-

51 Alan M. Turing, »Über berechenbare Zahlen mit einer Anwendung auf das Entscheidungsproblem« (1937), aus dem Englischen von Bernhard Siegert, in: ders., *Intelligence Service. Schriften*, hg. von Bernhard Dotzler und Friedrich Kittler, Berlin 1987, S. 17-60.

52 Für diesen Hinweis bin ich Matthew Spencer zu Dank verpflichtet.

53 Michel Foucault, *Die Ordnung der Dinge. Eine Archäologie der Humanwissenschaften*, aus dem Französischen von Ulrich Köppen, Frankfurt/M. 1971.

kommen der mathematischen Unendlichkeit und ihre kulturtheoretische Einbeziehung durch Badiou verleihen der Frage nach dem Religiösen zusätzliche Dringlichkeit, ja vielleicht mehr Dringlichkeit denn je. Und deshalb verlagert Philip K. Dicks Gnostizismus das Unendliche ins Innerste von Technik. Als Paulianer und Gnostiker war der junge Augustinus ein Vorgänger Dicks. Der Konflikt um den Gnostizismus im Christentum wurde erst im 4. Jahrhundert gelöst. Während für die Gnostiker die eschatologische Wiederkunft des Herrn die frohe Botschaft der Evangelien darstellte, lag diese für die sich festigende Kirche in der bereits geschehenen Erlösung der einzelnen Seele. Die Gnostiker, insbesondere Marcion und der jüngere Augustinus, waren der Eschatologie verschrieben, wenngleich diese das Nachsehen haben sollte, als die Kirche sich auf das Heil der Einzelseelen ausrichtete und das Eschatologische zunehmend im Lichte apokalyptischer Ängste gesehen wurde. Im ausgehenden Mittelalter kam es nach Hans Blumenberg zu einem zweiten gnostischen Moment:[54] Gott und die Kirche erschienen in einem solchen Maße als Instanzen der Willkür, dass die Natur den Charakter radikaler Kontingenz annahm. Und genau in diesem Punkt besteht der Unterschied von westlicher Neuzeit und der Antike: In der Antike herrscht Ordnung in der Natur, während in der Neuzeit die Natur ungeordnet und kontingent wird, so dass eine Ordnung erst eingeführt und auferlegt werden muss. Angesichts der Abwesenheit jeglicher Ordnung in der Natur muss das Subjekt sogar das Objekt allererst konstituieren. Von daher rühren Kants Einheit der Apperzeption und die ihr eigentümliche instrumentelle Vernunft. Von daher kann auch der Gnostiker Philip K. Dick diese Welt, diese von einem Demiurgen erschaffene endliche Welt, als blind, mechanistisch und gesetzesgesteuert auffassen. Dem entgegen imaginiert seine Eschatologie Gott als »voluminöses aktives lebendes Intelligenzsystem«. Die kommende Welt (und für uns die Kritik selbst) ist für Dick nicht endlich, sondern unendlich. In diesem unendlichen, selbstorganisierenden Informationssystem ist Information lebendige Information. Und als *lebende* Systeme müssten diese nicht allein unendlich, sondern zugleich auch endlich sein. In Dicks späten Romanen nimmt Christus, der Menschensohn, und gewiss nicht Gott, der Vater (der eher wie ein De-

54 Hans Blumenberg, *Die Legitimität der Neuzeit*, Frankfurt/M. ^{2}1988.

miurg gezeichnet ist), die Rolle dessen ein, der dieses »voluminöse aktive lebende Intelligenzsystem« verkörpert und beseelt. Christus ist Frohe Botschaft und Information in einem.

In Foucaults *Ordnung der Dinge* treten die klassische Erfahrung und das Kantische Subjekt in der Figur des Menschen als empirisch-transzendentale Dublette in Erscheinung. Unter den Bedingungen von Erfahrung im technologischen Zeitalter stellt Christus – gleichsam als eschatologische Kritik – die empirisch-transzendentale Dublette dar. Jenseits von Humanismus und Endlichkeit und nach ihnen ist das Empirisch-Transzendentale die Information.

Aus dem Englischen von Konrad Petrovszky

Mark B. N. Hansen

Medien des 21. Jahrhunderts, technisches Empfinden und unsere originäre Umweltbedingung

Das »Elementare«

In ihrem Bestreben, die Aufmerksamkeit zeitgenössischer Medientheoretiker auf die Figur des Netzwerks (und auf eine echte Beschäftigung mit Netzwerken in ihrer konkretesten und höchst ambivalenten Funktionsweise) zu lenken, prägen Alex Galloway und Eugene Thacker einen neuen Begriff: das »Elementare«. Netzwerke sind, wie sie ausführen,

> in dem Sinne elementar, als ihre Dynamiken auf Ebenen »oberhalb« und »unterhalb« jener des menschlichen Subjekts operieren. Das Elementare ist eben dieser Umgebungsaspekt von Netzwerken, dieser Umweltbezug – all das, was wir als individuierte menschliche Subjekte oder Gruppen nicht direkt kontrollieren oder beeinflussen. Das Elementare bedeutet jedoch nicht »das Natürliche« (eine Vorstellung, die wir nicht verstehen). Das Elementare bezieht sich auf die Variablen und die Variabilität der Skalierung von der Mikroebene zur Makroebene, auf die Weise, wie ein Netzwerkphänomen sich plötzlich zusammenziehen und eine durch und durch lokale Handlung zu einem globalen Muster werden kann und umgekehrt. Das Elementare verlangt uns die Ausarbeitung einer ganzen Klimatologie des Denkens ab.[1]

Da dieser Ruf nach einer Klimatologie des Denkens oder, allgemeiner formuliert, nach einer »elementaren« Betrachtungsweise von Medien auf der letzten Seite von *The Exploit* erscheint, könnte er als zusammenfassende Feststellung verstanden werden, wohin uns Galloway und Thackers Argument führt. Da Handlungsmacht/Handlung [*agency/action*] nicht länger das Vorrecht privilegierter Einzelakteure (selbst wenn sie Knotenpunkte in einem Netzwerk bilden) ist – es nicht länger sein kann und vielleicht niemals war –, müssen wir sie grundlegend überdenken. Insbesondere müssen wir Handlungsmacht/Handlung als die Wirkung globaler Aktivitätsmuster quer durch alle Skalen in Netzwerken neu durchdenken,

1 Alexander Galloway, Eugene Thacker, *The Exploit. A Theory of Networks*, Minneapolis 2007, S. 157 (diese und alle folgenden Übers. A.W.).

wo schlechthin keine bestimmten Individuen oder Knotenpunkte, Komplexitätsebenen oder -stufen privilegiert werden.

Diesem Gebot entsprechend schlagen Galloway und Thacker vor, Netzwerke, statt im Hinblick auf ihre »Knoten«, im Hinblick auf ihre »Kanten« zu definieren, wenngleich selbst dies noch mit einem gewissen Vorbehalt gegenüber der alles überragenden Räumlichkeit, wie sie für Netzwerke in ihrer ganzen Schematisierung in Knoten und Kanten so charakteristisch ist. Auch beharren Galloway und Thacker auf den »unmenschlichen« Aspekten von Netzwerken und behaupten, dass »unser Verständnis von Netzwerken *allzu menschlich* …«[2] sei. Ihrer Ansicht nach lässt uns die Koppelung einer individualistischen Perspektive auf das Handeln mit der Bevorrechtung des Menschen als hermeneutischem Handlungsträger blind werden gegenüber dem tatsächlichen Funktionieren von Netzwerken und der radikalen Zerstreuung und Verteilung von Handlungsmacht, die während eines solchen Funktionierens geschieht.

Ich möchte hier den Geist ihres Standpunkts aufgreifen, ohne ihn buchstabengetreu zu übernehmen. Wider ihre pauschale Zurückweisung des »Menschlichen« schlechthin (als ob es so etwas gäbe), möchte ich auf der Notwendigkeit eines grundlegenden Über- und Umdenkens des Menschlichen parallel zu einem Überdenken der Netzwerke bestehen. Ein solches Überdenken verlangt von uns, den allzu einfachen Gegensatz von Menschlichem und Nichtmenschlichem aufzugeben und das Menschliche – und alle Formen von Handlungsmacht, die als menschliche behauptet werden können – in Beziehung zum Elementaren, ja tatsächlich *als Teil des Elementaren* theoretisch zu fassen. Das bedeutet, eine *radikal umweltliche Sichtweise* einzuführen, der zufolge menschliche Handlungsmacht, wie jede andere Handlungsform auch, über verschiedene Skalen und operative Bereiche gestreut ist und in eine multiskalare kosmologische Gesamtsituation oder einen multiskalaren kosmologischen Augenblick, die ihr Geschehen begründen, eingeschlossen bzw. diesen immanent ist, ihnen innewohnt. Weit davon entfernt, eine unabhängige Kraftquelle zu sein, die von der restlichen Umwelt – dem Elementaren – irgendwie abgeschnitten ist, operiert menschliche Handlungsmacht als eine Konfiguration

2 Ebd.

des Elementaren, oder besser: innerhalb größerer Konfigurationen des Elementaren, die sich in der Art nicht von anderen Konfigurationen unterscheiden.

Die logische Folge dieser radikal umweltlichen Sichtweise ist eine radikale Verallgemeinerung und Neukonzeptualisierung von Subjektivität. Das Menschliche als Teil des Elementaren neu zu durchdenken hat in der Tat tiefgreifende Auswirkungen darauf, wie wir sowohl Medien als auch Subjektivität theoretisch entwerfen. Um genau zu sein, schließt es die Subjektivität in die eigentliche Funktionsweise der Medien des 21. Jahrhunderts, der »atmosphärischen« Medien, mit ein, die, veranschaulicht durch Netzwerke, mittels radikaler technischer Verteilung und multiskalarer Streuung von Handlungsmacht operieren. Diese grundsätzliche Implikation des Subjekts zu berücksichtigen erfordert eine Ergänzung des Standpunkts von Galloway und Thacker. Denn während Galloway und Thacker den wichtigen Schritt vollziehen, das Objekt als den bevorzugten Fokus der Medientheorie zurückzuweisen – was meiner Meinung nach erklärt, weshalb ihr Werk eine der stringentesten Argumentationslinien gegenwärtiger Medientheorie umfasst –, versäumen sie es, die daraus folgende Notwendigkeit einer Neukonzeptualisierung von Subjektivität zu erkennen: und zwar Subjektivität nicht nur verstanden als eine verstreute, verteilte und multiskalare Subjektivität, sondern als eine, *die dem sensorischen Angebotscharakter der heutigen Netzwerke und Medienumgebungen innewohnt, inhärent ist.* In unseren Interaktionen mit den atmosphärischen Medien des 21. Jahrhunderts stehen wir menschlichen Individuen nicht länger als gesonderte, eigenständige und quasiautonome Subjekte klar unterschiedenen Medienobjekten gegenüber; vielmehr konstituieren wir uns selbst als Subjekte durch die Operation einer Unzahl multiskalarer Vorgänge, von denen einige (wie die neuronale Verarbeitung) eher »verkörpert« scheinen, andere wiederum (wie die rhythmische Synchronisierung mit materiellen Ereignissen) eher »verweltlicht«. In den heutigen Medienumgebungen ist unsere Subjektivität demnach nicht gegen eine (mediale) Objektwelt abgesetzt (oder ist dies, genauer gesagt, nur in abgeleiteter Form), und sie unterscheidet sich in der Art nicht von den Mikroprozessen, die sie durchdringen. Vielmehr bedeutet sie eine bestimmte Organisation – Alfred North Whitehead nennt das eine »Gesellschaft« –

anderer, elementarer Vorgänge, *die alle für sich genommen subjektiv sind.*

Bei dem Versuch, Subjektivität aus dem Blickwinkel ihrer Immanenz im Elementaren zu überdenken, können wir großen Nutzen aus Whiteheads »›reformierte[m] subjektivistische[m] Prinzip‹« ziehen, das den Solipsismus des modernen Subjektivismus mit einem »›objektivistische[n]‹ Prinzip bezüglich des Erfahrungsdatums«[3] ausgleicht oder, anders formuliert, erkennt, dass die Erfahrungsdaten Dinge der Außenwelt sind, *die gleichwohl subjektiven Erfahrungsereignissen innewohnen.* In Whiteheads Entwurf gibt es keine rein subjektiven oder rein objektiven Erfahrungsereignisse; vielmehr umfassen all diese Ereignisse objektive wie subjektive Elemente bzw. hängt es, genauer formuliert, von der für das Ereignis relevanten Sichtweise ab, ob ein gegebenes Element als »subjektiv« oder »objektiv« gilt. Die Begründung für diese radikal umweltliche Haltung ist letztlich Whiteheads Überzeugung, dass jedes wirkliche Ereignis *die Gesamtheit des Universums* einschließt, ob nun durch ein wirkliches Engagement (mittels »positiven Erfassens«) oder durch aktiven Ausschluss (einen Ausschluss *als* Beziehung mittels »negativen Erfassens«); indem sie die Teilung subjektiv/objektiv in einem fundamentalen Sinne relational werden lässt, entkoppelt sie solch eine radikal ganzheitlich ausgerichtete Betrachtungsweise vollkommen von jedem Privileg, das dem Menschlichen, menschlichen Individuen und menschlicher Subjektivität eingeräumt wurde.

Indem wir Medien und Subjektivität durch Whitehead denken, können wir ihre grundlegende Ko-Implikation oder wechselseitige Immanenz auf einer weitaus »elementareren« Ebene erfassen als auf der Ebene, auf der wir der Subjektivität höherer Ordnung begegnen, die menschliche Erfahrung auszeichnet. Zudem sind wir imstande, genau zu begreifen, dass zeitgenössische Medien und gestreute, multiskalare Subjektivität nicht über eine äußere bzw. äußerliche Beziehung miteinander verbunden sind, sondern als zwei Komponenten einer neuen sensorischen Wirklichkeit. In dieser Hinsicht bildet Whiteheads allgemeiner Ansatz der Subjektivität – ihre Behauptung für prinzipiell jedes Ereignis im Universum, wie er sie vornimmt – eine notwendige Ergänzung zu Galloways

3 Alfred North Whitehead, *Prozeß und Realität. Entwurf einer Kosmologie*, aus dem Englischen von Hans Günter Holl, Frankfurt/M. 1987, S. 300.

und Thackers Verallgemeinerung von Netzwerken als »objektive« (wenn auch nicht objektfokussierte) Struktur des »Elementaren«. Die Durchdringung einer unpersönlichen, submakroskopischen Subjektivität über die verschiedenen Größenordnungen hinweg entspricht unmittelbar der Streuung von Handlungsmacht über die Netzwerke, die den grundlegenden Charakter zeitgenössischer Medien kennzeichnen. Ausgehend von dieser Komplementarität schlage ich in diesem Text eine Argumentationslinie vor, der zufolge Whiteheads spekulative Philosophie – eben wegen ihres Beharrens auf der Universalität von Subjektivität – die Grundlage für eine Wiederverankerung menschlicher Erfahrung innerhalb von Medien-Netzwerken (Umgebungen) liefert, die im Wesentlichen von der unmittelbaren menschlichen Wahrnehmung entkoppelt worden sind.

Wie wir sehen werden, liegt der letzte Grund für die fortgesetzte Bedeutung von Subjektivität in einer zunehmend verdateten (d. h. objektivierten) Welt in der Unhintergehbarkeit von Zeitlichkeit oder, genauer gesagt, der Unhintergehbarkeit einer geringfügigen zeitlichen Lücke zwischen Erfahrungsereignissen. Letztlich lässt uns diese geringfügige zeitliche Lücke, so behaupte ich, dem Standpunkt von Medientheoretikern von Kittler bis Galloway und Thacker, die zeitgenössische digitale Medien auf unterschiedliche Weise mit dem Ende des Menschlichen in Beziehung setzen, entgegentreten. Genauer – und positiver – formuliert verspricht diese zeitliche Lücke der Subjektivität, sofern sie der durch zeitgenössische Technik bewirkten Verdatung inhärent ist, eine Wiedereinschreibung der menschlichen Erfahrung in genau diese Objektivierung, die sie vermeintlich überflüssig werden lässt.

In diesem Sinne würde ich Galloways und Thackers Diagnose unserer gegenwärtigen Situation nicht widersprechen, wenn sie schreiben, dass das »20. Jahrhundert als der letzte Zeitabschnitt erinnert werden wird, in dem Nichtmedien existierten«.[4] Genauso wenig weise ich ihre Zukunftsprognose zurück: »In Zukunft wird es eine Kongruenz von Ereignis und Speicherung geben. Sobald man sich auf allgemeingültige Identifizierungsstandards geeinigt hat, werden die Echtzeit-Tracking-Technologien exponentiell anwachsen, so dass im Laufe der Zeit nahezu jeder Raum schrittweise

4 Galloway, Thacker, *The Exploit* (wie Anm. 1), S. 132.

archiviert sein wird [...]. Raum wird zurückspulbar werden, vollständig simuliert in allen nur verfügbaren Zeitcodes.«[5] Galloways und Thackers Darstellung würde ich jedoch den Gedanken hinzufügen wollen, dass diese neue Wirklichkeit – die völlige Manipulierbarkeit des mediatisierten oder aufgezeichneten Raums – selbst die gerade erwähnte unhintergehbare zeitliche Lücke hervorbringt; innerhalb der totalen Mediation, die Galloway und Thacker sich ausmalen, ist die minimale zeitliche Lücke zwischen Erfahrungsereignissen eben das, was als das »Eigentliche« der Subjektivität selbst, einschließlich der menschlichen Subjektivität, bleibt. Weitaus bedeutender als eine Aufteilung »der gelebten Umgebung [...] in identifizierbare und nicht identifizierbare Zonen«[6] rückt diese neue mediale Bedingung restloser Aufzeichnung und Rückverfolgbarkeit eine unhintergehbare subjektive Zeitlichkeit (die im Gegensatz zur orthodoxen Husserlschen Analyse des Zeitbewusstseins weder anfänglich noch am Ende dem menschlichen Individuum oder dem lebenden Einzelwesen zu eigen ist) als Quelle von Neuheit in einer zunehmend verdateten und archivierten Welt in den Vordergrund.

Aus diesem Grund sehne ich mich nicht wie Galloway und Thacker »nach einer Zeit, *als Organismen keine quantitativen Daten über sich selbst erzeugen mussten*, nach einer Zeit, als man noch nicht Bericht erstatten musste«.[7] Ich sehne mich ebendeswegen nicht nach einer solchen Zeit zurück, weil die Subjektivität und Handlungsmacht des Menschen – weit davon entfernt, gegen das Quantitative zu stehen – nun mehr denn je *nach Quantifizierung verlangt*: Genauer gesagt entspricht sie der und entsteht auf der Grundlage einer verallgemeinerten Subjektivität, die *selbst* – und im Licht der gewaltigen Ausbreitung des Computerwesens in unserer heutigen Welt *wohl vornehmlich – quantitativen Daten* innewohnt. Anders formuliert hilft uns Whiteheads Arbeit, die unhintergehbare sensorische Dimension noch der trägsten objektivierten oder »verdateten« Erfahrungsereignisse anzuerkennen: Buchstäblich in ein multiskalares und verteiltes sensorisches Umfeld eingehüllt, erlangt unsere Subjektivität höherer Ordnung ihre Macht nicht, weil sie das, was außen ist, aufnimmt und verarbeitet, sondern viel-

5 Ebd.
6 Ebd.
7 Ebd., S. 124.

mehr durch ihre unmittelbare Mitteilhabe oder Beteiligung an der polyvalenten Handlungsmacht unzähliger Subjektivitäten. Unsere ausgesprochen menschliche Subjektivität operiert demnach als mehrwertiges Gefüge größenvariabler Mikrosubjektivitäten, die je unterschiedlich, doch mit erheblichen Überschneidungen funktionieren.

Medien des 21. Jahrhunderts oder quantitatives Empfinden

Lassen Sie mich rasch eine These vorbringen, die ich hier nicht verteidigen werde, jedoch an anderer Stelle ausführlich darlege: In unserer gegenwärtigen Welt und während der vergangenen Jahrzehnte haben sich die Medien von einem Funktionstypus, der durch Aufzeichnen, Speichern und Übertragen bestimmt wird, zu einer Plattform für eine unmittelbare, handlungserleichternde Verschaltung mit und Rückkoppelung aus der Umwelt verlagert. Diese Verlagerung ist zu einem sehr großen Teil der starken Vermehrung und Ausbreitung der Medien zu einem allgegenwärtigen und vollkommen unabdingbaren Bestandteil des täglichen Lebens geschuldet: Mit den heutigen digitalen Geräten und »intelligenten« Chips haben die Medien einen *Zustand erkennbarer Allgegenwärtigkeit* erreicht, der in der Geschichte ohne Beispiel ist, und sie haben, wie ich behaupten würde, mit dieser Errungenschaft eine qualitative Umwälzung der Erfahrung eingeleitet, eine derart umfangreiche Erweiterung des Empfindungsvermögens, dass sich dessen eigene *Kraft* und *Mächtigkeit* grundlegend modifizierte.

Während Medienapparaturen und Plattformen weiterhin tun, was sie immer getan haben, und zwar mit größerer Geschwindigkeit, Effizienz, Flexibilität und Kompaktheit, wird dementsprechend die Funktion der Speicherung und Verbreitung von Inhalt, die nach wie vor ausdrücklicher Fokus der medialen Umwerbung unseres Begehrens bleibt – wollen wir nicht alle mehr Funktionalität, mehr Speicherkapazität, schnellere Verbindungen? –, heute massiv, wenn auch unmerklich durch die wirklich *»existenzielle«* Möglichkeit der Medien in den Schatten gestellt (und ich spreche absichtlich mit voller Heideggerscher Aufladung von einer existenziellen Möglichkeit, wenn auch vielleicht abzüglich der damit einhergehenden nachdrücklichen Betonung von Handlung): Medien transformieren grundlegend, *wie* wir erfahren und erleben oder, besser gesagt, wie wir in und aus ebendiesem Erfahrungsprozess heraus komponiert und verfasst sind.

Eine Möglichkeit, diese Verlagerung begrifflich zu fassen, ergibt sich durch die damit verbundene Veränderung in der Ökonomie zwischen aktiven und passiven Kapazitäten unserer digitalen Vorrichtungen sowie der Smartchips und Sensoren, die zunehmend die Lebenswelt besiedeln. Während die Primärfunktion von Smartphones und Bewegungssensoren, um die beiden bedeutendsten Beispiele zu nennen, im ersten Fall darin besteht, Telefonanrufe zu tätigen, Textnachrichten zu senden, Zugang zu unseren E-Mails und zum Internet zu bekommen, unsere Terminpläne zu organisieren usw., im zweiten Fall darin, Daten über Körper und Objekte, die ihre sensorischen Schwellen durchschreiten, anzuzeigen, verdecken diese »aktiven« Anwendungen die wesentlich leistungsfähigeren »passiven« Kapazitäten dieser Technologien, riesige Mengen von Verhaltens- und Umweltdaten ohne aktive Beteiligung, Initiative oder auch nur Bewusstsein unsererseits zu registrieren. Tatsächlich würde ich behaupten, dass die beängstigende technische Vervollkommnung gegenwärtiger mobiler Medien und allgegenwärtiger Computervorrichtungen eine gewaltige Ausdehnung des Empfindungsvermögens entfacht hat, die wir gerade erst zu thematisieren begonnen haben. Zum ersten Mal in unserer Geschichte und (sehr wahrscheinlich) in der Geschichte des Universums sehen wir unser lang dauerndes und bisher nahezu frageloses Vorrecht als der Welt komplexester Handlungsträger des Fühlens [*sensing agent*] durch die massenhaft reproduzierbare und sich allgegenwärtig ausbreitende technische Kapazität des Fühlens, die durch unsere »smarten« Geräte und Technologien eingeführt wurde, in Frage gestellt, wenn nicht gestürzt. Einzeln betrachtet sind diese Geräte und Technologien natürlich weit weniger komplex als der menschliche Körper und Geist – und zwar um viele Größenordnungen; doch zusammengenommen und durch ihre Fähigkeit, weitgehend ohne Unterbrechung und über eine enorme Bandbreite von Größenordnungen hinweg zu arbeiten, haben sie bereits begonnen, uns durch ihr Vermögen, sensorische Daten zu sammeln und zu erzeugen, in den Schatten zu stellen. Zudem verunmöglichen ihr recht plötzliches Auftreten und ihre gewaltige Ausbreitung es uns, weiterhin den grundsätzlichen Nichtgegensatz zwischen dem Quantitativen und dem Sensorischen zu übersehen; sie beweisen in dieser Hinsicht die unhintergehbare Subjektivität technischer Vermittlungen des Empfindungsvermögens *einschließlich des Sammelns von »objektiven« numerischen Daten über unser eigenes Verhalten und über die Welt.*

In Anbetracht dieser Einsicht können wir die Herausforderung, der sich der zeitgenössische Medientheoretiker gegenübersieht, genau verstehen. Denn die Medien vermitteln nicht länger (jedenfalls nicht in erster Linie) *unsere* Sinne; vielmehr vermitteln sie – sofern »vermitteln« überhaupt noch der richtige Begriff ist – das Empfindungsvermögen selbst, und sie tun dies in der überwältigenden Mehrzahl der Fälle *vor jeglicher Beschäftigung, die »wir« mittels und auf der Ebene unserer Sinnesorgane haben können.* Es ist wichtig, klar zu erkennen, wie und warum diese verallgemeinerte Operation der Sinnesvermittlung jede falsche Trennlinie zwischen dem Menschlichen und der Welt überschreitet und aufhebt: Zugespitzt formuliert findet die Erzeugung submakroskopischen oder suborganismischen Empfindungsvermögens – ob es nun (unmittelbar) eine Quantifizierung mit einschließt oder nicht – genauso in Bezug zu den Prozessen statt, die (als Komponenten) zu dem gehören, was auf höheren Organisationsstufen menschliche »Gesellschaften« (im Sinne Whiteheads, d. h. menschliche Körper) darstellen, wie auch in Bezug zu Prozessen, die letztlich nicht an einer solchen Organisation teilhaben. In dieser Hinsicht ereignet sich die elementare technische Erzeugung des Empfindungsvermögens vor jeglicher bedeutungsvollen (und notwendigerweise abgeleiteten) Aufteilung in menschliche Empfindung und weltliches Empfindungsvermögen.

Diese elementare Dimension der technischen Vermittlung des Empfindungsvermögens stellt für den Medientheoretiker eine schwierige und beispiellose Herausforderung dar: Wie nämlich will er die Wirkung der Medien auf das Empfindungsvermögen abschätzen, wenn sich diese Wirkung »innerhalb« der einfassenden Umwelt, die menschliches und weltliches Empfindungsvermögen gleichermaßen umgibt, ereignet und überdies vorwiegend in Größenordnungen, die für die makroskopische und wahrnehmende Empfindung nicht nachweisbar sind? Um zu dieser Wirkung Zugriff haben zu können, müssen wir unsere objekt- *und* unsere körperzentrierten Modelle von Medienerfahrung zugunsten eines radikal umweltlichen Ansatzes aufgeben, dessen erstes Prinzip lautet, dass jeder Empfindungsakt die Gesamtheit des Universums einschließt, die den unmittelbaren Hintergrund dieses Aktes bildet. Es geht weniger darum, dass die derzeit favorisierten Ansätze (und hier würde ich meine früheren Arbeiten zur Verkörperung sicherlich einschließen) falsch sind, sondern vielmehr, dass sie oberflächlich, zu vordergründig sind und in nennenswerter Weise den Tatsachen hinterherhinken: Sie erfassen übergeordnete »Synthesen« von »uranfänglicher« unpersönlicher oder präpersonaler Erfahrung, Synthesen höherer Ordnung, die zeitlich der elementaren Wirkung der Medien auf das Empfinden nachfolgen und mehr oder weniger reduktiv sind. Die Medien des 21. Jahrhunderts (auch wenn sich dies tatsächlich für Medien in einem allgemeineren Sinn als richtig erweisen sollte) verdeutlichen unausweichlich, dass Medien auf unsere Erfahrung nicht gesondert von ihrer Wirkung auf den globalen, kosmologischen Sinneshintergrund, dem diese Erfahrung innewohnt und aus dem sie hervorgeht, einwirken. Selbst eine sehr fest gekoppelte Wahrnehmungsbeziehung zwischen einem Geistkörper [*mindbody*] und einem Medienobjekt – zum Beispiel ein Mensch, der ein Fernsehprogramm sieht – geht aus einer primordialen und vielfältigen, multiskalaren und zusammengesetzten Kosmo-Logik des Empfindens hervor.

Die spekulative Lücke

Mit seinem Ziel, den modernen Subjektivismus zu reformieren, liefert Whiteheads Philosophie wesentliche Instrumente, eine Einschätzung der präpersonalen, umweltlichen Wirkung von Medien zu entwickeln. Trotz seines eigenen Mangels an Aufmerksamkeit für die Medien stellt Whiteheads Begriff des Erfassens [*prehension*] und seine Funktion bei der Erzeugung wirklicher Ereignisse der Erfahrung [*actual occasions of experience*] einen allgemeinen Mechanismus bereit, sich Medien aus einer radikal umweltlichen Perspektive zu nähern. Insbesondere Whiteheads Darstellung des Erfassens als einfachste Beziehungsform des Universums (und als Grundlage aller Relationalitäten höherer Ordnung, die er »Gesellschaften« nennt) liefert ein einziges sensorisches Kontinuum, das von der elementarsten Ebene der Erfahrung (der Erzeugung wirklicher Einzelwesen [*actual entities*]) zu der komplexesten (bewusstes Empfinden) reicht. In seinen verschiedenen Darstellungen des Erfassens in *Prozeß und Realität* und anderswo richtet Whitehead sein Augenmerk auf den Prozess der Konkretisierung [*concrescence*] – den Vorgang, durch den neue Elementarerfahrungen, wirkliche Einzelwesen, erzeugt werden –, um die Operation des Erfassens einzugrenzen und zu vereinfachen. Auf dieser elementarsten – und (aus Gründen, die in Kürze erläutert werden) eigentlich spekulativen – Ebene setzt die Konkretisierung ein, wenn ein entstehendes neues wirkliches Einzelwesen die Gesamtheit vergangener, nun objektivierter wirklicher Einzelwesen erfasst. Ein solches Erfassen geschieht auf zwei grundlegende, von der Art der zur Debatte stehenden Beziehung abhängige Weisen: Wenn das neue wirkliche Einzelwesen eine wesentliche Beziehung zu diesen objektivierten Daten aufbaut, wird das Erfassen als »positiv« bezeichnet; wenn das neue wirkliche Einzelwesen Daten ausschließt, wobei aber ein solcher Ausschluss *immer noch eine Form der Beziehung darstellt*, wird das Erfassen als »negativ« charakterisiert. Diese seltsame Definition des Ausschlusses als Beziehung – die Whitehead von Henri Bergson (und anderen biologischen, thermodynamischen und informationstheoretischen Darstellungen der Selektion) unterscheidet – ist der Schlüssel zu Whiteheads Beharren darauf, dass jede Konkretisierung eines neuen wirklichen Einzelwesens die Gesamtheit des wirklichen Universums in seinem Zustand vor dieser Konkretisierung beinhaltet:

> Philosophie ist die Selbstkorrektur, die das Bewußtsein seiner eigenen anfänglichen Übertreibung der Subjektivität angedeihen läßt. Jedes wirkliche Ereignis trägt zu seinen Entstehungsbedingungen zusätzliche Formelemente bei, die seine eigene besondere Individualität vertiefen. Das Bewußtsein ist nur das letzte und höchste dieser Elemente, durch welche der selektive Charakter des Individuums die äußere Totalität abblendet, aus der es hervorgeht und die es verkörpert. Ein wirkliches Individuum dieses höheren Grades hat allein aufgrund seiner Wirklichkeit mit der Totalität der Dinge zu tun; aber es hat seine individuelle Tiefe des Seins durch eine selektive Emphase erreicht, die auf seine eigenen Absichten beschränkt ist. Die Aufgabe der Philosophie besteht darin, wieder zu der Totalität zu finden, die in der Selektion verlorenging.[8]

8 Whitehead, *Prozeß und Realität* (wie Anm. 3), S. 52.

Und sie ist auch der Schlüssel zu Whiteheads Eingliederung von Potenzialität/Virtualität *in die Wirklichkeit* und zu der provozierenden Behauptung, auf der diese Einverleibung beruht, nämlich dass wirkliche Einzelwesen die letzten wirklichen Dinge sind, aus denen die Welt aufgebaut ist.[9] In ihrer vorrangigen Funktion innerhalb der Whiteheadschen Ontologie bestimmt das Erfassen somit die Relationalität des Wirklichen, d.h., wie Didier Debaise ausführt, die Relationalität der bloßen Existenz als solcher vor ihrer Unterscheidung in »Modalitäten der Existenz, etwa eine wahrgenommene oder vorgestellte Existenz«.[10] Anders ausgedrückt betrifft das Erfassen in seiner primären Operation einen Bereich, der in dem Sinne »spekulativ« ist, als er (logischerweise) vor dem Bewusstsein und der gelebten Erfahrung liegt und diesen unzugänglich ist.

Aus dieser Schlussfolgerung ergeben sich zwei wesentliche und zunächst recht paradoxe Konsequenzen, und beide sind von unmittelbarer Bedeutung für meine Bemühung, Medien im Anschluss an Whitehead theoretisch zu fassen. Erstens, *alles, was erfahren werden kann, sind Gesellschaften,* ob es sich nun um Gesellschaften wirklicher Einzelwesen handelt, um Gesellschaften anderer Gesellschaften (wirklicher Einzelwesen) oder um Gesellschaften von Gesellschaften … (wirklicher Einzelwesen). Für sich genommen – als atomistische Elemente dessen, was Ivor Leclerc als »allgemeine metaphysische Kategorie dessen, was ist«[11] erläutert – *können wirkliche Einzelwesen niemals erfahren werden* oder sie können entsprechend *nur indirekt* als Elemente in Gesellschaften höherer Ordnung (und Gesellschaften der Gesellschaften …) erfahren werden. Das bedeutet, dass wir Erfassensprozessen niemals in vereinfachter, vereinzelter Instanz begegnen, wie Whitehead sie darstellt, nämlich als Beziehungen, die vorübergehend einem wirklichen Einzelwesen eigentümlich sind, sondern immer nur in ihrem Funktionieren im Rahmen mehr oder weniger komplexer Organisationen, die gleichzeitig miteinander und »übereinander« operieren. Folglich müssen wir in unserem Verständnis von Whiteheads Metaphysik äußerst präzise sein. Whiteheads Analyse der Konkretisierung wirklicher

9 Vgl. ebd., S. 150, bzw. Didier Debaise, *Un empirisme spéculatif. Lecture de »Procès et Réalité« de Whitehead*, Paris 2006, S. 48.

10 Debaise, *Un empirisme spéculatif* (wie Anm. 9), S. 48 (Übers. A. W.).

11 Ivor Leclerc, *Whitehead's Metaphysics. An Introductory Exposition*, London 1958 (Übers. A. W.).

Einzelwesen einschließlich der Rolle des Erfassens ist eine *spekulative* Darstellung dessen, wie Wirklichkeit strukturiert ist, damit unsere Erfahrung ist, was sie ist. Sie ist, anders formuliert, eine »Interpretation« unmittelbarer Erfahrung, deren Rolle darin besteht, die Komponenten dieser Erfahrung zu »erhellen«, sie *für sich* zu denken, ungeachtet der Erfahrung, die sie auf höheren Organisationsebenen ermöglichen.

Mit dieser Schlussfolgerung stoßen wir auf die zweite wesentliche und paradoxe Folge von Whiteheads »spekulativem Empirismus«:[12] den doppelten Status des Erfassens als zugleich spekulativ und empirisch [*experiential*].[13] In ihrer primären Operation bei der Konkretisierung neuer wirklicher Einzelwesen sind Erfassensprozesse dem spekulativen Bereich zuzurechnen, was in diesem Fall bedeutet, dass sie *jenseits aller Möglichkeit unmittelbarer Erfahrung* liegen *und nur im und für das Denken zugänglich sind.* Doch insofern Erfassensprozesse auch an Organisationen höherer Ordnung teilhaben – von den einfachsten bis zu den komplexesten Gesellschaften, von den rudimentärsten Formen der Kausalität bis zu den ausgefeiltesten Nuancen bewusster Sinneswahrnehmung –, enthalten Erfassensprozesse den eigentlichen Kern jedweder Erfahrung. Sie sind der »Stoff«, aus dem Erfahrung gemacht ist, die Materialität all dessen, was in der Welt existiert.

Angesichts meines Ziels, Medien an umweltliche Handlungsmacht [*environmental agency*] zu koppeln, ist es von Bedeutung, dass die »empirische« Seite des Erfassens die eigentliche Grundlage für die Idee des Superjekts [*superject*] bildet, das Whitehead zu-

12 Ich entlehne den Begriff »spekulativen Empirismus« Didier Debaise.

13 (*A. d. Hg.:* Das Wort *experiential* bzw. Wortbildungen mit *experiential* (z. B. *experiential domain, experiential societies*) durchziehen in der Folge Hansens Text. Dabei konnte *experiential*, auf Deutsch ›empirisch‹, aber auch ›erfahrungsgemäß‹, auf ›Erfahrung beruhend‹, ›Erfahrungs…‹, ›Erlebnis…‹ etc., nicht einheitlich, sondern nur kontextbezogen übersetzt werden. Es sei jedoch betont: Hansens radikal umweltlicher Perspektive geht es im Anschluss an Whitehead und zugleich in dessen Verschärfung darum, die Konzeptualisierung des »Experientialen«, um es einmal auf diese Weise zu sagen, vom Primat menschlicher Erfahrung und menschlichen Erlebens zu befreien, es prinzipiell von allen Subjektivitätsmodi höherer Ordnung, die zentral sind für das, was wir bisher »Erfahrung« und »Erlebnis« nennen, zu entkoppeln. Das Reich des Experientialen schließt alle Größenordnungen der Erfahrungs- und Erlebenskonstitution von der Mikro- zur Makroebene ein.)

folge das unhintergehbare Korrelat des Subjekts *in jeder Hinsicht* darstellt. Superjekt bezeichnet die »Kraft« vergangener Konkretisierungen (wirklicher Einzelwesen, die »Erfüllung« erlangt haben, indem sie all ihre Erfassensprozesse ausschöpfen, d.h. vervollständigen), insofern sie weiterhin als Elemente in neuen Konkretisierungen wirken, aber – entscheidend – auch *in Kompositionen von Gesellschaften*. Über das Superjekt kann die umgebende Umwelt Handlungsmacht direkt ausüben, das heißt unabhängig von und in Anschluss an die Genese, die sie wirklich werden ließ. Um noch genauer zu sein: Erfassensprozesse können ihre ganze und »eigene« Handlungsmacht nur dann ausüben, sobald sie »objektiviert« oder Teil der zu erfassenden Daten werden, die neuen Konkretisierungen zur Verfügung stehen. Solange sie an die Einheit stiftende Entstehung eines wirklichen Einzelwesens gebunden bleiben, dienen sie ausschließlich seinem »subjektiven Zweck«; sobald diese Genese jedoch vollendet ist, werden sie freigesetzt, um ihre Funktion als Elemente innerhalb der kosmologischen Umwelt auszuüben, die auf zukünftiges Werden unmittelbar einzuwirken vermögen (wobei »unmittelbar« bedeutet: ohne von dem subjektiven Zweck geleitet zu sein, der sie anfänglich ins Leben rief).

In dieser Hinsicht ist Whiteheads vereinfachende Isolierung wirklicher Einzelwesen hochgradig irreführend oder wäre vielmehr hochgradig irreführend, *wenn wir nicht die Kraft des Spekulativen in seinem strengsten Sinn anerkennen würden*. Denn das Spekulative führt dazu, dass *kein empirischer Handlungsträger* – ob Mensch oder Mikrobe, globaler Prozess oder Quantenereignis – je unmittelbar auf wirkliche Einzelwesen bzw. Elementarerfahrungen an sich trifft oder sie erfährt. Zusammen mit allen anderen möglichen Handlungsträgern innerhalb des Universums können wir Menschen nur auf *Gesellschaften* von wirklichen Einzelwesen stoßen, d.h. auf wirkliche Einzelwesen, *so sie wirkliches Material oder weltliche Vorgänge bilden* (einschließlich ebenjener Prozesse, die uns ausmachen). Anders ausgedrückt werden wirkliche Einzelwesen erst dann erfahrbar – sind sie an der Erfahrung *beteiligt* –, *sobald sie verzeitlicht worden sind*. Durch den Prozess der Verzeitlichung treten wirkliche Einzelwesen überhaupt erst in den Bereich der Erfahrung ein. Dies bedeutet, dass es am Ursprung der Erfahrung immer eine »*spekulative Lücke*« gibt und dass das Erfassen, sofern es im spekulativen wie im empirischen Bereich wirkt, ebendiese Lücke besetzt oder schließt, diese Kluft, diesen Spalt vernäht. In diesem Sinne stützt das Erfassen eine gewisse disjunktive Kontinuität zwischen diesen beiden ansonsten unverbundenen Bereichen. Genauer schließen Erfassensprozesse in und durch ebendiesen Vorgang des Wirklichwerdens die spekulative Lücke, die die metaphysische Sphäre – in der wirkliche Einzelwesen eine »Erklärung« liefern für das, was ist – vom empirischen Bereich trennt, der aus dieser Erklärung folgt und aus dem diese Erklärung ausgeschlossen bleibt. Aus philosophischer Perspektive ist jegliche Möglichkeit, die Entstehung wirklicher Einzelwesen – die Vereinigung von Erfassensprozessen unter einem kreativen subjektiven Ziel – in den Rahmen der Erfahrung einzubinden, nur um den Preis dieser Schließung zu haben.

Wir müssen demnach zwei »Operationen« der Erfassensprozesse unterscheiden: als Bestandteile der subjektiven Vereinigung, die für wirkliche Einzelwesen wesentlich ist (Erfassen 1), und als grundlegende Elemente eines Universums, das durch die Organisation wirklicher Einzelwesen in Gesellschaften jeder Art und Größe begründet wird (Erfassen 2). Indem wir diese Unterscheidung treffen und die erste Operation (Erfassen 1) aus jeglicher Darstellung von Erfahrung ausschließen, erlangen wir die Fähigkeit, *Erfahrung auf radikal relationale Weise zu konzeptualisieren*. In einer derartigen Darstellung gibt es keine privilegierten Formationen in der Natur, ob es sich nun um Tiere oder Menschen, Intelligenz oder Institutionen, Moleküle oder Quarks handelt, sondern es gibt lediglich verschiedene, mehr oder weniger komplexe, ontologisch jedoch gleichwertige Gefüge grundlegender Elemente. Alles, was erfahren werden kann – vom winzigsten Quantenereignis zum äußerst lang dauernden geologischen Vorgang –, wird letztlich aus Beziehungen wirklicher Einzelwesen gebildet und ist aus einem ontologischen Blickwinkel gesehen demnach radikal nichthierarchisch. Im Hinblick auf unsere Bemühung, die spekulative Lücke bei Whitehead zu denken, erfordert diese radikale Relationalität den spekulativen Entzug der einzigen Dinge, die wahrhaft existieren, nämlich wirklicher Einzelwesen. Tatsächlich ist der spekulative Vorbehalt wirklicher Einzelwesen nichts weniger als *die eigentliche Bedingung* für die Promiskuität des Erfassens, das weltliche Materialität als solche umfasst. Eben dieser Ausschluss von Erfassen 1 aus der Erfahrung lässt den Vorgang von Erfassen 2 über alle Größenordnungen hinweg real werden.

Dies bedeutet unter anderem, dass das Erfassen 1 *nicht gleichwertig* ist mit Erfassen 2, dass etwas geschieht, wenn das Erfassen die spekulative Trennlinie überschreitet. In meinem Bestreben, eine spekulative Lücke zu denken, behaupte ich keineswegs, dass verschiedene Erfassensprozesse *zugleich* in der spekulativen und der empirischen Sphäre operieren oder dass sie in beiden Bereichen *in gleicher Weise* wirken. Whiteheads Theorie verlangt vielmehr, dass Erfassensprozesse, damit sie die kausal-materielle Infrastruktur aller Erfahrungen von der einfachsten Bewegung bis zur bewussten Sinneswahrnehmung liefern können, bereits durch Konkretisierungen wirklicher Einzelwesen, *die selbst der Erfahrung unzugänglich sind*, verwirklicht worden sein müssen.[14] (Es ist zu beachten, dass »bereits« hier eine logische und keine zeitliche Beziehung bezeichnet.) Dies bedeutet, insofern unser Interesse dem Bereich der Erfahrung gilt – mithin den zahllosen Gesellschaften (von Gesellschaften ...) wirklicher Einzelwesen –, dass die Konkretisierung wirklicher Einzelwesen für uns von geringem Belang ist.[15] Es bedeutet ebenso,

14 In diesem Sinne werden bei wirklichen Einzelwesen eben Erfassensprozesse verwirklicht, und die Verwirklichung von Erfassensprozessen bedeutet ihrerseits die Entstehung von Materialität als solcher. Es ist, als ob Erfassensprozesse durch diese Verwirklichung die Schwelle vom Spekulativen zum Empirischen überschreiten. Michael Halewood bezieht diese Struktur auf Whiteheads Versuch, eine andere als die uns von der modernen Wissenschaft überlieferte Darstellung von Materialität zu geben: »Die Funktion wirklicher Einzelwesen in Whiteheads Werk besteht darin, eine Form der Materialität zu begründen, die sich nicht auf die traditionelle wissenschaftlich-philosophische Darstellung von Physikalität im Sinne von eigenständigen, selbstidentischen Objekten stützt. [...] Wirkliche Einzelwesen haben die Funktion, den Prozess von Materialität zu erklären« (Michael Halewood, »On Whitehead and Deleuze. The Process of Materiality«, in: *Configurations* 13, 2005 [2007], S. 57-76, hier S. 61, Übers. A. W.). Dem können wir einschränkend hinzufügen, dass eine solche Erklärung *nicht uns* gilt, da wir den Bereich des Spekulativen nicht direkt erfahren können.

15 Isabelle Stengers kleidet dies in dramatische Begriffe: »[...] die ausgeprägte Eigenheit von Whiteheads Definition dessen, was existiert, besteht darin, dass sie jede mögliche Verschmelzung der Existenzkategorien und der Art von Unterschieden vermeidet, die wir zu erklären wünschen – zum Beispiel den Unterschied zwischen dem, was wir als Elektron, Felsen, Kaninchen und uns selbst bezeichnen. Tatsächlich sind wirkliche Einzelwesen dazu bestimmt, eine Trennung zwischen zwei Versionen dessen herzustellen, was ›auseinanderlegen/erklären‹ ist. Was auch immer wirklich existiert, was auch immer eine *res vera* ist, wird als sich selbst erklärend beschrieben, als *causa sui*, während das, was wir erklären können, keine *res vera* ist« (Isabelle Stengers, »Whitehead's Account of the Sixth Day«,

dass die inzwischen kanonischen Auslegungen Whiteheads zur Frage der Kreativität problematisch und begrenzt sind. (Diese Deutungen verorten Kreativität ausschließlich im Wirken des Erfassens 1, d. h., sie verfechten auf unterschiedliche Weise, dass jede neue Konkretisierung die Vielen in ihrem subjektiven Ziel eint und im Anschluss an ihre Vollendung sich wieder den Vielen hinzufügt.) Diese Deutungen sind nicht einfach problematisch und begrenzt, weil sie die »spekulative Lücke einebnen«, sondern vielmehr, weil sie die Handlungsmacht des Superjektiven bagatellisieren, also jene Handlungsmacht, die Whiteheads Auffassung zufolge *in der empirischen Sphäre immer in Kraft ist.* (Die superjektive Handlungsmacht ist die durch Erfassensprozesse ausgeübte Handlungsmacht, wenn diese außerhalb des konkreten subjektiven Akts, der spezifischen Konkretisierung, die sie wirklich werden ließ, operiert.) Anders formuliert ist Whiteheads Subjekt-Superjekt selbst das Ergebnis der spekulativen Lücke: Insofern Erfahrung immer mit *Gesellschaften* wirklicher Einzelwesen, die isoliert handeln, zu tun hat und nicht mit einzelnen wirklichen Einzelwesen, kann es – zumindest aus der Perspektive der Erfahrung – keine strenge Sonderung eines subjektiven Elements geben (das subjektive Ziel, Konkretisierung usw.), genauso wenig wie die Abspaltung irgendeines solchen Elements von der umgebenden Umwelt (die Objektivierung des wirklichen Einzelwesens, sobald es Erfüllung erlangt); vielmehr gibt es immer nur »Erfahrungshybride« (die ich an anderer Stelle in einer weitaus begrenzteren Begrifflichkeit »System-Umwelt-Hybride«[16] genannt habe), die verschiedene Ebenen der Handlungsmacht – von der eng begrenzten Handlungsmacht, die aus subjektiven Vereinigungen abgeleitet wird, bis zur amorpheren Handlungsmacht, die durch negatives Erfassen (d. h. »affirmative« Ausschlüsse) von objektiven Umweltdaten (vergangenen Erfassensprozessen) ausgeübt wird – frei, ja wild durcheinander verknüpfen.

in: *Configurations* 13, 2005 [2007], S. 35-55, hier S. 45 [Übers. A. W.]). Soweit wir keine direkte Beziehung zu wirklichen Einzelwesen haben und sie etwas jenseits unseres Verstands »erklären«, stimmt Stengers' Unterscheidung mit der von mir hier eingeführten spekulativen Lücke überein.

16 Vgl. Mark Hansen, »System-Environment Hybrids«, in: Bruce Clarke, Mark Hansen (Hg.), *Neocybernetic Emergence. New Essays on Second-Order Cybernetics*, Durham 2009, S. 113-142.

Die Nichtübereinstimmung von Erfassen 1 und Erfassen 2 ist entscheidend für die Kohärenz jeglicher Darstellung, die sich auf den empirischen Vorgang des Erfassens konzentriert, einschließlich von Darstellungen – wie diejenige jüngst von der Kulturtheoretikerin Luciana Parisi entwickelten –, die das Erfassen als erweitertes Regime des Empfindens bestimmen, ebenso wie für die Kohärenz der in der Literatur weitaus zahlreicheren Abhandlungen, die Erfassen und Wahrnehmung schlicht gleichsetzen. Betrachten wir hier Parisis Verknüpfung von »bionischen Technologien« und sensorischer Erweiterung [*sensory enhancement*]: Was sie als »Symbiosensation« bezeichnet oder als Körpereindruck mikrophysikalischer Übergänge im Fühlen,

> ist eine durch Maschinen hervorgebrachte [*machinogenesis*] neuartige Bezogenheit von organischen und anorganischen Milieus der Informationserfassung: eine Konkretisierung, um eine Anleihe bei Whitehead zu nehmen, das Wachsen einer »neuartigen Zusammengehörigkeit« wirklicher Ereignisse, die empfundene Verknüpfung unterschiedlicher Gesellschaften oder Welten über Größenordnungen und Milieus hinweg, die dem Körper neue Dimensionen nichtphysischen Empfindens hinzufügen. Symbiosensation ist nicht unmittelbare Wahrnehmung, sondern Erfassen.[17]

Ungeachtet der Verdienste ihrer Erweiterung des Empfindens betrifft Parisis Argument unbestreitbar die *Erfahrung* des Empfindens; dies bedeutet, dass ihre Gleichsetzung der »Symbiosensation« mit dem Erfassen präziser eine Gleichsetzung *mit Erfassen 2* ist. Es besagt auch, dass die Auflösung der Wahrnehmung in eine gefühlte Zusammengehörigkeit logischerweise auf die inaugurale Bresche der spekulativen Lücke folgt und von dieser abhängig ist.

Diese Bresche überschneidet sich mit der Inauguration von Zeitlichkeit und steht in Beziehung mit dem Vorrecht, das Whitehead Gesellschaften (und nicht wirklichen Einzelwesen) im Bereich der Erfahrung zuschreibt. Im Kern von Whiteheads spekulativem Denken – oder dessen, was ich, durch dieses Denken angeregt, »spekulative Phänomenologie« zu nennen vorschlage – erkennen wir

17 Luciana Parisi, »Technoecologies of Sensation«, in: Bernd Herzogenrath (Hg.), *Deleuze/Guattari and Ecology*, Basingstoke, New York 2009, S. 182-199, hier S. 193.

also eine seltsame und paradoxe Übereinstimmung zwischen der spekulativen Lücke und einer minimalen zeitlichen Kluft, die jeder Erfahrung oder genauer allen empirischen Ganzheiten zugrunde liegt. Die erstgenannte spekulative Lücke, die spekulative wirkliche Einzelwesen von Erlebensgesellschaften [*experiential societies*] trennt, liegt außerhalb der Zeitlichkeit oder geht ihr im logischen Sinne voraus; die zweitgenannte zeitliche Lücke, die wirkliche Einzelwesen und Gesellschaften über die sie trennende Lücke hinweg miteinander in Beziehung setzt, geschieht in der Zeit. Paradox ist hier die Tatsache, dass diese beiden Lücken – die spekulative und die zeitliche – *tatsächlich eine Lücke bilden*, das heißt, dass diese einzige Lücke der alleinige Kontaktpunkt zwischen dem Spekulativen und dem Empirischen ist, und ebenso, dass sie (irgendwie) den Übergang in die Zeit »enthält« – den Sprung von der zeitlosen Kreativität der (spekulativen) Konkretisierung, deren Stadien außerhalb der Zeit liegen, zur konkreten Dauer empirischer Ganzheiten, was, wie Isabelle Stengers uns in Erinnerung ruft, in jedem Fall eine »Errungenschaft«[18] ist. Zeit ereignet sich, wenn wirkliche Einzelwesen sich zu Gesellschaften versammeln (und somit in den Bereich der Erfahrung übergehen, wenn auch niemals *für und durch sich selbst*), doch um sich derart zu versammeln, müssen wirkliche Einzelwesen bereits *für und durch sich selbst* »existieren« (und folglich durch eine Genese hervorgebracht worden sein, die nur zeitlos oder außerhalb der Zeit sein kann).

Um noch genauer zu sein: Der Übergang, der sich in dieser gleichermaßen spekulativen wie zeitlichen Lücke ereignet, ist der Übergang vom wirklichen Einzelwesen, das als eine subjektive Konkretisierung betrachtet wird – und das sich, sobald es seine grundlegenden Erfassensprozesse (im Sinne von Erfassen 1) vereint hat, vollendet oder vergeht (um Whiteheads von John Locke übernommenen Begriff zu verwenden) –, zum wirklichen Einzelwesen als einer Objektivierung – als nun »vergangenes« oder besser »ursprünglich vergangenes« (weil es nie jemals in der Zeit gewesen sein wird) und als solches neuen Konkretisierungen ebenso verfügbar ist wie *der Komposition von Erlebensgesellschaften* als gestreuten empirischen, experientialen Erfassensprozessen (Erfassen 2). In dieser Hinsicht markiert der Vorgang der Objektivierung selbst den Über-

18 Isabelle Stengers, »Whitehead's Account of the Sixth Day« (wie Anm. 15), S. 44.

gang von wirklichen Einzelwesen (und der sie bildenden Erfassensprozesse im Sinne von Erfassen 1) in die Zeit; wenn wirkliche Einzelwesen, nachdem sie ihre Vollendung erlangt haben, objektiviert werden, treten sie in die Welt, indem sie in empirischen Gefügen, d. h. in Existenzformen, in denen wir sie – mittelbar – erfahren, verkörpert werden. Dies bedeutet jedoch, dass wirkliche Einzelwesen vor diesem Übergang, wirkliche Einzelwesen als *spekulative Einzelwesen*, sich von den wirklichen Einzelwesen unterscheiden, die sie im Anschluss an ihre Objektivierung, nach ihrem Übergang in die Zeit werden. Mit Anklang an Gilles Deleuze können wir feststellen, dass wirkliche Einzelwesen als solche in sich differieren und dass ihre Selbstunterscheidung die spekulativ-empirische Quelle von Erfahrung selbst ist, genauer gesagt weiterhin ist, für die Streuung jener Elemente, aus denen jegliche Erfahrung gebildet wird.

Ebendieser Prozess – und das Privileg – der Objektivierung, der selbst zentral für die Zeitlichkeit ist, bedingt die Vorrangstellung des Superjekts im Subjekt-Superjekt-Gebilde und in jeglicher Erfahrung, die ein subjektives Element beinhaltet, d. h. in allen Erfahrungen, welcher Art auch immer. Tatsächlich überspannt Whiteheads Erläuterung des Subjekt-Superjekts ebendiese gerade untersuchte Lücke und schließt (auch wenn er es nicht so ausdrückt) zwei unterschiedliche Seinsmodi des wirklichen Einzelwesens ein – das spekulative wirkliche Einzelwesen außerhalb der Zeit *und* das wirkliche Einzelwesen, sobald es in Zeit und Erfahrung übergegangen ist:

Es ist ganz wesentlich für die metaphysische Lehre der organistischen Philosophie, daß der Begriff eines wirklichen Einzelwesens als das unveränderte Subjekt der Veränderung vollständig aufgegeben wird. Ein wirkliches Einzelwesen ist zugleich das erfahrende Subjekt und das Superjekt seiner Erfahrungen. Es ist Subjekt-Superjekt, und keine Hälfte dieser Beschreibung kann auch nur für einen Augenblick außer acht gelassen werden. Der Terminus »Subjekt« wird meistens dann verwendet, wenn das wirkliche Einzelwesen im Hinblick auf seine eigene reale innere Beschaffenheit untersucht wird. Aber »Subjekt« muß immer als eine Abkürzung von »Subjekt-Superjekt« ausgelegt werden.[19]

Im Anschluss an seine Entstehung vergeht das wirkliche Einzelwesen folglich als Kreativität und tritt in die Welt und die Zeit; in

19 Whitehead, *Prozeß und Realität* (wie Anm. 3), S. 75 f.

seinem objektivierten Dasein ist es daher *nicht mehr subjektiv in der engen Bedeutung, die dem Begriff »Subjekt« verliehen wird*, d.h. »im Hinblick auf seine eigene reale innere Beschaffenheit«, sondern subjektiv *in einem freieren, umfassenderen – und radikal relationalen – Sinn*. Whitehead verweist auf diese ontologische Modifikation des wirklichen Einzelwesens, wenn er schreibt: »Die Wirklichkeit erlangt im Vergehen Objektivität, verliert jedoch ihre subjektive Unmittelbarkeit.«[20]

Doch wie die Philosophin Judith Jones überzeugend dargelegt hat, ist sich Whitehead über die Bedeutung dieser Modifikation selbst nicht vollauf im Klaren. Dies erforderte einen Bruch mit der Orthodoxie, die (subjektive) Handlungsmacht (und Handlungsmacht hat bei Whitehead immer einen subjektiven Aspekt) ausschließlich mit der Konkretisierung wirklicher Einzelwesen im Bereich des Spekulativen in Verbindung bringt, und es erfordert es stattdessen, ihr Wirken als Bestandteile in Gesellschaften jedweder Art, Größe und Komplexität auf das Reich der Erfahrung auszudehnen. Jones rehabilitiert in ihrer Untersuchung (die ich an anderer Stelle ausführlich behandelt habe[21]) die Kategorie der »Intensität« als eine Form subjektiver Handlungsmacht, die dem wirklichen Einzelwesen im Anschluss an seine Objektivierung entspricht, d.h. innerhalb des Reichs der Erfahrung. Indem sie ihr Augenmerk auf die »Intensität« legt, die eher aus der Objektivierung wirklicher Einzelwesen folgt als aus dem begrenzten Vorgang ihrer »atomischen« Struktur, entwickelt Jones die Vorstellung einer »ekstatischen Individualität«, die »geltend macht, dass ein Einzelwesen mit dem ontologischen Status *seiner* Subjektivität zu einem gewissen Grad in jedem Subjekt existiert, in dem es zu Einfluss gelangt (und zu einem gewissen Maß in jedem Subjekt, von dem es ursprünglich abgeleitet ist)«.[22] Tatsächlich läuft dies darauf hinaus, dem Superjekt primäre subjektive Handlungsmacht zuzugestehen, verstanden als umfassende Operation der Intensität quer durch alle wirklichen Einzelwesen – oder vielmehr durch alle Gesellschaften,

20 Ebd., S. 76.

21 Vgl. Mark B. N. Hansen, »Recording (for) the Emergent Future, or Data and Experience in 21st Century Media«, 2010 ForArt Lecture, Institute for Research Within International Contemporary Art, Oslo 24.09.2010.

22 Judith A. Jones, *Intensity. An Essay on Whiteheadian Ontology*, Nashville, London 1998, S. xii (Übers. A. W.).

die aus ebendiesen wirklichen Einzelwesen zusammengesetzt sind –, auf die es einwirkt oder weiter einwirken mag.[23] Zu ergänzen ist Jones' Untersuchung durch eine weitere Spezifizierung dessen, was genau beim Intensität erzeugenden Übergang von wirklichen Einzelwesen in die Zeit geschieht. Es ist nichts weniger als die Streuung und Verteilung der ontologischen Kraft des Wirklichen (spekulativ in der Konkretisierung eines wirklichen Einzelwesens verdichtet) in die Mannigfaltigkeit von Erfassensprozessen, die von ihrer begrenzten subjektiven Einheit (ihrer Unterordnung unter das subjektive Ziel eines gegebenen wirklichen Einzelwesens in der Konkretisierung) befreit sind und sich – als superjekte, umweltliche Mikrohandlungen – in die Welt ausbreiten. Letztlich bedeutet dies meiner Ansicht nach, dass die Betonung des Superjekts – ob nun im Sinne Whiteheads oder Jones' – die Positionierung weltlicher Erfassensprozesse (Erfassen 2) als elementarer Mikroakteure, die neben oder »innerhalb« von Gefügen und Ansammlungen höherer Ordnung wirksam sind, in allen erfahrungsbedingten Ganzheiten oder Gesellschaften zur Folge hat.

Bevor wir zu Parisis faszinierendem Konzept der erfassenden »Symbiosensation« zurückkehren, gilt es, kurz zusammenzufassen, was wir bisher im Zuge einer Radikalisierung der Umweltdimension von Whiteheads Philosophie zusammengetragen haben: (1) das

23 Diesem Verständnis zufolge ist das Superjekt mehr als der bloße Einschluss vergangener wirklicher Einzelwesen (und ewiger Objekte) als Inhalte eines sich konkretisierenden neuen wirklichen Einzelwesens; insbesondere ist es von der bleibenden Handlungsmacht – der Intensität – der vergangenen wirklichen Einzelwesen, die es einschließt, durchdrungen. Jones' Erläuterung dieses Vorrechts des Superjekts konzentriert sich auf den andauernden subjektiven Aspekt wirklicher Einzelwesen (im engen Sinn ihrer Entstehung) im Anschluss an ihre Objektivierung: »Meine These ist«, kündigt Jones gleich zu Beginn ihrer Untersuchung an, »dass die Wirkungsweise einer Existenz in einer anderen Existenz genauso sehr der inneren Bedeutung *der ersten Existenz* zuzuschreiben ist wie der gegenwärtigen Selbstbeschaffenheit eines Einzelwesens während der Konkretisierung. Das durchweg bestimmte Empfinden, das die ›Erfüllung‹ eines jeden Ereignisses kennzeichnet, bezieht Elemente ein, deren Herkunft in *anderen* Einzelwesen liegt, die ihre Eigenschaft als bestimmte Empfindungseinheiten *an sich* in bedeutendem Maße bewahren, selbst wenn sie in einer gegenwärtigen Konkretisierung objektiviert sind. Die objektive Wirkungsweise eines Dings in einem anderen verliert mit anderen Worten nie vollständig die subjektive, handlungsmächtige Eigenschaft des Empfindens, das es erst erschaffen hat« (Jones, *Intensity* [wie Anm. 22], S. 3 [Übers. A. W.]).

dem Superjekt gewährte Vorrecht, (2) die Vorrangstellung einer »außersubjektiven« Intensität vor einer eng ausgelegten Subjektivität, (3) die durch Objektivierung hervorgerufene ontologische Modifikation und (4) die radikale Streuung und Verteilung von Erfassensprozessen, die sich aus dieser Modifikation ergibt. Gemeinsam bestätigen diese vier Faktoren die zentrale Operation von Zeitlichkeit – den Übergang von Relationalitäten und Erfassensprozessen ins Reich der Erfahrung –, aus der sich die spontane und (von einem empirischen Standpunkt aus gesehen) immer schon bewirkte Organisation von wirklichen Einzelwesen in Gesellschaften ergibt. Wie wir gesehen haben, führt dieser »ursprüngliche« Prozess der Verzeitlichung als Objektivierung, dieser anfängliche Übergang vom Spekulativen zum Empirischen, auf der Grundlage der Erfahrung eine minimale zeitliche Lücke ein, von der man folglich sagen kann, dass sie das grundlegende Prinzip jeglicher gesellschaftlichen Organisation in sich begreift.

Nun können wir verstehen, wie diese originäre zeitliche Lücke (selbst die paradoxe Entsprechung der spekulativen Lücke) die Form für alles gesellschaftliche Werden liefert, *insofern dieses sich ihr quasi als seine Inauguration anschließt.* Tatsächlich wird die paradoxe Struktur der spekulativ-zeitlichen Lücke durch den Gestaltungsprozess, der Gesellschaften entstehen lässt, gedoppelt, und diese Verdoppelung bedeutet selbst nichts anderes als die Genese der Erfahrung auf der Grundlage zeitlicher Differenz. Anders ausgedrückt erklärt (in der eigenwilligen spekulativen Whiteheadschen Bedeutung dieses Begriffs) die Lücke zwischen dem Spekulativen und dem Empirischen die Ungleichzeitigkeit von Gesellschaften und objektivierten wirklichen Einzelwesen (oder, wie ich zu sagen vorziehe, der befreiten Erfassensprozesse oder Mikrorelationalitäten), die deren Komponenten einschließen. Die spekulativ-zeitliche Lücke führt daher ins Herz jeder Erfahrung eine zeitliche Verzögerung – eine Quelle von Indirektion – ein.

Hier nähert sich meine Auffassung der von David Ray Griffin an, der hervorhebt, wie die zeitliche Verzögerung für Whiteheads neuartige Konzeption der Beziehung von Teil und Ganzem bürgt:

Ein wesentlicher Teil von Whiteheads Unternehmung, eine angemessenere Konzeption vorzulegen [als die, die auf unserer Sinneswahrnehmung dessen beruht, was gewöhnlich als ›feste materielle Körper‹ wie Felsen oder

Tierkörper gedacht wird, M. B. N. H.], besteht in der Vorstellung, dass in empirischen Ganzheiten die Ganzheit eine erfassende Vereinigung darstellt, in der eine Vielheit eine Einheit wird, und dass die Beziehung zwischen dem Ganzen und den Teilen eine *zeitliche* und nie bloß eine räumliche Beziehung ist: Das Ganze entsteht aus Teilen, die diesem in der ihnen eigenen subjektiven Daseinsweise vorausgehen.[24]

Mag auch die hier vergegenwärtigte Beziehung von Teil und Ganzem die spekulative Trennlinie scheinbar überschreiten, so geht es tatsächlich um eine Beziehung der Verdoppelung, der zufolge die »Schaffenskraft« des empirischen Ganzen der Kreativität der Konkretisierung nachempfunden ist.[25] Im Gegensatz zur spekulativen Lücke, die grundlegend für das wirkliche Einzelwesen selbst ist, wie auch zur spekulativ-zeitlichen Lücke, die wesentlich für die Objektivierung des wirklichen Einzelwesens ist (und damit für seine Zeitlichkeit), ist hier – Griffins Beschwörung des Ganzen als »erfassende Vereinigung« verdeutlicht dies – eine Lücke am Werk, die *zwei oder mehr (bereits) erlebende Einzelwesen (Erlebensgesellschaften)* über ein unhintergehbares zeitliches Ereignis verbindet.

Im Weiteren deutet Griffin an, wie der Vorgang dieser konstitutiven zeitlichen Verzögerung im Bereich der Erfahrung gewissermaßen das Muster der Konkretisierung, wie es im Bereich des Spekulativen gilt, umkehrt: Während in diesem Bereich der Vorgang der Vereinigung der Vielen, die eins werden, das subjektive Ziel der Konkretisierung charakterisiert, kennzeichnet die Vereinigung in der Zusammensetzung von empirischen Ganzheiten den objektiven Modus. Genauer gesagt beschreibt sie, wie zerstreute Erfassensprozesse zeitlich verschiedene empirische Vereinigungen variierender Komplexität erreichen. Um diese Umkehrung zu veranschaulichen, führt Griffin die Beziehung zwischen neuronalen Erfahrungen und Bewusstsein ein und erläutert, wie Whiteheads neuartige Konzeption des Ganzen den Irrtum vermeidet, zu behaupten – einen Irrtum, den Griffin William James zuschreibt –, dass etwas »*in gleicher Hinsicht und zur gleichen Zeit* sowohl X als auch Nicht-X sein« kann: »[...] indem er zwischen dem subjek-

24 David Ray Griffin, *Unsnarling the World-Knot. Consciousness, Freedom, and the Mind-Body Problem*, Berkeley 1998, S. 180 (Übers. A. W.).

25 Zur Unterscheidung zwischen »Kreativität« [*creativity*] und »Schaffenskraft« [*creativeness*] bei Whitehead siehe Steven Meyer, »Einleitung« zur Sonderausgabe zu Whitehead, in: *Configurations* 13 (2005), S. 1-33, hier S. 8 f.

tiven und objektiven Existenzmodus jedes Erfahrungsereignisses unterscheidet [das nicht zu verwechseln ist mit jedem ›wirklichen Ereignis‹, einem Synonym für ›wirkliches Einzelwesen‹]«, vermeidet Whitehead

diesen Widerspruch, weil die widersprüchlichen Merkmale nicht demselben Gegenstand zur selben Zeit oder in derselben Beziehung zugeschrieben werden. Die vielen neuronalen Erfahrungen, die mehr oder weniger zeitgleich in einem Augenblick geschehen, sind in ihrem subjektiven Existenzmodus wahrlich viele, ohne Öffnungen zueinander (gleichzeitige Ereignisse sind voneinander unabhängig); nur in ihrem objektiven Modus sind sie »viele, die eins werden«.[26]

Ungeachtet ihres eng gesteckten Ziels, das Hervortreten der höchsten Form der Erfahrung und den Gipfel der Subjektivität, d. h. das menschliche Bewusstsein, zu erklären, gelingt es Griffins Analyse gleichwohl, das allgemeinere Potential von Whiteheads Verbindung von ›Objektivierung-Verzeitlichung-Superjekt‹ zu veranschaulichen, um empirische Ganzheiten unterschiedlicher Größe und Komplexitätsgrade zu erläutern. Dem ist so, weil Griffin das Bewusstsein *auf der Grundlage der Superjekte neuronaler Ereignisse* betrachtet, d. h. als ein Phänomen höherer Ordnung, dessen Einheit nicht so sehr das Ergebnis der Entfaltung einer »inneren Struktur« oder eines magischen Hervorgehens, einer Emergenz, ist als vielmehr eines »einfachen« Zusammenflusses von »Mikrosubjektivitäten«, die Handlungen jenseits oder jedenfalls anderweitig als im Dienste ihrer eigenen subjektiven Erfüllung ausüben. Ausgehend von diesem Beispiel können wir erkennen, wie die zeitliche Lücke, die konstitutiv für alle empirischen Einheiten ist, mit einer produktiven Umwegigkeit zusammenfällt, die eine Verschiebung von subjektiver Vollendung [*completion*] zu superjektaler Handlungsmacht kennzeichnet.

Die Armut der Wahrnehmung

Wir sind nun endlich in der Lage zu begreifen, wie unzulänglich Whiteheads eigene Analyse der Wahrnehmung angesichts seines

26 Griffin, *Unsnarling the World-Knot* (wie Anm. 24), S. 180 (Übers. A. W.).

radikalen Überdenkens von Erfahrung und Subjektivität ist, indem wir uns wieder Parisis Vorstellung der erfassenden »Symbiosensation« zuwenden. Wie wir nun sehen können, steckt hinter dieser Vorstellung – und hinter Parisis Verknüpfung unseres gegenwärtigen, technisch erweiterten Sensoriums mit dem, was wir nun als die superjekte und völlig zerstreute Aktivität objektivierter Erfassensprozesse (in der Bedeutung von Erfassen 2) verstehen – nichts Geringeres als eine Anklage der Wahrnehmung *in ihren beiden Modi* (vergegenwärtigende Unmittelbarkeit *und* kausale Wirksamkeit) und eine Bekräftigung der grundlegenden Trennung von Erfassen und Wahrnehmung.

Wenn Parisi selbst diese Folgerungen nicht zieht – Folgerungen, die sich, wie ich behaupte, unmittelbar und zwangsläufig aus ihrer Untersuchung ergeben –, ist dies zweifellos ihrem Verständnis von Medien geschuldet: Sie versteht Medien eher als bionische und sensorische Verbesserung des Körpers denn als atmosphärisch, elementar und umweltlich. Dabei kann sie sich freilich auf Whiteheads eigene Inspiration berufen, der den Körper schließlich als *den* privilegierten Kanal kausaler Wirksamkeit, d. h. für die makroskopische oder höher geordnete Aufnahme mikroskopischer Erfahrung (die ich nun die Streuung des Erfassens nenne), herausgehoben hat. Mit Whitehead scheint Parisi also die die Erfahrung betreffende, die erfahrungshafte Wirkung von Erfassensprozessen mit deren Wirkung auf das »Dabeisein des Körpers« [*withness of the body*] zu verknüpfen; tatsächlich scheint in beiden Fällen die Gleichsetzung des Erfassenden mit dem Körper die Wahrnehmung zu fassen und zu bestimmen. So verstanden ist Wahrnehmung schlicht das Aufzeichnen einer radikal verschiedenen, superjekten, anarchisch erfassenden weltlichen Handlungsmacht in, durch und mit dem Körper.

Was wäre erforderlich, um auf diese radikal verschiedene, superjekte, anarchisch erfassende weltliche Handlungsmacht »an sich« zuzugreifen? Wie können wir uns ihr auf der Ebene ihrer unmittelbaren, multiskalaren Operationalität nähern, unabhängig von ihren Resonanzen auf höheren Ebenen der Seinskette, was so viel heißt wie: auf der Ebene der Wahrnehmung? Diese Fragen drängen sich unmittelbar auf, wenn wir im Gegensatz zu Parisi (und der großen Mehrheit der zeitgenössischen Medientheoretiker) die *atmosphärische* Wirkung heutiger Medien auf die Erfahrung untersuchen. Denn die smarten Sensoren und passiven Funktionen unserer Geräte bieten genau eine solche Form sensorischer Rezeptivität, *die nicht unmittelbar durch unsere Körper geleitet werden muss.* Diese Technologien stellen also eine Ersatzform, ein Surrogat, und eine deutlich erweiterte »umweltliche« Verkörperung bereit – eine Verkörperung, die nicht mit unseren Körpern zusammenfällt, auch wenn sie diese in ihre Operation häufig mit einschließt –, die eine Verbindung zum Empfinden zulassen, *ganz unabhängig davon, was Philosophen* (und hier müssen wir Whitehead trotz seiner eigenen unentwegten, genau diesen Punkt betreffenden Anklage anderer Philosophen nachdrücklich einschließen) *begrifflich als Wahrnehmung gefasst haben.* In der bzw. den heutigen Medienumgebung(en) ist Information/Empfinden nicht länger auf den menschlichen Körper angewiesen (hier aufgefasst als die konkrete Organisation dieses Körpers als fühlend-wahrnehmender Akteur), sondern vielmehr auf eine ganze, ungleich größere Fülle fühlender Akteure (von denen der Körper offenbar noch ein besonders wichtiger ist oder, genauer: eine bedeutende Gesellschaft von vielen), die Empfindsamkeit unabhängig von unserer körperlichen Organisation und Funktion höherer Ordnung prozessieren.

Es ist wichtig, dass wir das Wesen der Teilhabe des Körpers an den heutigen atmosphärischen Medienumgebungen verstehen; hier geht es nicht darum, dass der Körper nicht mehr länger involviert oder wichtig sei, sondern dass er sein (vielleicht zu Unrecht erworbenes) Vorrecht als paradigmatischer »Rahmer von Informationen« (um meine frühere Beschreibung in *New Philosophy for New Media* in Erinnerung zu rufen) eingebüßt hat. In deutlicheren Whiteheadschen Begriffen gesprochen, erfährt der Körper Medien nicht, indem er sie in seine eigene innere (eng gefasste subjektive) Handlungsmacht eindringen lässt, sondern er wird – oder vielmehr ist immer schon – selbst in die einfassende Umwelt einbegriffen, die durch die heterogene, auf unterschiedlichen Skalen stattfindende und radikal verschiedene, die weltliche Empfindsamkeit bearbeitende Operation der Medien konstituiert wird. Wir können sogar behaupten, dass der Körper eins wird mit der einfassenden Umwelt, aus der er hervorgeht. In dieser Hinsicht werden Medien in erster Linie als »atomistische« Empfindungen in allen Größenordnungen erfahren; erst danach – und auf einer weit höheren Organisationsebene (und Ebene innerer Selbstreferenz) – werden sie als »Gegenstand« von Wahrnehmungen erfahren (einschließlich jener unvollständigen körperlichen Wahrnehmungen, die Whitehead in eine Linie mit kausaler Wirksamkeit stellt).

Unter Bezugnahme auf Whiteheads Darstellung der Wahrnehmung – und insbesondere auf seine Verwerfung der äußeren Sinneswahrnehmung[27] sowie auf seine Privilegierung des »Nichtsinnlichen« – lässt diese Reformulierung des Empfindens als weltliches Empfindungsvermögen tatsächlich eine umfassende Umkehrung in der etablierten Hierarchie von Wahrnehmung und Empfindung zu. Wir können also die Unterscheidung zwischen der Wirksamkeit des Sensorischen (der »kausalen Wirksamkeit« des Universums) und der Anerkennung oder reflexiven Erfahrung *ebendieser Wirksamkeit* in Frage stellen – eine Anerkennung oder Erfahrung, die gilt, wenn wir zum Beispiel wahrnehmen, dass wir mit unseren Augen sehen oder mit unseren Händen berühren. Es ist ebendiese letztgenannte Erfahrung, die Whitehead begrifflich zu fassen – und von einer eng verstandenen Sinneswahrnehmung (vergegenwärtigenden Unmittelbarkeit) abzugrenzen – versucht, indem er die Kategorie der Wahrnehmung »in der Weise der kausalen Wirksamkeit« einführt. Doch trotz der gewaltigen Überlegenheit von Whiteheads Nuancierung gegenüber traditionellen Darstellungen – sie trägt (unter anderem) dazu bei, David Humes Skeptizismus zu entgegnen, wie viele seiner Leser bemerkt haben –, bleibt Whiteheads Wahrnehmung in der Weise kausaler Wirksamkeit auf die körperliche Erfahrung zentriert, wobei körperlich, wenn nicht ausschließlich höher geordnete Formen von Sinneswahrnehmung und Bewusstsein gemeint sind, in etwa bedeutet: auf den inneren Aufbau und die innere Organisation des Körpers bezogen. Wahrnehmung im Modus kausaler Wirksamkeit bedeutet entsprechend nicht die »unmittelbare Wahrnehmung« (oder, mit Gibson gesprochen, das »unmittelbare Aufnehmen«) von kausalen materiellen Vorgängen, sondern vielmehr bereits eine Form der »Reflexion« – eine Form höher geordneter *innerer* Verarbeitung – dieser Prozesse. Dies wird deutlich, wenn Whitehead etwa die Vorstellung vom Körper, der wahrnimmt, dass er mit den Händen berührt, als Beispiel für eine solche Wahrnehmung anführt:

27 Gibsons Ablehnung des Empfindens erinnert an Whiteheads Verwerfung. Vgl. James J. Gibson, *Wahrnehmung und Umwelt. Der ökologische Ansatz in der visuellen Wahrnehmung* (1979), aus dem Englischen von Gerhard Lücke und Ivo Kohler, München, Wien, Baltimore 1982.

Zum Beispiel gibt es bei der Berührung einen Bezug zu dem Stein im Kontakt mit der Hand und einen Bezug zu der Hand; aber bei normalen, gesunden körperlichen Operationen sinkt die Kette von Ereignissen in den Hintergrund, fast in vollständige Vergessenheit. Daher ist *M*, das ein analytisches Bewußtsein von seinem Datum hat, des Empfindens in seiner Hand bewußt, wenn die Hand den Stein berührt. Nach dieser Einschätzung ist die Wahrnehmung in ihrer wichtigsten Form das *Bewußtsein* von der kausalen Wirksamkeit der äußeren Welt, aufgrund deren der Wahrnehmende eine Konkretisierung aus einem endgültig konstituierten Datum ist. Der Vektor-Charakter des Datums entspricht dieser kausalen Wirksamkeit.[28]

Der Vektor-Charakter schließt, wenn ich Whitehead hier richtig verstehe, die Gesamtheit unzähliger kausaler Entwicklungslinien ein, die den Wahrnehmungsakt (der Tatsache, dass ich mit der Hand berühre) durchdringen. Doch gerade dessen Ineinander- und Zusammenschieben, wie es dann in der endgültigen Wahrnehmung stattfindet, führt die Reduzierung ein; tatsächlich findet diese Reduzierung genau in dem Augenblick statt, wenn die reiche kausale »Vergangenheit« in eine körperlich-wahrnehmende Operation kanalisiert wird, hier als *Bewusstsein* beschrieben. Durch diese Wendung gefährdet Whitehead schlicht das Verdienst seiner ganzen Differenzierung von Wahrnehmung.

In seinen Ausführungen zur »Errungenschaft« der Wahrnehmung (die im Text von *Prozeß und Realität* unmittelbar zum Beispiel der Berührung führt) betont Whitehead den »Übergang vom Äußeren zum Inneren des Körpers«. Dieser entscheidende Übergang

bezeichnet den Sprung von niedrigeren zu höheren Stufen von wirklichen Ereignissen [auch wenn Whitehead Gesellschaften von wirklichen Einzelwesen, d. h. »Erfahrungsereignisse« hätte schreiben sollen; M. B. N. H.]. Je höher die Stufe, desto heftiger und origineller ist die Verstärkung, die von der Ergänzungsphase ausgeht. Reine Rezeptivität und Übertragung ermöglichen die Auslöser-Funktion des Lebens, durch welche neue Energieformen freigesetzt werden. So gelangt das übertragene Datum zu Sinnesgegenständen, die durch den Sprung von der niedrigen Stufe der äußeren Welt zu der Vertrautheit des menschlichen Körpers in ihrer Relevanz verstärkt und sogar ihrem Charakter nach verändert werden. Das von dem Stein übertragene Datum wird zu dem Berührungsempfinden in der Hand, aber es behält den Vektor-Charakter seines Ursprungs in dem Stein. Das Berüh-

28 Whitehead, *Prozeß und Realität* (wie Anm. 3), S. 231 (Hervorh. M. B. N. H.).

rungsempfinden in der Hand mit diesem Vektor-Ursprung im Stein wird in das Gehirn des Wahrnehmungssubjekts übertragen. Daher ist die endgültige Wahrnehmung die Wahrnehmung des Steins durch die Berührung in der Hand. In dieser Wahrnehmung ist der Stein vage und im Vergleich mit der Hand von schwacher Relevanz. Aber er ist da, wie undeutlich auch immer.[29]

Wenn der Stein im Vergleich zur Hand nur undeutlich wahrgenommen wird, liegt das daran, dass er nicht mehr sinnlich lebendig ist. Wenn Whitehead Wahrnehmung im Modus kausaler Wirksamkeit also als »nichtsinnliche Wahrnehmung« bezeichnet, meint er damit, dass es sich um eine Wahrnehmung von etwas handelt, das nicht mehr anwesend ist, nicht mehr sensorisch lebendig; tatsächlich bezeichnet er eine halbsekündige Verzögerung im Ablauf als konstitutiv für eine solche Wahrnehmung (hier nähert er sich neuen neurowissenschaftlichen Erkenntnissen an – und nimmt sie in gewisser Weise vorweg).

Von »nichtsinnlicher Wahrnehmung« zu »nichtwahrnehmendem Empfinden«

Doch versuche ich hier etwas völlig anderes anzudeuten, weniger eine Vermittlung, Auf- und Übernahme von Whiteheads Wahrnehmungstheorie als vielmehr eine grundsätzliche Beschränktheit derselben. Indem er seine Überarbeitung von Wahrnehmung auf das Ergebnis für die körperliche Erfahrung fokussiert (auf das »Dabeisein des Körpers«), wendet sich Whitehead im Grunde genau von dem ab, was seine Theorie (potentiell) eröffnet: nämlich die Gesamtheit der unmittelbaren Sinneserfahrung, die durch den Vektor einbegriffen ist. Dringender als eine weitere, noch nuanciertere Darstellung zur Wahrnehmung ist, wie ich es sehe, eine Beschreibung vonnöten, die dieser unmittelbaren Sinneserfahrung unabhängig von der daraus resultierenden Wahrnehmung Rechnung trägt. Nur eine solche Beschreibung wird uns Einsicht in die Wirkung heutiger Medien auf unsere Erfahrung geben, eine Wirkung, die, wie ich mehr als einmal betont habe, nicht in erster Linie die Wahrnehmung in einer ihrer Whiteheadschen Erscheinungsweisen betrifft und somit durch ihr Raster fällt.

29 Ebd., S. 230.

In gewisser Weise behaupte ich, dass Whiteheads Darstellung des Vektor-Charakters der Wahrnehmung – der komplexen sensorischen Entwicklungslinien, die zur Wahrnehmung in jeder Form führen und diese prägen – eine radikalere Darstellung als die von ihm gegebene verlangt. Eher als die »nichtsinnliche« Wahrnehmung, die er verficht, müssen wir demnach so etwas wie ein »nichtwahrnehmendes Empfinden« konzeptualisieren und in Begriffe fassen. Ein nichtwahrnehmendes Empfinden kann als Empfindung definiert werden, die nicht durch die – Wahrnehmung genannte – enge Bandbreite empirischer »Erfassung« geleitet werden muss und geleitet wird. Nur als nichtwahrnehmende wird die Empfindung die Gesamtheit des multiskalaren Empfindungsvermögens, das durch die Streuung des Erfassens freigegeben wurde, umfassen. Wenn Whitehead den Vektor-Charakter der Wahrnehmung (dieser ist selbst wegen seiner Orientierung gewissermaßen *von* der Wahrnehmung her bereits eine Reduzierung) als »nichtsinnlich« bezeichnet, entfernt er im Grunde seine »Kraft«, unmittelbar auf die Erfahrung einzuwirken, und ordnet ihn einer Wahrnehmung unter, so dass man bestenfalls sagen kann, dass er ihr vorgreift (oder sie »vorbeschleunigt«[30] [*preaccelerate*]). In ihren beiden Weisen ist Wahrnehmung daher konstitutiv nachträglich, obwohl dies vor allem für die Wahrnehmung in der Weise kausaler Wirksamkeit maßgeblich ist. Denn die *Wahrnehmung* der Operation kausaler Wirksamkeit – zum Beispiel die Wahrnehmung, dass ich mit meiner Hand berühre – transformiert die Überfülle primärer Sinnesereignisse, die jede bestimmte Entwicklungslinie kausaler Wirksamkeit enthalten, in eine Form wahrnehmender Erfassung und Reduktion, von deren Standpunkt aus gesehen diese sensorische Entwicklungslinie nur »nichtsinnlich« sein kann. Die Wirkung dieser Umwandlung ist, jede Handlungsmacht des Sensorischen zu tilgen, die von einem Wahrnehmungsakt unabhängig bleiben könnte.

30 So Erin Manning, *Relationscapes. Movement, Art, Philosophy*, Cambridge/Mass. 2009. Mannings Abhandlung ist die letzte in einer Reihe von, wie ich es nennen würde, »Nuancierungen« des Moments der Wahrnehmung. Andere bedeutende Beiträge hierzu schließen Brian Massumis Werk, Steven Shaviros Entwicklung von Whiteheads »nichtsinnlicher Wahrnehmung« und in gewissem Maß selbst Parisis »Symbiosensation« ein. Siehe Brian Massumi, *Parables of the Virtual*, Durham 2002, Kapitel 2 und 3; Steven Shaviro, *Without Criteria. Kant, Whitehead, Deleuze, and Aesthetics*, Cambridge/Mass. 2009, und Parisis bereits zitierten Aufsatz (wie Anm. 17).

Wir bedürfen mithin dringend eines Verfahrens, um die »atomistische«, quasiautonome oder zumindest *temporär-autonome* Wirkung der Masse an Sinnesereignissen, die unsere verkörperte Erfahrung und bewusste Sinneswahrnehmung höherer Ordnung bilden, anzusprechen und zu thematisieren. Wir müssen Zugang zu diesen Sinnesereignissen gewinnen, bevor sie durch unsere höher geordneten Organisationsstrukturen »erfasst« werden, denn nur ein solcher Zugang wird einen Ausweg aus der subjektzentrierten Ontologie gewähren, die unser Verständnis von Wahrnehmung getrübt und die unmittelbare Wirkung des Empfindens unkenntlich gemacht hat. Allgemeiner betrachtet müssen wir einen Weg finden, einen Ausgleich herzustellen zwischen der subjektzentrierten Perspektive, die unweigerlich *jeder Wahrnehmungserfahrung höherer Ordnung* anhaftet, und der/den gestreuten Mikroperspektive(n), die für die sensorischen Bestandteile von Belang sind, die wiederum diese Erfahrung höherer Ordnung prägen, *aber selbst auch eine unmittelbare Wirkung und damit einen gewissen Grad sensorischer Autonomie besitzen.*

Die entscheidende Frage hier betrifft den empirischen Zeitabstand, der die letztgenannte gestreute Mikroempfindung von der Makrowahrnehmung trennt, die am Ende der sensorischen kausalen Entwicklungslinien vorherrscht. Interpretatoren, die das Problem der Bindung bei Whitehead thematisieren – wo Bindung unter anderem bedeutet, wie Prozesse niedriger Ordnung in solche höherer Ordnung eingegliedert und in ihnen vereinigt werden –, haben deren Operationsweise Whiteheads orthodoxer Darstellung des Übergangs von einem wirklichen Ereignis zu einem (neuen) wirklichen Ereignis nachempfunden. Entsprechend liegt der Akzent dieser Abhandlungen voll und ganz auf der zeitlichen Nichtübereinstimmung, da die Prozesse niedriger Ordnung in dem Augenblick zwangsläufig in der Vergangenheit liegen, wenn sie in die Prozesse höherer Ordnung eingegliedert werden. In seinem Kommentar zu Whitehead plädiert Christian de Quincey in *Radical Nature* energisch für eine »zeitliche Abschirmung« getrennter Bindungprozesse voneinander:

Zusammenfassend gibt es (1) Milliarden von Empfindungsereignissen in der Hierarchie des Organismus. Und auf jeder Ebene erduldet jede Einheit den Prozess des Subjekt-wird-Objekt-wird-Subjekt (d. h., ein Neuron erfasst seine eigenen vergangenen ›neuronalen Ereignisse‹ und eint sie, ist *zeitlich* durch sie begründet). Das bedeutet »*Einheits*-Bindung« – jedes Ereignis wird als ein Moment der Erfahrung geeint (jeder Ereignisverlauf oder jeder Zeitstrahl wird als stufenweiser Erfahrungsmoment geeint). (2) Wenn mannigfache Einheiten einander auf der gleichen Hierarchieebene erfassen (d.h. Milliarden von Neuronen im menschlichen Gehirn), findet eine »*horizontale* Bindung« statt. Wenn zudem (3) mannigfache Einheiten der gleichen Ebene von einem Subjekt der nächsthöheren Ebene als Objekte erfasst werden, bilden sie das Subjekt auf dieser Ebene. Doch weil sie sich als Objekte in der Vergangenheit befinden, besitzen sie *in diesem Moment* keinerlei Erfahrung/Subjektivität mehr (sie ist verfallen). Daher sind die Wirklichkeiten, die das Subjekt auf der nächsthöheren Ebene bilden, *nicht* länger »kleine Bewusstheiten« – es gibt also kein Problem, dass viele kleine Bewusstheiten *im selben Augenblick* ein Bewusstsein/Subjekt werden, wie Griffin in Erwiderung auf James behauptet. Das ist die »*hierarchische* Bindung« – zwischen verschiedenen Ebenen in der Hierarchie des Organismus.[31]

Mit dieser Unterscheidung zwischen hierarchischer und horizontaler Bindung bringt de Quincey alles Nötige in Stellung, um erklären zu können, wie ein Organismus höherer Ordnung seine eigene vergangene sensorische Vermengung wahrnimmt, während er sich weiterhin operational – in ebendem Augenblick dieses Wahrnehmungsakts – mit neuen und gegenwärtigen oder aktiven Mikrosensibilitäten überlagert, von denen er abgeschirmt ist und die letztlich neue werdende Wahrnehmungen hervorbringen werden. Der für de Quincey entscheidende Punkt besteht hier darin, wie diese Unterscheidung jede Verletzung des Prinzips des ausgeschlossenen Widerspruchs vermeidet, das heißt ein Szenario, in dem ein subjektiver Akt (das Bewusstsein von etwas) *zur selben Zeit* geschieht, wie sich andere subjektive Akte auf verschiedenen Ebenen (neuronale »Mikrobewusstheiten«) ereignen. Im Gegensatz hierzu wird das entscheidende Argument für uns die verallgemeinerte Operation des Wahrnehmungsvermögens berühren, die durch eine solche Unterscheidung ermöglicht wird. De Quincey zieht folgenden Schluss:

Also trifft (4) auch zu, dass sich diese Zellen auf niedriger Ebene etc. zur »selben Zeit« in einem kontinuierlichen Prozess befinden und ihre eige-

31 Christian de Quincey, *Radical Nature. The Soul Matter*, New York 2010, S. 232f. (Übers. A. W.).

ne »Jetzt-Subjektivität« (auf der Ebene der Einheit [1] und der horizontalen Ebene [2]) besitzen. *Doch ist es nicht die* gleichzeitige *Subjektivität der Zellen, die der Organismus als Ganzes erfasst. Es sind seine vorangegangenen »Verkörperungen« gerade einen Augenblick zuvor* (die in diesem Augenblick »Jetzt« verfallene Erfahrungsobjekte sind). Es könnte hilfreich sein, sich jede niedrigere Ebene innerhalb der organismischen Hierarchie einfach als einen unbedeutenden Moment der Vergangenheit im Hinblick auf die nächsthöhere Ebene vorzustellen. So dass das »Bindungsproblem« auf der Ebene des dominanten Organismus (etwa des menschlichen Selbst) kein Problem darstellt, weil das, was »gebunden« wird, gerade vergangene Objekte (verfallene Subjekte) sind und nicht Milliarden von zeitgleichen kleinen Subjekten. Horizontale Bindung vollzieht sich »dort unten«, während hierarchische Bindung »hier oben« geschieht. Beide Arten der Bindung sind jedoch voneinander »zeitlich abgeschirmt« – das gegenwärtige Subjekt hat nur zu vergangenen Objekten Zugang, nicht zu anderen gegenwärtigen Subjekten (die Relativitätstheorie schildert eine ähnliche Begrenzung zwischen zeitgleichen Strahlenkegeln, die durch »Ereignishorizonte« voneinander getrennt sind).[32]

Aus dieser Differenzierung von Bindungsebenen entsteht das Bild eines rhythmisch differenzierten Wesens (in diesem Fall eines menschlichen Wesens), das aus verschiedenen, potenziell nicht miteinander kommunizierenden, doch sich zumindest teilweise überlappenden zeitlichen Prozessen, die auf verschiedenen organisatorischen Niveaus operieren, besteht.

Doch abermals wird durch einen allzu eng gefassten analytischen Ansatz über die Fülle dieser rhythmischen Differenzierung hinweggetäuscht. So wie Whiteheads Entscheidung, sich auf isolierte, diskontinuierliche Beziehungen zwischen einzelnen wirklichen Einzelwesen zu konzentrieren, zu einer Verkennung der Komplexität von Erlebensgesellschaften führte, so unterschätzt auch de Quinceys Neigung, diskontinuierliche Instanzen der Bindung zu fokussieren, massiv die Fülle komplexer sensorischer Überschneidungen, die für die Erfahrung konstitutiv sind. De Quinceys Beispiel macht deutlich, wie dies selbst – und vielleicht insbesondere – im Fall menschlicher Erfahrung gilt. Bei der wirklichen Erfahrung eines menschlichen Wesens sind demnach also unzählige neuronale Gesellschaften zur gleichen Zeit am Werk wie Gesellschaften höherer Ordnung (integrierte Körperempfindungen oder Neigungen

32 Ebd.

und Wahrnehmungen), die selbst aus vergangenen neuronalen Gesellschaften bestehen. Und wenn es auch sein mag, dass es keine unmittelbare oder direkte Kommunikation zwischen diesen rhythmisch differenzierten Ebenen der Erfahrung gibt (und daher auch keine Verletzung des Prinzips des ausgeschlossenen Widerspruchs): Aus der radikal umweltlichen Perspektive betrachtet, wie ich sie hier entwickelt habe, ereignen sie sich – und sie können nicht anders als sich *ereignen* – in einer einzigen empirischen Vermengung [*experiential confound*], d. h. in zumindest teilweiser Überschneidung untereinander.[33]

Die von de Quincey übernommene subjektzentrierte Betrachtungsweise muss folglich durch eine radikal umweltliche Perspektive ausgeglichen werden, die es uns erlaubt, das in der laufenden Erfahrung eines jeden Organismus oder einer jeden Gesellschaft wirkende sensorische Kontinuum zu erkennen und hervorzuheben. Sich eine solche Perspektive zu eigen zu machen verlangt, den Schwerpunkt von sehr kurz greifenden subjektiven Vereinigungsprozessen zugunsten superjektiver (oder genauer subjektiv-superjektiver) Abläufe zu verlagern, die die rhythmische Differenzierung und zumindest teilweise Überschneidung von Subgesellschaften unterschiedlicher Größenordnung (und Subgesellschaften von Subgesellschaften ...) begünstigen, die in unterschiedlichen Graden für alle empirischen gesellschaftlichen Strukturen charakteristisch sind. Im Lichte dieser perspektivischen Verschiebung können wir abschätzen, wie die Beschreibung eines Erfahrungsereignisses (oder genauer einer an-

33 Aus diesem Grund kann es sein, dass Semir Zekis Darstellung der Zeitbindung im visuellen Cortex – wo Gleichzeitigkeit einfach durch das Zusammentreffen oder das teilweise Zusammentreffen quasi-autonomer Prozesse für Orientierung, Ortung, Farbe usw. bestimmt ist (Zeki selbst nennt sie »Mikrobewusstheiten«) – ein sehr anderes und geeigneteres Modell als Benjamin Libets berühmte Beschreibung der für die Wahrnehmung konstitutiven fehlenden halben Sekunde bereitstellt. Insbesondere Zekis Modell einer teilweisen zeitlichen Überschneidung verschiedener neuronaler Aktivitäten findet seinen Widerhall in dem umweltorientierten Bild, das ich hier skizziert habe, wohingegen Libets Fokus auf der zeitlichen Nichtübereinstimmung zwischen Affektion und sich daraus ergebenden Wahrnehmungen die Betonung stark auf eine Leistung höherer Ordnung legt. Vgl. insbes. Semir Zeki, »The Theory of Microconsciousness«, in: Max Velmans, Susan Schneider (Hg.), *Blackwell Companion to Consciousness*, Malden/Mass., Oxford 2007, S. 580-589. Die vollständige Ausarbeitung der Bedeutung dieser Unterscheidung und ihrer Auswirkungen auf die angebliche Radikalität des Affekts ist Stoff für eine andere Darstellung.

dauernden empirischen Vermengung über verschiedene Ereignisse hinweg) als »sinnlich« oder »nichtsinnlich« in gewisser Hinsicht eine Funktion der Perspektive ist. Wenn wir mit Whitehead und de Quincey Wahrnehmung in der Weise kausaler Wirksamkeit oder »kosmisches Empfinden« als »nichtsinnlich« oder »extrasensorisch« bezeichnen, können wir nur etwas ganz Spezifisches meinen. Wir meinen damit, dass die fragliche Erfahrung nicht durch das Medium der fünf Sinne oder die Sinnesorgane des Körpers und das Nervensystem kanalisiert wird. Doch aus einer radikal umweltlichen Perspektive – der Betrachtungsweise, die mit der Verwicklung des Körpers in die größere, vollkommen empirische Vermengung übereinstimmt – ist genau diese »nichtsinnliche«, »extrasensorische« Erfahrung zutiefst und hochgradig sensorisch; denn wie de Quincey richtig darlegt, indem er hier schlicht die Folgerungen aus Whiteheads Kennzeichnung aller Einzelwesen als Organismen zieht, ist Materie durch und durch empfindungsfähig oder, wie ich zu einem früheren Zeitpunkt zu argumentieren versuchte, ein disparates, multiskalares weltliches Empfindungsvermögen ist im Vergleich zu höher geordneter (menschlicher) Sinneserfahrung primordial.

Die Autonomie des Superjekts

Vor dem Hintergrund dieser Bedingtheit können wir nachvollziehen, wie superjektive Handlungsmacht vom Standpunkt der Umwelt aus operiert, selbst wenn ihr Wirken vom Standpunkt eng bemessener subjektiver Vereinigungen aus empfunden werden kann (und wohl meistens wird). Einsicht in die nicht- oder extrasubjektive Operation superjektiver Handlungsmacht (jedenfalls wo subjektiv im engen Sinn verstanden wird) zu erlangen, verlangt von uns, die »Auswahlmatrix« grundlegend zu verändern, der zufolge Möglichkeiten entweder gewählt oder ausgeschlossen (positiv oder negativ erfasst) werden. Eher als Bergsons »Zentrum der Unbestimmtheit« (wie auch immer dieses zu verstehen ist) muss uns Whiteheads Einbeziehung der Gesamtheit des Universums in jede seiner Verwirklichungen als Modell dienen. Anders ausgedrückt muss sich die Auswahl eher auf der Matrix der gesamten Umwelt vollziehen als auf der Matrix der Verkörperung (so wie ich es, Donald MacKay folgend, noch in *New Philosophy for New*

Media verstanden habe).[34] In dieser Hinsicht verfährt die Auswahl nicht begrenzt, um zu klassifizieren, was für einen gegebenen Organismus von Belang ist, sondern vielmehr, um die Intensität von Erfahrungsereignissen und laufender Erfahrung quer durch verschiedene Ereignisse zu maximieren.

Nichts veranschaulicht die mit dieser perspektivischen Verschiebung einhergehende Radikalität besser als die sogenannte Dekohärenz, ein Phänomen aus der Quantenphysik, die in bezeichnender Parallele zu Whiteheads Philosophie Nachdruck auf die umweltliche Unterdrückung bestimmter Verwirklichungsbedingungen legt.[35] In *Quantum Mechanics and the Philosophy of Alfred North Whitehead* expliziert Michael Epperson nicht nur diese Parallele, sondern er betont auch die entscheidende Rolle der Umwelt, auf die sie hindeutet.[36]

Er deutet zudem an, wie eine solche umweltliche Auswahl in Wechselbeziehung mit einer Operation *quantitativer* Intensität steht, die aus dem »physischen Pol« ausströmt. In dieser Wechselbeziehung erkennen wir den Mechanismus der Handlungsmacht des Superjekts:

34 Mark B. N. Hansen, *New Philosophy for New Media*, Cambridge/Mass. 2004, S. 127-159. Für eine eher technische Ausrichtung der Diskussion siehe auch ders., »Cinema Beyond Cybernetics, or How to Frame the Digital-Image«, in: *Configurations* 10 (2002), S. 51-90.

35 Dekohärenz zeigt, dass Zustände, die wir auf makroskopischer Ebene nicht kennen, die aber quantenphysikalisch prinzipiell möglich wären, unterdrückt werden. Künftige Verwirklichungen sind in Hinblick auf Wahrscheinlichkeiten begrifflich zu fassen, die auf einer so erhaltenen »reduzierten Dichtematrix« berechnet sind.

36 Epperson schreibt: »Die Überlagerung dieser Vielzahl von minimal intensiven möglichen Endzuständen entwickelt sich demnach über den negativen Auswahlprozess der Dekohärenz und Umwandlung zu einer vereinfachten Matrix von in ihrer Wahrscheinlichkeit bewerteten, sich gegenseitig ausschließenden und erschöpfenden Endzuständen oder aussageartigen Umwandlungen, wobei jede Bewertung eine spezifische *Intensität* widerspiegelt. In beiden, in den auf Dekohärenz basierenden Auslegungen der Quantenmechanik und der Whiteheadschen Metaphysik, wird die *intensive Bewertung* subjektiver Formen alternativer Endzustände daher eng mit der logisch vorausgehenden raumzeitlichen *extensiven Anordnung* der zugehörigen Daten verknüpft, so dass die überwiegende Mehrheit dieser Daten als ›Umwelt‹ für das Subjektereignis oder das Ereignissystem angeordnet und bestimmt wird« (Michael Epperson, *Quantum Mechanics and the Philosophy of Alfred North Whitehead*, New York 2004, S. 168 [diese und alle folgenden Übers. A. W.]).

> […] qualitative Intensität hängt zum Teil von einer *quantitativen Intensität* ab, die einer in der primären Phase/im physischen Pol wirksamen gleichrangigen Teilung entspringt. Die Beziehung zwischen *gleichrangiger Ausdehnung* und *quantitativer Intensität* im physischen Pol gibt sich zu erkennen durch die Beziehung zwischen (I) der *Anzahl* von Wirklichkeiten, die weitgehend als »Umwelt« des Subjektsystems angeordnet werden, und (II) dem Prozess der Dekohärenz und Umwandlung in der Ergänzungsphase. Denn außer einer hinreichenden Anzahl von Wirklichkeiten, die weitgehend als »Umwelt« des Subjektsystems angeordnet werden, kann es keine hinreichende Anzahl negativer Erfassensprozesse geben, um den Vorgang der Dekohärenz/Umwandlung anzutreiben.[37]

Die Bezugnahme auf die Dekohärenz hilft, die Korrelation zwischen negativer Auswahl und objektivierten Daten zu verdeutlichen, die in orthodox Whiteheadschen Darstellungen den unbeweglichen Hintergrund für die nachfolgenden subjektiven Konkretisierungen neuer wirklicher Einzelwesen bildet. Dekohärenz zeigt im Besonderen, dass, *selbst bevor solche Konkretisierungen einsetzen können*, bereits eine Einordnung und selektive Ausmusterung einer praktisch unbegrenzten Bandbreite von auf makroskopischer Ebene unvereinbaren Möglichkeiten (die »Dichtematrix für reine Zustände«), von physikalisch möglichen oder kohärenten, aber widersprüchlichen Wahrscheinlichkeiten für neue Verwirklichungen stattgefunden haben muss. Wie das negative Erfassen arbeitet Dekohärenz daran, die »Dichtematrix für reine Zustände« auf eine »reduzierte Dichtematrix« zu verringern, die nur die dekohärenten oder nichtwidersprüchlichen Wahrscheinlichkeiten (oder Möglichkeiten) enthält, die wiederum zu nachfolgenden Verwirklichungen führen können. In Abwesenheit der Dekohärenz würden »potentielle Folgezustände stattdessen in einer kohärenten Überlagerung eingeschlossen bleiben; die Daten würden als unkoordinierte bloße Vielheit fortbestehen, jedes Datum mit allen anderen überlagert, wobei manche Aspekte der Überlagerung wechselseitig vereinbar, andere wechselseitig widersprüchlich wären«.[38]

Mit dieser Einschätzung reevaluiert Dekohärenz die Rolle der negativen Auswahl von Grund auf: Statt die gewaltige Menge objektivierter Daten, die aus der Konkretisierung eines neuen wirklichen Einzelwesens ausgeschlossen ist, zu benennen, erfährt die

37 Ebd., S. 168 f.
38 Ebd., S. 169.

negative Selektion eine Teilung oder Verdoppelung und läuft auf eine Bestimmung des Ausschlusses widersprüchlicher potentieller Endzustände *und* des Ausschlusses nichtverwirklichter, doch nichtwidersprüchlicher potentieller Endzustände, die auf jede gegebene Quantenverwirklichung folgen, hinaus. Auf diese Weise passt Dekohärenz das negative Erfassen an ein Universum an, in dem es »Vorstellungen [gibt], die so abstrakt sind, dass sie der allgemeinen Ordnung des Universums entgehen«, nichtsdestotrotz jedoch »in die physische Struktur der Welt eingeschlossen«[39] sind; sie gleicht jedenfalls das negative Erfassen an ein Universum an, in dem formale Vorgänge physischen Gesetzmäßigkeiten vorausgehen, wo die Erklärung von Verwirklichung einen ergänzenden (wenn auch logisch vorgängigen) Auswahlprozess nach einer formalen Matrix einschließt, die selbst von der Gesamtheit des Universums zu jedem gegebenen Augenblick seiner Ontogenese abstrahiert ist.

Die hier zur Debatte stehende Differenz vollständig zu thematisieren würde den Rahmen unserer vorliegenden Untersuchung sprengen; entscheidend jedoch ist, wie Dekohärenz mit dieser Darstellung der negativen Selektion die »umweltliche« oder »superjektive« Rolle der Erfassensprozesse in den Vordergrund rückt. Statt diese wie Whitehead und die Mehrheit seiner Interpretatoren als mit eigenständigen Konkretisierungen einzelner »atomistischer« wirklicher Einzelwesen verbunden und diesen gleichsam angeheftet zu betrachten, begreift Dekohärenz Erfassensprozesse als immer schon »umweltlich«. Mit ihrem Fokus eher auf nichtwidersprüchlichen Reihen von Wahrscheinlichkeiten (gewichteten Möglichkeiten) denn auf einzelne wirkliche Einzelwesen oder der Verwirklichung von Quantenereignissen weicht Dekohärenz von Whitehead darin ab, dass sie mit der Konkretheit des Wirklichen rechnet. Sie konzentriert sich nicht ausschließlich auf wirkliche Einzelwesen als die einzigen realen Dinge und als den logischen oder spekulativen Grund, aus dem alle Erfahrung zusammengesetzt ist, sondern schließt vielmehr niemals-zu-verwirklichende Möglichkeiten *als Elemente – die wir in der Tat als »umweltliche« Elemente bzw. »Umwelt«-Elemente* [*›environmental‹ elements*] *bezeichnen könnten – in tatsächlich vorkommende Quantenverwirklichungen ein.* Diese niemals-zu-verwirklichenden Möglichkeiten, die gleichwohl

39 Siehe Don Byrd, »The Crisis of *Process and Reality*«, in: *Configurations* 13 (2007), S. 95-116, hier S. 110 ff. (Übers. A. W.).

Teil des Wirklichen sind, gleichen negativen Erfassensprozessen insofern, als sie durch Ausschluss »eingebunden« sind. Und doch unterscheiden sie sich auf bedeutende Weise von negativen Erfassensprozessen, da »ausgeschlossene« dekohärente Quantenwahrscheinlichkeiten – anders als diese negativen Erfassensprozesse, die vollkommen von der greifbaren Konkretisierung eines wirklichen Einzelwesens abhängig sind – eine gewisse Autonomie besitzen und *an sich* wirklich sind. In diesem Sinne verleiht die Quantendekohärenz Whiteheads spekulativer Darstellung der Genese wirklicher Einzelwesen eine Umweltdimension.

Ohne allzu weit abzuschweifen, gilt es, an dieser Stelle wenigstens hervorzuheben, wie wesentlich die Dimension der Umwelt ist, wenn wir Whiteheads ausgesprochene Überbewertung der zentralen Bedeutung subjektiver Vereinigung im Prozess der Konkretisierung wettmachen wollen. Die Theorie der Dekohärenz erlaubt es uns, Relationalität und dringend nötige Komplexität in den Bereich des Spekulativen einzuführen; statt Hervorbringungen ausschließlich subjektzentrierter und vereinzelter Konkretisierungen zu sein, entstehen wirkliche Einzelwesen demzufolge in komplexen Beziehungsnetzen mit anderen wirklichen Einzelwesen und dem, was (in Anschluss an eine Verwirklichung) zu »umweltlichen« Wahrscheinlichkeiten werden wird – Wahrscheinlichkeiten, die trotz ihres Status als Potential nichtsdestoweniger auch ganz wirklich sind. Selbst wenn die relationale Struktur der Matrix der Quantenwahrscheinlichkeit nicht auf den Bereich der Erfahrung (hier treffen wir auf denselben spekulativen »Bann«, wie wir ihn bei Whitehead vorfanden) als eine Logik, wie Dinge angesichts unserer Erfahrung sind, übertragen wird – und *nicht übertragen werden kann* –, besitzt diese Struktur einen entscheidenden Vorteil. Namentlich bietet sie uns einen spekulativen Ausgangspunkt – wenn auch freilich kein unmittelbares Modell oder Analogon – für die Promiskuität von Erfassensprozessen, für deren Fähigkeit zu operieren, Handlungsmacht auszuüben, unabhängig von jeder größeren (und vorgängigen) Vereinigung.

Wenn wir uns mein oben erwähntes Argument hinsichtlich der spekulativen Lücke in Erinnerung rufen, können wir erkennen, wie Dekohärenz die Operation eines *vorzeitlichen* Bereichs über die Erzeugung subjektiv vereinigter wirklicher Handlungsmächte hinaus ausweitet. Indem wir diesen Bereich begrifflich als Bereich von Wahrscheinlichkeiten entwerfen – Wahrscheinlichkeiten, die vollends *innerhalb des Wirklichen enthalten sind*[40] –, ermöglicht die

40 Dieses entscheidende Argument wird von Didier Debaise vorgebracht, wenn er Whiteheads Beschreibung von Individuen mit Gilbert Simondons Konzeptualisierung von Individuation kontrastiert. Der Kern von Debaises Argumentation lautet wie folgt: Während Simondon die Natur als letzte Erklärung der Individuation einsetzt, bedeutet Natur für Whitehead etwas, das erklärt werden muss. Sie ist nicht vorindividuell, sondern erzeugt, hergestellt, errichtet auf der Grundlage einer Vielheit individueller Einzelwesen. »Man könnte sagen, dass Whitehead ein Denken der Individuation wieder aufzunehmen sucht, dabei aber zugleich – und in dieser Absicht steht er dem Denken Simondons sehr nahe – den klassischen Begriff des Individuums ablehnt, um es stattdessen vollständig um eine grundlegende Neufassung des Individuums herum anzuordnen. Seine Zielsetzung ist es, ein echtes Denken der Individuation zu entwerfen, das jedoch nicht mehr auf der Basis einer Wirklichkeit gründet – nennt man diese nun Natur oder Reich der Formen –, die chronologische und ontologische Vorgängigkeit vor dem Individuum besitzt und auf die das Individuum zurückgeführt werden könnte« (Debaise, *Un empirisme spéculatif* [wie Anm. 9], S. 65, Übers. E. H.). Whiteheads Überdenken des Individuums erleichtert eine vollständige Überarbeitung des Begriffs der Potentialität. Im Besonderen wird Potentialität dem Akt der Handlung, der Wirksamkeit, der Verwirklichung nachgeordnet; sie wird auch der Operation der Verwirklichung integriert, ihr inhärent gemacht. Wie Debaise es formuliert, »wird diese reine, disjunktive Wirklichkeit zur Potentialität, sobald sie im Inneren einer Individuation eingreift« (ebd., S. 69, Übers. E. H.). Das entscheidende Argument hier – eines, das sein Echo im Nutzen der Dekohärenz, so wie ich sie verstehe, findet – betrifft Whiteheads endgültige Absage an jede spezifische Differenz zwischen Wirklichkeit und Potentialität. Diese Absage markiert seine Abweichung von Simondon, aber auch von Denkern wie Gilles Deleuze oder Giorgio Agamben, die das Virtuelle und Potentielle außerhalb der Wirklichkeit situieren. Abermals trifft Debaise diese Aussage mit beispielhafter Klarheit: »Für Simondon zum Beispiel bedeutet Individuation den Übergang von der Natur (der Wirklichkeit des Möglichen) zum Individuum (als Verwirklichung der Natur). Ob man nun diesen Übergang als Gewinn oder Verlust betrachtet, ob nun zwischen Möglichkeit und Wirklichkeit etwas hinzugefügt oder weggenommen wird, es bleibt dort die Vorstellung einer Wesensdifferenz der berücksichtigten Elemente selbst bestehen. Whitehead weist genau diese Differenz kategorisch zurück: Fern jeder Bezugnahme auf Unterschiede oder ontologische Gegensätze unterscheiden sich das Mögliche und das Wirkliche, Kraft und Akt einzig in Beziehungen, und zwar im Verhältnis zu Situationen, in denen man auf Einzelwesen trifft. *Das Potentielle ist der Akt, doch in etwas anderes, eine andere Sache, in ein anderes Einzelwesen, verwickelt*« (ebd. S. 68, Übers. E. H.). Ohne dies hier in vollem Umfang ausführen zu können, lassen Sie mich einfach erwähnen, dass diese Auffassung der Immanenz von Potentialität innerhalb der Wirklichkeit sowie der Gegensatz zu Simondons Sicht auf vorindividuelle Potentialität mich darin unterstützen würden, meine Dar-

Quantendekohärenz es uns, den vorzeitlichen spekulativen Bereich von einem radikal umweltlichen Blickwinkel aus zu betrachten, der die Auswahl (d. h. den Prozess, der letztlich in Verwirklichung kulminiert) zur Funktion nicht eines beschränkten subjektiven Prozesses macht, sondern des »ganzen Universums«, das – negativ und positiv – in die Bereitstellung der physischen Umwelt einbezogen ist, die einen solchen Prozess hervorbringen kann. Wenn wir uns tatsächlich unseres oben erwähnten Arguments zur Teilung oder Verdoppelung, der die Dekohärenz die negative Auswahl unterwirft, entsinnen, können wir verstehen, wie eine erste Stufe – die quantitative Unterdrückung widersprüchlicher, doch kohärenter Folgezustände – einen »positiveren« negativen Auswahlprozess vorbereitet, der eher an »einer reduzierten Dichtematrix« als am Universum als Ganzem durchgeführt wird und durch den verschiedene dekohärente und nichtwidersprüchliche potentielle Folgezustände qualitativ als einander ausschließende Intensitäten bewertet werden. Epperson formuliert dieses Argument äußerst prägnant:

> Ohne diesen entscheidenden negativen Auswahlvorgang kann es keine nachfolgende qualitative Bewertung von Intensitäten geben; es kann keine Reduktion der kohärenten Überlagerung der Dichtematrix reiner Zustände zur dekohärenten Reihe von in ihrer Wahrscheinlichkeit bewerteten, sich wechselseitig ausschließenden und erschöpfenden potentiellen Folgezuständen/umgewandelten subjektiven Formen in der reduzierten Dichtematrix geben.[41]

Selbst wenn sie demnach den *vorzeitlichen* Prozess, in dem Wirklichkeiten hervorgebracht werden, kompliziert, setzt Dekohärenz letztlich den qualitativen Bereich des Quantenformalismus zu einem vollkommen physischen Zustand des Universums in Beziehung. Wenn Epperson daraus folgert, dass sich »die im mentalen Pol wirksame qualitative Intensität nicht getrennt von der extensiven quantitativen Intensität, die im physischen Pol entsteht, entwickeln kann«,[42] gelingt es ihm, nicht weniger als die unhintergehbare umweltliche Dimension des Physischen innerhalb des Vorgangs der Dekohärenz in den Vordergrund zu rücken.

stellung umweltlicher Handlungsmacht als »virtuelle Handlungsmacht«, wie ich sie in meiner Erörterung Simondons in »System-Environment Hybrids« (wie Anm. 16) genannt habe, weiter zu differenzieren.

41 Epperson, *Quantum Mechanics* (wie Anm. 36), S. 169.

42 Ebd.

Dekohärenz stellt also eine logische Struktur bereit, die mit der Darstellung superjektiver Handlungsmacht, die ich hier zu entwickeln suchte, vollkommen konsistent ist – eine Darstellung, die diskreten Erfassensprozessen Handlungsmacht zu verleihen sucht, unabhängig von den greifbaren Konkretisierungen, an denen sie teilhaben. Folglich kann es schlicht nicht zutreffen, dass Erfassensprozesse erst nach ihrer »Objektivierung« »objektive« oder »superjektive« Handlungsmacht erlangen, also sobald die Konkretisierungen, die sie um ein greifbares wirkliches Einzelwesen vereinten, abgeschlossen sind (diesem orthodoxen Strang der Interpretation anzuhängen bedeutet, die Rolle des Superjekts in einer Weise zu beschränken, die, wie ich behaupte, letztlich unvereinbar ist mit Whiteheads Ziel, Subjektivität zu reformieren und das Subjekt als »Subjekt-Superjekt« neu zu denken). Vielmehr verdeutlicht die Quantendekohärenz, dass Erfassensprozesse eine Quasi-Unabhängigkeit von jeglicher gegebenen Konkretisierung, in die sie einbezogen sein mögen, besitzen. Auch wenn Erfassensprozesse demnach nicht außerhalb einzelner Akte der Konkretisierung verwirklicht werden können, bedeutet die Überschneidung einer gewaltigen Anzahl von Erfassensprozessen, die von dem Augenblick an, in dem wir uns aus der reinen Abstraktion des Spekulativen herausbewegen, notwendigerweise einsetzt, dass wir nicht hoffen können, diese von ihrer relationalen Promiskuität, von der überschüssigen »Kraft«, die sie in sich tragen (wo Überschuss in Bezug auf jede spezifische Konkretisierung bestimmt ist), zu reinigen. Und diese komplexe Situation wird nur noch komplexer, sobald wir die mannigfachen Ebenen von Gesellschaften divergierender Größen einbringen, die letztlich aus Ansammlungen von Erfassensprozessen bestehen, die an jeder Erfahrung, wie »elementar« auch immer, beteiligt sind. Letztlich durchdringt diese überschüssige Kraft, die die Erfassensprozesse *an sich* besitzen – eine Kraft, die nicht zurückführbar ist auf ihre (vorgängige) Teilhabe an subjektiven Konkretisierungen –, die radikal umweltliche Handlungsmacht des Superjekts.

Lassen Sie mich zur Frage der Quantifizierung und zur Funktion der Daten in dieser umweltlichen superjektiven Handlungsmacht zurückkehren. Unserer oben gegebenen Darstellung einer weitgehenden Vereinbarkeit von Empfindung und Quantifizierung können wir nun eine Reflexion über die umweltliche Handlungsmacht hinzufügen, ausgeübt durch die quantifizierten Empfindungen, die von unseren digitalen Geräten erzeugt werden – Geräten, die, wie wir bereits sahen, imstande sind, Körper- und Umweltdaten *als Umwelt für unsere begrenztere kognitive und affektive Handlungsmacht* aufzuzeichnen. Auf die letztgenannte Handlungsmacht bezogen, können solche Daten, folgt man Whiteheads Beispiel, durchaus angemessen als »nichtsinnlich« klassifiziert werden, doch – und das ist der entscheidende Punkt – *es gibt keinen zwingenden Grund, diese Daten durch die begrenzte Bandbreite menschlich-kognitiver Operationalität zu beurteilen.* In den unterschiedlichen und häufig überwältigend komplexen Formen dezentralisierter, verteilter Handlungsmacht, in die wir Menschen heute eingebunden sind, sind diese Daten in der Tat *ausdrücklich nicht geeignet*, durch den menschliche Verstand hindurchgeleitet zu werden, zumindest nicht in der operativen »Gegenwart« kausaler Wirksamkeit.[43] Die Einschränkung dessen, was unser Verstand operativ umfassen kann, ist genau das Argument für technische Verteilung: Letztere steigert unsere kognitive, perzeptive und sensorische Handlungsmacht, eben weil sie uns in eine funktionale Kooperation mit kognitiven, perzeptiven und sensorischen Handlungsträgern versetzt, die unabhängig und autonom von unserer Handlungsmacht operieren.

Die heutigen technischen Sensoren begünstigen demnach die Offenlegung des allgemeinen Empfindungsvermögens, das allen Handlungen und Anordnungen auf der Welt zugrunde liegt

43 Damit ist nicht gesagt, dass wir diese Daten gar nicht nachvollziehen, sondern nur, dass wir sie nicht im *Augenblick ihrer sensorischen Lebendigkeit oder Gegenwart* begreifen können. So gibt es, mit anderen Worten, einen gewaltigen Unterschied zwischen dieser Art der Übereinstimmung von unserer Auffassung von Daten und ihrer gegenwärtigen Operation, die meiner Argumentation zufolge unmöglich ist, und unserem Verständnis von Daten nach ihrer Operation und sobald sie in unsere kognitive Erfahrung rückgekoppelt oder vielmehr vorgekoppelt wurden.

und diese prägt. In dieser Betrachtungsweise bleibt es ganz und gar von der Bestimmung einer Perspektive abhängig, was umweltlich und was »subjektiv« im engeren Sinn ist, mit dem einzigen Vorbehalt, dass alle Bewertungen aus einer Perspektive oder einer anderen erfolgen. Aus diesem Grund beinhaltet das Wirken technischer Sensoren – Sensoren, die aus der Perspektive unserer Subjektivität einen ausgedehnten und komplexen umweltlichen Saum bilden – ein äußerst wichtiges Element in dem rhythmischen kompositorischen Tanz, der unsere multiskalare, disparate Handlungsmacht in der Welt *ist*. Indem sie überdies an diesem Tanz teilhaben, ist ihr Wirken, ihr Fühlen in keiner Weise »nichtsinnlich« (oder ist es, genauer gesagt, nur aus dem Blickwinkel unserer eng ausgelegten Subjektivität und nur nachträglich, sobald sie weiter in unsere kognitive Operationalität eingespeist wurden). Wie jeder andere »Organismus« im Universum sind sie vielmehr in ihrer operativen Gegenwart sinnlich, und ihr Beitrag zu größeren handlungsmächtigen Kompositionen (Gesellschaften und insbesondere technisch dezentralisierten, technisch verteilten Gesellschaften) ist ebendieses operative gegenwärtige Empfindungsvermögen. Dieses Empfindungsvermögen auf etwas zu beschränken, das von einer bestimmten Gesellschaft oder einer anderen wahrgenommen werden kann, bedeutet, wie hoffentlich klar geworden ist, ebendiesem Empfindungsvermögen *wie auch* der fraglichen Gesellschaft (wieder) unzumutbare Restriktionen aufzuerlegen; dies bedeutet im Besonderen, die spezifische Zeitlichkeit einer bestimmten Gesellschaft (oder, genauer gesagt, der Selbstbezogenheit dieser Gesellschaft auf ihre eigene vereinigte Operationalität) verschiedenen, mannigfachen und heterogenen Zeitlichkeiten aufzuzwingen, die sich untereinander überschneiden, die durch ihr Zusammentreffen sensorische empirische Vermengungen hervorbringen und die in der erweiterten superjektiven Operationalität einer jeden Gesellschaft notwendigerweise zur Debatte stehen.

Aus dem Amerikanischen von Astrid Wege

Drucknachweis

Gilbert Simondon, »Mentalité technique«, in: *Revue Philosophique de la France et de L'Étranger* 3 (2006), S. 343-357.

Alle anderen Beiträge sind Originalbeiträge.

Über die Autorinnen und Autoren

Dirk Baecker ist Soziologe und Professor für Kulturtheorie und -analyse an der Zeppelin University in Friedrichshafen. Seine Arbeitsschwerpunkte sind soziologische Theorie, Kulturtheorie, Wirtschaftssoziologie, Organisationsforschung und Managementlehre. Seine jüngeren Publikationen sind: *Form und Formen der Kommunikation*, Frankfurt/M. 2005; *Studien zur nächsten Gesellschaft*, Frankfurt/M. 2007; *Die Sache mit der Führung*, Wien 2009.

Jean-Hugues Barthélémy ist Philosoph, Direktor des Seminars »Individuation und Technik« des Maison des Sciences de l'Homme in Paris-Nord und Herausgeber der *Cahiers Simondon*. Er ist einer der wichtigsten französischen Interpreten von Simondons Werk. Zur Zeit arbeitet er an der Grundlegung »Philosophischer Relativität« sowie an einer Theorie des Wissens im Anschluss an Bachelards Phänomenotechnik. Zu seinen Werken zählen: *Penser l'individuation: Simondon et la philosophie de la nature*, Paris 2005; *Penser la connaissance et la technique après Simondon*, Paris 2005; *Simondon ou l'Encyclopédisme génétique*, Paris 2008.

Massimo De Carolis lehrt theoretische Philosophie und Philosophie der Sprache an der Universität von Salerno. Seine jüngsten Bücher sind *Das Leben im Zeitalter seiner technischen Reproduzierbarkeit* (2004; deutsche Übersetzung bei Diaphanes, Zürich, Berlin 2009) und *Il paradosso antropologico* (Macerata 2009).

Alexander R. Galloway ist Autor, Programmierer und Associate Professor am Department of Media, Culture, and Communication der New York University. Seine Forschungsinteressen umfassen Kritische Theorie, Semiotik, Ästhetik, Digitale Medien, Netzwerke, Software, Medienkunst, Spiele und Film. Er ist Gründungsmitglied des Software-Kollektivs RSG. Zu seinen Publikationen zählen: *Protocol. How Control Exists After Decentralization*, Cambridge/Mass. 2004; *Gaming. Essays on Algorithmic Culture*, Minneapolis, London 2006; *The Exploit. A Theory of Networks*, Minneapolis, London 2007 (gemeinsam mit Eugene Thacker); *Außer Betrieb. Das müßige Interface*, Köln 2010.

Mark B. N. Hansen ist Professor für Literaturwissenschaft und Visuelle Kultur an der Duke University. Aktuell befasst er sich mit den Kopplungen des Technischen und des Humanen durch atmosphärische Medien des 21. Jahrhunderts. Zu seinen Publikationen zählen: (Hg., zus. mit W. J. T.

Mitchell) *Critical Terms for Media Studies*, Chicago 2010; (Hg., zus. mit B. Clarke) *Emergence and Embodiment. New Essays on Second-Order Systems Theory*, Durham 2009; *Bodies in Code. Interfaces with Digital Media*, New York, London 2006; (Hg., zus. mit C. Taylor) *The Cambridge Companion to Merleau-Ponty*, Cambridge 2005; *New Philosophy for New Media*, Cambridge/Mass. 2004.

N. Katherine Hayles ist Professorin für Literaturwissenschaft an der Duke University mit Schwerpunkt auf den Beziehungen von Literatur, Wissenschaft und Technologie im 20. und 21. Jahrhundert, unter besonderer Berücksichtigung von Science-Fiction, Theorie der Neuen Medien und Kritischer Theorie. Zu ihren Publikationen zählen *How We Became Posthuman. Virtual Bodies in Cybernetics, Literature, and Informatics*, Chicago 1999; *My Mother Was a Computer. Digital Subjects and Literary Texts*, Chicago 2005; *Electronic Literature. New Horizons for the Literary*, Notre Dame 2008.

Nicole C. Karafyllis ist Professorin für Philosophie an der TU Braunschweig. Zu ihren Forschungsschwerpunkten gehört das Thema »Biofakte«, d. h. die ontologischen, wissenschaftstheoretischen und anthropologischen Grenzverschiebungen von Leben, Natur und Technik angesichts biotechnischer Veränderungen von Lebewesen. Gegenwärtig arbeitet sie zum Phänomen Autismus und dessen Heuristik für die Modellbildung in den empirischen Wissenschaften. Ihre wichtigsten Veröffentlichungen sind: *Biologisch, natürlich, nachhaltig. Philosophische Aspekte des Naturzugangs im 21. Jahrhundert*, Tübingen 2001; (Hg.) *Biofakte – Versuch über den Menschen zwischen Artefakt und Lebewesen*, Paderborn 2003; (Hg., zus. mit G. Engel) *Technik in der Frühen Neuzeit*, Frankfurt/M. 2004; (Hg., zus. mit G. Ulshöfer) *Sexualized Brains. Scientific Modeling of Emotional Intelligence from a Cultural Perspective*, Cambridge/Mass. 2008.

Scott Lash ist Professor für Soziologie und Kulturwissenschaft am Goldsmiths, University of London, und ebendort Direktor des Centre for Cultural Studies. Er war viele Jahre Mitherausgeber der Zeitschrift *Theory, Culture & Society*. Zur Zeit forscht er unter dem Titel *Local State Capitalism: Urban China* schwerpunktmäßig über den zeitgenössischen Urbanismus Chinas. Zu seinen jüngeren Publikationen zählen: *Intensive Culture. Social Theory, Religion and Contemporary Capitalism*, London 2010; *Global Culture Industry. The Mediation of Things* (zus. mit Celia Lury); *Critique of Information*, London 2002.

Jean-Luc Nancy ist emeritierter Professor für Philosophie der Université Marc Bloch, Strasbourg. Er hatte zahlreiche Gastprofessuren inne, u. a. in

Berkeley, Berlin, Irvine und San Diego. Zu den jüngsten Monographien seines sehr umfangreichen Werkes zählen *L'Adoration (Deconstruction du Christianisme 2)*, Paris 2010; *Vérité de la démocratie*, Paris 2008 (dt.: *Die Wahrheit der Demokratie*, Wien 2009); *Identité*, Paris 2009 (dt.: *Identität. Fragmente, Freimütigkeiten*, Wien 2010).

Frédéric Neyrat ist Philosoph. Er war von 2001 bis 2007 Programmdirektor des Collège International de Philosophie und ist Mitherausgeber der Zeitschrift *Multitudes*. Von 2008 bis 2009 war er Fellow der Society for the Humanities der Cornell University. Seine Arbeit befasst sich mit der Verbindung von Negativität, Destruktion und der Logik der Unversehrtheit in Ontologie, Ethik sowie Bio-, Immun- und Ökopolitiken. Zu seinen wichtigsten Werken zählen *L'indemne. Heidegger et la destruction du monde*, Paris 2008; *Biopolitique des catastrophes*, Paris 2008; *Instructions pour une prise d'âmes. Artaud et l'envoûtement occidental*, Paris 2009; *Conjurations. Essai sur les sociétés de clairvoyance*, Fécamp 2011.

Gilbert Simondon (1924-1989) war Philosoph und Professor für Psychologie an der Sorbonne sowie an der Université René Descartes (Paris V). Er war Gründer und Leiter des ebendort eingerichteten Labors für allgemeine Psychologie und Technologie (1963-1983). Seine wichtigsten Werke sind: *Du mode d'existence des objets techniques*, Paris 1958; *L'individu et sa genèse physico-biologique*, Paris 1964; sowie *L'individuation psychique et collective*, Paris 1989 (zusammengefasst und umfangreich ergänzt erschienen als *L'individuation à la lumière des notions de forme et d'information*, Grenoble 2005); *L'invention dans les techniques. Cours et conférences*, Paris 2005; *Cours sur la perception (1964-1965)*, Paris 2006; *Imagination et invention (1965-1966)*, Paris 2008.

Bernard Stiegler ist Philosoph und Medientheoretiker. Er ist Associate Professor am Goldsmiths, University of London sowie Direktor des Institut de Recherche et d'Innovation (IRI) am Centre Georges Pompidou in Paris. Er ist Initiator der Gruppe *Ars Industrialis*, einer internationalen Vereinigung für eine neue Technologie- und Industriepolitik des Geistes. Zu seinen wichtigsten Publikationen zählen: *La technique et le temps 1. La faute d'Épiméthée*, Paris 1994 (dt.: *Technik und Zeit. Der Fehler des Epimetheus*, Zürich, Berlin 2009); *La technique et le temps 2. La désorientation*, Paris 1996; *La technique et le temps 3. Le temps du cinéma et la question du mal-être*, Paris 2001; *Passer à l'acte*, Paris 2003 (dt. *Zum Akt*, Berlin 2007); *Philosopher par accident*, Paris 2004 (dt. *Denken bis an die Grenzen der Maschine*, hg. v. Erich Hörl, Zürich, Berlin 2009); *De la misère symbolique* (2 Bände), Paris 2004 u. 2005; *Économie de l'hypermatériel et psychopouvoir*, Paris 2008 (dt.

Hypermaterialität und Psychomacht, hg. v. Erich Hörl, Zürich 2010); *Pour une nouvelle critique de l'économie politique*, Paris 2009; *Ce qui fait que la vie vaut la peine d'être vecue. De la pharmacologie*, Paris 2010.

Eugene Thacker ist Associate Professor der Abteilung Media Studies & Film an der New School in New York und Gastprofessor am Miskatonic University's Colloquy for Inexistent Cryptobiology. Seine Forschungsschwerpunkte beinhalten kontinentale Philosophie, Medientheorie sowie vor allem die Genres Science-Fiction und Horror. Seine wichtigsten Publikationen sind *Biomedia*, Minneapolis, London 2004; *The Global Genome: Biotechnology, Politics, and Culture*, Cambridge/Mass. 2005; (zus. mit Alexander Galloway) *The Exploit. A Theory of Networks*, Minneapolis, London 2007; *After Life*, Chicago, London 2010; *In the Dust of this Planet. Horror of Philosophy Vol. 1* (2011).

suhrkamp taschenbuch
wissenschaft 2003

Unsere Operations-, Wissens- und Existenzräume, unsere Selbst- und Weltwahrnehmung werden heute unhintergehbar von technologischen Objektkulturen geprägt. Insbesondere die allgemeine Kybernetisierung seit Mitte des 20. Jahrhunderts, die in der umfassenden und allgegenwärtigen Computerisierung ihren vorläufigen Höhepunkt erreicht hat, macht die Technizität unserer sinnkulturellen Verfassung deutlich. Die Beiträge dieses Bandes, zu denen auch die deutsche Erstübertragung eines brisanten Stücks aus dem Nachlass des französischen Mechanologen Gilbert Simondon gehört, liefern die dringend nötige Neubeschreibung unserer zeitgenössisch-technischen Welt. Außerdem schreiben: Dirk Baecker, Jean-Hugues Barthélémy, Massimo De Carolis, Alexander R. Galloway, Mark B. N. Hansen, N. Katherine Hayles, Nicole C. Karafyllis, Scott Lash, Jean-Luc Nancy, Frédéric Neyrat, Bernard Stiegler und Eugene Thacker.

Erich Hörl ist Professor für Medienkultur und Medienphilosophie an der Leuphana Universität Lüneburg. Im Suhrkamp Verlag ist von ihm erschienen: *Die Transformation des Humanen. Beiträge zur Kulturgeschichte der Kybernetik* (stw 1848, hg. zusammen mit Michael Hagner).